タンパク質のアモルファス凝集と溶解性
―基礎研究からバイオ産業・創薬研究への応用まで―
Protein Solubility and Amorphous Aggregation: From Academic Research to Applications in Drug Discovery and Bioindustry

監修：黒田　裕，有坂文雄
Supervisor : Yutaka Kuroda, Fumio Arisaka

シーエムシー出版

序　論

「タンパク質の立体構造を決定する情報はそのアミノ酸配列に記述されている」というAnfinsenドグマが広く認められ，Anfinsen博士のノーベル化学賞受賞から半世紀が過ぎようとしている。その間，タンパク質の立体構造情報の飛躍的な増大とともに，タンパク質の物性，とりわけ構造構築原理および構造安定性の分子レベルでの深い理解が急速に進んだ。最近では，その知見を基に産業応用に向けた酵素の安定化や，創薬タンパク質の改変が盛んに行われている。一方，タンパク質の溶解性は学術研究領域としてあまり認識されず，「何とか解決しなくてはならない厄介な問題」として残されている。これまで，タンパク質の溶解性は，その構成アミノ酸の親水性・疎水性で決まると考えられてきた。しかし，親水性・疎水性モデルは，球状タンパク質の構造構築原理を説明する上で大変重要な概念ではあるが，タンパク質の溶解性を表す完全なモデルではないとも言える。例えば，タンパク質の溶解性のpH依存性は親水性・疎水性モデルでは説明できず，アミノ酸側鎖の解離基の状態を考慮して初めて定性的に説明ができるようになる。

一方，溶解性と切っても切れない関係にあるタンパク質の凝集は，色々な形で研究が進められている。例えば，生体内凝集の一種であり，牛海綿状脳症やアルツハイマー病の病原体として注目されているアミロイド線維は，その物理化学的な解析が精力的に進められている。また，筋肉の線維構造体（F-actin）やタンパク質結晶も，タンパク質凝集（会合）の一種として捉えることができ，これらの物理化学的な研究は古くから進められてきた。そのなか，タンパク質の低溶解性の主な原因とされる不定形な凝集（アモルファス凝集）に関しての研究は最近でもほとんど行われていない。その理由は，現在のところアモルファス凝集が要因となる疾病が少ないこと（白内障など例外はある），不定形であるため構造的・物理化学的観点からの興味が湧きにくいこと，タンパク質の溶解性を向上させる手法がすでに存在すること，など色々と考えられる。

しかし近年，タンパク質のアモルファス凝集の生理学的影響がいくつか見出されている。特に，2014年の米国FDA（アメリカ食品医薬品局）が発表した組換えタンパク質製剤の品質管理におけるSub-visible凝集体（$\lesssim 100\,\mu m$）の検出に関するガイドライン[1)]や，細胞内凝集および膜のない細胞小器官[2)]の発見によって，アモルファス凝集および溶解性の物理化学的な解析の重要性に関する認識が高まっている。また，国内でも最近，タンパク質の溶解性およびアモルファス凝集に関する研究会などが開催されている[3)]。

本書では，タンパク質の溶解性とアモルファス凝集の物理化学的研究，その理論的背景，天然変性タンパク質との関係，バイオインフォマティクス的な解析，細胞内凝集，膜のない細胞小器官，創薬タンパク質の凝集や，液–液相分離（LLPS）まで盛り込む執筆をお願いした。話をAnfinsenドグマに戻せば，本書が「Anfinsenの古典的な単一タンパク質を対象としたタンパク質科学」から，「多分子，さらに多分子種からなるタンパク質社会におけるタンパク質科学」への発展が感じられる著述になると期待している。最後に，お忙しいなか記事をご執筆くださった先生方に，この場を借りて深い感謝の意を申し上げる。

2019年2月

黒田　裕・有坂文雄

文　　献

1) FDA, Guidance for Industry: Immunogenicity Assessment for Therapeutic Protein Products (2014)；A. Parenky *et al.*, *AAPS J.*, **16** (3), 499 (2014)
2) U. S. Eggert, *Biochemistry*, **57** (17), 2403 (2018)
3) 第18回日本蛋白質科学会年会「蛋白質・ペプチドの凝集と膜のないオルガネラ」（ワークショップ）オーガナイザー：永井義隆（大阪大），黒田裕（東京農工大），および「タンパク質の凝集とアンチ凝集」（ワークショップ）オーガナイザー：菅瀬謙治（京都大），河田康志（鳥取大）（新潟県新潟市　朱鷺メッセ，2018年6月）；大阪大学蛋白質研究所セミナー「産業応用を志向するタンパク質溶液研究」オーガナイザー：白木賢太郎（筑波大），黒田裕（東京農工大），後藤祐児（大阪大）（大阪府吹田市　大阪大学蛋白質研究所，2017年9月）

執筆者一覧（執筆順）

黒田　裕　東京農工大学　大学院工学研究院　生命機能科学部門　教授

有坂文雄　東京工業大学　名誉教授

白木賢太郎　筑波大学　数理物質系　物理工学域　教授

岩下和輝　筑波大学　数理物質系　物理工学域　日本学術振興会特別研究員

三村真大　筑波大学　数理物質系　物理工学域

宗　正智　大阪大学　蛋白質研究所　蛋白質構造形成研究室　助教

後藤祐児　大阪大学　蛋白質研究所　蛋白質構造形成研究室　教授

今村比呂志　立命館大学　生命科学部　応用化学科　助教

渡邊秀樹　産業技術総合研究所　バイオメディカル研究部門　主任研究員

千賀由佳子　産業技術総合研究所　バイオメディカル研究部門　研究員

本田真也　産業技術総合研究所　バイオメディカル研究部門　副研究部門長；
東京大学　大学院新領域創成科学研究科　客員教授

太田里子　㈱東レリサーチセンター　バイオメディカル分析研究部　研究員

杉山正明　京都大学　複合原子力科学研究所　粒子線基礎物性研究部門　教授

城所俊一　長岡技術科学大学大学院　生物機能工学専攻　教授

若山諒大　大阪大学　大学院工学研究科　生命先端工学専攻

内山　進　大阪大学　大学院工学研究科　生命先端工学専攻　教授；
自然科学研究機構　生命創成探究センター　客員教授

デミエン ホール　大阪大学　蛋白質研究所　招へい准教授

廣田奈美　堂インターナショナル

五島直樹　産業技術総合研究所　創薬分子プロファイリング研究センター
機能プロテオミクスチーム　研究チームリーダー

河村義史　バイオ産業情報化コンソーシアム　JBIC 研究所　特別研究員

廣瀬修一　長瀬産業㈱　ナガセ R&D センター　センター長付

野口　保　明治薬科大学　薬学教育研究センター　数理科学部門
生命情報科学研究室　教授

丹羽達也　東京工業大学　科学技術創成研究院　細胞制御工学研究センター
助教

田口　英樹　東京工業大学　科学技術創成研究院　細胞制御工学研究センター　教授

伊豆津　健一　国立医薬品食品衛生研究所　薬品部　部長

津本　浩平　東京大学　大学院工学系研究科／医科学研究所　教授

伊倉　貞吉　東京医科歯科大学　難治疾患研究所　分子構造情報学分野　准教授

池口　雅道　創価大学　理工学部　教授

荒川　力　Alliance Protein Laboratories

江島　大輔　シスメックス㈱　技術開発本部　アドバンストアドバイザー

浅野　竜太郎　東京農工大学　大学院工学研究院　生命機能科学部門　准教授

赤澤　陽子　産業技術総合研究所　バイオメディカル研究部門　細胞・生体医工学研究グループ　主任研究員

萩原　義久　産業技術総合研究所　創薬基盤研究部門　副研究部門長

小澤　大作　大阪大学　大学院医学系研究科　神経難病認知症探索治療学寄附講座　特任助教

武内　敏秀　大阪大学　大学院医学系研究科　神経難病認知症探索治療学寄附講座　講師

永井　義隆　大阪大学　大学院医学系研究科　神経難病認知症探索治療学寄附講座　教授

安藤　昭一朗　新潟大学脳研究所　神経内科

石原　智彦　新潟大学脳研究所　分子神経疾患資源解析学分野　助教

小野寺　理　新潟大学脳研究所　神経内科／分子神経疾患資源解析学分野　教授

加藤　昌人　Associate Professor, Department of Biochemistry, University of Texas Southwestern Medical Center

米田　早紀　大阪大学　大学院工学研究科　生命先端工学専攻

鳥巣　哲生　大阪大学　大学院工学研究科　生命先端工学専攻　助教

黒谷　篤之　理化学研究所　環境科学研究センター　特別研究員／弁理士

柴田　寛子　国立医薬品食品衛生研究所　生物薬品部　第二室長

石井　明子　国立医薬品食品衛生研究所　生物薬品部　部長

目　次

【第Ⅰ編　基礎】

第1章　タンパク質の溶解性およびアモルファス凝集の物理化学的解析

黒田　裕

第2章　タンパク質の共凝集と液-液相分離

白木賢太郎，岩下和輝，三村真大

第3章　アミロイド線維とアモルファス凝集　　宗　正智，後藤祐児

【第Ⅱ編　測定・理論および情報科学的解析・予測】

第1章　バイオ医薬品におけるタンパク質凝集体の評価

今村比呂志，渡邊秀樹，千賀由佳子，本田真也

第2章 超遠心分析による会合体・凝集体の分析 太田里子，有坂文雄

第3章 光散乱による会合・凝集の検出 有坂文雄

第4章 小角散乱法 杉山正明

第5章 タンパク質凝集・会合と熱測定 城所俊一

第6章　イオン液体とタンパク質フォールディング
—新しい溶媒への古い策略—

若山諒大，内山　進，デミエン ホール

第7章　タンパク質凝集の速度論を統合する理論的記述

廣田奈美，デミエン ホール

第8章　溶解性の網羅的解析と機械学習予測

五島直樹，河村義史，廣瀬修一，野口　保

第9章　再構築型無細胞タンパク質合成系を用いたタンパク質凝集性の網羅解析　**丹羽達也，田口英樹**

【第Ⅲ編　制御】

第1章　タンパク質医薬品の凝集機構と凝集評価・抑制方法　**伊豆津健一，津本浩平**

第2章　プロリン異性化とタンパク質凝集制御　**伊倉貞吉**

第3章　タンパク質のフォールディングと溶解性　**池口雅道**

第4章　短い溶解性向上ペプチドタグを用いたタンパク質の凝集の抑制

黒田　裕

第5章　タンパク質の凝集抑制と凝集体除去

荒川　力，江島大輔

第6章　巻き戻し法を用いた低分子抗体の調製

浅野竜太郎

第7章　抗体タンパク質の溶解性と変性状態からの可逆性

赤澤陽子，萩原義久

【第Ⅳ編　病態解明・産業応用】

第1章　ポリグルタミンタンパク質の凝集・伝播と細胞毒性

小澤大作，武内敏秀，永井義隆

第2章　筋萎縮性側索硬化症における，タンパク質凝集および核内構造体の異常と疾病

安藤昭一朗，石原智彦，小野寺　理

第3章　細胞内凝集と Membrane-less organelles

加藤昌人

第4章 創薬産業と溶解性・凝集性および関連制度

米田早紀，鳥巣哲生，内山 進

第5章 タンパク質の凝集・溶解性関連研究についての技術俯瞰と産業化に向けた知財戦略

黒谷篤之

第6章 バイオ医薬品の品質・安全性確保における凝集体の評価と管理

柴田寛子，石井明子

第 I 編
基　礎

第1章　タンパク質の溶解性およびアモルファス凝集の物理化学的解析

黒田　裕*

1　はじめに

現在，タンパク質を利用するタンパク質工学や創薬研究で，凝集したタンパク質を可溶化するために多くの時間と労力が費やされている。そのため，凝集しにくい高溶解性タンパク質の設計は，タンパク質構造の安定化や活性の改良と並ぶ重要な研究課題である。しかし，タンパク質の溶解性または，溶解性を決める主な要因である不定形（アモルファス）凝集は最近まであまり注目されておらず，その物理化学的な解析もほとんど行われていない。本章では，タンパク質の溶解性およびアモルファス凝集に関する物理化学的な研究を紹介する。

2　タンパク質の溶解性の物理化学的研究

タンパク質の溶解性の物理化学的研究は少ない。そのなか，Timasheff らは共溶剤（co-solute）がタンパク質溶解性に及ぼす影響について，1960 年代から 90 年代にわたって多くの先駆的な研究を発表している[1)]。タンパク質との共溶剤として塩を使用するとき，ホフマイスターシリーズの塩溶・塩析効果（salting in/out）を基に，添加する塩の種類を選ぶことが多い。Timasheff らが考案した選択的溶媒和（preferential solvation）は，塩溶・塩析効果を分子レベルで解釈することを可能にし，塩添加によるタンパク質の可溶化および安定化の物理化学的な理解を深めた[2,3)]。しかし，Timasheff らの研究では，凝集の経時変化はあまり意識されておらず，また，分子表面が均一な性質を有する球体としてタンパク質を扱った平衡論的な議論が多い。タンパク質表面の性質を Timasheff らより詳細に取り入れて水和エネルギー（hydration energy）を計算する研究も発表されている[4)]。しかし，これらはタンパク質の溶解性を対象とした研究ではなく，水和エネルギーがタンパク質の構造安定性に与える影響に焦点を当てた研究である[5)]。

1980 年代後半から，タンパク質の構造安定性や分子間相互作用の解析に積極的に応用されてきた変異体解析は，溶解性の解析には未だほとんど応用されていない。例外として，GFP の表面残基を正または負電荷に置換した高溶解性 GFP（Super-charged GFP）[6)]や，Pace らが RNase SA の表面に露出する 76 番目の残基を 20 種類のアミノ酸に網羅的に置換し，溶解性の変化を調べた研究が挙げられる[7)]。また，我々も Pace らとほぼ同時期に BPTI を用いた溶解性の変異体

＊　Yutaka Kuroda　東京農工大学　大学院工学研究院　生命機能科学部門　教授

解析を報告している（詳細は以下を参照）。他にも溶解性予測の研究で，変異体解析の実験結果を用いた研究例が挙げられる[8]。しかし，これらの報告を除くと，溶解性またはアモルファス凝集の物理化学的な研究，ましてや，変異体解析を用いた研究はほとんど存在せず，アミロイド凝集の研究に比べると圧倒的に少ない。

3 タンパク質の溶解性およびアモルファス凝集の物理化学的な解析

タンパク質の溶解性およびアモルファス凝集の解析は難しい。まず，困難の技術的な要素として，タンパク質の溶解性測定には高濃度の試料が必要とされ，粘性が高くなってしまう。そのため，再現性が高い正確な測定が難しい。解析が困難であるもう１つの理由は，溶解性を左右する多数のパラメータが複雑に関係しているため，それらの影響を個別に調べることが難しいという点である。たとえば，分子表面に多くの親水性アミノ酸が配置されている球状タンパク質の溶解性は高い。しかしながら，同じタンパク質でも変性すると天然状態で分子内に埋もれていた疎水性残基が露出してしまうため溶解性が低下する。よって，タンパク質が高温で凝集する原因は，構成アミノ酸の溶解性の温度依存性ではなく，タンパク質が変性するためであるという説明ができる。さらに，タンパク質が部分変性やアミロイド状態で凝集したときの溶解性は，変性状態で凝集するときまたは天然状態で凝集（本章では「会合」という）するときの溶解性と違うことが明らかである。よって，同じタンパク質でも，その溶解性は凝集状態によって変わることが分かる。

4 アモルファス凝集状態

タンパク質の溶解性を決めるのは，ほとんどの場合，不定形な凝集（アモルファス凝集）が形成されるときのタンパク質の限界濃度であると言える（図1）。タンパク質のアモルファス凝集は，タンパク質が変性した状態で起きると考えられているが，タンパク質構造が壊れていないこともある（壊れている＝アンフォルド・解けている）。ここでは，タンパク質が天然構造を維持してアモルファス凝集した２つの例を紹介する。まず，等電点沈殿したタンパク質の（溶液）NMR 実験について述べる。我々は，タンパク質の折り畳み研究の一環として，単純化 BPTI（bovine pancreatic trypsin inhibitor）変異体の NMR スペクトルの改良を目指して，タンパク質濃度と試料の pH を最適化していた。すると，pH 4.7 付近で 22 mg/mL の BPTI 試料がうっすらと白濁した。その状態で測定した ^{1}H-^{15}N HSQC スペクトルのクロスピーク形状は不均一かつブロードであった（本書，第Ⅲ編第４章図 1A を参照）。しかし，クロスピークの化学シフトは，天然状態の化学シフトと一致していた[9]。このことから，pH 凝集（会合）した BPTI は天然構造を維持して会合していることが示唆される。

次に，水晶体の主成分の１つである γD-クリスタリンの凝集に関する Boatz らの研究を紹介

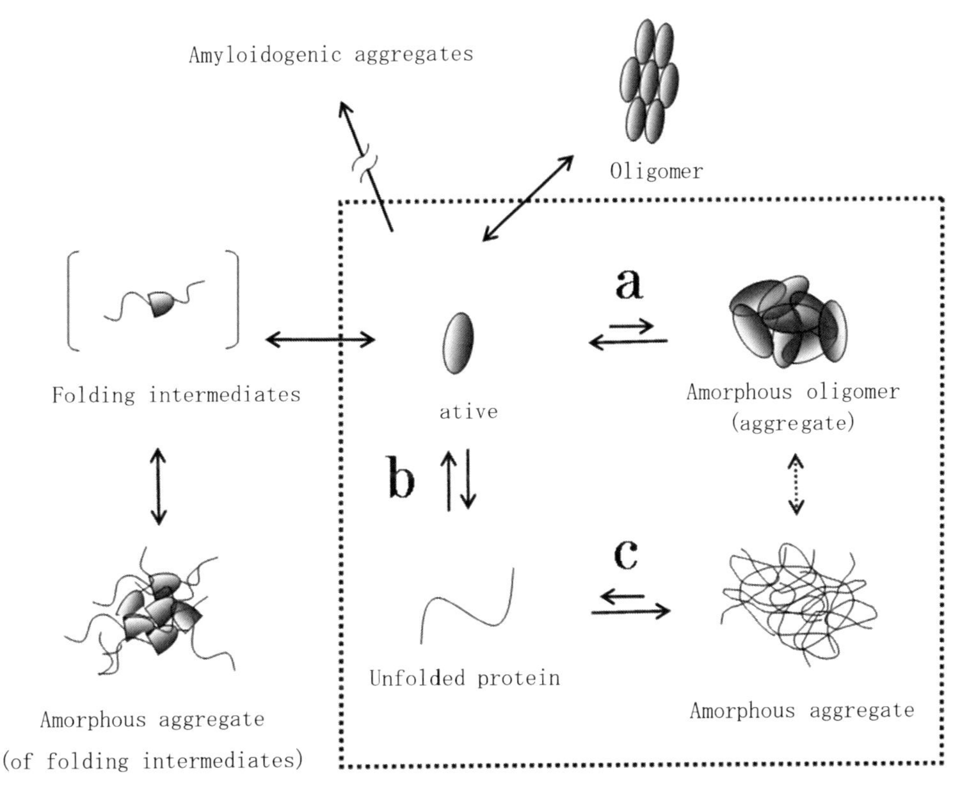

図1　タンパク質凝集の概念図

本章では，枠内の4状態から成る系を用いて溶解性・アモルファス凝集を物理化学的な考えに基づいて考察する。平衡（a）は立体構造を保った天然状態で起きるアモルファス凝集（本章では，会合またはアモルファス会合ともいう），平衡（c）は変性状態での凝集（アモルファス凝集），平衡（b）はタンパク質の構造安定性を示す。（文献15より修正のうえ許可を得て転載）

する。白内障はγD-クリスタリンの凝集に起因するアモルファス凝集が引き起こす数少ない疾病ある。γD-クリスタリンは，老化，UV照射や酸化によりタンパク質が変性して凝集すると考えられていた。しかし，Boatzらは生理学的条件下で凝集したγD-クリスタリン分子が天然構造を維持していることを，固体NMR法を用いて解明した（正確にはNative-like）[10]（本章では，γD-クリスタリン分子の会合と言うべきかも知れない。ただ，会合の可逆性に関して論文で明記されていない）。また，Boatzらは酸性pHで凝集したγD-クリスタリンはアミロイド凝集の典型的なβ線維構造を形成することも報告しており，同じタンパク質でも条件によって凝集状態が変わることを示唆している。このように，タンパク質の凝集状態はさまざまである。図1で示すように，タンパク質の凝集には巻き戻り（フォールディング）中間体やβ線維を形成するアミロイド状態など種々の状態で凝集が起きることもある。我々は，図1で点線枠内で示すような適切な条件下で行った実験の結果を，分子の会合と解離という2つの状態を用いた平衡論的な考えに基づいて解析することで，アモルファス凝集およびそれに伴う溶解性の本質が見えると期待している。

5　平衡論的な考えに基づいたアモルファス凝集の議論

5.1　タンパク質凝集の可逆性

平衡論的な熱力学モデルをタンパク質の凝集に応用するためには，本来，可逆性が成り立つことが必要である[11]。上述の通り，等電点付近でタンパク質が凝集（会合）して試料が突然白濁することがあるが，多くの場合，pH をタンパク質の等電点から離すと試料は再び透明になり，タンパク質を溶解させることができる。同様に，塩を添加してタンパク質を凝集させた場合，塩を透析法などで除くことによって，タンパク質が再び溶解する場合が多い。タンパク質が天然構造を保ったまま会合した「凝集」は可逆的である。しかし，熱変性したタンパク質など，立体構造を持たない状態でポリペプチド鎖が凝集すると，ほとんどの場合不可逆的な反応である（少なくとも完全な可逆性は観測されない）。

ここで，タンパク質凝集の典型的な例としてよく挙げられる，ゆで卵の卵白に触れておきたい。卵をゆでると，卵白の主成分であるオボアルブミンが熱変性し，疎水性相互作用の増加によって凝集する。同時に，オボアルブミンの SH 基が分子間 SS 結合を形成することで強固な凝集体が形成される[12]。SS 結合は還元剤を使用しない限り切れないため，ゆで卵の卵白は「二重」に不可逆的に固まっているといえる。

5.2　タンパク質溶解性の熱力学モデル

タンパク質の溶解性（および凝集性）は，その親水性・疎水性によって決まると従来から考えられている[13,14]。しかし，アミノ酸の親水性・疎水性は，非極性溶媒中および水溶液中の分子存在比から求められる分配係数であり，厳密にはアミノ酸やタンパク質の凝集性および溶解性を表す指標ではない（図 2A）。我々は，不溶性画分と可溶性画分でのタンパク質（またはアミノ酸）の存在比から求めた溶解性の指標が必要であると考える（図 2B）。このモデルは，タンパク質の溶解性が pH や時間によって変化するなど，親水性・疎水性モデルでは十分に把握されていない点も考慮できるモデルである。このモデルにおいて，試料の条件を適切に調節すれば，凝集は可逆的になる。その場合，タンパク質の凝集を，天然構造を保持した状態での会合（平衡（a））または，変性状態での凝集（平衡（c））の 2 種類に大別して簡単なモデルを基に解析できる（図 1）[15]。

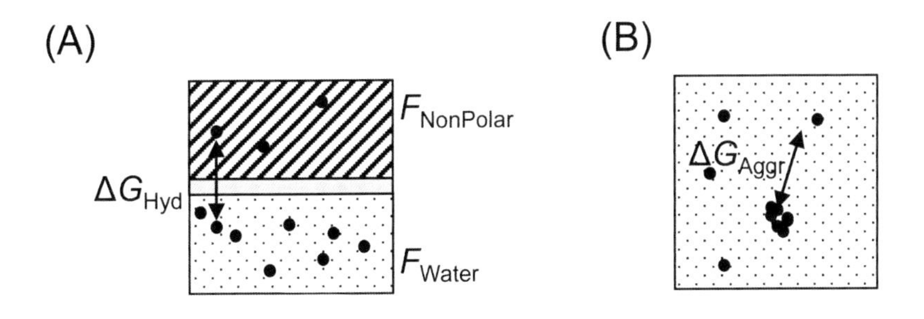

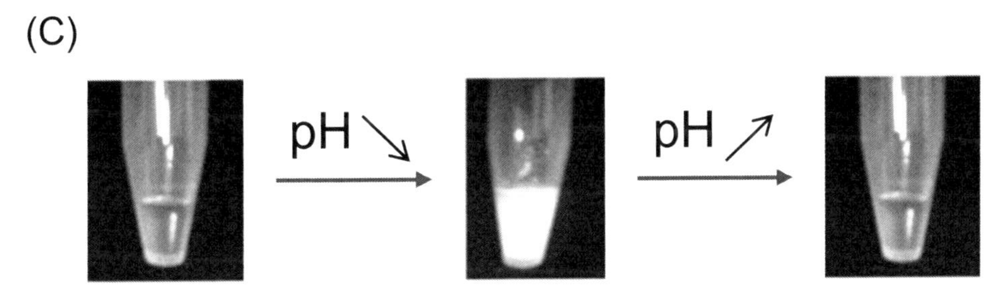

図2　親水性・疎水性モデルおよび凝集の熱力学モデルの模式図
●はタンパク質分子，▨は非極性溶液，░は水溶液を示す。(A) 親水性・疎水性モデル。$\varDelta G_{Hyd}$ は，非極性溶液 ($F_{NonPolar}$) から水溶液 (F_{Water}) に分子を移送するための自由エネルギーを示す ($F_{NonPolar}/F_{Water}=\exp(-\varDelta G_{Hyd}/RT)$；$T$ は絶対温度，R が気体定数)。(B) 本章で用いた凝集の熱力学モデル。$\varDelta G_{Aggr}$ は，タンパク質会合体に1分子を付加するための会合自由エネルギーを示す。(C) pH滴定の際に起きるタンパク質の凝集。等電点付近では，静電的な反発がなくなるためタンパク質は会合し，試料が白濁する。等電点凝集は多くの場合，可逆的な凝集で，pHを等電点から遠ざけることでタンパク質は再び溶解する。

5.3　多数の因子（パラメータ）に影響されるタンパク質の溶解性（および凝集性）

タンパク質の溶解性（および凝集性）は，その分子表面に配置されたアミノ酸の溶解性によって決まると考えられている。ここでは，我々がアミノ酸の溶解性の指標として提案する「溶解傾向性」を測る際に観測した，溶解性を左右する種々の因子について述べる。「溶解傾向性」（詳細は第Ⅲ編第4章を参照）は，BPTI変異体のC末端に当該アミノ酸を付加し，そのアミノ酸の付加による溶解性の変化を測定して求めた。具体的には，1.3 Mの硫安存在下で溶解したBPTI変異体サンプルを4℃で20分間遠心した後，上清画分のタンパク質濃度を測った[16]。その濃度をBPTIに付加したアミノ酸の「溶解傾向性」と定義した。

硫安存在下での凝集は遅い反応であることが知られている。たとえば，タンパク質精製中に硫安沈殿させるときは，サンプルを数時間冷蔵庫に静置する。我々も上記の「溶解傾向性」の測定において，20分間の遠心では凝集が平衡状態に至っていないことに気付いた。そのため我々は，硫安添加後最長で24時間静置したサンプルの上清画分のタンパク質濃度を測定し，凝集の経時変化を追跡した（図3)。その結果，上清画分のタンパク質濃度が安定するまで数時間必要であっ

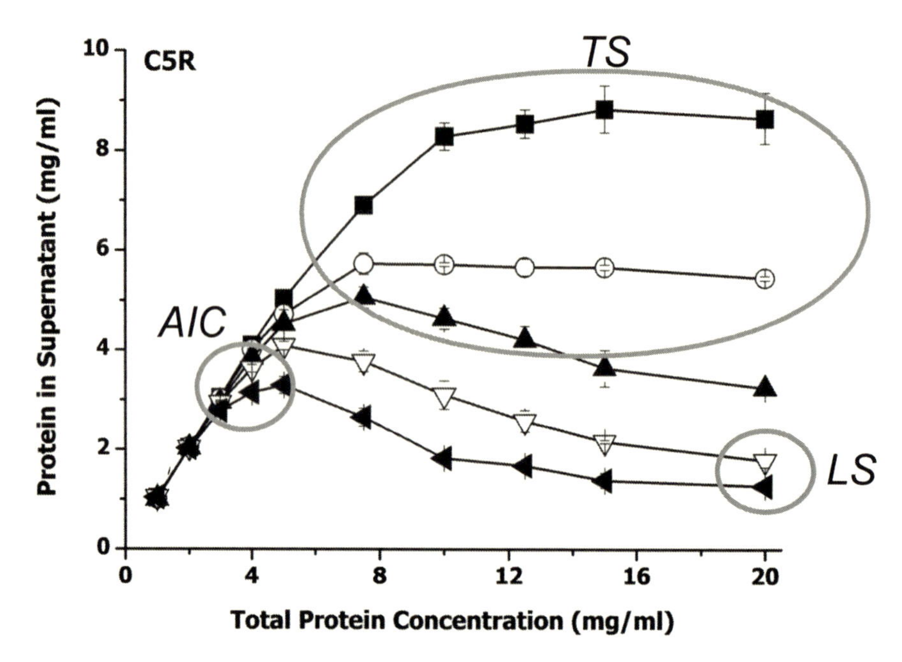

図３　アルギニンを５個付加したBPTI（牛膵臓トリプシン阻害タンパク質）の溶解性の経時変化

横軸と縦軸はそれぞれ，タンパク質の初期濃度と可溶性画分濃度を示す。静置時間20分（■），60分（○），6時間（▽），12時間（▲），24時間（◀）で測定した上清画分の溶解性を示す。*AIC*，*TS*，*LS*はそれぞれ，凝集開始濃度（aggregation initiation concentration），過渡的溶解性（transient solubility；平衡に至ってない状態での可溶性画分），長期溶解性（long term solubility；平衡状態での可溶性画分）を示す。

た[17]。このように，「溶解傾向性」は，pH，温度，共溶剤の種類や濃度，静置時間など複数のパラメータを持つ「関数」であることがわかった。

溶解傾向性の経時変化が遅いのは硫安によるものであると予想される。しかし，我々の実験では，溶解傾向性の経時変化に加えて，タンパク質の初期濃度に対する依存性という予想外の関係も明らかになった。実験では，タンパク質の初期濃度を1 mg/mLから25 mg/mL，静置時間を20分間から24時間の条件で，上清画分のタンパク質濃度を測定した[17]。その結果，高濃度では凝集が早く進むが低濃度では凝集が遅いことを突き止めた（図3）。すなわち，静置時間を12時間に固定して上清画分のタンパク質濃度を測定すると，タンパク質の初期濃度が20 mg/mLより6 mg/mLのときの方が，溶解性が高いという不思議な結果になった（図3）。しかし，タンパク質濃度が高いほど，凝集が早く進むと考えるとそれほど不思議な結果ではなくなる。よって我々は，凝集が遅いため，「一見平衡に至ったときの溶解性」を「過渡的な溶解性」（transient solubility：*TS*）と命名した[17]（溶解性という表現は平衡に至ったときの限界濃度と考える場合，「過渡的溶解性」は適切でないという意見もある）。

過去の研究報告にも，溶解性に関する「不思議」な現象が見られる。その例として，100 mg/

mLで溶かしたリゾチームの溶解性が約5 mg/mLであったが，20 mg/mLで溶かしたリゾチームの溶解性は2 mg/mLに低下していたという報告がある[18]。これも，リゾチームの凝集が遅いため過渡的溶解性（*TS*）を溶解性として測定したと考えれば，「不思議な現象」ではなくなり，従来の物理化学的な考えに従って説明できる。

最後に，アモルファス凝集の核が存在するか否かを議論したい。図3より，タンパク質の初期濃度が閾値より低い場合，上清画分のタンパク質濃度は24時間経過しても低下しないことが分かる。一方，タンパク質濃度が閾値より少しでも高いサンプルでは，時間が経つにつれて凝集が進み，最終的には24時間静置後の上清画分のタンパク質濃度（長期溶解性；long term solubility：*LS*）は，閾値濃度より低くなっている（図3）。結晶形成やアミロイド凝集でもタンパク質濃度が閾値濃度以上で会合核ができ，その核は閾値濃度以下でも成長する。逆に，初期濃度が閾値より低い場合は，核が出来ないためタンパク質は凝集または会合しない。すなわち，図3はアモルファス凝集にもなんらかの「核」が形成されるという仮説を示唆する。そのため，我々はアモルファス凝集体を*AIC*（凝集開始濃度）以下のタンパク質濃度の溶液に移すことで，結晶のシーディング法と同様にアモルファス凝集もシーディングによって加速できると考えたが，現在のところそのような観測はできていない。アモルファス凝集の核は，結晶核やアミロイド核とは性質が少々異なるのかもしれない[19]。アモルファス凝集に核が存在するか否か，またはその性質の解明は今後の研究課題である。

6　おわりに

本章では，タンパク質のアモルファス凝集および溶解性の物理化学的な解析を論じた。溶解性が，温度，pH，塩濃度，経時変化や熱安定性などが複雑に関係する多くの因子によって決まることが，物理化学的な解析を難しくしている。しかし，溶解性に影響する因子をパラメータと考え，凝集反応の可逆性・平衡や経時変化を正しく評価することで，物理化学的な原理を用いてアモルファス凝集を理解することが可能となり，将来的に凝集の熱力学モデルが構築されると期待している。

文　　献

1）J. A. Schellman & G. N. Somero, *Biophys. J.*, **71**, 1985 (1996)
2）K. Gekko, & S. N. Timasheff, *Biochemistry*, **20**, 4667 (1981)
3）T. Arakawa & S. N. Timasheff, *Biophys. J.*, **47**, 411 (1985)
4）T. Ooi *et al.*, *Proc. Natl. Acad. Sci. USA*, **84**, 3086 (1987)

5) T. Ooi & M. Oobatake, *Proc. Natl. Acad. Sci. USA*, **88**, 2859 (1991)
6) M. S. Lawrence *et al.*, *J. Am. Chem. Soc.*, **129** (33), 10110 (2007)
7) S. R. Trevino *et al.*, *J. Mol. Biol.*, **366**, 449 (2007)
8) R. Zambrano *et al.*, *Nucleic Acids Res.*, **43** (W1), W306 (2015)
9) A. Kato *et al.*, *Biopolymers*, **85**, 12 (2007)
10) J. C. Boatz *et al.*, *Nat. Commun.*, **8**, 15137 (2017)
11) M. Kunitz, *J. Gen. Physiol.*, **32**, 241 (1948)
12) 半田明弘，生物工学会誌，**93** (5), 278 (2015)
13) J. Kyte, & R. F. Doolittle, *J. Mol. Biol.*, **157**, 105 (1982)
14) Y. Nozaki & C. Tanford, *J. Biol. Chem.*, **246**, 2211 (1971)
15) 加藤淳ほか，生物物理，**48**, 185 (2008)
16) M. M. Islam *et al.*, *Biochim. Biophys. Acta*, **1824**, 1144 (2012)
17) M. A. Khan *et al.*, *Biochim. Biophys. Acta*, **1834**, 2107 (2013)
18) S. R. Trevino *et al.*, *J. Pharm. Sci.*, **97**, 4155 (2008)
19) Y. Kuroda, *Biophys. Rev.*, **10**, 473 (2018)

第2章　タンパク質の共凝集と液-液相分離

白木賢太郎[*1]，岩下和輝[*2]，三村真大[*3]

1　はじめに

タンパク質の凝集（aggregation）の研究は，これまで1種類のタンパク質をモデルとして研究されることが多かった。本書にもさまざまな解説があるように，加熱による凝集や，リフォールディングにともなう凝集，疾患にかかわるアミロイドの形成，塩析のような溶解度の低下による沈殿など，実験と理論の両方から理解が深まってきた。一方，本章では，タンパク質とタンパク質，もしくはタンパク質と高分子電解質など2種類の組み合わせで生じる凝集や相分離の現象を扱う。これらは食品や医薬品などの産業に重要な情報を提供するほか，生命科学の分野では細胞内に生じる「膜のないオルガネラ」にも関連しており，最近注目を集めている現象である。

複数のタンパク質や高分子が含まれた混合溶液は，均質に分散せずに液-液相分離（liquid-liquid phase separation）してできた液滴状の構造物を作る性質がある。本章では，液-液相分離してできた構造物をコアセルベート（coacervate），そのうちタンパク質と高分子電解質によるものを液滴性PPC（droplet protein-polyelectrolyte complex）と呼ぶ。一方，例えば2種類のタンパク質を加熱すると，不規則なネットワークをもった凝集体が生じる。この凝集体を本章では共凝集体（coaggregate）と呼ぶ。

1種類のタンパク質が形成する凝集体と，2種類のタンパク質による共凝集体やコアセルベートは，いずれもタンパク質が非特異的に会合してできた集合体だが，本章で述べていくように，形成のメカニズムや形状，低分子添加剤による制御性が異なっている。

2　凝集と共凝集

まず，1種類のタンパク質による凝集と，2種類のタンパク質による共凝集のメカニズムを比較してみたい（図1）[1]。1種類のタンパク質だけが含まれた溶液を加熱すると白濁が生じる。これは簡単に再現できるわかりやすい凝集の例である。一方，2種類のタンパク質が含まれた溶液を加熱しても，同じような白濁が生じる。肉眼で見る限り区別できないものだが，形成のメカニズムは異なっている。

＊1　Kentaro Shiraki　筑波大学　数理物質系　物理工学域　教授

＊2　Kazuki Iwashita　筑波大学　数理物質系　物理工学域　日本学術振興会特別研究員

＊3　Masahiro Mimura　筑波大学　数理物質系　物理工学域

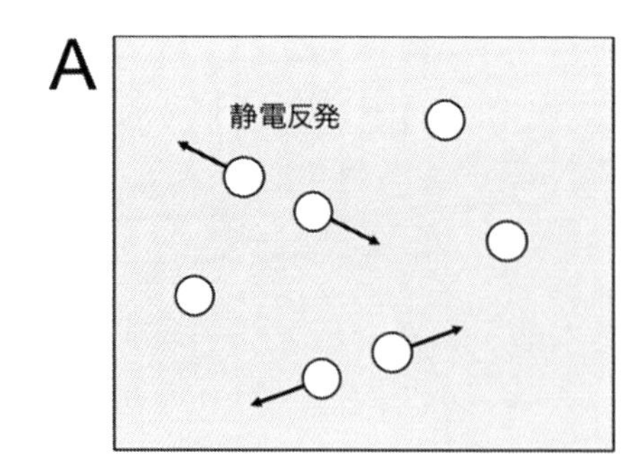

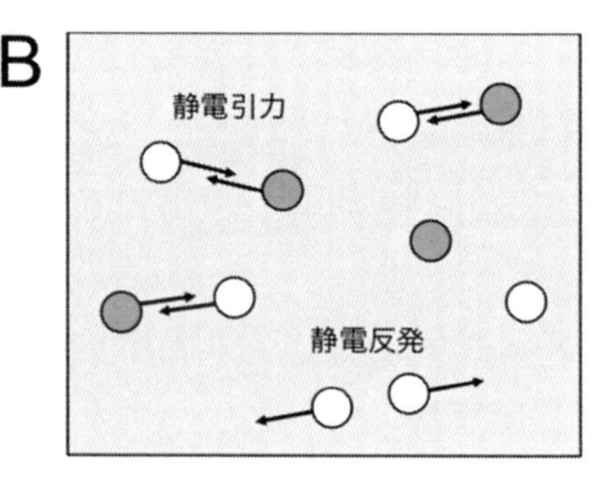

図1　タンパク質の溶液状態
(A) 1種類のタンパク質が含まれた溶液では，基本的に全ての分子の間に静電的な反発力が働いている。(B) 2種類のタンパク質が含まれた溶液では，異種分子間には静電的な引力が働く可能性もある[1]。

タンパク質は固有の等電点を持つ。溶液の pH がそれより酸性や塩基性であれば，タンパク質は正や負の電荷を帯びることになる。そのため，タンパク質が1種類だけ溶液に含まれている場合，基本的には静電的な反発力が働いている。それでも凝集が進むためには，静電的な反発力に打ち勝つほどの強い疎水性相互作用が必要になる。

一方，正電荷を持ったタンパク質と負電荷を持ったタンパク質が溶液に含まれている場合，静電的な引力が働く。そのため，複数のタンパク質が含まれた溶液に生じる共凝集体は，1種類だけのタンパク質による凝集よりも，基本的には進みやすい。

具体的な研究例を見てみよう。50 mM のリン酸緩衝液中（pH 7.0）でのタンパク質の共凝集を調べた報告がある[2]。負電荷を持つオボアルブミンと正電荷を持つ卵白リゾチームは，この程度のイオンが含まれていると，静電遮蔽効果のために静電相互作用は弱められ，室温では均一に分散している。ここで，それぞれのタンパク質を 50 μM ずつ加えて 70℃にすると白濁が生じる。しかし，リゾチームだけを 70℃に加熱してもほとんど白濁しない。両者の混合比を変えて白濁する様子を調べてみると，あらかじめ加えるリゾチームの濃度が高いほど，白濁した凝集物に含まれるリゾチームの量も増加する。つまり，この白濁した凝集物はオボアルブミンがリゾチームを巻き込んで形成された共凝集体であることがわかる。

3　液-液相分離

液-液相分離の現象は，タンパク質や核酸，合成高分子などさまざまな組み合わせの混合物に生じることが古くから知られている。ゼラチンやアラビアゴムのような生体材料に関する研究，ポリアクリル酸やポリグルタミン酸などのモデル研究は，1960 年代から 80 年代にかけて詳細に進められてきた[3]。当時すでに明らかにされたように，高分子溶液の液-液相分離には2つのパターンがある。

まず，2種類の高分子が静電相互作用によって集まった密な相と，その周辺に疎な相をつくる液-液相分離がある。これによる球形の密な相がコアセルベートと呼ばれている。例えば，ポリグルタミン酸とポリリジンのような高分子の組み合わせを低イオン強度の条件で混合することでコアセルベートが生じる。コアセルベートは球状の界面を持っており，内部には流動性がある。本章での液-液相分離してできたコアセルベートとは，こちらのものを指す。最近では，固有の立体構造を形成しない天然変性タンパク質と呼ばれるタンパク質は，RNAやDNA，別の天然変性タンパク質とともに液-液相分離したコアセルベートを形成することがわかり，細胞内にあるさまざまな機能を区画化しているのではないかと注目を集めている[4,5]。

一方，混じり合いたくない2種類の高分子による液-液相分離もある。このような分離は水性二相系（aqueous two-phase system）と呼ばれる。例えば，分子量1万以上のポリエチレングリコール（PEG）とデキストラン（DEX）とを10%程度ずつ試験管内で混合すると，2相に分離する。下相には低濃度のPEGと高濃度のDEXが含まれ，上相には逆に，低濃度のDEXと高濃度のPEGが含まれた状態になる。このような相分離が生じるのは，均質に混じり合うよりも互いに濃い状態と薄い状態に分かれていた方が熱力学的に安定なためである[6]。

4　コアセルベートと共凝集体

コアセルベートと共凝集体は，同じタンパク質の組み合わせで作り分けることが可能である[7]。卵白リゾチームとオボアルブミンは中性条件ではそれぞれ正電荷と負電荷を帯びている。これらのタンパク質を80℃で30分加熱したあと常温に戻した試料を，それぞれ加熱リゾチームおよび加熱オボアルブミンと呼び，加熱処理しないものを天然リゾチームと天然オボアルブミンと呼ぶ。加熱して常温に戻すと試料は透明なままであるが，タンパク質は部分的に構造が壊されて疎水性領域が露出するため，分子間で疎水性相互作用することができる。

天然リゾチームと天然オボアルブミンをそれぞれ0.5 mg/mLになるよう純水中で混合すると，中性付近のpHでコアセルベートを形成した（図2A）。このコアセルベートは球状の形をしており，時間とともに融合して成長した（図2B）。融合したということは液体の性質を持つことを示唆している。なお，pHを弱酸性や強塩基性の条件にして天然リゾチームと天然オボアルブミンを混合してもコアセルベートは形成しなかった。また，塩化ナトリウムを加えていくと，約30 mM以上になるとコアセルベートは形成しなかった。このような条件を検討してもわかるように，天然タンパク質同士のコアセルベートは，静電相互作用で安定化されたものである。

次に，加熱して変性させた加熱オボアルブミンと，天然リゾチームとをそれぞれ0.5 mg/mLになるよう室温で混合したところ，中性条件では天然タンパク質同士の組み合わせと同じように白濁が生じた（図2b）。この白濁は，反対の電荷を持ったタンパク質が静電相互作用によって引き合いながら，疎水性相互作用によって安定化されたもので，不規則な形をしており内部には流動性もない。すなわち，この条件でみられる白濁は，液-液相分離して生じたコアセルベートで

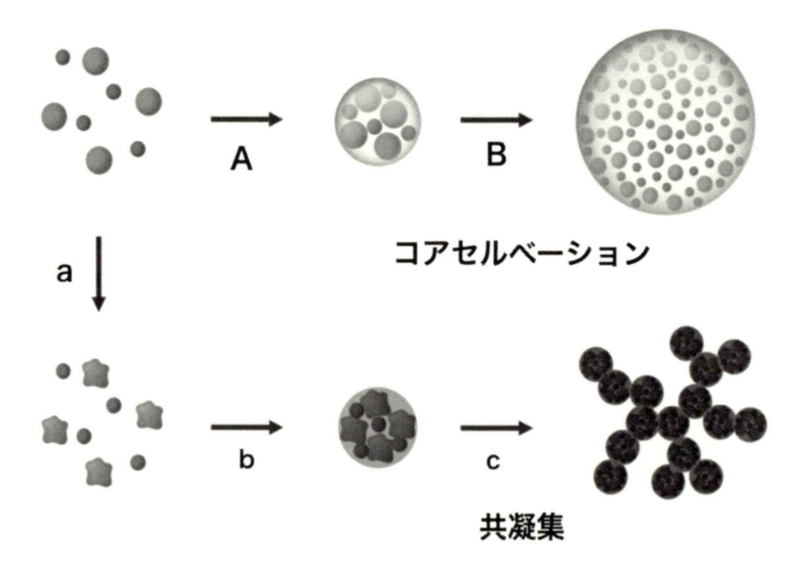

図2　コアセルベーションと共凝集
(A)天然タンパク質同士を低イオン強度で中性条件で混合すると，液-液相分離したコアセルベートができる。(B)コアセルベート同士は融合して成長する。(a)タンパク質の立体構造が壊れると疎水性領域が露出する。(b)その結果，静電相互作用と疎水性相互作用によって共凝集が生じる。(c)共凝集体はそれぞれが結合することによって成長が進む[7]。

はなく，固-液相分離して固体が析出したような共凝集体であると考えられる。

共凝集体の成長は，小さな共凝集体が別の小さな共凝集体と結合することで進むのが特徴である（図2c)。ちなみに小さな凝集体の形成と，それらの会合で凝集が進むという階層性は，1種類のタンパク質による凝集にも見られる性質である[8]。

このように，タンパク質の集合体は，2種類の分子間の相互作用の種類と強さに依存して，コアセルベートや共凝集体をつくる。一般に，コアセルベートには数百 mg/mL のタンパク質が濃縮されているが，残りは水分子である。すなわち，タンパク質分子は互いに相互作用しているが，タンパク質分子は水に溶けているとみなせる状態である。濃縮された相の中でタンパク質は結合と溶解を繰り返し，構造が常に再編成されているために流動的な状態になる。ところが，タンパク質分子のあいだに疎水性相互作用が働くと，不規則な形を持った共凝集体が形成される。つまり，共凝集体とは，水分子が追い出されて実質的にタンパク質の立体構造や相互作用が再編成できなくなった状態のことなのである。

ここで，溶液条件を変えたときの共凝集の性質を見てみよう。天然リゾチームと加熱オボアルブミンの共凝集は，両者のコアセルベートより広い pH 域で生じた[7]。塩化ナトリウムを加えていくと，濃度依存的に共凝集が生じにくくなり，125 mM で共凝集が完全に抑制された。一方，凝集抑制剤として知られるアルギニン塩酸塩を加えておくと，100 mM でも共凝集が完全に抑制された。アルギニン塩酸塩はタンパク質分子間の疎水性相互作用を抑制するほか，イオンの効果として静電相互作用を遮蔽する効果もあるので，共凝集の抑制の効果が高くなったと考えられる。

フッ化ナトリウムを加えると共凝集の抑制の効果が下がり，200 mM を加えるとようやく完全に共凝集を抑制した[7]。フッ化ナトリウムは水溶液中ではイオンに分かれて，他のイオンと同様に静電遮蔽の効果によって静電相互作用を抑制するが，ホフマイスター順列では塩化ナトリウムよりもコスモトロープの性質がある[9]。コスモトロープはタンパク質分子間の相互作用を強める働きがあるため，他のイオンと比べて凝集を促進したのだと考えられる。

ここで，添加剤の効果を見てみよう。ウシベータラクトグロブリンと卵白リゾチームは，中性条件ではそれぞれ負電荷と正電荷を帯びている。両者の共凝集は，どのような添加剤を加えても効果的に抑制できることが実験的に示されている[1]。共凝集が生じる最初のプロセスには，タンパク質の変性がある（図 2a）。そのため，タンパク質の立体構造を安定化するスクロースやトレハロースなどの糖質のほか，ポリエチレングリコールやデキストランなどを少量加えるだけでも共凝集の抑制には効果がある。続いて凝集前駆体の形成プロセスがある（図 2b）。凝集前駆体の形成は静電的な引力によって会合が進むため，静電遮蔽効果が見込まれる数十 mM 程度の塩を加えるだけでも共凝集のプロセスは抑制できる。その後，凝集前駆体が会合するプロセスが続く（図 2c）。このプロセスには疎水性相互作用が関わるため，凝集抑制剤であるアルギニンのほかに，疎水性の溶質の溶解性を改善するカオトロープを加えておくと共凝集の抑制に効果がある。このように，共凝集は，タンパク質の変性と凝集前駆体の形成と凝集の成長の 3 ステップのいずれを抑制しても効果がある。

そして多種類のタンパク質が含まれているといっそう凝集しやすい状態にある。そのため，凝集抑制剤などの効果が高まる。1 mg/mL の卵白に 0.6 M のアルギニン塩酸塩[10]や 0.5 M のチオシアン酸ナトリウム[11]を加えておくと，90℃で 30 分間加熱したあと遠心分離しても沈殿物はほとんど生じなくなる。アルギニン塩酸塩を 1 種類のタンパク質への凝集抑制剤として利用するとき，これだけ高い効果を示すことはない。多種類のタンパク質があればそもそも凝集しやすい条件なので，凝集抑制剤などの添加剤の効果が，目に見えてわかりやすく現れてくるのである。

5　バイオ医薬品への応用

これまで述べてきたように，静電相互作用だけでなく疎水性相互作用も働くような共凝集は不可逆なプロセスである。一方，静電相互作用だけで安定化されるコアセルベートは，生理食塩水を加えるような温和な処理でも溶解できる。したがって，コアセルベーションはタンパク質を変性させる作用も少なく安全であると考えられる。このような性質を持つため，コアセルベーションはバイオ医薬品の濃縮や安定化に応用することができる。

ポリアミノ酸のような高分子電解質とタンパク質との複合体を，タンパク質-高分子電解質複合体（protein-polyelectrolyte complex）という。本章ではこれをPPCと略す。PPCは溶解性の異なった複数のタイプがある（図3）。

白濁しており遠心分離で沈殿するPPCを，凝集性PPC（aggregative PPC）という[12]。凝集性PPCは液滴性PPC（droplet PPC）と不溶性PPC（insoluble PPC）に分けられる。液滴性PPCはコアセルベートと同じ性質を持ち，主に静電相互作用だけで安定化されている[13]。そのため，遠心分離した直後の液滴性PPCの沈殿物は白い固体のように見えるが，時間とともに透明になっていくのが観察される。おそらく徐々に水を取り込み，融合が進むからだと考えられる。一方，不溶性PPCは共凝集と同じ性質を持っており，静電相互作用のほか疎水性相互作用によっても安定化されている。不溶性PPCは，タンパク質が部分的に変性した状態が含まれているため，塩化ナトリウムを加えるだけでは溶解しない[13]。

液滴性PPCについて，具体的な研究を見てみよう。タンパク質と荷電性高分子のさまざまな組み合わせで形成させることができる（図4）。例えば，モノクローナル抗体や，ヒト血清由来のIgG，白血病薬として使われるアスパラギナーゼ，ペプチドホルモンなどは，その荷電状態に対応させてポリリジンやポリグルタミン酸と混合することで，PPCを形成する[14]。液滴性PPCは，酸化や加熱や振盪による変性への耐性を示す特徴もある（図4：Step2）[15]。また，液滴性

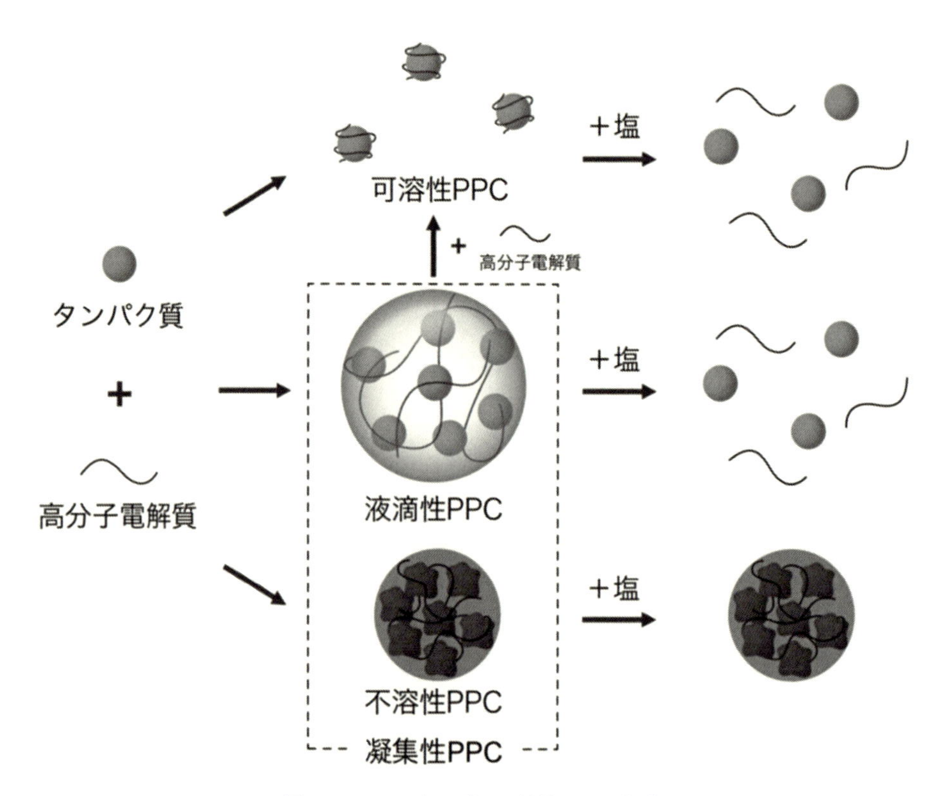

図3　PPCのさまざまな状態とその転移
凝集性PPCは塩による可逆性によって分けられる[13]。

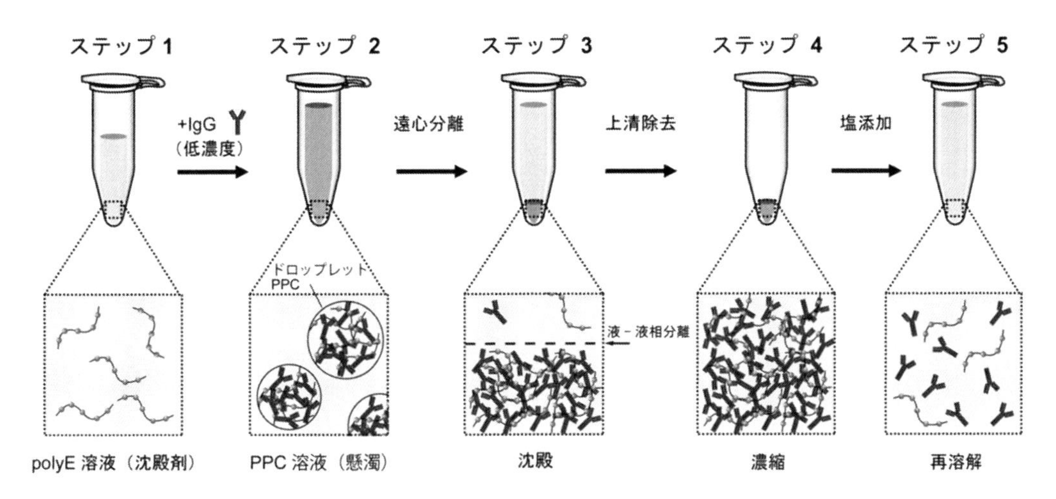

図4　液滴性 PPC を利用したバイオ医薬品の濃縮と安定化

PPC は，遠心分離すると沈殿させることが可能で，1リットルの溶液量があれば1時間ほど静置するだけでも沈殿する（図4：Step3）[16]。ここで沈殿物として濃縮された液滴性 PPC は，主に静電相互作用で安定化されているので（図4：Step4），生体内のイオン強度（例えば 150 mM の塩化ナトリウム）にするだけで解離させることが可能である（図4：Step5）。このような安定化や可逆性のため，液滴性 PPC はバイオ医薬品の新しい製剤法として期待されている[17]。

液滴性 PPC にさらに高分子電解質を加えていくと，1分子のタンパク質に数分子の高分子電解質が結合した可溶性 PPC（Soluble PPC）の状態になる。この状態は動的光散乱法で観察すると 10 nm 以下のサイズとして観察される[18]。なお，可溶性 PPC は，酵素の活性をオンオフに切り替えたり[18]，酵素活性を一桁以上も増加させたりするなど[19]，機能の制御に応用できる。

6　まとめ

タンパク質の凝集と共凝集，コアセルベーションの違いを整理した。これらの違いを整理すると次のようになる。1種類のタンパク質による凝集は，タンパク質が変性することで疎水性相互作用によって会合したものである。この場合，遠くまで届く静電的な反発力が働くなかでの凝集なので，強い疎水性相互作用がある。凝集は基本的には不可逆に進む。一方，共凝集は2種類以上のタンパク質による凝集で，溶液の pH によっては静電的な引力が働くこともあるため，比較的弱い疎水性相互作用でも会合が進む。そのため，凝集抑制剤の効果が顕著に現れるほか，無機塩やオスモライトなど，多様な添加剤で形成をふせぐことが可能だ。コアセルベートは静電相互作用だけで安定化された会合体なので，イオン強度を増加させるだけで溶解する。

本内容は，筑波大学数理物質系の白木研究室のメンバーと共同研究者によって得られた成果をもとに書かれたものです。関係者に感謝いたします。

文　献

1） S. Oki *et al., Int. J. Biol. Macromol.,* **107**, 1428 (2018)
2） K. Iwashita *et al., Food hydrocolloids,* **67**, 206 (2018)
3） 佐藤浩子，中島章夫，高分子集合体，p.73，学会出版センター (1983)
4） A. A. Hyman *et al., Annu. Rev. Cell Dev. Biol.,* **30**, 39 (2014)
5） S. F. Banani *et al., Nat. Rev. Mol. Cell Biol.,* **18**, 285 (2017)
6） J. A. Asenjo & B. A. Andrews, *J. Chromatogr. A,* **1218**, 8826 (2011)
7） K. Iwashita *et al., Int. J. Biol. Macromol.,* **120**, 10 (2018)
8） S. Tomita *et al., Biopolymers,* **95**, 695 (2011)
9） A. Salis & B. W. Ninham, *Chem. Soc. Rev.,* **43**, 7358 (2014)
10） T. Hong *et al., Food Res. Int.,* **97**, 272 (2017)
11） K. Iwashita *et al., Protein J.,* **34**, 212 (2015)
12） T. Kurinomaru & K. Shiraki, *Int. J. Biol. Macromol.,* **100**, 11 (2017)
13） A. Matsuda *et al., J. Pharm. Sci.,* in press
14） T. Kurinomaru *et al., J. Pharm. Sci.,* **103**, 2248 (2014)
15） T. Maruyama *et al., J. Biosci. Bioeng.,* **120**, 720 (2015)
16） S. Izaki *et al., J. Pharm. Sci.,* **104**, 1929 (2015)
17） K. Shiraki *et al., Curr. Med. Chem.,* **23**, 276 (2017)
18） S. Tomita *et al., Soft Matter,* **6**, 5320 (2010)
19） T. Kurinomaru *et al., Langmuir,* **30**, 3826 (2014)

第3章　アミロイド線維とアモルファス凝集

宗　正智[*1]，後藤祐児[*2]

1　タンパク質のフォールディングと凝集

タンパク質は20種類のアミノ酸が枝分かれなく重合した高分子ポリマーである。タンパク質は正しくフォールディングして，天然構造をとり生体内で機能を発揮する。生理的な条件下では天然構造が熱力学的に最安定な構造であることがアンフィンゼンによって示された[1]。この構造が崩れ，機能が失われるとタンパク質は変性し，生体内では分解・代謝される。変性したタンパク質はしばしば凝集し，生体内に沈着して病気を引き起こす。また，試験管内での実験で熱や酸によって変性したタンパク質はしばしば凝集をする。生卵を熱するとゆで卵ができる現象である。

これまでタンパク質研究は，X線結晶構造解析や溶液NMR法などの手法によりタンパク質の構造に基づいて機能を理解することを目標として発展してきた。タンパク質解析手法の多くは溶液を対象としており，タンパク質は溶けている必要があった。そのため，ほとんどの研究者にとって，タンパク質凝集は実験の妨げであった。しかし，タンパク質凝集は頻繁に起きるものであり，何とかうまくフォールディングさせようとする実験が試みられてきた。後述される測定や解析手法の多くも本来は溶液を対象としており，凝集を測定するための技術の進歩や様々な工夫がなされてきた。また，生体内でもタンパク質は溶けて機能するものと考えられており，オートファジーなどの細胞内品質管理や分子シャペロン，新生鎖のフォールディング研究が盛んに行われてきた。

一方で，タンパク質凝集は生体内で沈着し，病気を引き起こすことが明らかとなってきた。中でもアミロイド線維が関わる牛海綿状脳症（BSE）やプリオン病，近年ではアルツハイマー病やパーキンソン病などの神経変性疾患が大きな社会問題となっている。これらの病気はアミロイドーシスと呼ばれ30種類以上もの疾患が報告されている。また，アミロイド線維は病気にかかわるものばかりでなく，正常な細胞や組織で機能する「機能性アミロイド」といったものも見つかっている。バイオフィルムやペプチドホルモンの貯蔵形態などがその例である[2]。このようにアミロイド線維は生命現象を担うものとして発見されてきたが，最近ではアミロイド線維の構造や特性を利用して，新規素材の開発に応用する提案も盛んになっている。

＊1　Masatomo So　大阪大学　蛋白質研究所　蛋白質構造形成研究室　助教
＊2　Yuji Goto　大阪大学　蛋白質研究所　蛋白質構造形成研究室　教授

2　アミロイド線維とアモルファス凝集の構造

アミロイド線維は病気の治療や予防の重要性から，その構造や物性に関する多くの研究がなされてきた。特にその構造については，近年の固体NMRやクライオ電子顕微鏡技術の発展によりアミロイド線維構造が明らかになってきている。アミロイド線維は，分子内相互作用により正しく折りたたまれていたタンパク質が変性し，分子間で水素結合を形成した構造であることがわかってきた。つまり，アミロイド線維は分子間の水素結合によるβシート構造を基本とした幅数十ナノメートル，長さが数マイクロメートルにも及ぶ線維であり，一つの線維には数千以上もの単一の分子が含まれる。一次元の結晶に相当する超分子複合体とみなすことができる（図1a）[3]。

分子間水素結合によるβシートが線維軸に垂直に並んだ構造をクロスβ構造と呼び，実験的にはX線線維回折による特異的なパターンや，円二色性スペクトルの特徴的なスペクトル，アミロイド線維特異的に結合するチオフラビンTの蛍光などで検出することができる。このような基本構造はアミロイド前駆体タンパク質やペプチドのアミノ酸配列によらず，すべてのアミロイド線維に共通している。しかし，1分子内の詳細な構造や線維密度，長さなどは，構成タンパク質やアミロイド線維形成条件によって多様であり，線維の物性や病態にも影響すると考えられている。したがって，アミロイド線維構造を明らかにすることは，その物性を理解することや病気の治療や予防，創薬の観点から非常に重要な研究である[4]。

以上のようにアミロイド線維構造に関する研究は様々な研究が行われ，多くの知見が得られている。一方で，アミロイド線維のように高度に秩序だった構造を持たない不定形の凝集「アモルファス凝集」については，ゆで卵を代表に現象としては身近でありその存在は認識されてきたものの，アミロイド線維も含めたいわゆる「凝集」として避けるべきものとして扱われ，その構造や凝集機構については調べられてこなかった。アモルファス凝集には，ゆで卵や抗体医薬などのタンパク質製剤が作る凝集のように変性したタンパク質がつくる無秩序な凝集と，硫安沈殿のように天然状態を保持したタンパク質が無秩序に集積することでつくる凝集の2種類がある。いず

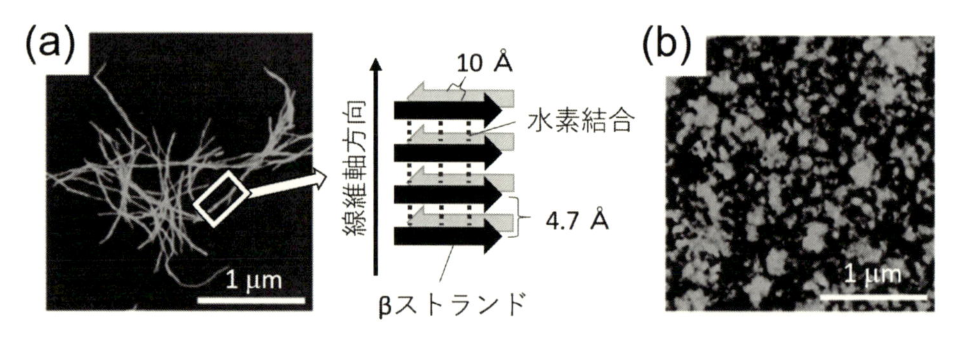

図1　(a)アミロイド線維の原子間力顕微鏡像と構造。βストランド（一般的に矢印で表される）が線維軸に垂直に水素結合で積み重なっている。
(b)アモルファス凝集の原子間力顕微鏡像

れも特異的な構造や形態をとらない（図1b)。また，近年注目されている液液相分離も，凝集ではないが無秩序な集合を一過的につくるという点ではアモルファス凝集に近い現象かもしれない。このようにアモルファス凝集に関しては，明確な定義がなく，様々な凝集がそれぞれの特徴を持つため，体系的な研究がなされてきていない。凝集を様々な指標で分類することは可能であろうが，ここでは高度に秩序化された構造体と区別してそれ以外をアモルファス凝集としている。アミロイド線維が多くの疾患や機能に関わることは上述したが，アモルファス凝集も生体内のいたるところで見られ，それらが疾患や機能に影響を及ぼすことが考えられる。アミロイドーシスの研究分野では，高度な秩序構造であるアミロイド線維よりも，線維形成過程に存在するオリゴマー種が細胞毒性の原因であるといった考え方が近年では受け入れられている。オリゴマー種はアミロイド様の特徴を持つものや持たないものが存在するが，オリゴマー種を含めたアモルファス凝集とアミロイド線維を主とする秩序構造の形成機構を包括的に理解することが医学的にもタンパク質科学的にも重要である。

3 結晶化によく似たアミロイド線維形成と相図による理解

アモルファス凝集に関する知見は乏しくアミロイド線維側からの視点でタンパク質凝集をとらえることにとどまるが，両者の析出反応を比較して考えると理解しやすい。アミロイド線維の形成反応は結晶化反応とよく似た反応であり，構造基盤となる核形成がまず起き，それを鋳型として大きな複合体が積みあがっていく伸長反応が起きる[5)]。タンパク質結晶やアミロイド線維の核形成反応はエネルギー障壁が高く時間がかかるのに対し，伸長反応は速く進む。このため，アミロイド線維形成の反応プロフィールは，一定時間の潜伏時間（ラグタイム）の後に急激に反応が進むシグモイド型の曲線を描く（図2)。出来上がった線維を細かく砕き，単量体の溶液にシードとして加えるとラグタイムのない伸長相のみからなる反応がみられることから，この反応が核

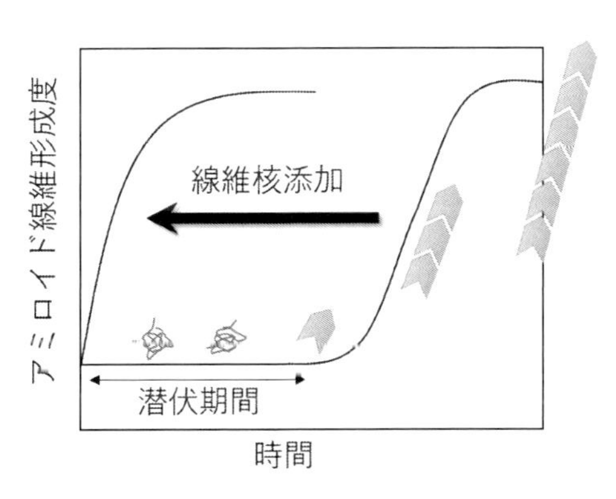

図2 アミロイド線維形成の経時変化
自発線維形成では核形成に時間がかかり潜伏期間が存在するが，
線維核を添加したシーディング反応は速く進む。

依存的に起きる反応であることがわかる。一方で，アモルファス凝集は秩序だった構造基盤が存在せず，核依存的な伸長反応は起きない。そのため，反応プロフィールは，ラグタイムが存在しない飽和型の曲線を描く。

結晶化反応は，溶質濃度が上昇し過飽和状態になったところで核が発生し起きる。アミロイド線維形成も原因タンパク質濃度が上昇し，過飽和状態になっているところに核形成が起き，タンパク質がアミロイド線維として析出していることが示唆された[6~8]。つまり，核形成が起きるまでに一定時間の溶質濃度が溶解度を超えて溶けている過飽和状態が存在する。過飽和状態は生体内でも存在する。長期血液透析患者の血中$\beta 2$ミクログロブリンタンパク質濃度は健常者に比べ高くなっているが，すべての患者で透析アミロイドーシスが発症するわけではなく，一部の患者のみが発症する[9]。これは，血中$\beta 2$ミクログロブリン濃度が上昇し過飽和状態となっている患者のうち，核形成が起き過飽和が解消された患者のみで発症したと考えることができる。

このようなアミロイド線維形成反応形成機構は相図を用いると理解しやすい（図3）[7]。溶質である変性タンパク質が析出するのは，溶解度を超えた時である。例えば，ミョウバン溶液を熱すると完全に溶け未飽和状態になるが，温度を下げていくと溶解度が下がり結晶が析出する。変性タンパク質のアミロイド線維形成も全く同じであり，溶液状態からの析出現象と考えられ，タンパク質濃度や沈殿剤濃度に強く依存する。$\beta 2$ミクログロブリンはpH 2付近で変性しているが，塩を加えないかぎり未飽和状態で溶けている（領域1）。ここへ塩を加えていくとやがて溶解度を超える。しかし，すぐには析出せず，過飽和状態となる準安定状態（領域2）が存在する。この領域では，自発的な核形成は起きず，アミロイド線維形成も起きない。ところが，既存の線維をシードとして加えると直ちに線維伸長が起き，溶質濃度が溶解度と等しくなるまで伸長反応が進む。さらに塩濃度を上げていくと自発的に核形成が起こる不安定状態（領域3）になる。さらに高濃度になると，過飽和状態を長時間維持することはできず，アモルファス凝集ができる（領域4）。おそらく，核形成が至る所で起きて，秩序だった構造はもはやできず，アモルファス凝集に至ったと考えられる。

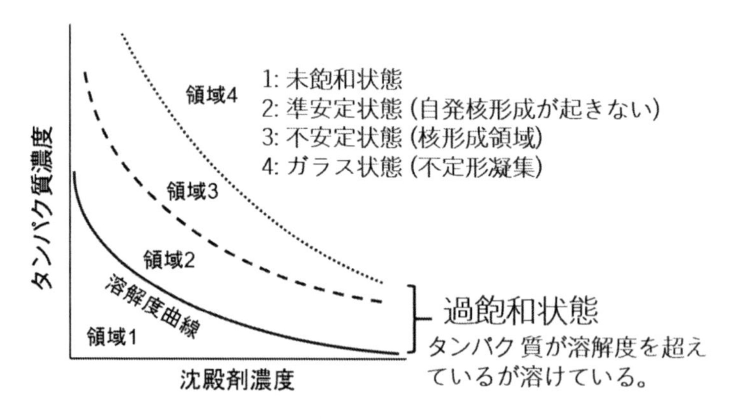

図3　タンパク質の沈殿剤濃度に依存した構造状態の相図

このように，変性タンパク質の析出反応は，溶液条件によって主な構造状態が決まることが予測できる。しかし，相図が示すのはある条件で熱力学的な平衡状態に至った際の構造状態の分配である。実際の反応はもう少し複雑であり，速度論的な議論が必要となる。アミロイド線維形成が核依存的で過飽和状態が存在する反応であり，ラグタイムを伴う反応であるのに対し，アモルファス凝集には過飽和状態は存在せず，一次反応が速やかに進む。つまり，本来支配的にはならないはずの構造体が一時的に蓄積する場合がある。実際にアミロイド原性タンパク質をある条件に置くと，アモルファス凝集が一旦できた後に，アミロイド線維形成が進む現象がしばしば見られる[10, 11]。β2 ミクログロブリンは pH 2 付近で 200 mM NaCl 存在下で凝集反応を行うと，疎水性プローブである ANS の蛍光が即座に上昇し，その後チオフラビン T 蛍光の上昇とともに ANS の 2 段階目の上昇がみられた（図 4a）。1 段階目の ANS 蛍光の上昇はチオフラビン T 蛍光を伴わないことからアモルファス凝集形成が起きたと考えられ，2 段階目の上昇はアミロイド線維形成が起きていると考えられる。最終産物がほとんどアミロイド線維であることから，反応過程でアモルファス凝集からアミロイド線維への転換が起きたことが示唆された。アミロイド線維と不定形凝集の形成モデルを考えると，高いエネルギー障壁を超える必要があるアミロイド線維

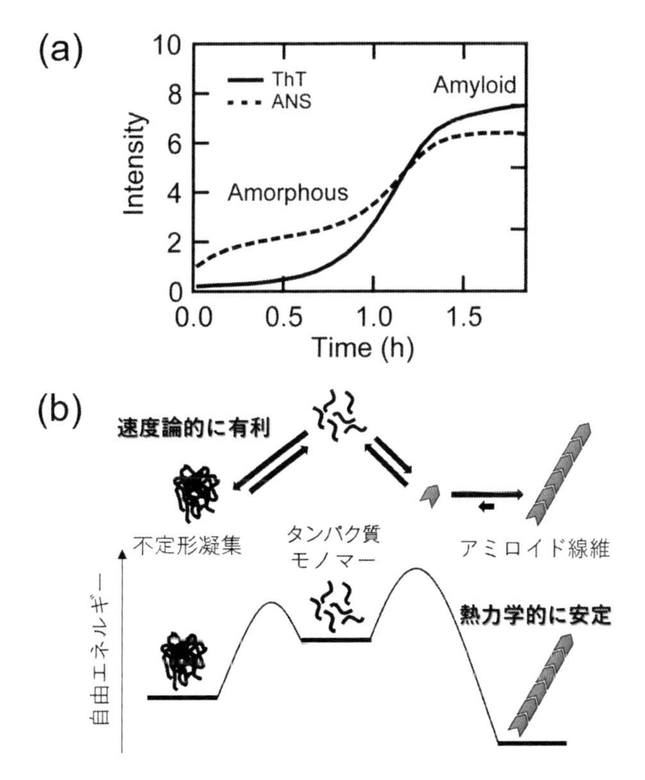

図 4　(a) β2 ミクログロブリンのアミロイド線維形成とアモルファス凝集形成の経時変化，(b) アミロイド線維と不定形凝集の速度論的競争と熱力学的安定性

形成の遅い反応に対して，核形成非依存的なアモルファス凝集は速い反応である。これらの反応が可逆的であり，最終的にエネルギー的に再安定な状態へと遷移していくと仮定すると実験結果をうまく説明することができる。つまり，アミロイド線維形成と不定形凝集形成は，速度論的，および熱力学的な競争によって，その反応過程や最終的な分配が決まる（図4b）[10,12]。このような現象は結晶化の分野の古典的な概念であるオストワルド熟成と合致しており，アミロイド線維形成とアモルファス凝集形成がやはり結晶化とよく似た形成機構によって起きることを示唆している[13,14]。オストワルド成熟は，結晶核形成過程が多段階であり時間がかかる反応である場合に，熱力学的に再安定な構造でなくても速度論的に有利な構造体が先に蓄積し，その後に熱力学的に安定な状態へと構造転移していく反応である。

4　新たな視点“過飽和”からのアミロイド線維形成とアモルファス凝集

ここまでアミロイド線維形成が過飽和状態から起きることを主張してきたが，過飽和とはどういった現象であろうか。過飽和状態とは，溶質がその溶解度を超えた状態で溶けた状態，あるいは溶液が凝固点以下で溶けた状態であり，極めて一般的な自然現象である。水の過冷却が代表的な例である。水を静かに冷却していくと0℃を下回っても凍らないが，わずかに振動させたり触れたりすることで一気に凍ってしまう。

“エコカイロ”という簡易で再生可能なカイロがある。構成成分は酢酸ナトリウムの高濃度溶液である。酢酸ナトリウムの室温での溶解度は5M程度であり，実際にそれより高濃度の酢酸ナトリウム溶液を温めて溶解し，室温に戻しても酢酸ナトリウムは析出しない。酢酸ナトリウムの過飽和状態は非常に安定であり，激しく振ろうが床にたたきつけようが一向に解消されない。エコカイロには金属片が入っており，これをクリックすると直ちに結晶化が始まり，たちまち全体が石のように固くなってしまう。結晶化を途中で止めるのは不可能である。しかし，エコカイロは過熱して再溶解し過飽和状態に戻すことで繰り返し使用できる。

雨や雪も水蒸気の過飽和状態から生じるように過飽和現象は身近な現象である。過飽和現象を理解することがアミロイド線維形成を理解することにもつながる。過飽和現象は一見ありふれた理解の進んでいる現象であるようであるが，意外にもまだよくわかっていない現象である[15]。過冷却水での準安定な相互作用はいまだに重要なトピックスである[16]。

これまでアミロイド線維核の形成は確率論的に起こる反応であり，その頻度が非常にまれであることがアミロイド線維形成の遅い原因とされてきた。果たして，そうであろうか？　強く叩いても反応しなかったエコカイロがいつかひとりでに石になってしまうのだろうか？　過飽和は永久に解消されない。ところが，一粒のシードによって，あるいは不純物として存在するゴミによって結晶化は始まり，途中で止めることはできず，全ては石になってしまう。これこそがアミロイド線維形成の本質であり，アミロイドーシスの恐ろしいところであるかもしれない。一方で，アモルファス凝集は過飽和とは対照的な条件で生じる。結晶が低濃度で，あるいは氷がゆっくり静かに冷却することでできるのに対し，アモルファス凝集は高濃度や急冷といった極端な条件で核形成を至る所で生じさせることにより秩序構造の成長を抑制してしまう。ここにはもはや過飽和は存在しない。アモルファス凝集からアミロイド線維への構造転換は直接的には起こらないように思えるが，構造再構成によるアミロイド線維核の形成や凝集表面での核形成の促進，凝集による局所濃度の上昇がアミロイド線維形成を促進しうる。アミロイドーシスの分子レベルでの発症機構はまだ解明されていないが，過飽和状態を理解し，制御することで高次構造形成を制御することにつながり，アミロイドとアモルファスを包括的に抑制あるいは促進することで，病気の治療や予防，ひいては新規材料開発につながる。

アミロイド線維やアモルファス凝集は非常に複雑で制御困難な凝集体であるが，溶解度や過飽和といった視点から見ると，低分子化合物や合成高分子の高次構造形成と同様に理解することが可能である。タンパク質の凝集現象は生体内でもありふれた現象であり，アミロイド線維や結石，アクチン，微小管などの秩序構造や，白内障，染色体凝縮などの無秩序凝集など様々な現象が溶解度に支配されていると考えられる。このように生命現象は溶解度をコントロールすることで凝集を促進，あるいは抑制することで利用してきた。溶解度という視点からアミロイド線維やアモルファス凝集を含むタンパク質凝集を理解することで，生命現象の理解や制御に新たな展開が期待できる。

文　　献

1) C. B. Anfinsen, *Science*, **181**, 223 (1973)
2) F. Chiti *et al.*, *Annu. Rev. Biochem.*, **75**, 333 (2006)
3) D. Eisenberg *et al.*, *Cell*, **148**, 1188 (2012)
4) L. Gremer *et al.*, *Science*, **358**, 116 (2017)
5) A. M. Morris *et al.*, *Biochemistry*, **47**, 2413 (2008)
6) J. T. Jerrett *et al.*, *Cell*, **73**, 1055 (1993)
7) Y. Yoshimura *et al.*, *Proc. Natl. Acad. Sci. U. S. A.*, **109**, 14446 (2012)
8) P. Ciryam *et al.*, *Trends Pharmacol. Sci.*, **36**, 72 (2015)
9) F. Gejyo *et al.*, *New Eng. J. Med.*, **314**, 585 (1986)
10) M. Adachi *et al.*, *J. Biol. Chem.*, **290**, 18134 (2015)
11) F. Hasecke *et al.*, *Chem. Sci.*, **9**, 5937 (2018)
12) A. Nitani *et al.*, *J. Biol. Chem.*, **292**, 21219 (2017)
13) A. Levin *et al.*, *Nat. Commun.*, **5**, 5219 (2014)
14) M. So *et al.*, *Curr. Opin. Struct. Biol.*, **36**, 32 (2016)
15) Y. Matsushita *et al.*, *Sci. Rep.*, **7**, 13883 (2017)
16) M. Matsumoto *et al.*, *Nature*, **416**, 409 (2002)

第Ⅱ編
測定・理論および
情報科学的解析・予測

第1章　バイオ医薬品におけるタンパク質凝集体の評価

今村比呂志[*1]，渡邊秀樹[*2]，
千賀由佳子[*3]，本田真也[*4]

1　はじめに

タンパク質を主成分とするバイオ医薬品において，凝集体[※1]の管理は焦眉の課題となっている。その理由は，凝集体の発生に伴う投薬支障や効能低下のみならず，凝集体が患者の免疫原性を惹起し有害事象に導く可能性を否定できない状況となっているからである[1)]。したがって，凝集体は重要品質特性（critical quality attributes：CQA）と認識されており，その分析はバイオ医薬品の有効性・安全性の保証に不可欠な項目となっている。本稿では，バイオ医薬品の品質管理に利用されている方法を中心にタンパク質凝集体の分析法を概説する。加えて，新しい分析技術の開発と活用に関する筆者らの研究成果を紹介する。

2　タンパク質凝集体の分析法

タンパク質凝集体は，実にさまざまな性状を呈す。Narhiらは，サイズ，可逆性／解離性，構造，化学修飾，形態のカテゴリーで凝集体を分類することを提案しているが[2)]，例えば粒子のサイズだけでもナノメートルからサブミリメートルの幅広い範囲に及ぶ。このような被験物を単一の方法であまねく評価することは困難であることから，複数の分析法を組み合わせて多角的に解析することが求められる[3)]。以下に，バイオ医薬品の開発時の特性解析試験や出荷時の品質管理試験において利用されることが多い凝集体の分析法を列記する。

＊1　Hiroshi Imamura　立命館大学　生命科学部　応用化学科　助教
＊2　Hideki Watanabe　産業技術総合研究所　バイオメディカル研究部門　主任研究員
＊3　Yukako Senga　産業技術総合研究所　バイオメディカル研究部門　研究員
＊4　Shinya Honda　産業技術総合研究所　バイオメディカル研究部門　副研究部門長

2.1　サイズ排除クロマトグラフィー

サイズ排除クロマトグラフィー（size exclusion chromatography：SEC）は，クロマトグラフィー担体の分子ふるい効果によって，担体孔内への粒子サイズに応じた拡散の違いにより被験物を分離する手法である。主に，数ナノメートルから数十ナノメートルサイズの可溶性凝集体の分離に用いられる。分析の簡便性，定量性，再現性に優れ，バイオ医薬品の凝集体分析に広く用いられているが，担体との相互作用による分離への影響，移動相の違いによる見かけの粒子サイズの変化，被験物の粒子サイズに適した排除限界値を有する担体の選択などに留意する必要がある。

2.2　超遠心分析法

超遠心分析法（analytical ultracentrifugation：AUC）は，被験物の分子量と分子形状に応じた遠心分離パターンの解析に基づく分析法である。沈降速度法と沈降平衡法の2つの測定方法があり，厳密な物理化学的理論式のもと，分子の分散・会合性，沈降係数，分子形状，分子量を，標準試料を用いることなく得ることができる。適用できる分子量範囲も数千から数千万と幅広い。分析に時間を要し，スループット性に欠けることから製造現場での品質管理としての適用は制限されるが，SECに比べ，担体の影響を受けることなく分析ができること，沈降平衡法では分子の形状によらず絶対分子量を決定できることを長所とする。

2.3　動的光散乱法

動的光散乱法（dynamic light scattering：DLS）では粒子のサイズ（流体力学半径）とサイズ分布が得られる。測定可能範囲は1 nm～5 μm程度であり，タンパク質の単量体や凝集体が対象となる[3]。DLSは光子相関分光法の一種であり，レーザー光を入射し，試料溶液からの散乱光の時間揺らぎを観測する。大きな粒子ほどブラウン運動が遅いので緩やかな揺らぎが観測される[4]。散乱強度の自己相関関数から拡散係数が得られ，さらにストークス・アインシュタイン式から流体力学半径が求まる[5,6]。定量性が良いのは入射光の波長より粒子が小さい時である。自己相関関数を逆ラプラス変換すると，試料の粒子サイズの分布が得られる。粒子サイズ分布を多分散度（polydispersity index：PDI）で表すこともある[7]。ただし，多分散度の定義式が解析者（装置付属のソフトウェア）によって異なるので，文献値と比較する際は確認が必要である。サイズの大きな粒子ほど散乱光が強いので，混合物の場合，小さな粒子の情報を過小評価・見落とすことになりかねない。空気中のホコリなどの外来微粒子をあらかじめフィルターで除去することが重要である。流体力学半径の算出には溶媒の屈折率と粘度の値が必要である。

※1　凝集体：単量体のタンパク質が自己会合したもの。Narhiらの分類[2]では天然構造分子の会合体，ジスルフィド結合を介した会合体も凝集体に含まれるが，本稿における凝集体はこれらを含まない。IgGは2つの重鎖と2つの軽鎖のペアからなるホモダイマーであるが，本稿ではこれを単量体と呼ぶ（天然状態で1つの機能的ユニットを単量体とみなす）[2]。

2.4　静的光散乱法

静的光散乱法（static light scattering：SLS）ではタンパク質の分子量と第二ビリアル係数が得られる。数千から数百万程度の分子量域のタンパク質会合体（単量体含む）が対象となる[3]。タンパク質濃度が無限希釈条件で，散乱角が0°における光散乱強度はタンパク質の分子量に比例する[8]。ただし，入射光の波長より粒子が小さい時は，散乱角が0°でなくても成り立つ。粒子サイズが大きい場合，多角度光散乱法（multi angle light scattering：MALS）を用いれば，光散乱強度の散乱角度依存性から散乱角が0°における光散乱強度を外挿することができる。分子量既知の基準物質の光散乱強度を測定すれば，被験物の分子量を決定することができる。MALSにおける光散乱強度の角度依存性からは回転半径が得られる[9,10]。MALSをSECの検出器として使い，溶出成分の分子量を同時に知る手法（SEC-MALS）が普及している[9]。散乱角が0°における光散乱強度のタンパク質濃度依存性は，第二ビリアル係数を与える[8~10]。第二ビリアル係数はタンパク質間の分子間相互作用を表す物理量であり，正の場合は斥力，負の場合は引力が働いていることを示す。これは製剤溶液条件でのタンパク質の会合のしやすさを評価するのに有用である。DLSと同様に微粒子の混入により定量性が失われるので注意が必要である。分子量と第二ビリアル係数の算出には，溶媒の屈折率，溶質の屈折率の濃度増分（d*n*/d*c* 値と書かれる）が必要である[11]。

2.5　流動場分離法

流動場分離法（field flow fractionation：FFF）は，分離チャンネル内に流れる層流と，それに直交して与えられた場による分離力によって，被験物を分離する手法である。分離力を生み出す場は，遠心力，クロスフロー，温度勾配などが用いられる。分子量にして数千から数百万以上の巨大分子まで幅広く適用できるほか[12]，担体の介在がない溶液中での分離であることから，担体との相互作用や，せん断による影響を受けずに分析できる点を長所とする。MALSとの連結により，分子量の同時計測も可能である。

2.6　小角X線散乱法

小角X線散乱法（small angle X-ray scattering：SAXS）ではタンパク質の形状，サイズ（回転半径），分子量，分子間相互作用情報が得られる[13,14]。測定可能範囲は1～100 nm程度であり，タンパク質の単量体や会合体が対象となる。溶液中の静的構造の形状や動的構造（ゆらぎ）の情報が得られる点が長所である[15]。単量体の構造解析に用いられる他，小さな凝集の検出に優れており抗体のダイマー形状の観測例などがある[16,17]。光散乱と同様に濃度依存から第二ビリアル係数が求まる。加えてSAXSではタンパク質分子間のポテンシャルも推定できる[18,19]。SECの検出器としてSAXSを用いると，各分画ピークのタンパク質分子のサイズ，形状等が得られるため，会合しやすいサンプルを分析するのに有用である[20]。

2.7 ナノ粒子トラッキング法

ナノ粒子トラッキング法（nanoparticle tracking analysis：NTA）は，30 nm～2 μm 程度の粒子の個数と粒子径の評価に使用される。液中の粒子のブラウン運動を顕微鏡観察することで個数を計測し，同時にレーザーを照射して各粒子からの散乱光をリアルタイム測定することで粒子ごとの移動速度を求め，最終的に拡散係数からストークス・アインシュタイン式で粒子径を決定する。DLS と異なり，粒子 1 つずつの散乱光を計測するので，多分散系のサイズ分布の取得に適している。粒子径の算出に溶媒の粘度は必要であるが，屈折率は不要である。

2.8 フローイメージング法

フローイメージング法（flow imaging：FI）では，粒子の大きさや個数に加えて画像撮影による粒子形状の観察が可能である。測定可能範囲は 1～400 μm 程度で，特に 1～10 μm のサブビジブル粒子[※2]（sub-visible particle：SVP）の計測に適している。撮影した粒子画像を分類して分析することができる。例えば抗体医薬品中のタンパク質凝集体とシリコンオイルを区別することが可能である。測定可能な濃度範囲は広く，高粘度試料の分析にも適用できる特徴をもつ。

2.9 光遮蔽法

光遮蔽法（light obscuration：LO）による粒子計数では，粒子数とサイズが得られる。測定可能範囲は 2～100 μm 程度であり，タンパク質凝集体を含む不溶性微粒子が対象となる。光を照射した領域に試料溶液を通過させたとき，その領域内に粒子が存在すると光が遮蔽され観測光強度が減少することを利用した測定法である。迅速な測定が可能で，薬局方に定められた手法である[21]。欠点として，試料量が比較的多いこと（ただしこれは改善されつつあり，1 mL 以下で可能な装置もある），形状の情報が得られないこと，半透明な粒子を見落とす可能性があること，タンパク質凝集体以外の異物や気泡にも敏感なことが挙げられる。

2.10 目視

目視検査では約 50 μm 以上の可視粒子を肉眼で観測する。薬局方では注射剤の不溶性異物検査法として手順が定められている[22]。製剤に関しては全数検査（100% visual inspection）が求められている[23]。容器の外部が清浄で明るい条件の下，背景を白・黒にして行う。透明さ，乳白色，濁りから可視粒子を判断する。容易に試験でき，サイズや形の情報も得られる。一方，サイズの定量性が低い点，主観性や任意性を完全に排することができない点，訓練や経験を要する点

※2　サブビジブル粒子：目視では不可能なほど小さく，SEC で分析できるサイズより大きいもので，約 1～100 μm の粒子。このサイズ領域の凝集体の分析手法の開発が課題となっている。サブビジブル粒子のサイズの定義ははっきり決められておらず，曖昧さを回避するためサブミクロンサイズ粒子や 1～100 μm 粒子などとサイズで呼ぶことが奨励されている[2]。なお，本章で頻出する“粒子”は凝集体を包含する用語である。

がデメリットである[3)]。

2. 11　その他

電子顕微鏡（electron microscopy：EM）はナノメートルからミリメートルサイズ，原子間力顕微鏡（atomic force microscopy：AFM）はナノメートルサイズの凝集体の画像が得られ，形状とサイズに関する情報が得られる点で優れている[3)]。これらは通常乾燥状態で測定されるが，溶液中観察を可能にした誘電率電子顕微鏡（scanning electron-assisted dielectric microscopy：SE-ADM）も開発されている[24)]。共振式質量測定（resonant mass measurement：RMM）法は，カンチレバーの先端に粒子（50 nm～5 μm）が達する際の共振周波数の変化から，粒子径，質量，数を分析する手法である[25)]。レーザー回折（laser diffraction：LD）法は，粒子サイズと散乱強度の角度依存性の関係を利用して，20 nm～2 mm の粒子の粒子分布の測定に用いられる[3, 26)]。これらの手法は，分析手法の充実が望まれている SVP（およそ 0.1～100 μm）に対応している。ジスルフィド結合などの共有結合を介した凝集体に対しては，キャピラリー電気泳動法の一種である CE-SDS（capillary gel electrophoresis with sodium dodecyl sulfate）による分析が有効である[27)]。また，凝集体の内部の情報，すなわち分子構造に関する情報を得るには分光法（赤外・ラマン分光法，蛍光分光法，円偏光二色性分光法）が有用である[28)]。

3　抗体医薬品の凝集に関する新しい分析技術の開発と応用

前述のように多数の分析法が利用されているが，凝集体の性状は複雑であり，全容の評価は容易ではない。また，アメリカ食品医薬品局（Food and Drug Administration：FDA）は，品質に関する分析法を継続的に改良し高度化していくことが重要であり，特にタンパク質凝集体に関する新しい分析技術はバイオ医薬品の同等性を評価するために今後益々必要となるであろうと記している[1)]。後段は，抗体医薬品の凝集の前駆体に相当する非天然型構造抗体の検出技術の開発[29～31)]，および近年基礎生物学で利用が広がりつつある蛍光相関分光法を用いた抗体医薬品の凝集化メカニズムの解明[7, 32)]について，筆者らの研究例を紹介する。

3. 1　非天然型構造特異的プローブを用いた検出技術

バイオ医薬品の高次構造は，医薬品規制調和国際会議（International Council for Harmonization of Technical Requirements for Pharmaceuticals for human use：ICH）ガイドラインで推奨されている品質分析項目の一つである[33)]。タンパク質の高次構造分析としては，X 線回折法や核磁気共鳴，円偏光二色性分光法など，詳細な構造情報を提供する技術が多数存在する[34)]。しかし，いずれも精製された均一かつ十分量の試料を必要とし，解析にも時間を要する。それゆえ，従来法はバイオ医薬品の品質分析技術として必ずしも適したものではなかった。これより，高速，高効率，高感度の高次構造分析技術の開発が求められていた。また，タンパク質の高次構造変化に続く変性※3は凝集体形成の原因となることからも，この変化を鋭敏に捉える分析技術の開発が望まれていた。この要請に応える分析法として，筆者らは，標的特異性と高感度性を特徴とするバイオセンシング技術の活用を着想した。そして，保有技術であるタンパク質の進化分子工学技術を用いて抗体の高次構造変化を特異的に認識する人工タンパク質を作出し，これを分析プローブとして利用する抗体医薬品の非天然型構造検出技術を開発した[30)]。

筆者らの進化分子工学技術は，10残基で安定なβヘアピン構造を形成する微小タンパク質chignolin[35)]をタンパク質骨格として含む無作為アミノ酸配列ライブラリを使用する。これを起点に段階的な伸長進化を繰り返すことで，機能化と構造化を促しながら小型人工タンパク質を創出することができる[29, 36, 37)]。本技術を活用し作製した25残基の小型人工タンパク質AF.2A1は，抗体IgGのFc領域の高次構造変化を識別する。天然型の立体構造をもつIgGには結合性を示さないが，酸や熱，還元剤，酵素消化などの物理的・化学的ストレス※4によって天然型立体構造を部分的に失ったIgG（以下，これらを非天然型IgGと総称する）に対しては特異的に結合する（図1）。この顕著な高次構造識別性から，AF.2A1は天然型IgGに微量混入した非天然型IgGを特異的かつ高感度に検出し，さらには単量体，凝集体，断片体といった粒子サイズとは無関係に高次構造変化を検出できる。このAF.2A1を分析プローブとして，抗体医薬品の安定性試験，非天然型IgGの濃度定量，および多検体ハイスループット測定に適用した例を以下に示す。

バイオ医薬品の安定性試験としては過酷試験，加速試験，および長期保存試験が標準的に実施される[38)]。通常，得られた分子変化体の不均一性は，電気泳動法やクロマトグラフィー法などによって評価される[27)]。ここでは加速試験を模して，治療用モノクローナル抗体を4，25，40，50℃の各温度にて2週間から12週間保存した試料を調製し，その不均一性をAF.2A1を用いた表面プラズモン共鳴（surface plasmon resonance：SPR）法で評価した。併せて，同じ試料を先行技術であるSECで測定し比較した[30)]。その結果，AF.2A1を用いたSPR測定は温度依存的な不均一性の経時変化を検出した。さらに，得られたデータはSEC測定の結果とほぼ相似であり，本技術が抗体医薬品の安定性試験に適用しうることを示した（図2）。先行技術との互換性に加え，AF.2A1は試料の粒子サイズに依存することなく高次構造変化を検出できることから，サイズ分離分析に先立って不均一性を評価できる点を特徴とする。すなわち，サイズ分離分析では，抗体の部分変性が生じた後にこれらが凝集体を形成した段階で初めて検出されるのに対し，AF.2A1を用いた高次構造分析では部分変性が生じた時点で，凝集体形成までのタイムラグなしに，非天然型IgGを検出できる。この早期検出性は，例えば2週間の保存試料を用いた測定結

※3　変性：ポリペプチド鎖が折りたたまった固有の立体構造（天然構造）が崩れること。抗体はマルチドメインタンパク質のため，一部のドメインの立体構造のみが崩れる変性状態があり得る。一方，シングルドメインタンパク質の場合は天然構造と変性構造のみの2状態を考慮することが多い。

※4　物理的・化学的ストレス：タンパク質の物理劣化（立体構造の変化や凝集），化学劣化を引き起こす因子や操作[49)]。化学劣化は脱アミド化，酸化，ジスルフィド結合の形成・切断などの化学反応による変化である。温度，pH，撹拌などは物理的ストレスであり，光照射，酸化剤などは化学的ストレスである。

果に反映されている（図2）。本技術のこうした特徴は品質分析の迅速化や創薬候補の選別スクリーニングに有用と考えられる。

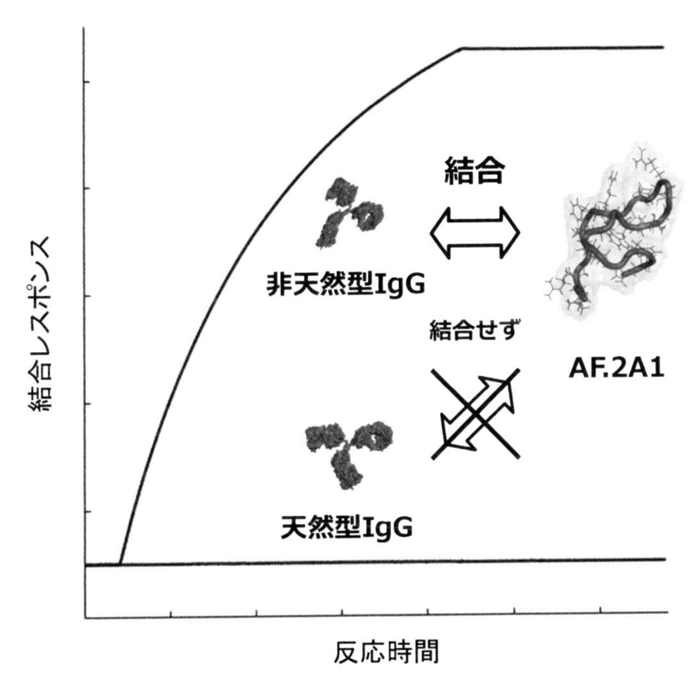

図1　高次構造特異的な人工タンパク質 AF.2A1 の結合
図中の曲線は，表面プラズモン共鳴法（SPR）を用いて得られた結合レスポンスを示す。

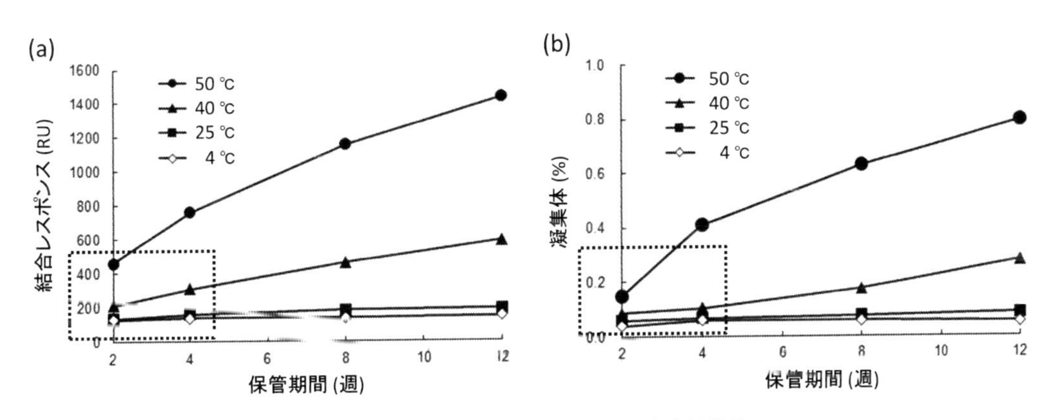

図2　治療用モノクローナル IgG の安定性試験
各温度条件下で保管した試料の構造不均一性を，AF.2A1 を用いた SPR(a)，SEC(b) によって評価した。点線枠内は，AF.2A1 を用いた SPR 試験にて早期検出性が顕著に反映された条件を示す。
（Watanabe *et al., Anal. Chem.* (2016) の Figure 6 を一部改変し転載）

次に，SPR 装置に実装された calibration free concentration analysis（CFCA）法と AF.2A1 を組み合わせた応用例を紹介する[30]。CFCA 法はその名が示す通り，検量線なしに溶液中のタンパク質の実効濃度を算出する手法である[39, 40]。標準品の入手が難しく検量線の作成が困難な際に有効な方法として知られている。筆者らは，センシングのリガンドとして AF.2A1 を用いて，抗体溶液中に含まれる非天然型 IgG の濃度定量を試みた。CFCA 測定の結果，治療用モノクローナル抗体溶液に含まれる非天然型 IgG の割合は中性条件で 0.022 ± 0.004％と算出された。この値は，pH 7.4 から pH 5.0 の範囲で概ね一定であった。非天然型 IgG 量は pH 4.5 付近から顕著な増大を見せ，pH 4.0 では 2.7 ± 0.7％まで上昇した。これは中性条件でのおよそ 100 倍に相当する。このような，過剰の天然型 IgG に混入した極微量の非天然型 IgG の定量は，従来の分光法では実施が困難であろう。なお，CFCA 法で測定した試料は全て SEC によって単量体のシングルピークのみから構成されていることを確認している。サイズ分離分析では検出不可能な単量体の非天然型 IgG，いわば凝集前駆体の検出が本技術では可能であることを示している。これらの優位性は，バイオセンシングの特徴である標的特異性と高親和性が反映した結果であると考えている。

人工タンパク質 AF.2A1 は，天然アミノ酸で構成されたポリペプチドである。よって，タンパク質を利用することを前提としたさまざまな既存の分析法と融合することができる。続いて，PerkinElmer 社の AlphaScreen®[41] に適用し，抗体医薬品の凝集体分析のハイスループット化を実現した例を紹介する。AlphaScreen® はナノビーズを用いたアッセイ法で，マイクロプレートフォーマットで行うことができる[41]。ELISA に比べ簡便で，洗浄工程が不要であり，被験物を固定相に吸着することなく測定できるホモジニアスなアッセイ系である点が特徴である。筆者らは，使用する 2 種類のビーズそれぞれに AF.2A1 を固定化し，AF.2A1 同士で非天然型 IgG をサンドイッチするアッセイ系（AF.2A1-AlphaScreen 法）を構築した（図 3）[31]。まず，3 種のモノクローナル抗体とポリクローナル抗体を被験物として使用して，AF.2A1-AlphaScreen 法による非天然型 IgG の特異的検出を検証した。天然型 IgG に対する応答と pH 2.0 の酸処理により調製した非天然型 IgG に対する応答を比較したところ，4 種類の抗体いずれにおいても天然型 IgG では反応を示さず，非天然型 IgG においてのみ，IgG 濃度依存的に発光シグナルが上昇した（図 4)。次いで，データは割愛するが，酸処理のみならず，加熱，撹拌，振盪処理で生じた非天然型 IgG に対しても濃度依存的な応答を示すことを明らかにした。さらに，動物細胞の培養上清あるいは細胞ライセートに混入させた非天然型 IgG の特異的検出も可能であった[31]。

AF.2A1-AlphaScreen 法は，384 ウェルのマイクロプレートを利用することで，1 時間あたり最大約 1,000 検体の測定が可能である。これは，抗体医薬品の開発，製造，管理のさまざまな場面で，抗体の種類や物理的・化学的ストレスの種類にかかわらず，また培養上清などの夾雑物共存下であっても，本法による凝集体の多検体ハイスループット測定が可能であることを示している。原薬／製剤の品質確認試験以外にも，例えば，精製工程における溶媒条件の検討，製剤工程における添加剤選択，あるいは出荷後の輸送，保管，投薬の各過程における物理的・化学的スト

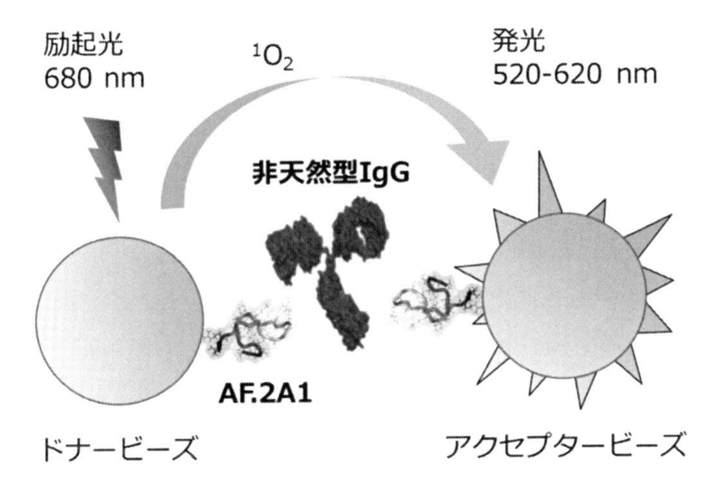

図3　AF.2A1-AlphaScreen 法の概要
被験物である非天然型 IgG に特異的親和性を有する AF.2A1 をドナービーズとアクセプタービーズの双方に固定化する。2種類のビーズと被験物からなる3者複合体が形成されると，励起後にビーズの一方からもう一方に一重項酸素の拡散を介したエネルギーの伝達が起こり，520～620 nm の波長領域の光が発せられる。直径約 250 nm の微小なビーズを使用することで懸濁状態を保ちながらアッセイできるため，自動分析装置への実装も可能である。

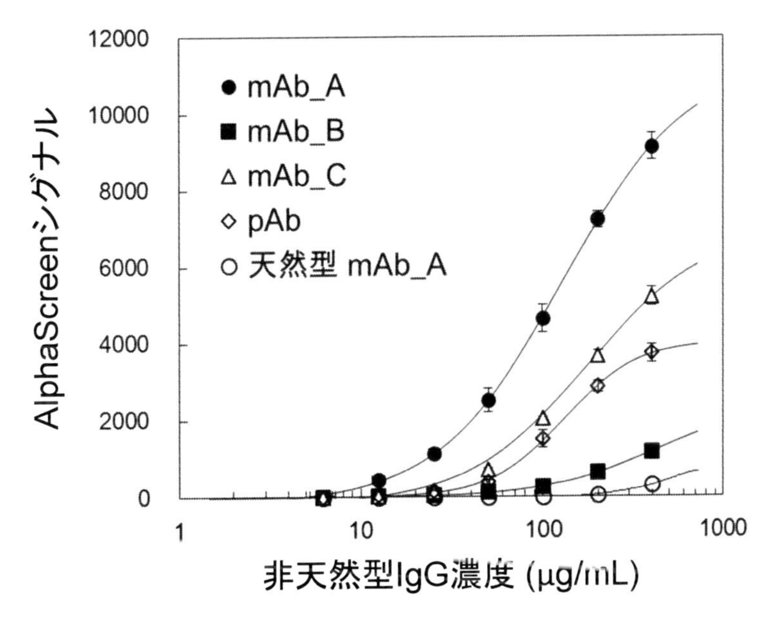

図4　酸ストレスにより生じた非天然型 IgG の検出
ストレスを加えていないモノクローナル抗体（天然型 mAb_A），および酸ストレスを加えた各モノクローナル抗体（mAb_A，mAb_B，mAb_C）とポリクローナル抗体（pAb）中に含まれる非天然型 IgG 量を評価した。
（Senga *et al., Sci. Rep.* (2017) の Figure 3 を一部改変し転載）

レスの影響評価での利用が期待できる。さらには，凝集化リスク低減を目的とした培地成分や培養条件の至適化，セル・バンク構築の際の細胞株スクリーニング等への応用も見込まれる。

AF.2A1は，IgGのFc領域の構造変化を認識し，これがきっかけとなって成長する凝集体を検知する。しかし，抗体の凝集メカニズムは単一ではなく，分子レベルでは多様なプロセスが複合的に関係すると考えられている。各種の物理的・化学的ストレスによって生じる非天然型IgGも単一ではなく，複数の構造状態が混在すると考えることが自然である。したがって，Fc領域以外の構造変化が原因である非天然型IgGをAF.2A1で検出することは原理的に困難である。ただし，凝集化反応は確率論的な過程であることから，Fc領域の構造変化が原因である非天然型IgGが，ある一定比率常に発生すると想定することは必ずしも非合理ではない[31]。そのような凝集メカニズムを仮定すれば，少なくとも相対的な評価，例えば生産工程におけるモニタリング管理に本技術を適用することは十分可能であると考えている。実際，これまでの研究でAF.2A1がさまざまなストレス負荷抗体におしなべて結合することが実証されている[29~31]。これを上記の凝集メカニズムを支持する結果と解釈することもできる。AF.2A1の用途を拡大する意味においても，今後，AF.2A1と非天然型IgGの結合様式を解明し，抗体の凝集化メカニズムとの関係を明確に描くことが望まれる。

以上，筆者らが作出したAF.2A1を分析プローブとして利用する抗体医薬品の非天然型構造検出技術を紹介した。理論的考察からも，実測データからも，単量体の非天然型IgGを含む粒子径の小さい非天然型IgGの検出に適しているので，AF.2A1を用いたバイオセンシングは凝集前駆体の評価，あるいは凝集化の初期ステージの評価に有益であると総括される。既存の凝集体分析の多くがサイズ分離・サイズ計測を基本としていることを鑑みると，本技術は既存法では得難い相補的な情報を与える希少な分析法である。抗体医薬品の品質分析への活用が広がることを期待したい。

3.2 蛍光相関分光法と光散乱法による抗体医薬品の凝集化メカニズムの解明

抗体を酸性溶液に一定時間さらし，その後中和する操作（pHシフト[※5]）は，アフィニティークロマトグラフィー精製やウイルス不活化など，抗体医薬品の製造工程で必須である。しかし，中和した際にしばしば発生し成長する凝集体は好ましい存在でなく[1]，その機構を理解し対策を講ずることが望まれている。また，多くの抗体医薬品が中性付近で製剤化されていることを鑑みれば，中性条件での凝集体の成長機構を理解することは，保存安定性の向上にも有益であろう。

pHシフトによる抗体の凝集化機構は，エネルギー図（図5）で次のように説明される[7,32]。まず，酸により変性状態が安定となり変性が起こる。酸変性はタンパク質一般に見られる現象であ

※5　pHシフト：タンパク質を酸性溶液に一定時間さらし，その後中和する操作[7,32]。Protein Aを担体としたアフィニティークロマトグラフィーでは溶出に酸性溶液を用いること，製造工程ではウイルス不活化のため酸性溶液にさらす必要があることから，タンパク質医薬品製造で汎用される操作である。しかし，pHの変化がタンパク質構造変化を誘発するため物理的ストレスとなっている。

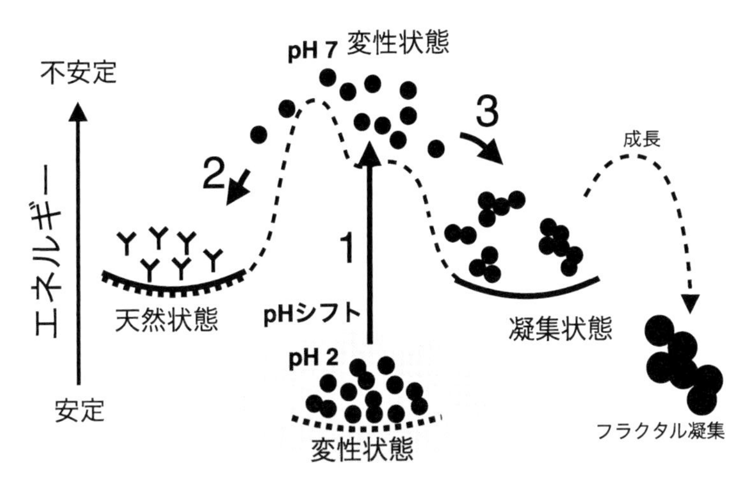

図5　pH シフトによる抗体凝集のエネルギー地形の模式図
Y 字型は天然状態，丸型は変性状態の抗体を表す。
（Imamura *et al.*, *J. Phys. Chem. B* (2017) の Figure 5 を一部改変し転載）

る[42]。中性になると変性状態は不安定になるため（図5矢印1），別の安定状態へ移行することとなる。このときの安定状態は2つあり，1つが天然状態（図5矢印2），もう1つが凝集状態である（図5矢印3)。抗体がどちらに移行するかは偶然的で，天然状態へリフォールドする分子もあれば，その前に他の分子と衝突して会合する分子もある。凝集状態へ移行した分子は，凝集成長（会合数が大きくなること）を続ける。

ここで，「天然状態に戻った抗体は凝集するだろうか？」という疑問が起こる。そう考える理由は，アミロイド凝集の成長過程では，凝集体が天然状態の分子を取り込んで成長することがよく知られているからである[43]。これを解決するには，天然状態の抗体分子が凝集体に会合するかを調べればいい。筆者らは蛍光ラベルで標識した抗体を作製し，これとは別に用意した非ラベル化抗体（あらかじめ酸で変性させておき中和後徐々に凝集化していく状態に調製してある）の中に少量混入させて，蛍光相関分光法（fluorescence correlation spectroscopy：FCS）で観測した[32]。FCS は光子相関分光法での一種である。DLS が散乱光を，FCS が蛍光を計測するという違いがあるが，測定対象の拡散速度を解析する点は共通である。DLS データには全ての分子の拡散速度情報が含まれるが，FCS データからは蛍光ラベルが結合した分子の拡散速度情報のみ得られる点が長所である。つまり，もし蛍光ラベル化抗体が凝集体に取り込まれれば，その拡散速度は遅くなり FCS のシグナルに変化が現れるはずである。

実験の結果[32]，非ラベル化抗体が凝集していく中で蛍光ラベル化抗体の FCS シグナルに変化は現れなかった。すなわち天然状態の蛍光ラベル化抗体は，凝集体と会合せず，そのまま単量体としての状態を保つことがわかった（図6左)。一方で，蛍光ラベル化抗体を酸変性させたのち混入実験を行ったところ，FCS シグナルに変化が現れた（図6右)。これは，変性した蛍光ラベル化抗体は周囲の凝集に取り込まれて，拡散速度が低下したことを意味している。抗体が天然状

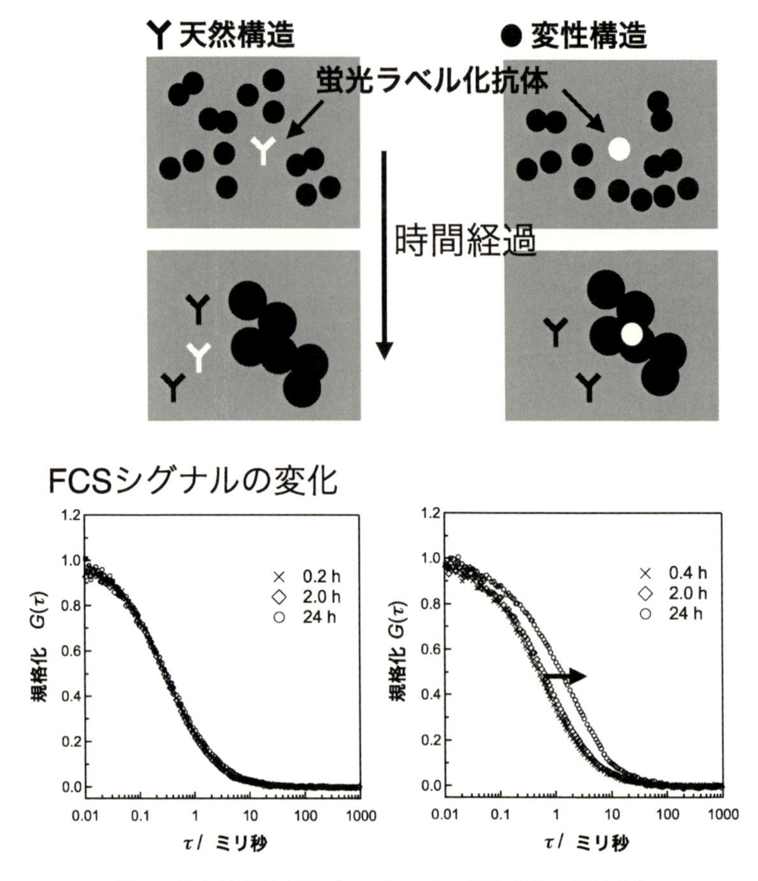

図6　蛍光相関分光法（FCS）による凝集機構の追跡実験
上図の白色は蛍光ラベル化された抗体を表す。下図の自己相関関数（$G(\tau)$）は，時間 t を基準として，τ 後（時間 $t+\tau$）での相関を意味する関数である。$G(\tau)$ の減衰が緩やかな（長い τ で相関がある）ほど，より大きな粒子が存在することを意味する。左下図は $G(\tau)$ に変化がほぼ無いのに対し，右下図では pH シフトからの時間経過（0.2，2.0，24 時間）とともに，$G(\tau)$ の減衰が緩やかになっており，蛍光ラベル化抗体を含む粒子のサイズが大きくなっていることがわかる。
（Imamura *et al.*, *J. Phys. Chem. B*（2017）の Figure 3 を一部改変し転載）

態の場合は凝集形成には無関与だが，変性すると凝集体に取り込まれて成長に寄与することが，FCS 法を用いることで明確に知ることができた。

では，pH シフトによってできる凝集体の生成・成長機構はどのように説明されるだろうか。FCS 測定で明らかになったように本系では変性した抗体分子のみが凝集するので，図7の Lumry-Eyring モデル[44]に基本従う。筆者らは，Lumry-Eyring モデルを拡張した Lumry-Eyring nucleated-polymerization（LENP）モデル[45,46]を用いて検討した。LENP モデルは凝集機構のありうる経路を多数包含するので，現実の系でどの経路が支配的かを検討するときの仮定として有益である。LENP モデルでは，成長反応について，①モノマー付加による成長と②凝集体同士の会合による成長の２つの可能性が考慮されている。前者はアミロイド線維の成長などに

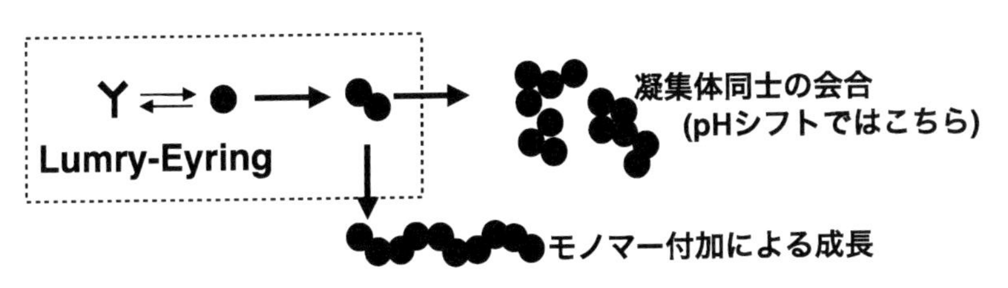

図7　タンパク質凝集体の生成，成長機構のモデル
Lumry-Eyring モデルと Lumry-Eyring nucleated-polymerization（LENP）モデルを併せたもの。なお，実際の LENP モデルはこの図よりも多くの反応ステップを考慮したモデルである。

見られる。筆者らは SLS と DLS の2つの光散乱法を用いて pH シフトによる凝集反応に伴う会合数と粒子サイズの経時変化を解析し，その成長速度が後者の凝集体同士の会合による成長であることを支持するスモルコフスキー凝集速度式に従うこと見つけた[7]。スモルコフスキー凝集速度式とは2つの粒子が拡散によって衝突し，ある確率で会合する過程を定式化したものである。温度依存の実験から，比較的低温（4～25℃）では，アレニウス式に従って温度が上がるほど凝集速度が増加すること（吸熱反応）がわかった[7]。また，抗体凝集体の会合数と粒子サイズにベキ乗則が認められ，フラクタル凝集であることもわかった[7]。フラクタル凝集では，再帰的な反応により自己相似形の凝集体が形成する。この結果は，小さな凝集体も大きな凝集体も形成機構は本質的に同一（スケールフリー）であることを示唆している。

以上，pH シフトにより抗体は，酸変性した分子が微小な凝集体をまず形成し，次いで凝集体同士が吸熱的に不可逆な会合を繰り返しながらサイズによらず同一のメカニズムで大きく成長していくことが明らかになった。タンパク質の変性反応は平衡であるので，天然状態が有利な条件であっても，長期間でみれば一定数の変性分子が発生することは避けられない。これはバイオ医薬品の長期保存中に凝集体が発生することは原理的に不可避であることを示している。一方で，天然構造を相対的に安定化させること，不可逆な成長過程の速度を小さくすることが凝集化を低減する有効な戦略であることも示している。抗体医薬品の凝集化機構に関しては，全容解明までの道のりは遠く，今後多くの検討を必要とすると思われるものの，上述の発見が将来の定量的予測法の開発や論理的リスク評価の一助となることを期待したい。

4　おわりに

本稿では，バイオ医薬品におけるタンパク質凝集体の評価について，筆者らの研究成果も含めて紹介した。誌面の都合，十分に記せなかった部分もある。より詳細な内容は原著や成書等[47～50]で確認していただきたい。

文　献

1) Guidance for Industry: Immunogenicity Assessment for Therapeutic Protein Products, FDA (2014)
2) L. O. Narhi *et al.*, *J. Pharm. Sci.*, **101**, 493 (2012)
3) J. den Engelsman *et al.*, *Pharm. Res.*, **28**, 920 (2011)
4) 伊藤正行，エアロゾル研究，**7**, 28 (1992)
5) D. E. Koppel, *J. Chem. Phys.*, **57**, 4814 (1972)
6) B. J. Frisken, *Appl. Opt.*, **40**, 4087 (2001)
7) H. Imamura and S. Honda, *J. Phys. Chem. B*, **120**, 9581 (2016)
8) 倉田道夫，近代工業化学 18 高分子工業化学Ⅲ，p.115-192, 朝倉書店 (1975)
9) P. J. Wyatt, *Anal. Chim. Acta*, **272**, 1 (1993)
10) B. H. Zimm, *J. Chem. Phys.*, **16**, 1093 (1948)
11) H. Zhao *et al.*, *Biophys. J.*, **100**, 2309 (2011)
12) K. D. Caldwell *et al.*, "Methods for Structural Analysis of Protein Pharmaceuticals" (W. Jiskoot and D. Crommelin Eds.), p.413, American Association of Pharmaceutical Scientists (2005)
13) 松岡秀樹，日本結晶学会誌，**41**, 213 (1999)
14) 角戸正夫，笠井暢民，高分子 X 線回折，丸善 (1968)
15) 藤澤哲郎，放射光，**26**, 214 (2013)
16) E. J. Yearley *et al.*, *Biophys. J.*, **106**, 1763 (2014)
17) S. D. Vela *et al.*, *J. Phys. Chem. B*, **121**, 5759 (2017)
18) T. Sumi *et al.*, *Phys. Chem. Chem. Phys.*, **16**, 25492 (2014)
19) H. Inouye *et al.*, *J. Pharm. Sci.*, **105**, 3278 (2016)
20) T. M. Ryan *et al.*, *J. Appl. Cryst.*, **51**, 97 (2018)
21) 日本薬局方 6.07 注射剤の不溶性微粒子試験法，第十七改正日本薬局方（平成 28 年 3 月 7 日厚生労働省告示第 64 号）
22) 日本薬局方 6.06 注射剤の不溶性異物検査法，第十七改正日本薬局方（平成 28 年 3 月 7 日厚生労働省告示第 64 号）
23) United States Pharmacopeia, In-Process Revision, 〈1790〉USP Pharmacopeial Forum, **41** (2015)
24) T. Ogura, *PLoS One*, **9**, e92780 (2014)
25) A. R. Patel *et al.*, *Anal. Chem.*, **84**, 6833 (2012)
26) S. Totoki *et al.*, *J. Pharm. Sci.*, **104**, 618 (2015)
27) 本田真也ほか，*PHARM TECH JAPAN*, **34**, 1865 (2018)
28) 本田真也ほか，*PHARM TECH JAPAN*, **33**, 2959 (2017)
29) H. Watanabe *et al.*, *J. Biol. Chem.*, **289**, 3394 (2014)
30) H. Watanabe *et al.*, *Anal. Chem.*, **88**, 10095 (2016)
31) Y. Senga *et al.*, *Sci. Rep.*, **7**, 12466 (2017)
32) H. Imamura *et al.*, *J. Phys. Chem. B*, **121**, 8085 (2017)

33) 厚生労働省「生物薬品（バイオテクノロジー応用医薬品／生物起源由来医薬品）の規格及び試験方法の設定について」(ICH ガイドライン Q6B)（平成13年5月1日，医薬審発第571号）
34) 猶塚正明，バイオ医薬品の開発と品質・安全性確保（早川堯夫 監修），p.342, エル・アイ・シー（2007）
35) S. Honda *et al., J. Am. Chem. Soc.*, **130**, 15327 (2008)
36) H. Watanabe and S. Honda, *Chem. Biol.*, **22**, 1165 (2015)
37) 本田真也，渡邊秀樹，進化分子工学（伏見譲 監修），p.213, エヌ・ティー・エス（2013）
38) 厚生労働省「生物薬品（バイオテクノロジー応用製品／生物起源由来製品）の安定性試験について」(ICH ガイドライン Q5C)（平成10年1月6日，医薬審第6号）
39) K. Sigmundsson *et al., Biochemistry*, **41**, 8263 (2002)
40) H. Imamura and S. Honda, *Anal. Biochem.*, **516**, 61 (2017)
41) J. Peppard *et al., J. Biomol. Screen.*, **8**, 149 (2003)
42) 後藤祐児ほか，タンパク質科学　構造・物性・機能，化学同人（2005）
43) I. V. Baskakov, "Amyloid Proteins: The Beta Sheet Conformation and Disease" (J. D. Sipe Ed.), p.65, Wiley-VCH Verlag GmbH & Co. KGaA: Weinheim, Germany (2005)
44) R. Lumry and H. Eyring, *J. Phys. Chem.*, **58**, 110 (1954)
45) J. M. Andrews and C. J. Roberts, *J. Phys. Chem. B*, **111**, 7897 (2007)
46) Y. Li and C. J. Roberts, *J. Phys. Chem. B*, **113**, 7020 (2009)
47) "Methods for Structural Analysis of Protein Pharmaceuticals" (W. Jiskoot and D. Crommelin Eds.), American Association of Pharmaceutical Scientists (2005)
48) "Aggregation of Therapeutic Proteins" (W. Wang and C. J. Roberts Eds.), John Wiley & Sons, Inc.: Hoboken, NJ, USA (2010)
49) 本田真也ほか，*PHARM TECH JAPAN*, **34**, 555 (2018)
50) クラユヒナ エレナほか，*PHARM TECH JAPAN*, **34**, 1343 (2018)

第2章　超遠心分析による会合体・凝集体の分析

太田里子＊1，有坂文雄＊2

1　はじめに

近年，抗体医薬品を含むバイオ医薬品が数多く上市されており，2017年の世界のトップ10医薬品の売り上げのうち，バイオ医薬品は7割を超えている。バイオ医薬品の拡大に伴い，バイオ医薬品に対する抗体の出現が，治験中または上市後のバイオ医薬品の有効性および安全性に対して懸念されてきている。免疫原性に関与する因子はさまざまであるが，製剤特異的な因子である凝集体の存在は，免疫原性のリスクを高める可能性があると考えられている。しかし，免疫反応を引き起こしやすい凝集体の種類およびサイズは不明な点が多く，サイズおよび量の分析ニーズが高まっている。

凝集体は，粒子径により submicron（0.1〜1 μm），subvisible（1〜100 μm），および visible（≧100 μm）に大きく分けられる[1)]。日本薬局方の注射剤微粒子試験では，10 μm および 25 μm 以上の凝集体を含む微粒子について，限度値が設定されている。従来，原薬および製剤ではサイズ排除クロマトグラフィー（size exclusion chromatography：SEC）法が規格試験法として設定されているが，SEC 法では，担体のポアサイズ（一般的なカラムで 40 nm 程度）より大きい粒子は分画されないため，約 40 nm 以下の粒径の凝集体しか検出できない。また，SEC 法では分析中にサンプルが希釈されるため凝集体の解離が起きたり，担体に吸着して溶出が遅れたりすること，また，凝集体の大きさによってはカラムのフリットを通過できないことにより凝集体の含量およびサイズが実際より低く評価される可能性がある。

Sub-visible サイズの凝集体の測定方法としては，フローイメージングにより凝集体を映像として評価する手法[2)]や，光遮蔽法[3,4)]などがある。凝集体の免疫原性への懸念から，近年 subvisible サイズに対する評価方法が議論されており，USP〈1787〉においてはフローイメージング，光遮蔽などの手法を用いて測定・評価することが推奨されている。

Submicron サイズの凝集体を，広い範囲にわたって全てカバーする測定法は限られるため，複数の方法を用いて評価することが必要となる。

40 nm より大きな凝集体を分析する方法としては，超遠心分析（analytical ultracentrifugation：AUC）法[5,6)]，FFF と組み合わせた光散乱（FFF-MALS）法などがある[7)]。近年，共振式質量測定器[8)]やナノ粒子トラッキング法[9)]などの測定手法も開発されている。超遠心沈降速度法（AUC-

---

＊1　Satoko Ohta　㈱東レリサーチセンター　バイオメディカル分析研究部　研究員

＊2　Fumio Arisaka　東京工業大学　名誉教授

SV 法）は，沈降係数に基づいて分離する方法であり，最大数 100 nm の粒子径を有する凝集体まで高い分離能で分析することが可能である。また，AUC-SV 法は SEC 法では分離困難な巨大高分子や抗体などのタンパク質多量会合体（凝集体）を高分解能で分離可能であり，担体を使用しないため，担体との相互作用の可能性が排除される。

2　超遠心分析法の概要

超遠心分析では，図１のように試料溶液を分析用セルに注入して，高速で回転させ，リアルタイムで吸光度（XL-I では屈折率でも測定できる）を測定する。超遠心分析には沈降速度法 AUC-SV と沈降平衡法 AUC-SE の２種類の方法がある。AUC-SV が系の不均一性に関して感度が高いのに対し，沈降平衡法は分子量に関する精度が高いことが知られる。しかし，系が不均一の場合は AUC-SE では分子量は成分の重量平均となるため，特定の分子種の正確な分子量を求めたい場合は，あらかじめ AUC-SV によって系の均一性を確認する必要がある。1990 年に XL-A が市販されて以降，AUC-SV のデータ解析法の発展が著しく，SEDFIT，UltraScan，SEDANAL などの解析ソフトウェアが公開されてきた。AUC-SV のデータ解析法によって，超遠心分析の有用性がとみに認識されるようになってきた。

本稿では AUC-SV の概要を紹介し，データ解析法として現在最も一般的となりつつある SEDFIT を，測定の解析例を用いて紹介する。AUC-SV では，溶質が遠心力によって沈降係数の大きさに従って分析セルの底に向かって沈降する。図２に示すように，沈降する溶質は，遠心力（$mr\omega^2$），浮力（$m\bar{v}\rho\omega^2 r$），および速度 v に比例する摩擦力（vf）の３つの力が働き，釣り合って一定速度 v で沈降する。すなわち，

$$mr\omega^2 = m\bar{v}\rho\omega^2 r + vf \tag{1}$$

ここで，m は溶質の質量，r は回転中心からの移動境界面まで距離（移動境界面は拡散によって広がりを持つ。厳密には移動境界面の２次モーメントを求めるが，通常プラトーとベースラインの間の中点を移動境界面の位置とする。），ωはローター回転の角速度，$\bar{v}$ は溶質の偏比容，ρは

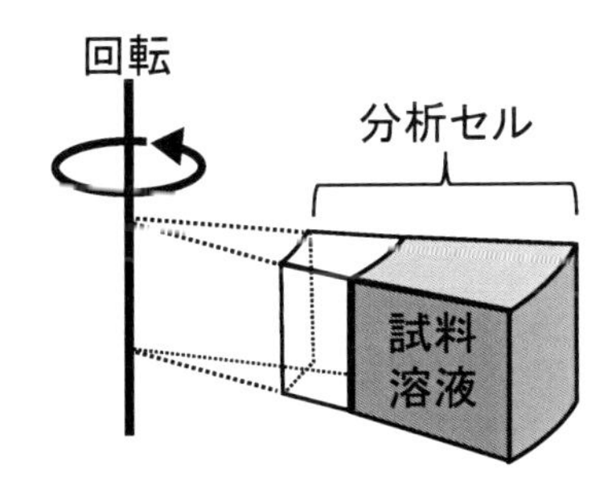

図１　超遠心分析機の概略図
分析用セルに試料溶液を入れ，高速で回転させる。

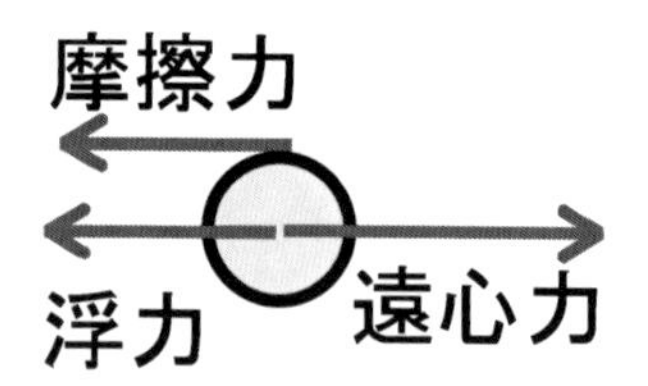

図2　分析用セルの試料溶液中の溶質に働く力の釣り合い
遠心力 $= mr\omega^2$，浮力 $= m\bar{v}\rho\omega^2 r$，摩擦力 $= vf$。溶質は遠心力の方向に沈降する。沈降は浮力と摩擦力に依存する。

溶媒の密度，f は摩擦係数である。$f = 6\pi\eta R_s$ で，η は溶媒の粘度，R_s はストークス半径である。

沈降係数 s を以下のように速度を表す式の加速度にかかる比例定数として定義する。

$$速度\ v = \frac{\mathrm{d}r}{\mathrm{d}t} = s\omega^2 r \tag{2}$$

式(1)を v について整理して式(2)の v と等しいとすると s は以下の式で表せる。

$$s = \frac{m(1-\bar{v}\rho)}{f} = \frac{M(1-\bar{v}\rho)}{N_A f} \tag{3}$$

一方，図1のようなくさび型の分析セル内の溶質の濃度分布 $C(r,\ t)$ は以下の式(4)に従う。式(4)は，溶質の拡散流 $D\dfrac{\partial c}{\partial r}$ と遠心沈降による流れ $Cs\omega^2 r$ が釣り合うという条件の下，式(1)，(2)を用いることにより導かれる（Lamm 方程式）：

$$\frac{\partial c}{\partial t} = -\frac{1}{r}\frac{\partial}{\partial r}\left\{ s\omega^2 r^2 C - Dr\left(\frac{\partial c}{\partial r}\right)\right\} \tag{4}$$

式(4)には解析解が存在しないので，数値解析によって解を求める。

溶質の遠心沈降に伴い，すでに溶質が沈降してしまった部分と，沈降中の溶質が存在する部分の間に境界（移動境界面）が生じる（図3）。

分析セル内の吸光度分布をリアルタイムで測定することにより，移動境界面（濃度分布）の経時変化が得られる（図4）。式(4)は1種類の溶質の沈降を表すが，複数の溶質が含まれる場合，実際の移動境界面は，式(4)を満たす解（移動境界面）に濃度の重みをつけてその重ね合わせとして表すことができる（式(5)）。

$$a(r,\ t) = \sum\nolimits_i c(s_i)\,\chi\big(s_i,\ D(s_i,\ r,\ t)\big) \tag{5}$$

$a(r,\ t)$：実際の移動境界面

$\chi\big(s_i,\ D(s_i,\ r,\ t)\big)$：1種類の溶質についての式(4)の解（移動境界面）

$c(s_i)$：式(4)の解の s_i についての重みづけ

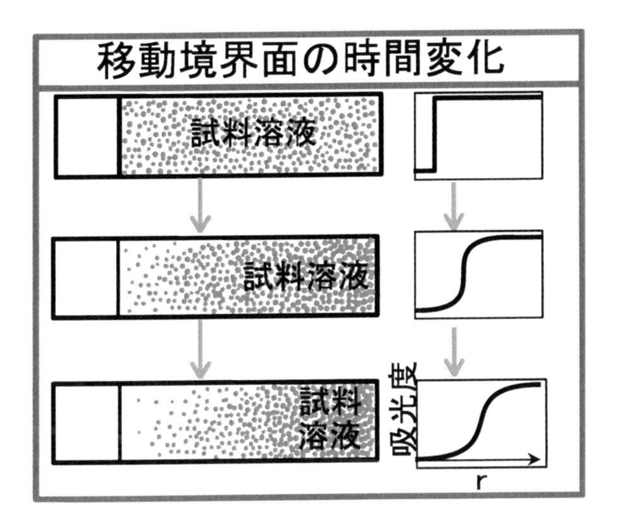

図3　移動境界面の時間変化
セル内の点は溶質を表す。

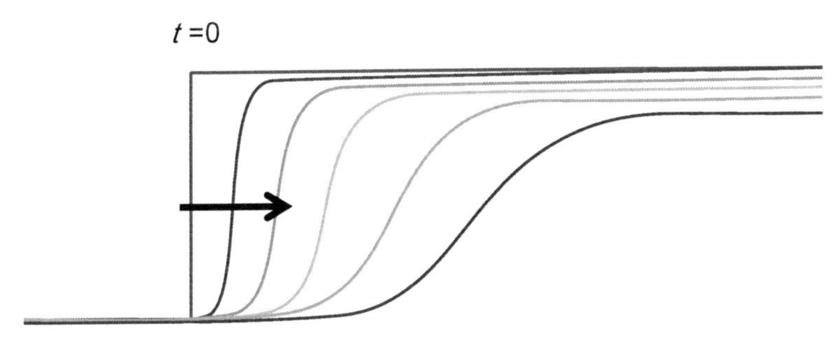

図4　移動境界面の経時変化の重ね合わせ（左から右へ沈降）
図は白黒であるが，SEDFIT では移動境界面の曲線の色が沈降時間とともに濃紺から赤に変わっている（解析にあたっては濃紺から赤までのデータを含むように移動境界面のデータを選択する）。

式(5)を積分形に変換して式(6)を得る：

$$u(r,\ t) \cong \int_{s_{\min}}^{s_{\max}} c(s)\,\chi\left(s,\ D(s),\ r,\ t\right)\mathrm{d}s \tag{6}$$

上式で χ は Lamm 方程式（式(4)）の解である。式(4)に解析解はないが，Schuck らにより開発された解析ソフトウェア SEDFIT では，数値シミュレーションを用いて測定データに最小二乗法を用いてフィッティングすることにより，沈降係数の分布関数 $c(s)$ を求めることができる。その際，式(6)の $D(s)$ は，以下の式（スケーリング則）により摩擦比 f/f_0 と関係づけられる。

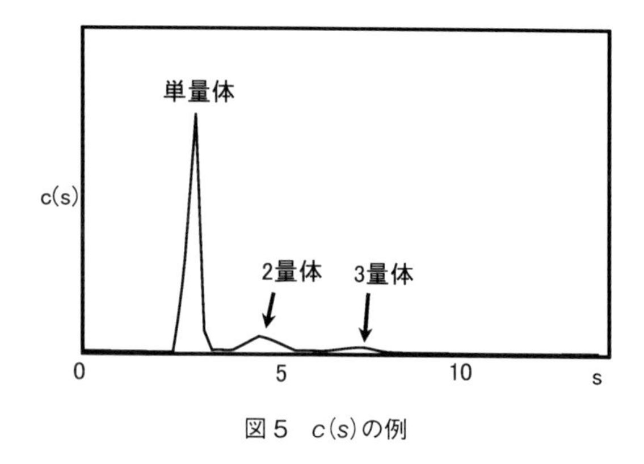

図5　$c(s)$の例

$$D(s) = \frac{\sqrt{2}}{18\pi} KTs^{\frac{-1}{2}} \left\{ \eta \left(\frac{f}{f_0} \right)_{w} \right\}^{\frac{-3}{2}} \left\{ \frac{(1-\bar{v}\rho)}{\bar{v}} \right\}^{\frac{1}{2}} \tag{7}$$

$\frac{f}{f_0}$：摩擦比

f：分子の実際の摩擦係数

f_0：分子が同じ偏比容をもつ場合の摩擦係数

$f_0 = 6\pi\eta R_0$，R_0：粒子を剛体球とした場合の半径

理論的には同じ偏比容を持つ球状タンパク質の摩擦比は1.0になるはずであるが，実際の分子は水和しているため，fは常にf_0より大きく，水溶性球状分子では$f/f_0 \fallingdotseq 1.2$となる。タンパク質の$c(s)$は一般的に図5のようなパターンを示し，$c(s)$がピークを示すsの値をstandard state（20℃，水）に補正した$s_{20,w}$から，式(3)を用いて分子量が得られる。さらに式(7)を用いてf/f_0が得られ，そこから形状の情報も得られる。

3　AUC-SV法による測定例

図5に例としてBSAの沈降速度法から得られた$c(s)$を示す。$c(s)$の各ピークのsの値は，通常そのピークを積分して重量平均沈降係数として計算される。SEDFITでは「run」で大まかな$c(s)$を求めた後，「fit」では摩擦比f/f_0を浮動変数として精密なフィッティングを行う。また，得られた摩擦比の値から分子の形状に関する知見が得られる。すなわち，摩擦比f/f_0はPerrinの公式によって回転楕円体の軸比と関係している[6,10]。

得られた各ピークの沈降係数sから，式(3)を用いて分子量が得られる。なお，SEDFITではあらかじめパラメーターとして溶媒の密度ρと粘度η，タンパク質の偏比容$\bar{v}$を入力しておくことによって，沈降係数の補正を行い，$s_{20,w}$が求められる。式(3)に入力する沈降係数sの値はこの$s_{20,w}$でなければならない。厳密には$s_{20,w}$には濃度依存性があり，濃度を0に外挿して$s^0_{20,w}$を求める必要があるが，1 mg/mL以下で測定すれば濃度0に十分近く，$s_{20,w}$を$s^0_{20,w}$と見なしてよい。

$s^0_{20,w}$ が溶質固有のパラメーターである沈降係数となる。

なお，各ピークの面積比から，各構成成分の存在比が得られるが，透析外液を対象セルに用いない場合は，しばしば0S近傍に溶媒の濃度勾配に起因するピークが現れる。このピークは対象のタンパク質分子とは関係がないので，成分比を見積もる場合はそのピークは除外すべきである。

AUC-SVで精密な値が求まるのは沈降係数なので，できる限り沈降係数で議論することが望ましい。沈降係数が1～2%以下の高い精度で測定されるのに対して，分子量には速度法では数%程度の誤差が含まれることに留意する必要がある。

図6に，抗体医薬品をAUC-SVで分析した例を示す。理論分子量（アミノ酸配列から計算）148 kDaに対し，実測分子量は151 kDaで誤差は2%であった。このように主要分子種が圧倒的に多い（均一に近い）場合は分子量の精度は比較的良好である。また，単量体の他に2量体が検出され，それぞれの含量は97%と2%であった。3量体以上は検出されなかった。

AUC-SV法により凝集体を測定した例として，ヒト血液凝固因子フィブリノゲンFibrinogenのデータを示す（図7）。フィブリノゲンは，理論分子量340 kDa，全長45 nmの棒状のタンパク質である。サイズが40 nmを超えるのでSECでは凝集体のみならず単量体の分子量も算出できない。フィブリノゲンの移動境界面は均一ではなく，単量体，凝集体など，粒子サイズの異なる成分が混ざっていることを示している。$c(s)$から分子量を算出すると，338 kDaであり，理論値340 kDaに対して誤差1%ほどであった。また，$c(s)$に凝集体のピークがあるが，非常に含量が低い。含量が1%以下になると再現性は高くない。なお，低含量の成分の含有量に再現性があるかを確認するにはその成分が存在しないとした場合にフィットのrmsdが上昇するかで判断するのが有効である[11]。

糖鎖の比率が高い糖タンパク質の分析例を以下に示す。ウシフェツインのAUC-SVデータから分子量を算出する際，偏比容としてタンパク質のアミノ酸配列からSEDNTERPにより算出したものを用いたところ，理論分子量との誤差が大きくなった。そこで，糖鎖構造解析結果をもとに糖鎖の成分を考慮して偏比容を算出し，解析を行ったところ，実測分子量は単量体で44 kDa

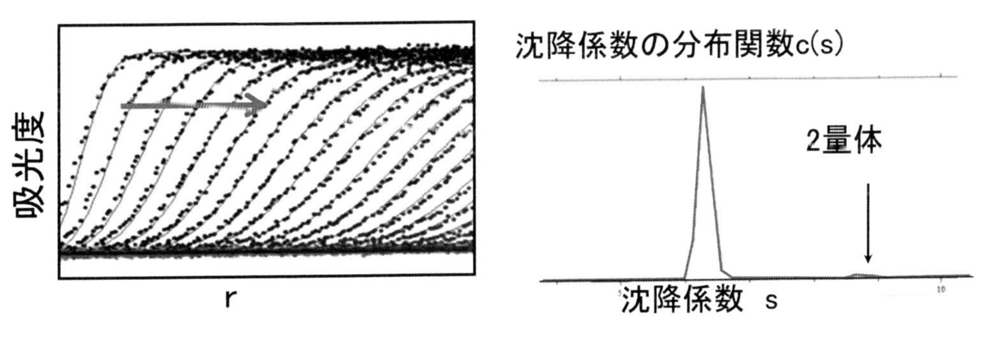

図6　抗体医薬品の移動境界面の時間変化および沈降係数 $c(s)$

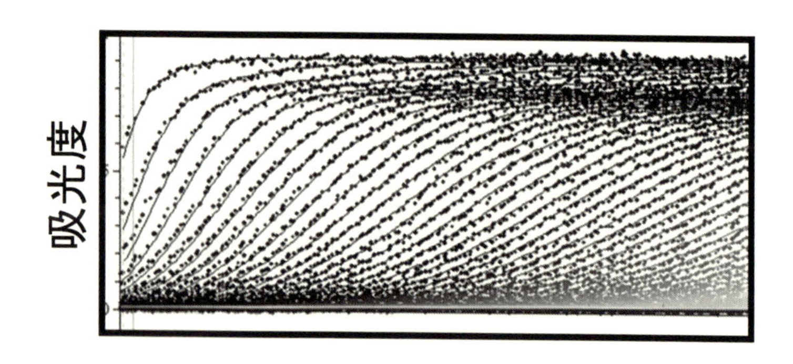

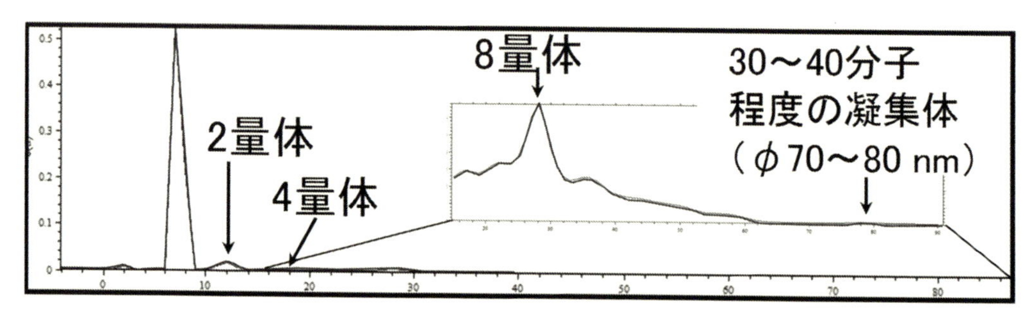

図7　フィブリノゲンの移動境界面の時間変化および沈降係数 $c(s)$

となった。理論分子量 44 kDa（タンパク質部分 36.3 kDa，糖鎖約 7.5 kDa）に非常に近い値が得られた（図8）。糖タンパク質の場合は，糖分析を行い，糖部分も考慮した偏比容を用いた方が精度の高いデータを得られることが分かった。また，この 44 kDa の分子が 15 分子程度集合した（粒径 20 nm 程度の）凝集体も検出された。含量は，単量体，2 量体，3 量体，15 分子程度の凝集体が，重量分率でそれぞれ 66%，10%，7%，10%であった。

超遠心分析法は，抗体医薬品の会合体およびその他タンパク質の凝集体の分析に有用であるが，40 nm～10 μm のサイズ範囲のうち，数百 nm を超えるサイズは測定が難しい。上記のサイズ範囲をカバーするには，超遠心法とともに光散乱などの分析手法を用いる必要がある。DLS は大きいサイズの凝集体に対し超遠心分析法より敏感である。しかしながら，超遠心のような分解能および定量性には欠けるため，大きいサイズの凝集体を微量で検出するための方法として適している。すなわち，DLS と超遠心を併用するのがよいと考えられる（DLS の詳細については第Ⅱ編第 3 章参照）。

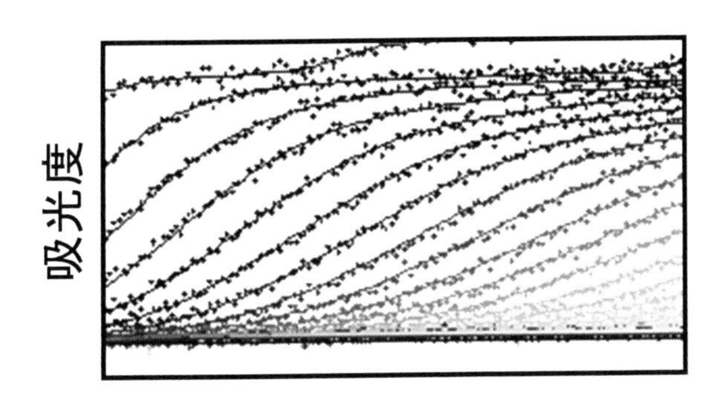

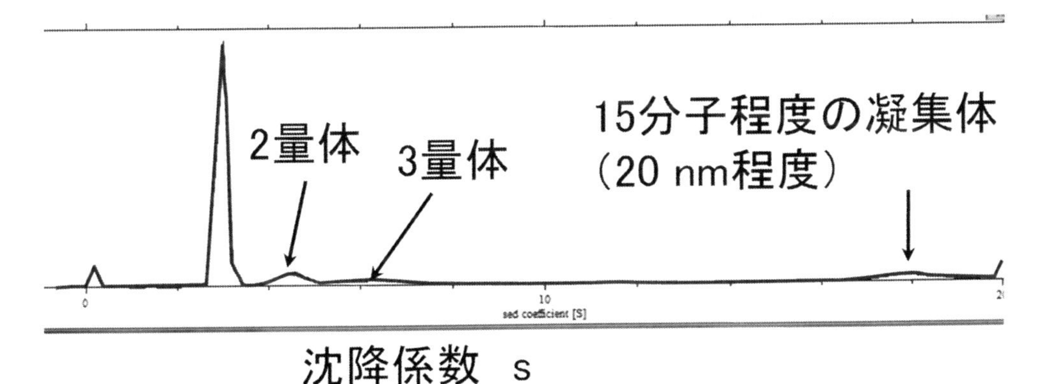

図8　糖タンパク質ウシフェツインの移動境界面の時間変化および相関係数の分布関数 $c(s)$

4　第2ビリアル係数に基づく凝集性の予測

タンパク質の凝集性，すなわちコロイド安定性は，溶液のpHや温度に依存し，第2ビリアル係数，表面電荷，拡散係数の濃度依存性に基づく相互作用パラメーターなどによって予測される。AUC-SE法（沈降平衡法）ではSV法より比較的低速で遠心し，最終的に溶質の沈降と拡散が釣り合って平衡に達し，溶質の濃度分布は指数関数の分布となる。このとき，溶質の化学ポテンシャル μ は以下の式で表される。

$$\mu = \mu_0 + RT\ln C - \frac{1}{2} r^2\omega^2 M(1-\bar{v}\rho) \tag{8}$$

ここで C は溶質濃度，r は回転中心からの距離，ω はローターの回転速度である。

平衡状態では $\frac{\partial\mu}{\partial r}=0$ であるので，

$$\frac{\partial\mu}{\partial r} = \frac{RT}{C}\frac{\partial C}{\partial r} - r^2\omega^2 M(1-\bar{v}\rho) = 0 \tag{9}$$

であり，これより以下の式が得られる。

$$\frac{\partial \ln C}{\partial (r^2)} = \omega^2 \frac{M(1-\bar{v}\rho)}{2RT} \tag{10}$$

すなわち，

$$C(r) = C(r_0)\exp\left[\frac{M(1-\bar{v}\rho)\,\omega^2(r^2-r_0{}^2)}{2RT}\right] \tag{11}$$

式(11)を実際の測定により得られた r 各点での吸光度にフィッティングすることにより，見かけの分子量 M_{app} が得られる。式は理想溶液を仮定しているが，非理想溶液では式(10)の分母に第2項が加わる。

$$\frac{\partial \ln C}{\partial (r^2)} = \frac{\omega^2 M(1-\bar{v}\rho)}{2RT\left(1+C\frac{\partial \ln y}{\partial C}\right)} \tag{12}$$

ここで，y は溶質の活動度係数である。$\ln y$ は，濃度の多項式として以下のように展開できる。

$$\ln y = 2B_2MC + DMC^2 \tag{13}$$

濃度の低いところで第1項だけとって，式(12)は以下のように書き直せる。

$$\frac{\partial \ln C}{\partial (r^2)} = \frac{\omega^2 M(1-\bar{v}\rho)}{2RT(1+2B_2MC)} \tag{14}$$

したがって，見かけの分子量 M_{app} は，以下のようになる。

$$M_{\mathrm{app}} = \frac{M}{1+2B_2MC} \tag{15}$$

ここで，B_2 は溶質間の相互作用を示す第2ビリアル係数である。両辺の逆数をとり以下のように書き直す。

$$\frac{1}{M_{\mathrm{app}}} = \frac{1}{M} + 2B_2C \tag{16}$$

複数の濃度で測定し，$1/M_{\mathrm{app}}$ を濃度に対してプロットすると，$1/M_{\mathrm{app}}$ の濃度に対する傾きが第2ビリアル係数となる。$1/M_{\mathrm{app}}$ が濃度に対して右下がりの場合は第2ビリアル係数が負，すなわち引力相互作用であるので，DLS の章にも記載されているように，凝集性を示す可能性がある。AUC-SE 法，DLS のいずれも第2ビリアル係数が得られるので，2種類の手法で得られた結果を照合することも有効である。$1/M_{\mathrm{app}}$ のプロットを濃度0に外挿した値から真の分子量 M が得られる。

斎藤らは抗体医薬品（モノクローナル抗体）についてAUC-SE法を用いてpHの異なる緩衝液中での第2ビリアル係数を上記の方法で算出し，第2ビリアル係数B_2のpH依存性と凝集性がよい相関を示すことを示した（図9，図10）[12]。

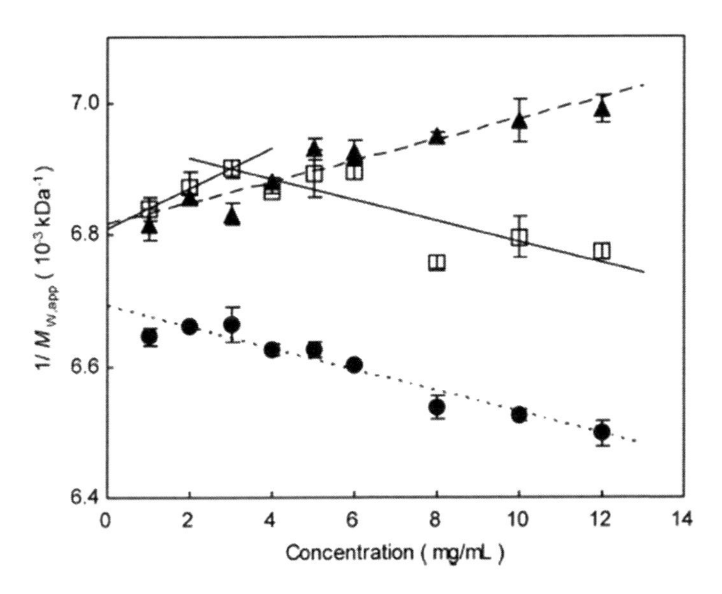

図9　AUC-SE法により得た$1/M_{app}$の濃度依存性
抗体医薬品A(●)，B(□)，C(▲）の$1/M_{app}$を，1～12 mg/mLまでの濃度に対しプロットしたもの。$C(r)$（式(11)）の測定はUV吸収ではなく，干渉光学系を用いた。
（文献12，Fig. 1より許可を得て転載）

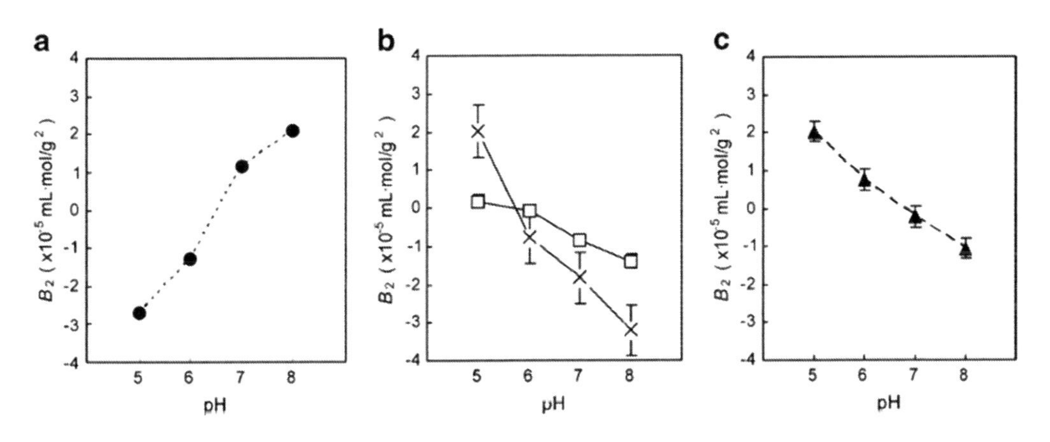

図10　第2ビリアル係数のpH依存性
抗体医薬品A，B，Cの図9の$1/M_{app}$の濃度に対する傾きから得た第2ビリアル係数を，緩衝液のpHに対してプロットしたもの。抗体A，Cは濃度範囲1，5，10 mg/mLについてプロットしたもの。抗体Bは1，2，3 mg/mL（×）と，5，7.5，10 mg/mL（□）の2種類の濃度範囲についてプロットしたもの。
（文献12，Fig. 2より許可を得て転載）

5 まとめ

超遠心分析法は，タンパク質医薬品およびその他のタンパク質の会合体および凝集体の分析に有用であることが示された。超遠心分析法では測定の難しい数百 nm を超えるサイズの凝集体は，FFF-MALS や DLS など，他の分析手法を併用することでカバーできる。特に DLS では，拡散係数の濃度依存性から得られる相互作用パラメーターk_Dを求めることができ，またハイスループットの測定が可能である。第 2 ビリアル係数は，静的光散乱（Zimm plot）によっても測定可能であり，複数の手法で凝集体，凝集性の予測を行うことが，タンパク質医薬品の凝集体の評価において重要となる。

文　献

1） L. O. Narhi *et al.*, *J. Pharm. Sci.*, **101**, 493 (2012)
2） D. K. Sharma *et al.*, *AAPS J.*, **12**, 455 (2010)
3） A. Ríos Quiroz *et al.*, *Anal. Chem.*, **87**, 6119 (2015)
4） A. Hawe *et al.*, *Eur. J. Pharm. Biopharm.*, **85**, 1084 (2013)
5） J. S. Philo, Analytical ultracentrifugation, In: “Methods for Structural Analysis of Protein Pharmaceuticals”（W. Jiskoot and D. Crommelin, eds.）, p.379, AAPS Press (2005)
6） J. Lebowitz *et al.*, *Protein Sci.*, **11**, 2067 (2002)
7） B. Demeule *et al.*, *MAbs*, **1**, 142 (2009)
8） J. Panchal *et al.*, *AAPS J.*, **16**, 440 (2014)
9） J. Gross *et al.*, *Eur. J. Pharm. Biopharm.*, **104**, 30 (2016)
10） 有坂文雄著，長谷俊治ほか編，タンパク質を見る—構造と挙動（やさしい原理から入るタンパク質科学実験法 2），3 章「タンパク質の溶液挙動」，化学同人（2009）
11） S. Uchiyama *et al.*, *Biophys. Rev.*, **10**, 259 (2018)
12） S. Saito *et al.*, *Pharm. Res.*, **29**, 397 (2012)
13） P. Schuck, H. Zhao, C. A. Brautigam, and R. Ghirlando, “Basic principles of analytical ultracentrifugation”, CRC Press (2015)
14） S. Uchiyama and F. Arisaka, Important and Essential Theoretical Aspects of AUC, In: “Analytical Ultracentrifugation – Instrumentation, Software, and Application”, p.3, Springer Japan (2016)

第3章　光散乱による会合・凝集の検出

有坂文雄*

1　はじめに

本章では光散乱法によるタンパク質の会合・凝集の検出について述べる。光散乱法（LS）は第一原理に基づく溶液中の高分子の分子量決定法である。同じく第一原理に基づく分析法である超遠心分析（AUC）との大きな違いは，AUCが遠心力場中で観測と分離を同時に行う機器であるのに対して，LSは，LS自体には分離能がない点である。そこで，LSの上流にサイズ排除クロマトグラフィーSEC（size exclusion chromatography＝ゲルろ過クロマトグラフィー）またはフローフィールドフラクショネーションFFF（field flow fractionation，後述）を接続し，下流で各ピークの分子量を測定する。これらはSECまたはFFFの溶出を光散乱でモニターすることに他ならない。

2　静的光散乱と動的光散乱

光散乱の理論の研究の歴史は古く，すでに1900年代初頭からRayleigh，Debyeらの研究がある[1)]が，これを分子量決定の手段として応用する研究はAUCよりも若干遅く，1940年代に始まっている。しかし，長い間，光散乱は限られた物理化学の研究室でのみ利用されてきた。一般の生化学者の間で分子量または拡散係数の測定の手段として広く応用されるようになったのは1990年頃になって新しいフローセルタイプのセルを用いた機器が市販されるようになってからである。この間，光源にレーザーを用いるようになって埃の問題が解消され，角度依存性も検出器を回転させるタイプから複数の角度に検出器を配置してデータを同時に取得するタイプ（多角度光散乱＝MALS）に換わってきている。上流にSECまたはFFFを接続した系はそれぞれSEC-MALS，FFF-MALSと呼ばれる。光散乱装置の概要を図1に示す。

光散乱では，入射光の波長と散乱光の波長が等しいレイリー散乱Rayleigh scatteringを扱う。散乱光の強度は入射光の強度I_0，散乱体積V_0，散乱角θ，散乱領域から検出器までの距離rに依存する。そこで，これらのパラメーターに依存しない散乱光強度として還元散乱光強度またはRayleigh比$R(\theta)$を式(1)のように定義する。以下，散乱強度は$R(\theta)$を指すこととする。

＊　Fumio Arisaka　東京工業大学　名誉教授

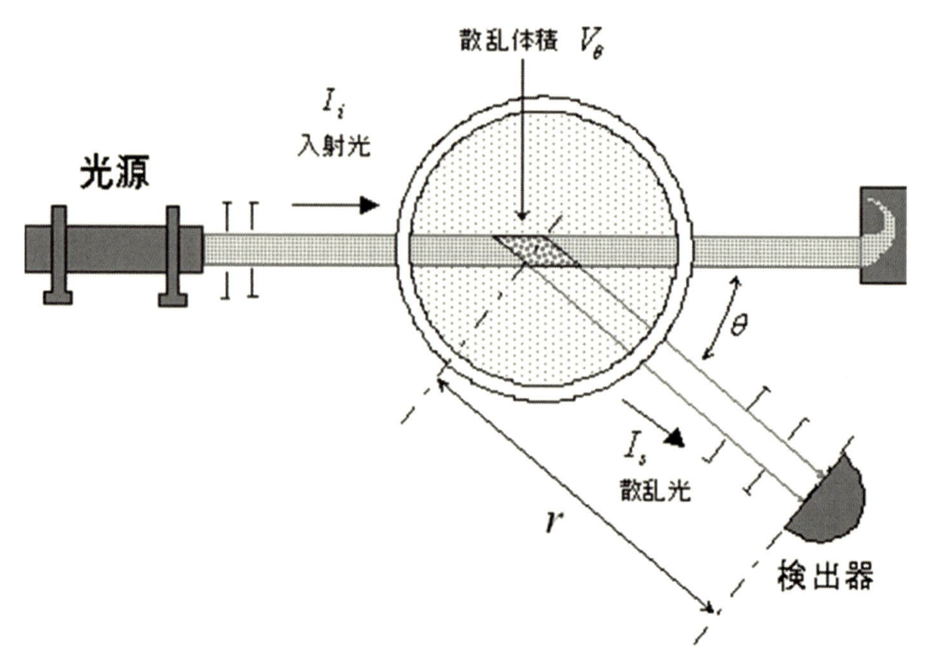

図1　光散乱装置：光源と検出器の配置

$$R(\theta) = \frac{I_s(\theta) - I_b(\theta)}{I_i} \frac{r^2}{V_\theta} \tag{1}$$

ここで，$I_s(\theta)$ および $I_b(\theta)$ はそれぞれ散乱角 θ における溶質および緩衝液の散乱強度である。

光散乱は静的光散乱と動的光散乱に分けられる。静的光散乱では散乱光の強度と角度依存性が測定され，分子量（溶質が不均一な場合には重量平均）と慣性半径が求められる。この両者を求めるためのプロットがZimmによって考案されたZimmプロット（式(2)）である[2)]。Zimmプロットでは縦軸に $K^*c/R(\theta)$ を，横軸に $\sin^2(\theta)+kc$(k は任意の定数，例えば1,000）をプロットする。y軸の切片から $1/M$ 従って M，$c\to 0$ の傾きから第二ビリアル係数 A_2，$\theta\to 0$ の傾きから慣性半径 r_g がそれぞれ求められる。SEC-MALSではSECで分離された各ピークの分子量が求められる。なお，分子量が約5万以下の球状タンパク質の場合には角度依存性は無視できる。

$$\frac{K^*c}{R(\theta)} = \frac{1}{M}\left(1 + \frac{16\pi^2 n_0^2}{3M\lambda_0^2}\langle r_g^2\rangle \sin^2\left(\frac{\theta}{2}\right) + \cdots\right) + 2A_2c \tag{2}$$

希薄溶液（$c\to 0$，理想溶液）で，小角（$\theta\to 0$）の散乱光では

$$R_\theta \propto \left(\frac{\mathrm{d}n}{\mathrm{d}c}\right)^2 Mc \tag{3}$$

溶質分子がヘテロな場合には分子量は重量平均の分子量となる：

$$R(\theta) = K^{*}c\,\frac{\sum_{i=1}^{n} c_i M_i}{\sum_{i=1}^{n} c_i} = K^{*}M_{\mathrm{w}}c \tag{4}$$

散乱光の強度はμsecからmsecオーダーの短い時間単位で揺らいでいる。これは分子の熱運動によって散乱容積内の分子の数がランダムに変化することによる。この出入りは分子の拡散係数によって制限される。小さな分子は拡散係数が大きく，そのため出入りが速いのに対して，大きな分子は拡散係数が小さいために単位時間あたりの出入りが抑えられる。静的光散乱では各検出器で散乱強度の時間的平均が記録される。

動的光散乱測定から得られる量は散乱光強度の揺らぎの自己相関関数である。揺らぎから拡散係数を求めるには揺らぎの自己相関関数$G(\tau)$を求める：

$$G(\tau) = \langle I_{\mathrm{s}}(t)\cdot I_{\mathrm{s}}(t+\tau)\rangle / \langle I_{\mathrm{s}}\rangle^{2} \tag{5}$$

$$G(\tau) = 1 + A_{\mathrm{e}}{}^{-2(h\wedge 2)D\tau} \tag{6}$$

$$\ln[G(\tau)-1] = \ln(A) - 2h^{2}D\tau \tag{7}$$

ここで，$h=4\pi n\lambda^{-1}\sin(\theta/2)$（$\theta$は散乱角，$n$は屈折率），$D$は並進の拡散係数である。

3　サイズ排除クロマトグラフィー（SEC）とフィールドフローフラクショネーション（FFF）

光散乱の上流に接続して用いられる分離装置としてはSECとFFFがある。SECには種々の材料や分子量分画範囲のものが知られており，目的によって使い分けられる。ここで対象となるタンパク質のオリゴマーや凝集体の場合，オリゴマーはそれに適したSECの担体を求めることができるが，凝集体は多くの場合巨大で，排除限界（void volume）に溶出され，しばしばゲル内部に留まって溶出されないこともある。SECの排除限界を越える大きな粒子の分画で注目されているのがFFFである。FFFにはいくつかの型があるが，その中で非対称フローFFFに注目が集まっている。非対称フローFFF（AF4）の概念図を図2に示す[3]。FFFとSECの大きな違いの　つはFFFにはゲルろ過で用いられる担体が存在しないことである。そのため，FFFにはSECにおける試料と担体の相互作用の問題などがない。

FFFの溶出位置は溶質の拡散係数とスペースの厚さに依存し，小さなものから先に溶出され，分子量10^{3}～10^{13}，およそ直径1 nm～10 μmまで分離可能である。図3はフローFFF-UVでAF4の分離の結果を示したものである[4]。FFFでは，狭い空間を隔てる両壁において，上部が不透過性，下部が透過性である。溶液の進行方向に対して直角方向に流れ（cross flow）が生じ

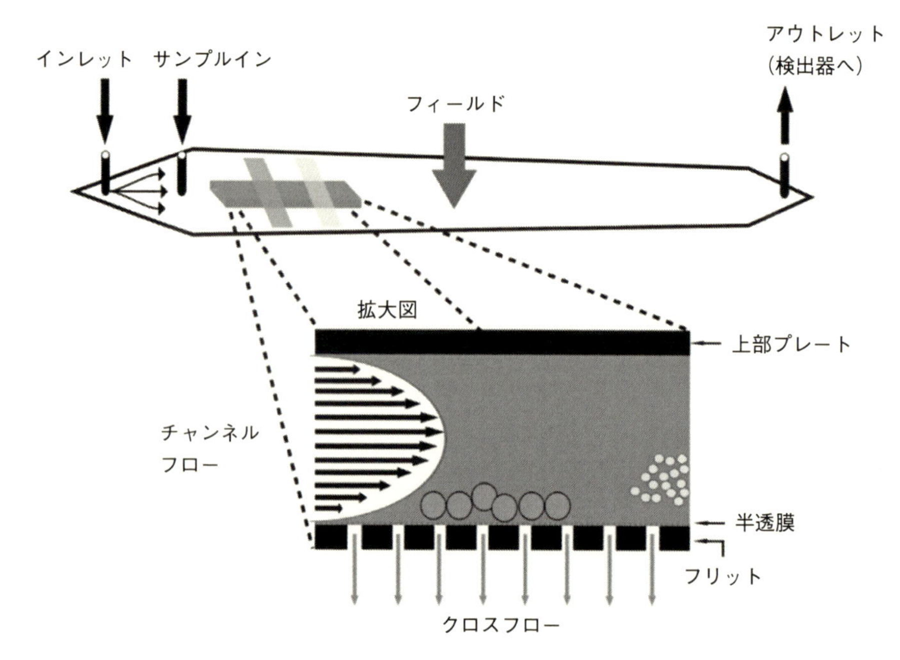

図2　非対称フローFFFによる粒子の分離
上部の壁は不透過性，下部は半透膜である。
(G. Yohannes *et al.*, *J. Chromatogr.*, **1218**, 4104 (2011) Fig.2 を改変)

るのは対称FFFと同様である。分離の効率はSECの理論段数に相当するチャンネルの層状流のパラメーターなどいくつかの因子に依存している。

なお，理論に依れば[5]，FFFにおける溶出時間は各構成粒子の流体力学的直径d_hに比例する：

$$t_r = \frac{\pi \eta \omega^2 \left(\frac{V_c}{V}\right) d_h}{2kT} \tag{8}$$

ここで，ηは溶液の粘度，ωはチャンネルの厚さ，kはボルツマン定数，Tは絶対温度，(V_c/V)はクロスフローの速度とチャンネル方向の速度の比である。

図4に，2種の大きさのポリスチレンラテックスビーズ（PSL48 nmおよびPSL458 nm）をそれぞれ単独に測定した場合と両者を混合して測定した結果が示されている。注目されるのは，2種の粒子を混合した場合，自己相関関数は2つの時定数に相当する2つの曲線を合成した形にはならず，若干傾きを小さくした中間に位置する曲線を示すことである（図4(g)）。

溶液が多分散の場合，すなわち系が複数の相関時間を持つ場合，解析は複雑になる。単分散の場合または分布がある場合は解析法としてキュムラント法[6]が用いられるが，混合物の場合は解析は複雑で，機器メーカーによってCONTIN法[7]，レギュラリゼーション法[7]など異なる方法が用いられている。いずれも縦軸に散乱強度，横軸には対数表示でR_h（nm）が示される。なお，1 nmより小さなピークはしばしば溶媒の散乱と解釈されるが，フォトダイオードのアーティ

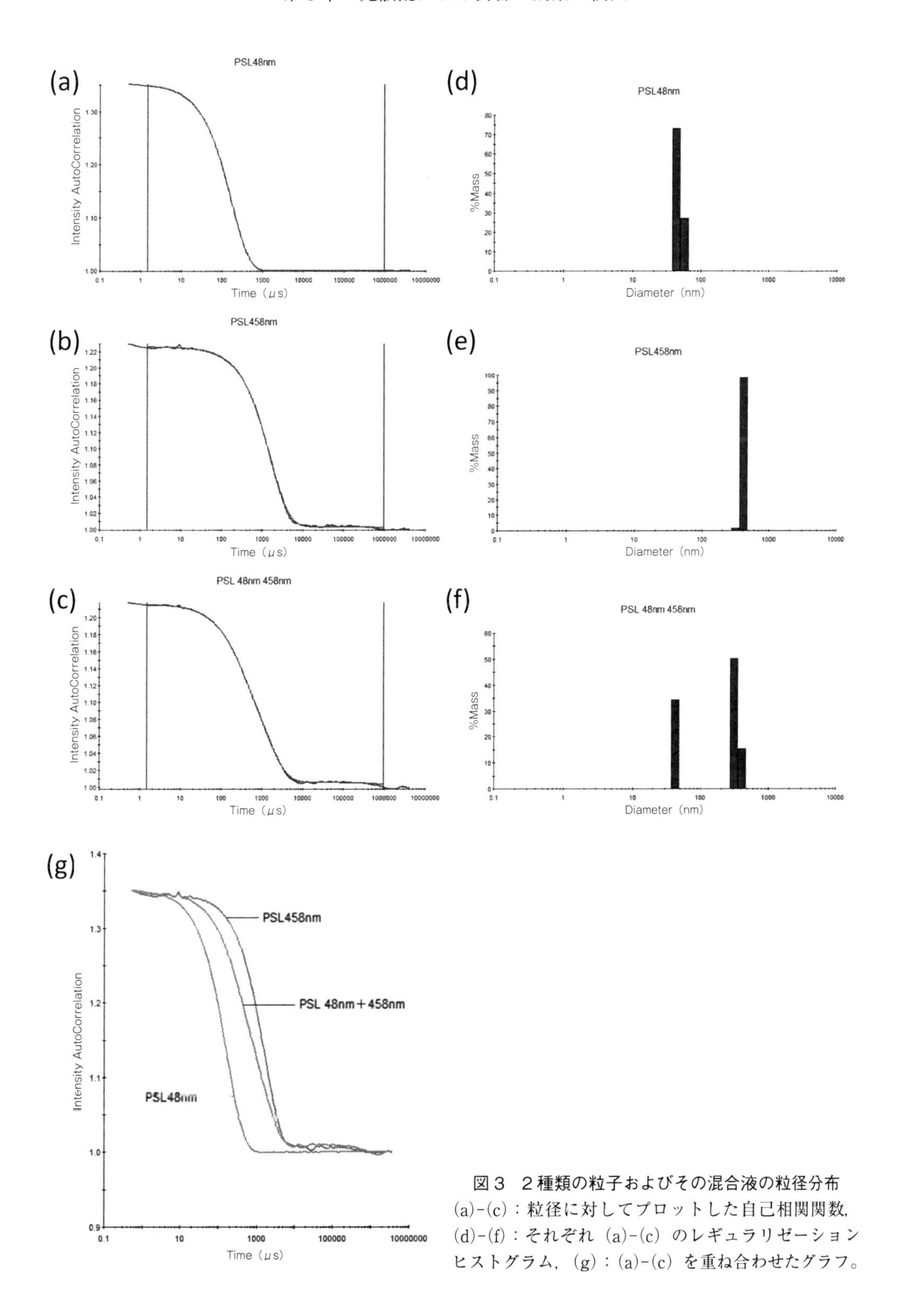

図３　２種類の粒子およびその混合液の粒径分布
(a)-(c)：粒径に対してプロットした自己相関関数，(d)-(f)：それぞれ（a)-(c）のレギュラリゼーションヒストグラム，(g)：(a)-(c）を重ね合わせたグラフ。

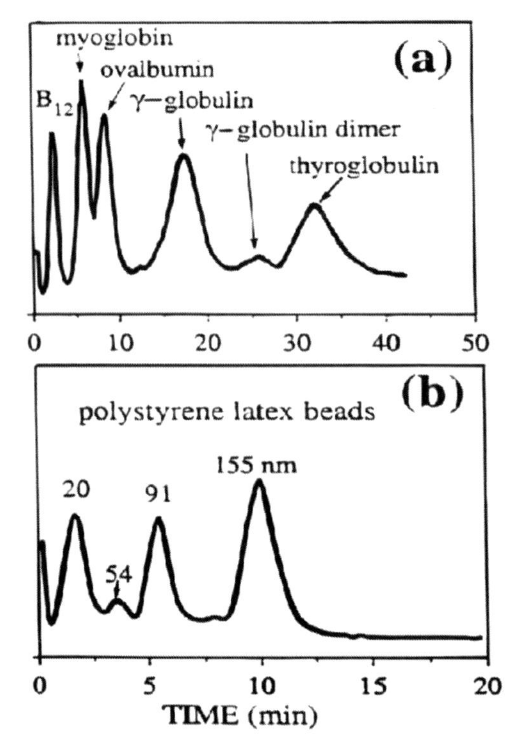

図4　AF4による分離

(a)種々のタンパク質とビタミンB_{12}，(b)図中に示した直径のラテックスビーズ，ピークに直径が示してある。(a)溶出時間と直径d_hとは式(1)の関係にある。PBS緩衝液（pH 7.4）中のタンパク質混合溶液10 μLを添加した。用いた膜はYM1，w = 0.0163 cm，V = 0.7 mL/min，V_c = 7.2 mL/min；検出は280 nm。(b)ラテックスビーズ10 μL（pH 7.4）を添加した。用いた膜はAmicon YM100，w = 0.00210 cm，V = 4.0 mL/min，V_c = 1.0 mL/min；検出は254 nm。Void timeは（a）ρ = 1.23 min，（b）ρ = 0.28 min。

（P. Li & J. C. Giddings, *J. Pharm. Sci.*, **85**（8), 895（1996）Fig.2を改変）

表1　レギュラリゼーション法とキュムラント法に基づく粒径測定結果

	レギュラリゼーション法	キュムラント法
PSL 48 nm	47.2 nm	48.1 nm
PSL 458 nm	416 nm	458.2 nm
PSL 48 + 458 nm	40.8 nm + 336 nm	249.8 nm

ファクトの可能性がある。また，この方法で分離できるピークの数は高々10個，粒子サイズは分離のためには5倍程度の差が必要である。表1には図4の試料についてレギュラリゼーション法とキュムラント法に基づいて測定した粒径の測定結果が示してある。

動的光散乱を用いて粒径分布を求める場合，溶液は分離を行わずにバッチ法で行い，共存する複数の溶質の各τを検出することになる。

近年，粒径分布を光散乱用のプレートリーダーを利用してハイスループットで測定できる

DLS機器が市販されるようになった。多くの調製条件から最適の調製条件を選ぶ際に有用と考えられる。

4　凝集の起こりやすさの予測

凝集の起こりやすさを簡便に予測することは，タンパク質医薬の調製条件を最適化するために重要である。そこで注目されているのは相互作用パラメーターk_D，第二ビリアル係数A_2，表面電荷などである。

並進の拡散係数D_tは，DLSによって測定したR_hをストークス・アインシュタインの関係を用いて変換することによって決定できる。D_tは溶質の濃度の関数になっており，

$$D_t = D_0(1 + k_D c) \tag{9}$$

と表せる。k_Dは相互作用パラメーターと呼ばれる。k_DはpH，イオン強度，温度に依存し，k_Dが正の場合は反発を表し，負の場合は引力を表すので，負の場合は凝集しやすいと考えられ，そのような条件は避けるべきである。しかし，正であればよいとは限らない。同種のイオンが多すぎる場合には静電的な反発によってタンパク質分子の不安定化を引き起こす可能性があるからである。

相互作用パラメーターは第二ビリアル係数A_2と以下のような関係がある[8)]：

$$k_D = 2A_2M_w - k_f - 2v \tag{10}$$

ここで，vは偏比容，k_fは摩擦係数である。A_2は静的光散乱SLS（Zimmプロット）または超遠心沈降平衡法によって求められる。

図5に3つのモノクローン抗体のk_DのpH依存性，図6に式(10)から予想されるk_DとA_2の直線関係が成り立っていることを示すグラフを示してある。

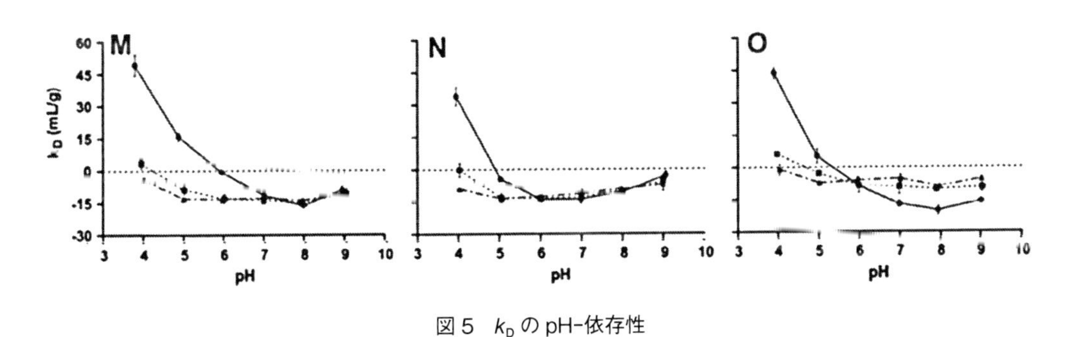

図5　k_DのpH-依存性

M：mAb-A，N：mAb-B，O：mAb-C。●と実践はイオン強度10 nM，■と点線はイオン強度50 mM，▲とダッシュ点線はイオン強度150 mM。

（M. S. Neergaard *et al.*, *Eur. J. Pharm. Sci.*, **49**, 400（2013）Fig.2の一部を改変）

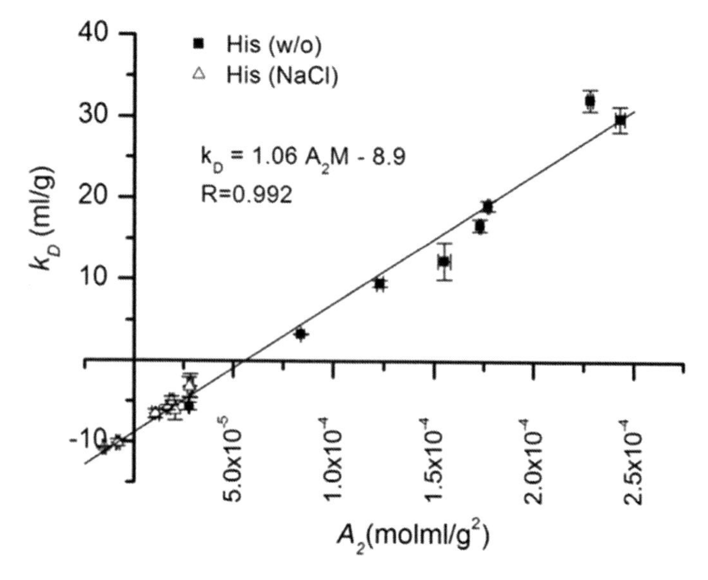

図6 k_D と A_2 直線関係（式(9)参照）
表2のデータを k_D vs. A_2 で再プロットしたもの。
（C. Lehermayr *et al.*, *J. Pharm. Sci.*, **100**, 2258（Fig.4）および 2257（Table3）= 文献 9））

表2　8つのモノクローン抗体の2種の条件下における k_D と A_2

	A_2(e^{-04})SLS(mol mL/g^2)		k_D DLS(mL/g)	
	w/o NaCl	150 mM NaCl	w/o NaCl	150 mM NaCl
mAb1	2.43 ± 0.02	0.28 ± 0.01	29.8 ± 1.6	−3.2 ± 1.2
mAb2	2.28 ± 0.01	0.17 ± 0.01	32.1 ± 1.3	−5.8 ± 0.3
mAb3	1.77 ± 0.01	0.21 ± 0.00	19.1 ± 0.6	−6.1 ± 1.2
mAb4	1.73 ± 0.01	0.29 ± 0.01	16.7 ± 0.8	−3.1 ± 1.5
mAb5	1.55 ± 0.03	0.11 ± 0.02	12.3 ± 2.3	−6.6 ± 0.5
mAb6	1.23 ± 0.02	−0.08 ± 0.01	9.5 ± 0.4	−10.2 ± 0.4
mAb7	0.84 ± 0.00	−0.15 ± 0.01	3.3 ± 0.0	−10.7 ± 0.1
mAb8	0.28 ± 0.00	0.19 ± 0.01	−5.6 ± 0.5	−5.0 ± 0.6

5　まとめ

① 凝集を光散乱によって測定する場合には分離の装置としてFFFを用いたFFF-MALSが有用である。

② ハイスループットに凝集の有無を調べるために動的光散乱DLSを用いた粒径分布の測定が有用である。

③ タンパク質の凝集の予測に相互作用パラメーターが有用である。相互作用パラメーターはDLSで求められる拡散係数の濃度依存性から求められ，第二ビリアル係数と関係する。

文　献

1）岩井俊昭ほか，応用物理，**63**（1），14（1994）
2）B. H. Zimm, *J. Chem. Phys.*, **16**, 1093（1948）
3）G. Yohannes *et al.*, *J. Chromatogr.*, **1218**, 4104（2011）
4）M.-K. Liu & J. C. Giddings, *Macromolecules*, **26**, 3576（1993）
5）H. Yamakawa, Modern theory of Polymer Solutions, Harper & Row（1971）
6）D. E. Koppel, *J. Chem. Phys.*, **57**, 4814（1972）
7）S. W. Provencher, *Makromol. Chem.*, **180**, 201（1979）
8）M. S. Neergaard *et al.*, *Eur. J. Pharm. Sci.*, **49**, 400（2013）
9）C. Lehermayr *et al.*, *J. Pharm. Sci.*, **100**, 2551（2011）

第4章　小角散乱法

杉山正明*

1　はじめに

物質の性質を理解するために構造情報が非常に重要であることは疑いがない事実であろう。そのため種々の構造解析法が開発されてきたが，最もよく使われている手法の1つが量子ビーム（X線・中性子線など）の回折現象を利用した結晶構造解析法である。現在の結晶構造解析法では良質な結晶を得ることができれば，タンパク質などの大型の生体高分子であっても2Åを切る分解能で原子座標を決定することができる。一方，結晶のような周期性を持たない溶液中の分子やゲル・アモルファスなどの「結晶が得られない系・結晶ではない系」の構造を知りたい場合も存在する。このような場合では当然「結晶」構造解析法は使えないので，別の手法を考える必要がある。そのような手法の代表格の1つが核磁気共鳴（NMR）法を用いた構造決定法である。NMR法では，溶液中の分子の構造を結晶構造解析と同等の分解能で求めることが可能であるが，残念ながら対象となる分子量に上限（20～30 kDa）があり，また，ゲルなどでは構造解析測定が困難な場合も少なくない。そこで，注目されるのが「小角散乱法」である[1~3]。小角散乱法は結晶構造解析法と同様に試料に量子ビームを入射し，散乱強度の角度依存性を測定する。しかし，広い角度範囲に存在する多くのBraggピーク（回折）強度を測定する結晶構造解析法とは異なり，小角散乱法では透過ビーム近傍の小さな散乱角領域に広がる散漫散乱強度の角度依存性を高い分解能で測定する。具体的には，小角散乱で測定する散乱角は使用する量子ビームの波長や測定対象にもよるが主として0.2～20度であり，一般的な結晶回折実験におけるビームストッパーの内側への散乱を測定していることになる（図1）。ここでよく知られているように散乱・回折現象には「散乱角と測定される構造サイズの間には逆関係が存在する」ことに留意すれば，「小角領域の散乱を測定する」ということは，高角領域を測定する一般的な結晶構造解析に比べ「10～1,000Åと大きな構造を観測していること」を意味する。一方，分解能と測定スケールもトレードオフの関係にあるので，小角散乱における分解能は結晶回折に比べると良くなく10Åを切ることはない。しかし小角散乱では，結晶構造解析のように結晶の周期構造による多くの回折スポットの角度・強度依存性を測定しているのではなく，透過ビーム周りの散漫散乱のみを観測しているので，試料には結晶を必要とせず，上述のように溶液中の分子構造やゲルなどの揺らぎ構造も測定できることも特徴である。

＊　Masaaki Sugiyama　京都大学　複合原子力科学研究所　粒子線基礎物性研究部門　教授

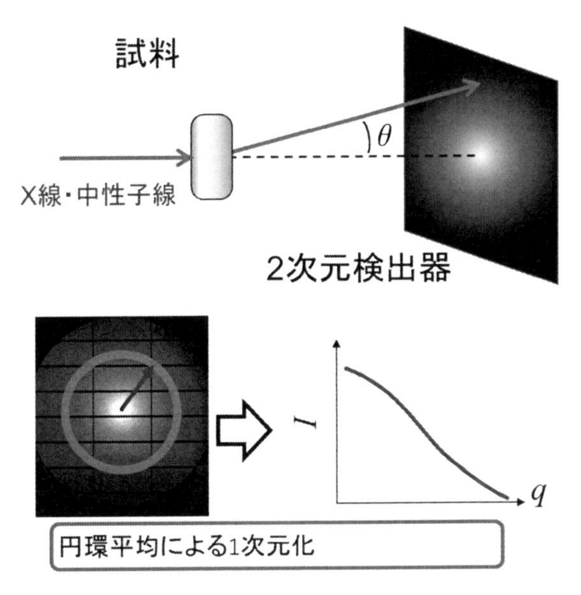

図 1　小角散乱の模式図（上），基本的な 1 次元散乱曲線（下）

以上，小角散乱の特徴をまとめると

① 結晶構造解析に比べ大きなスケールの構造（10〜1,000 Å 程度）が観測可能

② 試料に結晶を必要とせず，溶液中の粒子・ゲル・溶液の揺らぎ構造も測定可能

となる。

小角散乱の測定装置（以降「小角散乱装置」）は，上述の通り小さい散乱角領域での散乱強度を正確に測定する必要があるために平行度の高いビームを用いる。そのため，小角散乱装置では発散角を抑えた高い平行度の入射ビームを作るために光学系のコリメーションをきつくしているため，それでも十分なビーム強度を得るために高い光源強度が要求される。したがって，X 線を用いる場合はシンクロトロンを光源とした小角散乱装置が主流を占めてきた。しかし，近年では実験室系の装置でも光源強度と集光技術の向上により，小角散乱の中では試料からの散乱強度が弱いタンパク質の溶液散乱測定までも実験室系の装置を用いて可能になってきた。一方，中性子を用いる場合では，研究用原子炉または高強度核破砕型加速器中性子源を用いるが，光源強度は実験室系の X 線源に届かない（もしくは同等レベルである）。したがって，この欠点を補うために中性子小角散乱装置ではビームサイズを大きくする必要があり，その結果，角度分解能を得るために装置サイズは必然的に大きくなる（全長 30 m クラスの中性子小角散乱装置も普通に存在する）。以上，まとめると X 線小角散乱では，シンクロトン施設に設置された装置を用いる場合が多いが，現在では，測定時間は多少かかるが同等の散乱スペクトルを得ることが可能な実験室設置型の小角散乱装置が存在する。一方，中性子小角散乱では大型施設（研究用原子炉施設または核破砕型加速器中性子源施設）での共同利用システムを利用する必要がある。後者については文献[4)]の Table 1 を参照してくれると良い。

2　小角散乱の原理

結晶回折も小角散乱も散乱を表す基本式は同じである。N 個の原子からなる系の散乱強度 $I(\boldsymbol{q})$ は以下の式で与えられる。

$$I(\boldsymbol{q}) = \left| \sum_{j=1}^{N} b_j \exp(-i\boldsymbol{q}\cdot\boldsymbol{r}_j) \right|^2 \tag{1}$$

$$|\boldsymbol{q}| = 2k\sin\frac{\theta}{2} \tag{2}$$

$$k = \frac{2\pi}{\lambda} \tag{3}$$

ここで，$\boldsymbol{q}$ は散乱ベクトル，b_j は j 番目の原子の散乱能（X 線：原子構造因子，中性子散乱：散乱長）である。$\boldsymbol{r}_j$ は j 番目の原子の位置座標，k は入射ビームの波数，θ は散乱角，λ は入射ビームの波長である。X 線散乱における原子構造因子は原子の持つ電子数に比例し，散乱角依存性（＝散乱ベクトル依存性）を持つが，小角散乱の場合はその角度依存性は無視してほぼ定数とみなして構わない。一方，中性子散乱における散乱長は原子番号に全く依存しないだけでなく同位体に応じても異なり，加えて角度依存性は存在しない。中性子散乱における各原子の散乱長は文献[5]を参照されたい。結晶回折において，$\boldsymbol{r}_j$ は周期性が存在するので式(1)はよく知られているラウエ関数と $\boldsymbol{q}$ を指数ベクトルに置き換えた結晶構造因子との積となる。それらの導出は本稿の範囲外なので成書を参照されたい[6]。

ナノスケール粒子構造や揺らぎを測定とする小角散乱は各原子の位置座標を決定するほどの分解能を持たない。そこで，小角散乱における散乱強度 $I(\boldsymbol{q})$ は分解能領域 v の散乱能を平均した値を持つ連続関数である散乱能密度関数 $\rho(\boldsymbol{r})$ を用いて，

$$I(\boldsymbol{q}) = \left| \int_V \rho(\boldsymbol{r}) \exp(-i\boldsymbol{q}\cdot\boldsymbol{r}) d^3\boldsymbol{r} \right|^2 \tag{4}$$

$$\rho(\boldsymbol{r}) = \left(\sum_{k=1}^{M} b_k \right) \Big/ v \tag{5}$$

と表される。積分は照射領域 V 全体に対して行う。また，b_k は位置 $\boldsymbol{r}$ にある分解能領域 v 内の k 番目の原子の散乱能であり，和は領域内にある M 個の原子すべてに対して行う。この式(4)が小角散乱の基本式となる。

「小角散乱を用いてナノ構造を測定する」といっても研究者に応じて対象とする系は異なる。

そこで対象とする系は分子（または原子と言った方が良い場合もある）から構成されるという点に注目して系を大別すると

①　粒子自身の形状・構造を観測したい＝粒子自身がナノスケールのサイズを持つ

②　粒子の集合体の密度・濃度揺らぎを観測したい＝揺らぎがナノスケールのサイズを持つ

となる。具体的には①は，ミセルやタンパク質などの粒子の構造そのものを測定したい場合，②は分子溶液の密度揺らぎ（2成分混合系や超臨界流体）や高分子ゲルなどが挙げられる。これらを観測するという視点から小角散乱の式をもう一度振り返ってみる。

2.1　溶液中の粒子の小角散乱

まず溶液中の粒子からの散乱を考える。この時，観測される散乱は粒子からの散乱と溶媒からの散乱の合計であるが，ほとんどの場合興味があるのは粒子からの散乱のみである。したがって，この粒子からの散乱を取り出すことを考える。そこで試料溶液からの散乱を粒子からの散乱成分（散乱能密度分布 $\rho_p(\boldsymbol{r})$，式(6)第1項）と溶媒からの散乱成分（平均散乱能密度分布 $\overline{\rho_s}$，式(6)第2項）に分離すると（図2参照），

$$I(\boldsymbol{q}) = \left| \int_{V_1} \rho_p(\boldsymbol{r}) \exp(-i\boldsymbol{q} \cdot \boldsymbol{r}) d^3\boldsymbol{r} + \int_{V-V_1} \overline{\rho_s} \exp(-i\boldsymbol{q} \cdot \boldsymbol{r}) d^3\boldsymbol{r} \right|^2 \tag{6}$$

となる。ここで V は入射ビームの照射領域，V_1 は粒子の体積である。式変形をして

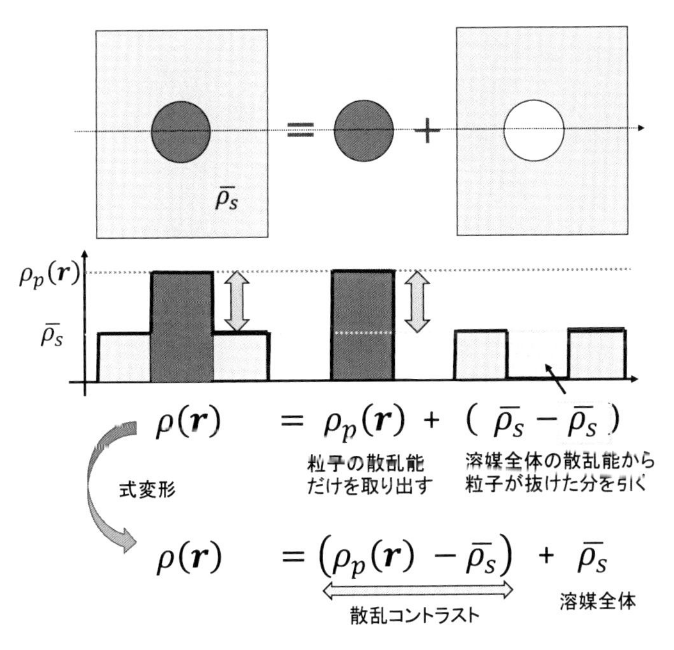

図2　コントラストの概念図

$$I(\boldsymbol{q}) = \left| \int_{V_1} \left(\rho_p(\boldsymbol{r}) - \overline{\rho_s} \right) \exp(-i\boldsymbol{q} \cdot \boldsymbol{r}) d^3\boldsymbol{r} + \overline{\rho_s} \int_V \exp(-i\boldsymbol{q} \cdot \boldsymbol{r}) d^3\boldsymbol{r} \right|^2 \tag{7}$$

と表わされる。ここで，第２項はいわゆるδ関数になるので，測定領域$\boldsymbol{q} \neq 0$では無視できる。したがって，溶液からの散乱強度は

$$I(\boldsymbol{q}) = \left| \int_{V_1} \Delta\rho(\boldsymbol{r}) \exp(-i\boldsymbol{q} \cdot \boldsymbol{r}) d^3\boldsymbol{r} \right|^2 \tag{8}$$

と表わすことができる。ここで$\Delta\rho(\boldsymbol{r}) = (\rho_p(\boldsymbol{r}) - \overline{\rho_s})$は散乱コントラスト（または単純にコントラスト）と呼ばれている溶液散乱における重要な概念である。溶液中の粒子からの散乱は，単純に溶質粒子の散乱能密度分布を反映しているのではなく，溶媒との散乱能密度の差＝コントラストを反映しているのである。したがって，粒子系の溶液散乱では式(8)がより基本式と言える。

2. 1. 1　形状因子と構造因子

次に現実的な系として多数の分子が溶液中に存在していることを考える。今，図３に示したように散乱能密度コントラスト$\Delta\rho_l(\boldsymbol{r}')$（位置原点は粒子の重心とする）を持つ粒子$l$が，位置$\boldsymbol{r}_l$に存在しているとする（位置原点は溶液中の任意の場所に固定する。ただし，一般的に粒子の重心位置とこの原点を一致させる必要はない）。さて，原点を溶液中の任意の位置にした時の散乱能密度コントラスト$\Delta\rho_l(\boldsymbol{r}')$をConvolution（たたみ込み）と呼ばれる数学的表現を使って表すと，

$$\Delta p_l(\boldsymbol{r}) = \int_{V'} s_l(\boldsymbol{r} - \boldsymbol{r}') \Delta\rho_l(\boldsymbol{r}') d^3\boldsymbol{r}' \tag{9}$$

となる。ここで，$s_l(\boldsymbol{r})$はδ関数を用いて，

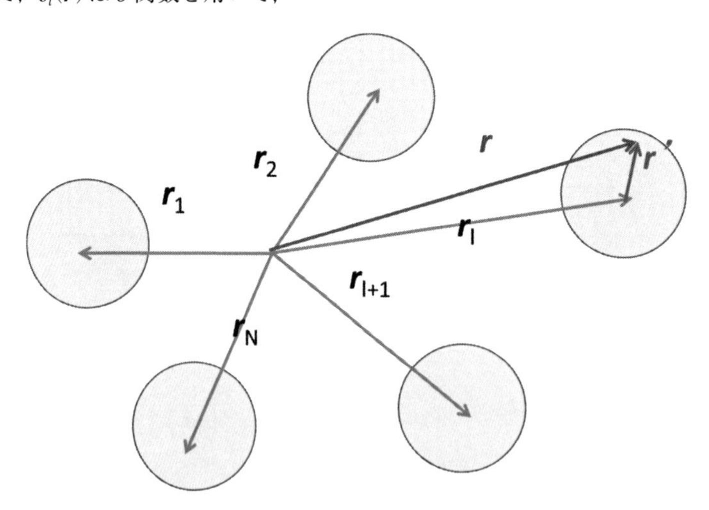

図３　多粒子系の概念図

$$s_l(\boldsymbol{r}) = \delta(\boldsymbol{r}-\boldsymbol{r}_l) \tag{10}$$

と表せる。この表現を使うと，粒子数 N である系全体の散乱能密度コントラスト関数 $\Delta P(\boldsymbol{r})$ は

$$\Delta P(\boldsymbol{r}) = \sum_{l=1}^{N} \Delta p_l(\boldsymbol{r}) = \sum_{l=1}^{N} \int_{V'} s_l(\boldsymbol{r}-\boldsymbol{r}')\, \Delta\rho_l(\boldsymbol{r}')\, d^3\boldsymbol{r}' \tag{11}$$

と表すことができる。溶液全体からの散乱強度を計算するために $\Delta P(\boldsymbol{r})$ を式(8)の $\Delta\rho(\boldsymbol{r})$ に代入すると，

$$I(\boldsymbol{q}) = \left| \sum_{l=1}^{N} \left\{ \int_V \left(\int_{V'} s_l(\boldsymbol{r}-\boldsymbol{r}')\, \Delta\rho_l(\boldsymbol{r}')\, d^3\boldsymbol{r}' \right) \exp(-i\boldsymbol{q}\cdot\boldsymbol{r})\, d^3\boldsymbol{r} \right\} \right|^2 \tag{12}$$

となる。ここで{…}に対して「2 つの関数の Convolution のフーリエ変換は各々関数のフーリエ変換の積になる」ことを利用すると

$$I(\boldsymbol{q}) = \left| \sum_{l=1}^{M} \left(\int_V \Delta\rho_l(\boldsymbol{r}) \exp(-i\boldsymbol{q}\cdot\boldsymbol{r})\, d^3\boldsymbol{r} \right) \times \left(\int_V s_l(\boldsymbol{r}) \exp(-i\boldsymbol{q}\cdot\boldsymbol{r})\, d^3\boldsymbol{r} \right) \right|^2 \tag{13}$$

$$I(\boldsymbol{q}) = \left| \sum_{l=1}^{N} f_l(\boldsymbol{q}) \exp(-i\boldsymbol{q}\cdot\boldsymbol{r}_l) \right|^2 \tag{14}$$

と式変形ができる（式(13)の第 2 項の計算では δ 関数の性質を用いている）。ここで，$f_l(\boldsymbol{q})$ は

$$f_l(\boldsymbol{q}) = \int_V \Delta\rho_l(\boldsymbol{r}) \exp(-i\boldsymbol{q}\cdot\boldsymbol{r})\, d^3\boldsymbol{r} \tag{15}$$

となる。ここで，式(15)は粒子 l の**形状因子**と呼ばれている関数であり，その粒子の形状・構造を反映している。したがって，式(14)より散乱強度は形状因子に各粒子の位置に依存した位相成分 $\exp(-i\boldsymbol{q}\cdot\boldsymbol{r}_l)$ を掛けた関数（＝波）の重ね合わせ（の 2 乗）であるといえる。

さて，式(14)の $|\cdots|^2$ を展開して，

$$I(\boldsymbol{q}) = \sum_{l=1}^{N} \sum_{m=1}^{N} f_l(\boldsymbol{q}) f_m(\boldsymbol{q}) \exp(-i\boldsymbol{q}\cdot\boldsymbol{r}_{lm}) \tag{16}$$

$$I(\boldsymbol{q}) = \sum_{l=1}^{N} |f_l(\boldsymbol{q})|^2 + \sum_{l \neq m}^{N,N} f_l(\boldsymbol{q}) f_m(\boldsymbol{q}) \exp(-i\boldsymbol{q}\cdot\boldsymbol{r}_{lm}) \tag{17}$$

$$I(\boldsymbol{q}) = \sum_{l=1}^{N} |f_l(\boldsymbol{q})|^2 \times \left[1 + \sum_{l \neq m}^{N,N} f_l(\boldsymbol{q}) f_m(\boldsymbol{q}) \exp(-i\boldsymbol{q}\cdot\boldsymbol{r}_{lm}) \Big/ \sum_{l=1}^{N} |f_l(\boldsymbol{q})|^2 \right] \tag{18}$$

$$I(\boldsymbol{q}) = F(\boldsymbol{q}) \cdot S(\boldsymbol{q}) \tag{19}$$

と書き表すことができる（ただし，$\boldsymbol{r}_{lm} = \boldsymbol{r}_l - \boldsymbol{r}_m$ である）。式(18)の[…]を書き換えた $S(\boldsymbol{q})$ は**構造因子**と呼ばれ，形状因子に対して粒子の分布構造を反映している関数であり，「小角散乱強度」は「各粒子の形状を反映した形状因子」と「その分布を反映した構造因子」の「積」であることがわかる。

実際の測定を考えた場合，本節の最初で述べた①のケースでは粒子の形状因子（その2乗）のみに興味がある。このような場合は「希薄」溶液で測定を行い構造因子の項の影響を排除する。希薄条件の場合，$\boldsymbol{r}_{lm}$ の値が大きくなり $\exp(-i\boldsymbol{q} \cdot \boldsymbol{r}_l)$ は短い周期で振動することになり，粒子間分布に特定の長さが存在しない限り，多くの粒子のペアからの振動波は位相がずれているので打ち消し合うこととなる。つまり希薄条件では式(18)の[…]の第2項は0となり $S(\boldsymbol{q}) = 1$，$I(\boldsymbol{q}) = F(\boldsymbol{q})$ として構わない。実際にこのことが成立する条件だが，溶液中の粒子の体積分率が10% あると粒子間に直接働く相互作用がなくても小角領域の散乱強度は約8% 減ずる。これは後述するGuinier 解析に影響を与え慣性半径を10% 程度小さく見積もってしまい粒子の形状・構造を求める場合に問題となる。この効果は荷電粒子などで粒子間の相互作用が大きい系ではより顕著になる。具体的には粒子のサイズや粒子間の相互作用に依存するが，筆者の経験ではタンパク質の溶液散乱では0.3 wt% くらいまでは粒子間相互作用による構造因子の影響が出ることは少なく，0.3～1.0 wt% はグレイゾーンであり，1.0 wt% はほぼ構造因子の効果は無視できない。高濃度溶液の測定をする場合は，可能な限り散乱の濃度依存性を確認する必要がある。また，構造因子の影響が見られた場合も，添加塩濃度を調整することで構造因子の影響を消去・減ずることも可能である。ただし，高角領域の散乱には構造因子はほとんど影響しない。

以上より希薄条件 $S(\boldsymbol{q}) = 1$ が成立する時，散乱関数は

$$I(\boldsymbol{q}) = \sum_{l=1}^{N} |f_l(\boldsymbol{q})|^2 \tag{20}$$

と書ける。ここで，系が同一の粒子のみからなる単分散系である場合は，さまざまな方位を向いた形状因子 $f_l(\boldsymbol{q})$ の粒子からの散乱の重ね合わせである。そこで，測定される散乱曲線は式(20)において和の代わりに方位平均を取り散乱ベクトルの方位角依存性がなくなった散乱関数 $I(q)$ となる。

$$I(q) = N\langle I(\boldsymbol{q})\rangle = \frac{N}{4\pi}\int_0^{2\pi} d\phi \int_0^{\pi} \sin\theta d\theta I(\boldsymbol{q}) \tag{21}$$

ここで，式(21)に式(20)を代入し（ただし和は方位平均とする），さらに式(15)を代入して（添え字の l は省略），積分の順序を変えると，

$$I(\boldsymbol{q}) = \int_V d^3\boldsymbol{r}\int_{V'} d^3\boldsymbol{r}'\frac{N}{4\pi}\int_0^{2\pi} d\phi\int_0^{\pi}\sin\theta d\theta\,\Delta\rho(\boldsymbol{r})\Delta\rho(\boldsymbol{r}')\exp(i\boldsymbol{q}\cdot\boldsymbol{R}) \tag{22}$$

ここで，$\boldsymbol{R}=\boldsymbol{r}'-\boldsymbol{r}$ である。方位積分を実行し式を整理すると，

$$I(\boldsymbol{q}) = N\int_V\int_{V'} d^3\boldsymbol{r}d^3\boldsymbol{r}'\Delta\rho(\boldsymbol{r})\Delta\rho(\boldsymbol{r}')\frac{\sin \boldsymbol{q}\boldsymbol{R}}{\boldsymbol{q}\boldsymbol{R}} \tag{23}$$

この式を Debye の式と呼ぶ。たとえば，$\boldsymbol{q}\to 0$ の時，$\sin\boldsymbol{qR}/\boldsymbol{qR}\to 1$ なので，原点散乱強度 $I(0)$ は，

$$I(0) = N\left|\int_V \Delta\rho(\boldsymbol{r})d^3\boldsymbol{r}\right|^2 = N(\overline{\Delta\rho}V)^2 \tag{24}$$

$\overline{\Delta\rho}$ は粒子の平均散乱能密度であり，また，原点散乱強度の平方根 $\sqrt{I(0)}$ は粒子の全散乱能コントラストに比例することがわかる。

2. 1. 2　Guinier 近似

単分散の粒子系からの小角散乱の小角領域においては Guinier 近似と呼ばれる以下の式が成立する（導出は式(23)を $\boldsymbol{q}\ll 1$ として展開すれば可能）。

$$I(\boldsymbol{q}) = I(0)\exp\left(-\frac{R_g{}^2}{3}\boldsymbol{q}^2\right) \tag{25}$$

$$R_g{}^2 = \frac{\int_{V_1}\boldsymbol{r}^2\Delta\rho(\boldsymbol{r})d^3\boldsymbol{r}}{\int_{V_1}\Delta\rho(\boldsymbol{r})d^3\boldsymbol{r}} \tag{26}$$

となる。ここで R_g は慣性半径と呼ばれ，形状によらず粒子のサイズを評価する指標である。

Guinier 近似は単分散希薄溶液であれば粒子の形状によらず成立する。図 4a，b にそれぞれ鉄貯蔵タンパク質フェリチン（アポ型）の X 線小角散乱曲線と Guinier プロットを示す。Guinier プロットは散乱強度の対数を散乱ベクトルの大きさの 2 乗に対してプロットしている。Guinier 近似が成立するとき，Guinier プロットでは測定データは直線で表され，その傾き Y 切片からそれぞれ R_g，$I(0)$ を求めることができる。実際の実験では，溶液粒子系を測定し小角散乱データを得たときに，多くの場合試料・測定自身のチェックの意味もあり，まずこの Guinier プロットを行い，以下の点を確認することが多い。

①　小角領域が直線で表されるか？

上述のように単分散希薄系であったならば散乱データは直線で表されるが，凝集などが起こり多分散系になってしまった場合は，小角領域で散乱データは跳ね上がる。この場合はそれ以上の解析はあきらめて試料の再精製などを行う。逆に小角領域の散乱強度が直線を下回り減少する場

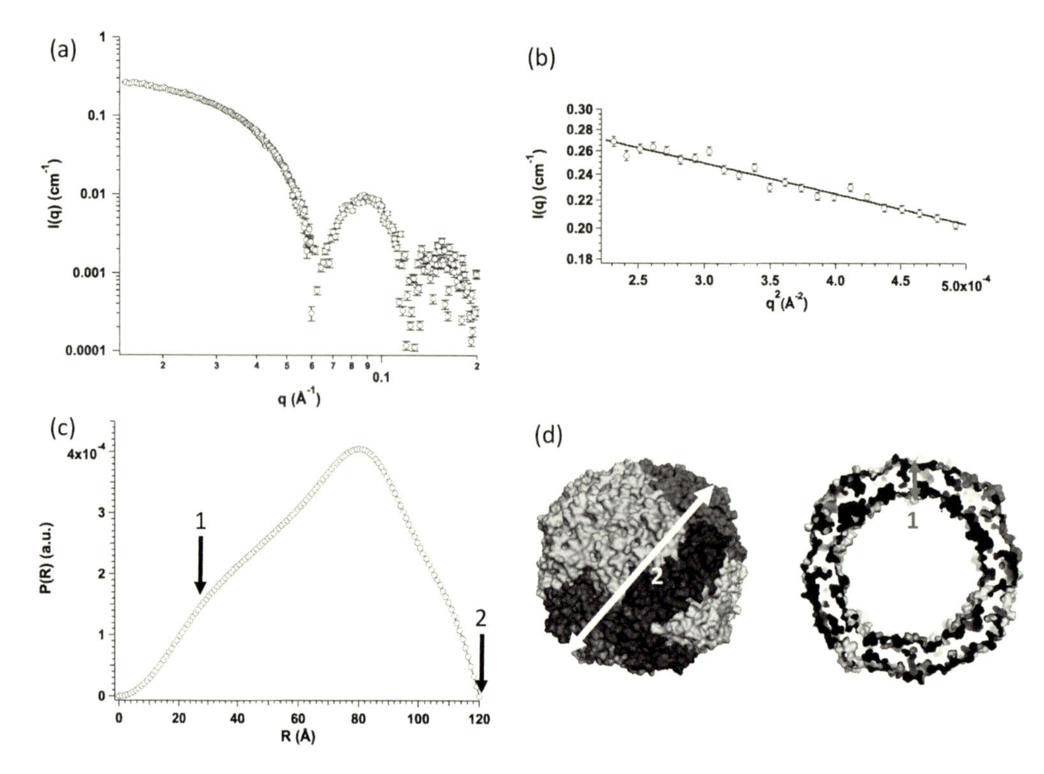

図4　アポフェリチンの（a）SAXS 曲線と（b）Guinier プロット。Guinier プロットより慣性半径は 56.0±0.3 Å と求まった。（c）SAXS 曲線から求めた距離分布関数（式(29)）と（d）アポフェリチンの構造。アポフェリチンは空洞を持つピンポン玉をしている構造。最大長はほぼ 120 Å であり，矢印 2 に対応している。また，ピンポン玉の皮部分の厚さはほぼ 28 Å であり，距離分布関数ではバンプ部分（矢印 1）として表れている。

合は，粒子間相関が起こっている可能性を示している。このような時は塩濃度を調整するか，希釈を行う。

② Guinier 近似式を用いた Fitting

直線領域に対して最小 2 乗 Fitting を行い R_g，$I(0)$を求める。この時注意しなければならないことは，「Guinier 式は小角領域で成立する近似式」である点である。つまり Fitting の範囲を高角までとりすぎると正確な R_g，$I(0)$を求めることができない。一般的には $\boldsymbol{q}<1.3/R_g$ で行うことが良いとされている。

また，実構造との関連では内部が一様な球の慣性半径 R_g と半径 R の関係は $R_g^2=0.6R^2$ である。その他の形状と R_g の関係は成書を参考にされたい[1~3]。

2. 1. 3　断面 Guinier 近似

散乱ベクトルの大きさが Guinier 近似の成立する大きさを超えた大きさの領域では，散乱強度は粒子の形状に依存した挙動を示す。以下に細長い棒状粒子と板状粒子の場合の散乱曲線の例を示す[7)]。

(1)　棒状粒子の場合

半径 R の棒状粒子の断面 Guinier 領域での散乱強度は

$$I(\boldsymbol{q}) = \frac{I(0)}{\boldsymbol{q}} \exp\left(-\frac{R^2}{4}\boldsymbol{q}^2\right) \tag{27}$$

と表すことができる。したがって，

① 粒子形状が棒状である（と予想される）場合，縦軸を $\log(\boldsymbol{q} \cdot I(\boldsymbol{q}))$，横軸を $\boldsymbol{q}^2$ でプロットする（断面 Guinier プロット）

② 粒子形状が棒状であった場合は直線領域が現れ，その傾きから棒の半径 R を求めることができる

(2)　板状粒子の場合

厚さ L の板状粒子の断面 Guinier 領域での散乱強度は

$$I(\boldsymbol{q}) = \frac{I(0)}{\boldsymbol{q}^2} \exp\left(-\frac{L^2}{12}\boldsymbol{q}^2\right) \tag{28}$$

と表すことができる。したがって，

① 粒子形状が板状である（と予想される）場合，縦軸を $\log(\boldsymbol{q}^2 \cdot I(\boldsymbol{q}))$，横軸を $\boldsymbol{q}^2$ でプロットする（断面 Guinier プロット）

② 粒子形状が板状であった場合は直線領域が現れ，その傾きから板の厚さ L を求めることができる

2. 1. 4　距離分布関数

実測の散乱強度 $I(\boldsymbol{q})$ の逆フーリエ変換を行うことで距離分関数 $P(\boldsymbol{R})$ を求めることができる。

$$P(\boldsymbol{R}) = \int_0^\infty d\boldsymbol{q} I(\boldsymbol{q})(\boldsymbol{qR})\sin(\boldsymbol{qR}) \tag{29}$$

この距離分布関数には面白い性質がある。

図 4c にアポフェリチンの実測データから求めた距離分布関数を示す。距離分布関数が 0 でない値を持つのは粒子が存在する範囲である。つまり，この時の（0 でない）X 切片から粒子の最大長を求めることができる。これは距離分布関数が粒子の散乱能コントラスト関数 $\Delta\rho(\boldsymbol{r})$ を用いて，

$$P(\boldsymbol{R}) = \boldsymbol{R}^2 \int_V \Delta\rho(\boldsymbol{R}+\boldsymbol{r})\,\Delta\rho(\boldsymbol{r})\,d^3\boldsymbol{r} \tag{30}$$

と与えられるからである（積分項はいわゆる相関関数）。つまり $|\boldsymbol{R}|$ が粒子の最大長を超えたら

$\boldsymbol{r}$によらず$\Delta\rho(\boldsymbol{R}+\boldsymbol{r})$はゼロになるからである。また，実空間での関数である距離分布関数は粒子構造に直接対応した挙動を示す（図4d）。

散乱曲線から距離分布関数を求めるにはフーリエ変換を行う必要があるが，十分に高角まで測定を行わないとフーリエ変換の際の打ち切り誤差が問題となる。この問題を回避して距離分布関数を求めるソフトウェアがいくつか公開されている。興味のある読者は文献[8]に示したHPを参照されたい。

加えて，溶液中のタンパク質のX線・中性子小角散乱の最近の進展は目覚ましい。いくつかのレビューや成書が出ているので，興味のある読者はそれらを参考にされたい[4,9~11]。

2.2 揺らぎを持った系の小角散乱

低分子液体・2成分液体や互いが重なり合うほどの合成・生体高分子の高濃度の溶液（ゲルなども含む）では系全体を連続系と捉え，その揺らぎ構造を求めることが重要になることがある。そこで，小角散乱の基本式(4)の散乱能密度関数$\rho(\boldsymbol{r})$を系全体の散乱能密度の平均値$\overline{\rho}$とそこからの揺らぎ$\delta\rho(\boldsymbol{r})$を用いて

$$\rho(\boldsymbol{r})=\overline{\rho}+\delta\rho(\boldsymbol{r}) \tag{31}$$

$$\overline{\rho}=\frac{1}{V}\int_V \rho(\boldsymbol{r})d^3\boldsymbol{r} \tag{32}$$

$$\int_V \delta\rho(\boldsymbol{r})d^3\boldsymbol{r}=0 \tag{33}$$

と表すことができる。これらを式(4)に代入して，揺らぎ系における小角散乱の式を求めると，

$$\begin{aligned} I(\boldsymbol{q}) &= \left|\int_V \delta\rho(\boldsymbol{r})\exp(-i\boldsymbol{q}\cdot\boldsymbol{r})d^3\boldsymbol{r}+\overline{\rho}\,\delta(\boldsymbol{q})\right|^2 \\ &= \left|\int_V \delta\rho(\boldsymbol{r})\exp(-i\boldsymbol{q}\cdot\boldsymbol{r})d^3\boldsymbol{r}\right|^2 \qquad (\boldsymbol{q}\neq 0) \end{aligned} \tag{34}$$

となる。紛らわしくて申し訳ないが右辺第1式の第2項はδ関数なので，$\boldsymbol{q}\neq 0$では無視できる。したがって，揺らぎ系の小角散乱も溶液系の小角散乱式(8)とほとんど同じ形式になり，散乱能の揺らぎを観測していると言える。ここで式(34)をさらに展開すると，

$$\begin{aligned} I(\boldsymbol{q}) &= \left|\int_V \delta\rho(\boldsymbol{r})\exp(-i\boldsymbol{q}\cdot\boldsymbol{r})d^3\boldsymbol{r}\right|^2 \\ &= \int_V\int_{V'} d^3\boldsymbol{r}d^3\boldsymbol{r}'\delta\rho(\boldsymbol{r})\cdot\delta\rho(\boldsymbol{r}')\exp\left(-i\boldsymbol{q}\cdot(\boldsymbol{r}-\boldsymbol{r}')\right) \end{aligned}$$

$$I(\boldsymbol{q}) = \int_V d^3R \left(\int_{V'} d^3\boldsymbol{r}\, \delta\rho(\boldsymbol{R}+\boldsymbol{r}) \cdot \delta\rho(\boldsymbol{r}) \right) \exp(i\boldsymbol{q} \cdot \boldsymbol{R}) \tag{35}$$

$$R = \boldsymbol{r}' - \boldsymbol{r}$$

$$I(\boldsymbol{q}) = \int_V d^3RC(\boldsymbol{R}) \exp(i\boldsymbol{q} \cdot \boldsymbol{R}) \tag{36}$$

小角散乱が2体相関関数$C(\boldsymbol{R})$のフーリエ変換として与えられることに注目する。また，空間の揺らぎが対称的であるときは角度積分を実行して

$$I(\boldsymbol{q}) = \int_0^{R_{max}} dRR^2C(R) \frac{\sin \boldsymbol{q}R}{\boldsymbol{q}R} \tag{37}$$

と表わされる。ここで式(37)を解くためにはどのような揺らぎ＝2体相関を仮定するかが重要となる。

2.2.1　動的熱揺らぎ

動的な熱揺らぎに関してはOrnstein–Zernikeが以下の2体相関関数を与えている。

$$C(\boldsymbol{R}) = \propto \frac{1}{\boldsymbol{R}} \exp\left(-\frac{R}{\xi} \right) \tag{38}$$

ここで，ξは相関長と呼ばれ揺らぎのサイズを表す指標である。この時，散乱関数は

$$I(\boldsymbol{q}) = \frac{I(0)}{1+\xi^2\boldsymbol{q}^2} \tag{39}$$

という形式に書かれる（いわゆるローレンツ関数である）。このOrnstein–Zernike型の揺らぎ構造を持つ（と予測される）場合，測定散乱強度の逆数を散乱ベクトルの大きさの2乗でプロット（Ornstein–ZernikeプロットまたはOZプロットと呼ばれる）すると直線領域が表れその傾きから揺らぎの相関長ξとY切片（$I(0)$）から系の等温圧縮率を下の関係式から求めることができる。

$$\frac{I(0)}{I(\boldsymbol{q})} = 1 - \xi^2\boldsymbol{q}^2, \qquad I(0) \propto \langle \delta\rho^2 \rangle \propto -\frac{1}{V}\left(\frac{\partial V}{\partial p}\right)_T$$

図5に筆者が行った超臨界流体の臨界揺らぎの測定例を示す[12,13]。超臨界状態は均一でなくRidgeと呼ばれる超臨界状態をgas–like phaseとliquid–like phaseに分ける境界線が存在する（図5a黒線）。このRidge境界をまたいで中性子小角散乱測定を行うと，境界領域で揺らぎ拡大

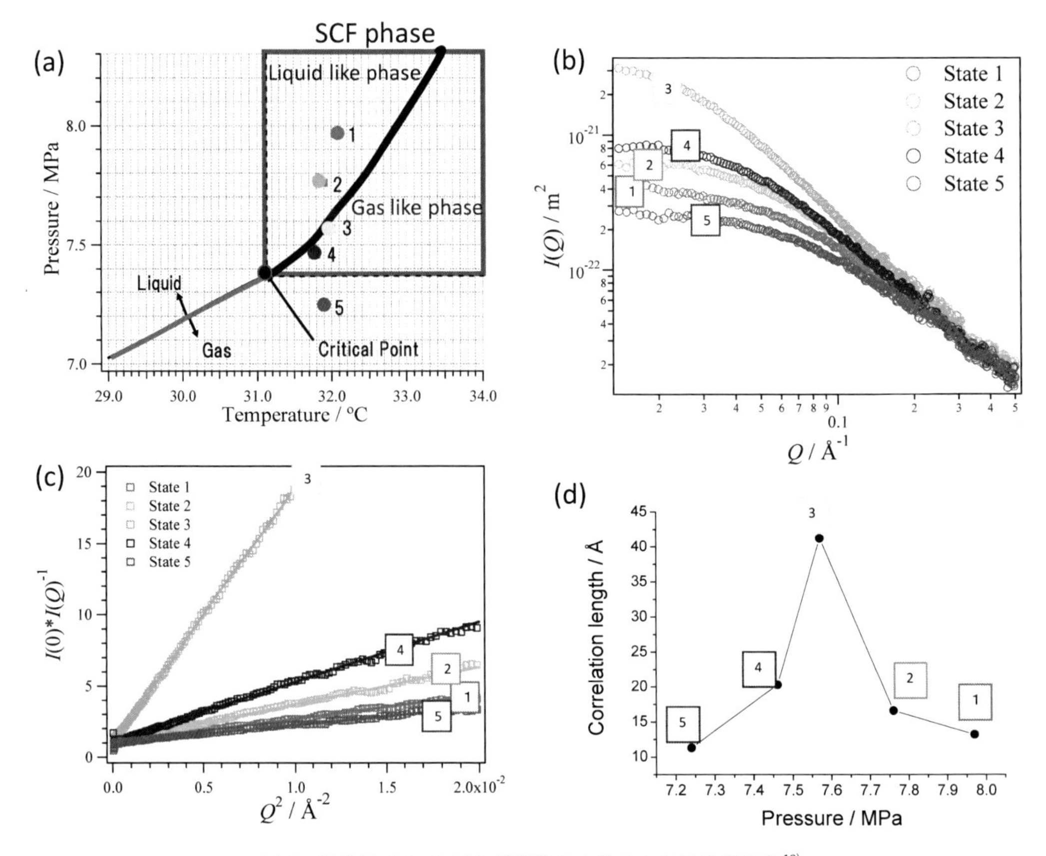

図5　超臨界 CO_2 の揺らぎ構造の中性子小角散乱測定例[12)]
(a)相図，(b)中性子小角散乱曲線，(c)Ornstein-Zernike プロット，
(d)各位相点での相関長。

すること＝小角領域での散乱強度の増加が観測される（図 5b）。この散乱データに対して図 5c に示したように Ornstein-Zernike プロットを行うときれいな直線領域が表れ，これから揺らぎのサイズを評価できる。実際，3 次相転移点と言われる Ridge 境界点で揺らぎが増大することが明確に示されている（図 5d）。

2.2.2　静的揺らぎ

固定された揺らぎ構造を持つ（距離相関がおおよそ ξ のランダム配向のラメラ構造など）場合は，以下の Debye-Bueche（DB）の式が散乱曲線を再現することが知られている。

$$I(\boldsymbol{q}) = \frac{I(0)}{(1+\xi^2\boldsymbol{q}^2)^2} \tag{40}$$

この場合，測定散乱強度の逆数の平方根を散乱ベクトルの大きさの 2 乗でプロット（Debye-Bueche プロットまたは DB プロットと呼ばれる）すると直線領域が表れその傾きから揺らぎの相関長を求めることができる。詳細については原著論文をあたられたい[14]。

測定した系に対して解析式としてDB式とOZ式のどちらがよりふさわしいかの判断は難しい（両式をそれぞれ小角領域（$q \ll 1$）で展開すれば基本的に違いはない）。比較的広角までプロットを行い，Fittingの精度から存在する揺らぎの性質を判断するのも良いかと思われる。

2.2.3　相分離系

系が明徴に2つの領域に分かれるとき，その距離dに応じた位置q_{peak}にPeakが表れる。

$$q_{peak} = \frac{2\pi}{d} \tag{41}$$

このPeakの位置から系の相分離のスケールがわかる。

図6に筆者が行った固体高分子膜（Nafion膜）の測定例を示す[15]。Nafion膜では小角領域に特徴的な2つのPeakが観測され，Nafion膜が階層的な構造を持っていることが示唆される。興味深いことに高角のPeak Bは水の添加量に応じて小角にシフトしていくことが観測される。このことからこの領域が解離基が凝集し水を含有する導電領域であると考えられる。

アイオノマー溶液や解離基を含むゲルは解離基の凝集領域に水を巻き込んで相分離することが

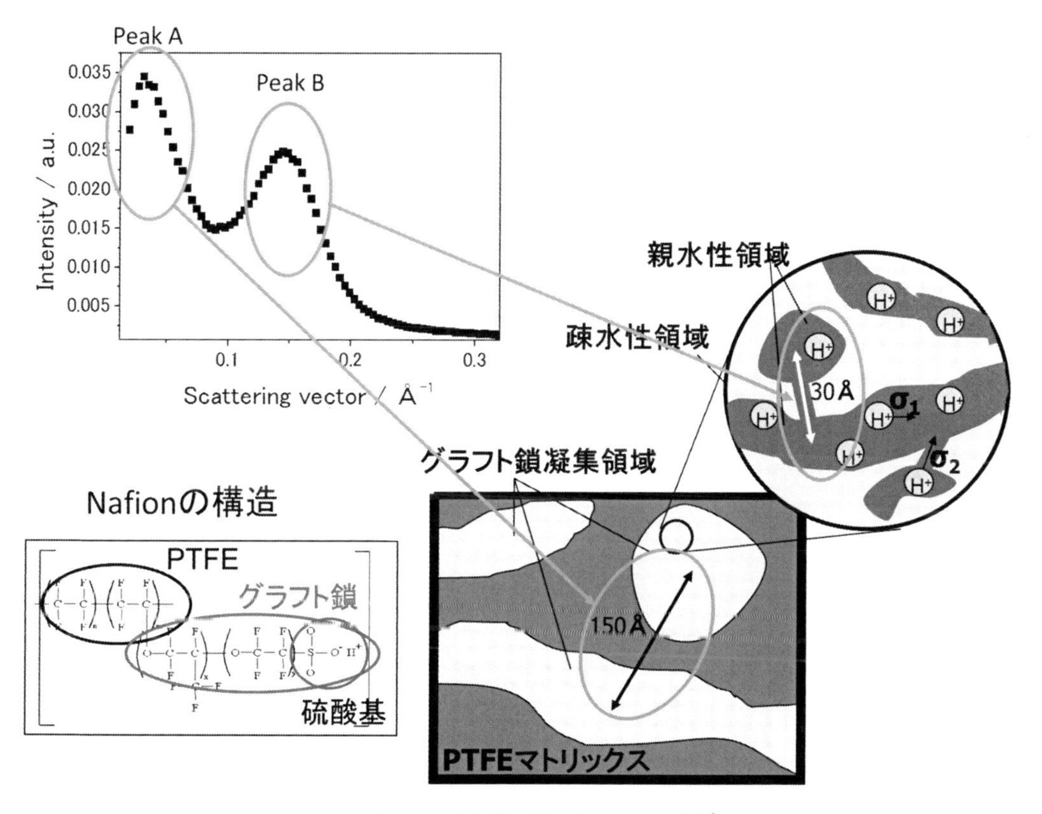

図6　Nafion膜の階層構造とSAXS曲線[15]

多い。構成分子の幾何学的条件からマクロに相分離することが不可能な場合や，大規模な荷電領域を作ることが系のエネルギーの不安定性をもたらす場合は，多くのナノスケールの荷電凝集領域を作り出すミクロ相分離構造が安定状態となる。たとえば，N-イソプロピルアクリルアミドゲルは温度依存型の体積相転移をすることが知られている。このゲルの収縮状態を小角散乱で測定すると荷電基を導入していないゲルではピークは観測されないが，荷電基を導入したゲルではナノスケールの明瞭な相分離によるピークが観測される[16,17]。この領域には水が凝集していることも明らかにされている[18]。

3　小麦タンパク質グリアジンの小角散乱

最後に小麦タンパク質グリアジンの凝集構造を小角散乱を用いて観測した例を紹介する[19]。

小麦の主成分であるグルテンはグリアジン（60%）とグルテニン（40%）から構成され，それぞれ前者が小麦生地の粘性に後者が弾性に寄与していると考えられている。両者を分離抽出・精製することは困難であり，そのためグリアジンに関してはこれまでは60～70%のアルコール水溶液や希酸などの食品状態とは異なった環境を用いて抽出されてきた。しかしながら近年，裏出は食塩水で捏ねた小麦粉を揉むことによりグリアジン純水中に抽出する手法を確立し，実際の食品中と類似した環境でのグリアジンの研究への扉を拓いた[20]。ここでは，裏出法により純水に抽出したグリアジンを用いた構造研究の結果を示す。

3.1　希薄状態でのグリアジンの溶液構造

純水抽出のグリアジンを用いて単量体の溶液構造解析を目指して希薄濃度（0.025 wt%）でのX線小角散乱（SAXS）測定を行った。測定には高エネルギー加速器研究機構（KEK）物質構造科学研究所放射光科学施設（フォトンファクトリー：PF）のBL10Cに設置されているX線小角散乱装置を用いた。得られた小角散乱データを用いて行ったGuinierプロットを図7aに示す。測定データはGuinierプロットの比較的高角領域では直線で表されるが，より小角領域では立ち上がりが見られ直線から外れている。これは実用材料や会合性のタンパク質の溶液においてよく観測されることであるが，直線で表される構造に加えて，少量の凝集体（小角領域の散乱曲線の立ち上がりを作り出している）が取り切れないことに起因する（小角散乱において散乱強度は分子量の2乗にほぼ比例するので，少量の凝集体の存在もGuinierプロットにおいて直線からのずれを引き起こす）。実際にこの試料の分析超遠心測定を行ったところ単量体とは異なる大きなS値を持つ会合体の存在が確認された。そこで，大きな会合体（2つと仮定）を含むとして以下の多重Guinier近似式を用いて，単量体構造の抽出を目指して解析を行った。

$$I(\boldsymbol{q}) = I_1(0)\exp\left(-\frac{{R_{g1}}^2}{3}\boldsymbol{q}^2\right) + I_2(0)\exp\left(-\frac{{R_{g2}}^2}{3}\boldsymbol{q}^2\right) + I_3(0)\exp\left(-\frac{{R_{g3}}^2}{3}\boldsymbol{q}^2\right) \tag{42}$$

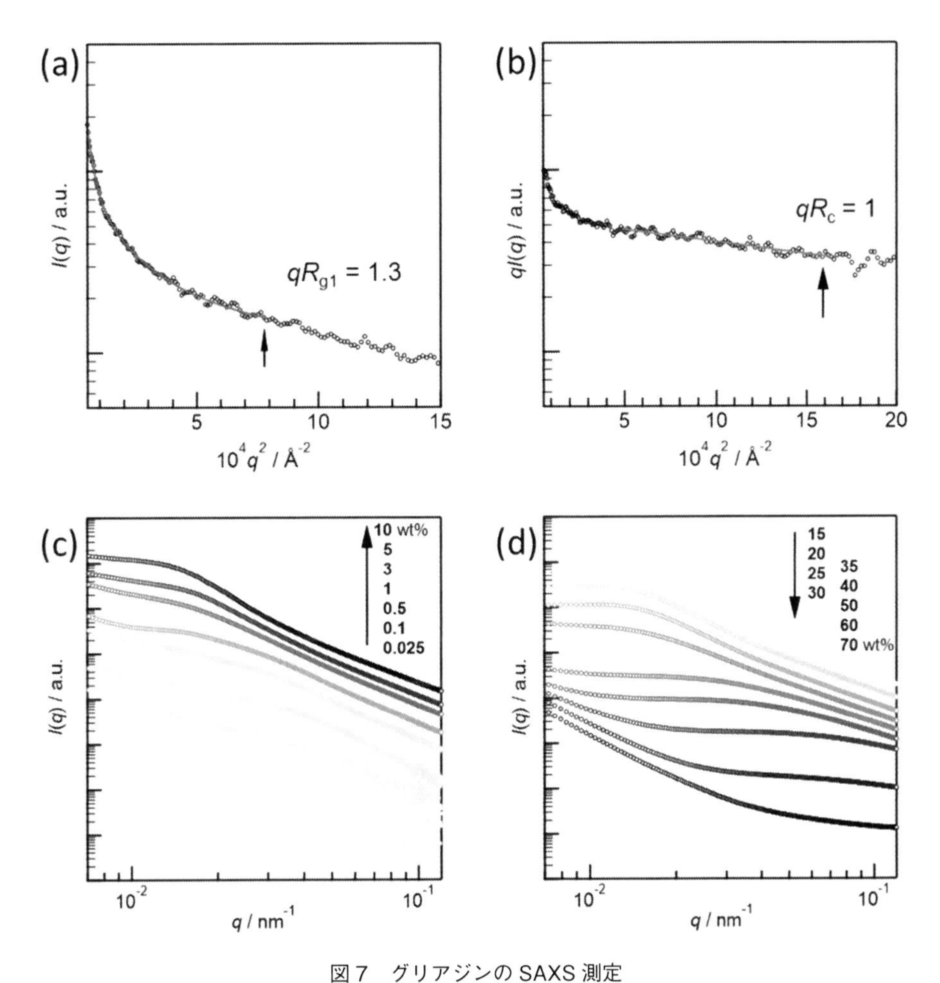

図7　グリアジンのSAXS測定
(a)希薄溶液（0.025 wt%）のSAXSのGuinierプロット。実線は式(42)によるFitting曲線。(b)希薄溶液（0.025 wt%）の断面Guinierプロット。実線は式(43)によるFitting曲線。(c)ゾル状態でのSAXS曲線の濃度依存性。(d)ゲル状態でのSAXS曲線の濃度依存性。

ここで，$R_{g1}<R_{g2}<R_{g3}$としてR_{g1}に注目する。その結果，単量体の慣性半径R_{g1}は41 Åと求められた。次に形状を求めるために円筒形粒子の断面Guinier式

$$I(\boldsymbol{q})=\frac{\mathrm{I}(0)}{\boldsymbol{q}}\exp\left(-\frac{R_c^{\ 2}}{2}\boldsymbol{q}^2\right) \tag{43}$$

に基づいた断面Guinierプロット（$\boldsymbol{q}I(\boldsymbol{q})$ vs $\boldsymbol{q}^2$）を行った（図7b）。粒子が円筒形に近い形状を持つならば断面Guinierプロットでは直線領域が現れ，その傾きから円筒の半径R_cを求めることができる。図はグリアジン希薄溶液の断面Guinierプロットであるが，直線領域が表れグリアジンが円筒形に近い形状をしていることが示している。加えて傾きからは円筒の半径が27 Åと

求められた。さらに慣性半径・円筒半径と円筒の長さの関係式

$$\frac{L^2}{12} = {R_g}^2 - {R_c}^2 \tag{44}$$

からグリアジン単量体の長さはほぼ110Åと判明した。分子量に比して慣性半径は大きな値が得られているが，異方的な形状を考慮すると妥当である。

3.2 溶液中のグリアジン構造の濃度依存性

次に実材料に近づけるためにグリアジンの高濃度溶液での構造解析を目指し，濃度依存性に注目して測定を行った。使用したSAXS測定装置は希薄溶液測定に用いたKEK-PFのBL10CのSAXS装置であり，濃度範囲は0.025～70 wt%である。試料は濃度上昇とともに粘性が上がり，15 wt%を超えると流動性を失いゲル化する。そこで，ゾル状態の濃度10 wt%以下とゲル状態の濃度15 wt%以上に分けてSAXS測定の結果を図7c-dに示す。

まずゾル状態は図7cに示すように濃度上昇に応じて1 wt%で弱いながらも$\boldsymbol{q}=0.015\,\text{Å}^{-1}$にPeakが出現する。このPeakは緩やかに小角領域に移動していく。これは濃度上昇とともにグリアジンの凝集した領域が形成され，それが成長していることを示している（Peak位置は領域間の距離に相当し，Peakが小角に移動することはその距離が増大していることを示している）。興味深いことにこのPeak位置の小角への偏移はゲル状態まで続く。

次にゲル状態での濃度上昇に伴う散乱曲線の変化は，図7dに示すようにゾル状態とは逆の傾向を持つ。濃度上昇とともにPeakの小角への移動はほぼ止まり（15～20 wt%），その後高角側に移動する（30～50 wt%）。その後さらに濃度が上昇すると50 wt%以上ではPeak自体がほとんど観測されなくなる。最初の段階では凝集体の成長がゲル化の段階で一件止まったように見えるが，これは凝集領域が接触し（＝その結果ゲル化するのであるが），しばらくは空いている空間を充填する方向で凝集体の成長が進んでいるためであると考えられる。その後は，空いている（濃度が薄い領域）もグリアジンが埋めるように凝集体が成長する。つまり揺らぎを解消する方向に構造変化が進むのでこの時はそれまでの凝集領域間の距離はむしろ短くなり，最終的にはこのスケールでの揺らぎは観測されなくなる。このことを模式的に表したものが図8である。

このように散乱曲線に表れるPeakの挙動からゾル-ゲル転移に伴う内部構造の変化を見て取ることができる。

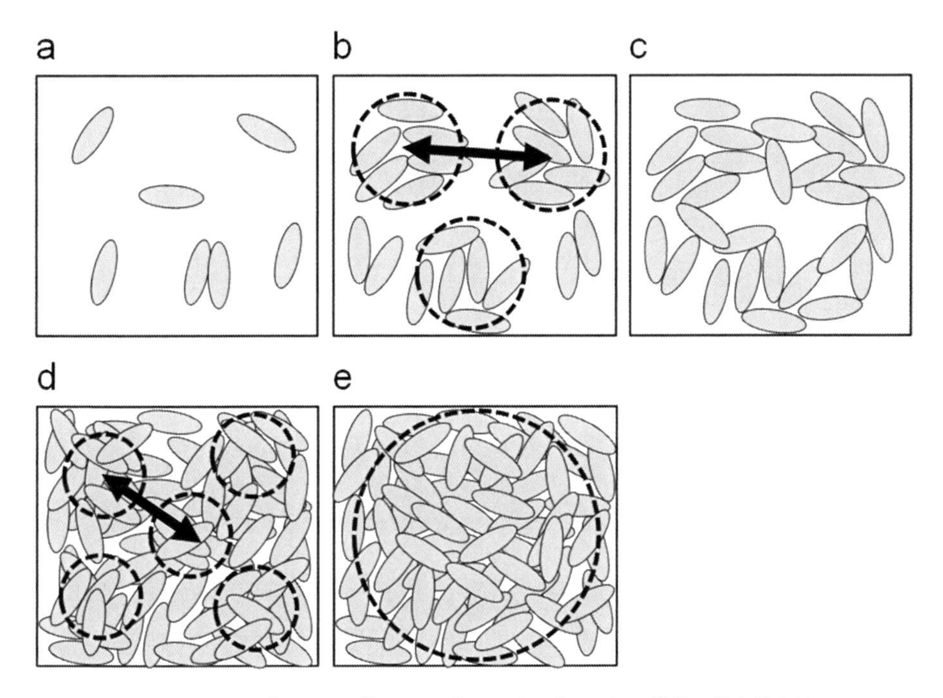

図８　SAXS データから導かれたグリアジンゾル・ゲル構造の濃度依存性

4　最後に

小角散乱法は結晶を必要とせずに物質のナノ構造を解析できる手法である。しかしながら，得られる散乱曲線は一筆書きと揶揄されることもある「なめらかな減少曲線」であることが多い。したがって，如何にしてこの散乱曲線から構造情報を取り出すかが重要となる。本稿ではそのために基本式の導出を丁寧に行い，その後，Guinier プロットなどの構造情報を得るための基本手法を紹介した。加えて，食品ゲルを例にとり実際の応用例の紹介も行った。読者が実際に解析を行う際に参考になれば幸いである。

文　　献

1）A. Guinier and G. Fournet, Small Angle Scattering of X-rays, Willey, New York (1955)
2）G. Glatter and O. Kratky ed., Small Angle X-ray Scattering, Academic Press, London (1982)
3）L. A. Feigin and D. I. Svergun, Structure Analysis by Small-Angle X-ray and Neutron Scattering, Plenum Press, New York (1987)

4) P. Bernado *et al.*, *BBA General Subjects*, **1862**, 253 (2018)
5) たとえば，https://www.ncnr.nist.gov/resources/n-lengths/
6) チャールズキッテル 著，宇野良清，新関駒二郎 訳，固体物理学入門（上），丸善（2005）
7) 高分子の固体構造Ⅱ，第4章，共立出版（1984）
8) https://www.embl-hamburg.de/biosaxs/software.html にある GNOM が代表的なソフトである。
9) G. L. Hura *et al.*, *Nat. Methods*, **6**, 606 (2009)
10) J. Trewhella *et al.*, *Acta Cryst.*, **D73**, 710 (2017)
11) E. E. Lattman, T. D. Grant and E. H. Snell, Biological Small-Angle Scattering, Oxford Univ. Press, UK (2018)
12) T. Sato *et al.*, *Phys. Rev. E*, **78**, 051503 (2008)
13) T. Sato *et al.*, *J. Mol. Liq.*, **147**, 102 (2009)
14) P. Debye and A. M. Bueche, *J. Appl. Phys.*, **20**, 518 (1949)
15) M. Sugiyama *et al.*, *J. Phys. Chem. B*, **111**, 8663 (2007)
16) M. Shibayama *et al.*, *J. Chem. Phys.*, **97**, 6829 (1992)
17) M. Shibayama *et al.*, *J. Chem. Phys.*, **97**, 6842 (1992)
18) M. Sugiyama *et al.*, *J. Phys. Chem. B*, **107**, 6300 (2003)
19) N. Sato *et al.*, *J. Agric. Food Chem.*, **63**, 8715 (2015)
20) T. Ukai *et al.*, *J. Agric. Food Chem.*, **56**, 1122 (2008)

第5章　タンパク質凝集・会合と熱測定

城所俊一*

1　タンパク質の熱測定における凝集の問題

溶液中のタンパク質，核酸などの生体分子が出す微小な熱を測定する高精度の熱測定にとって，不可逆的変化であり，かつ大きな発熱を伴うタンパク質の凝集は，なるべく避けるべき現象であった。また，このタイプの熱測定装置は試料セルが装置内部に固定されており，測定後にセルを取り出して凝集体を取り除くことができないため，一度セルの中で凝集体ができてしまうとそれを完全に除去するのに手間がかかり，測定が困難になる。さらに，凝集体の形成は，タンパク質の構造変化の可逆性を低下させるため，可逆過程を前提とする平衡論的な解析[1]が困難となる。

凝集が起きる場合，熱測定（特に昇温測定を行うDSC）では，以下のようなさまざまな手段で凝集反応の抑制を試みることが多い。①試料のタンパク質濃度を下げる（凝集反応速度を下げる効果が期待できる），②溶液のpHをタンパク質の等電点からなるべく遠ざける（同種のタンパク質分子間では静電的な反発が生じて会合しにくくなる），③イオン強度を下げる（イオン強度が高いと前項②の静電的な反発が弱まるため），④熱変性測定後は速やかに温度を下げる（凝集反応は高温で迅速に進行する場合が多い）などである。これらは，タンパク質の種類によらずに効果が期待できる。この他，凝集を抑制する共存物質としてアルギニンや各種の界面活性剤などを添加することで効果がある場合もある。また，フリーの（側鎖が共有結合していない）システインを含むタンパク質では，還元剤を入れることで凝集が抑制される場合がある。以上の試みの中で，最も単純かつ効果的なのは，①のタンパク質濃度を下げる方法である。最近の高精度DSCでは，タンパク質濃度を0.1 mg/mL以下にしても，構造転移の協同性が高く，エンタルピー変化が大きいなどの条件が良ければ，十分な測定が可能である。もちろん，タンパク質の種類や溶媒条件によっては，この濃度でも凝集が生じる場合があるので，より高感度の測定装置の実現により，さらに低い濃度での測定が可能となることが望まれる。

反応が可逆であっても不可逆であっても成立する，熱力学第一法則（エネルギー保存則）によれば，圧力一定の条件の下では，次式が成立し，化学変化（状態変化）に伴う熱 Q を測定することで，状態間のエンタルピー変化 ΔH を評価することができる。

$$\Delta H = Q \tag{1}$$

たとえば，高温でのタンパク質の熱変性（高温変性）では，変性が可逆・不可逆に関わらず，

---

*　Shun-ichi Kidokoro　長岡技術科学大学大学院　生物機能工学専攻　教授

ΔH は正であり，式(1)の Q は正で吸熱の反応が観測されることになる。また，変性したタンパク質が凝集する反応（アミロイド繊維を形成する場合も含む）は ΔH が負の発熱反応である[2,3]。

もし可逆過程（可逆変化を十分にゆっくりと変化させた場合であり，系が平衡のまま変化させる過程）で測定できれば，熱力学第二法則から式(2)が成立し，微小な変化に伴って観測された熱 $d'Q$ と温度 T とから，エントロピー変化 dS を評価することができる。ここで，$d'Q$ は熱 Q が非状態量であるため，微少量が不完全微分であることを示している。

$$dS = \frac{d'Q}{T} \tag{2}$$

したがって，状態間のエントロピー変化 ΔS は

$$\Delta S = \int \frac{d'Q}{T} \tag{3}$$

で与えられ，もし温度一定の測定であれば，

$$\Delta S = \frac{Q}{T} \tag{4}$$

と評価できる。ただし，式(2)～(4)は可逆過程で熱を観測した場合以外には用いることができないことに注意する必要がある。たとえば，等温滴定型熱量測定（ITC）で，タンパク質溶液にリガンド溶液を滴下・混合し，その時の結合反応に伴う熱を測定することは日常的に行われる。この場合，タンパク質とリガンドの結合・解離反応そのものは可逆反応であっても，滴定によって2つの溶液を混合する過程は必ず不可逆となり（混合エントロピーの増加が必ず伴う），どんなに微少な量の滴定であっても，測定全体としては不可逆変化となるために，式(2)～(4)を用いることはできない。同様に，タンパク質の立体構造転移が可逆反応であっても，変性状態が凝集する不可逆反応が生じる場合にも，これらの式を用いることはできない。もちろん，これら不可逆変化でも，圧力一定の下であれば，熱力学第一法則に基づく式(1)は成立する。

このように，熱測定では観測された熱が，圧力一定の条件で測定されたものか否か，可逆過程で測定されたものか否かによって，それから評価可能な熱力学量変化が決まることになる。特に，後者は，観測する反応が可逆反応であることが必要であるため，熱測定では，観測する反応の可逆性に特に注意する必要がある。

従来，タンパク質の変性状態の会合反応は不可逆な凝集反応と考えられていたが，近年我々は，変性条件下でも可逆的に4量体程度の小さな会合体（オリゴマー）を形成することを2種類の球状タンパク質で明確にした[4,5]。このオリゴマーの構造や安定化のメカニズム，さらに大きな凝集体形成反応との関係などの解明は今後の課題だが，タンパク質の立体構造と分子間相互作用との関係や，凝集体形成反応の抑制方法の開発などに密接に関係する現象と考えられる[6]。本章で

は，可逆的な会合体形成反応の熱力学的な性質，特にタンパク質濃度依存性について解説したのちに，最近報告された高温での可逆的オリゴマー形成の２つの実例について紹介する。

2　タンパク質の可逆的な会合体形成反応とタンパク質濃度依存性

一般に，タンパク質が可逆的に $n+1$ 種類の会合体を形成する場合，熱力学的には，全系は式(5)のような多状態間の平衡にあると考えられる[7,8]。

$$m_0\mathrm{A}_0 \rightleftarrows m_1\mathrm{A}_1 \rightleftarrows \cdots \rightleftarrows m_i\mathrm{A}_i \rightleftarrows \cdots \rightleftarrows m_n\mathrm{A}_n \tag{5}$$

ここで，A_i は i 番目の会合状態のタンパク質，m_i はその化学量論係数である。たとえば単量体タンパク質（N）が単量体の変性状態（D）と，４量体の会合体（RO_4）の３つの状態の間で平衡になっていれば，

$$\mathrm{N} \rightleftarrows \mathrm{D} \rightleftarrows \frac{1}{4}\mathrm{RO}_4 \tag{6}$$

と表される。この式では，単量体の化学量論係数を１としており，以下で述べるタンパク質の換算濃度では，単量体に換算したときの濃度を用いることになる。もちろん，この代わりに４量体を１つの要素（単位）とすることも可能であり，この場合には，式(6)の代わりに，

$$4\mathrm{N} \rightleftarrows 4\mathrm{D} \rightleftarrows \mathrm{RO}_4 \tag{7}$$

という平衡を考えることになる。物質量を評価するための基本要素が異なれば，溶液中のその物質の濃度や化学量論係数，平衡定数なども変わることになるが，これらは，みかけ上（表現上）の違いだけであり，考え方や実質的な結論は全く変わらないことに注意されたい。

これらの平衡が成立している場合，温度・pH・圧力など外部条件を変化させると，平衡定数が変化し，これに伴って溶液中の各 A_i の濃度（A_i）が変化することになる。たとえば，上の例では，昇温するとＮとＤの間の平衡定数は増加し（平衡はＤ側に傾き），Ｎは減少してＤは増加する。ただし，タンパク質分子の溶液中の総量は不変一定なので，式(5)で化学量論係数が１となる要素粒子の濃度に換算された，換算タンパク質濃度 M は保存されることになる。以下では，この換算タンパク質濃度 M をタンパク質濃度と略称する。

$$\sum_{i=0}^{n} \frac{1}{m_i}(\mathrm{A}_i) = M \tag{8}$$

したがって，各状態のモル分率を次式で定義すると，モル分率の総和は１となる。

$$f_i = \frac{1}{Mm_i}(\mathrm{A}_i) \tag{9}$$

式(5)の任意の２つの状態 i と j の間の平衡定数を K_{ij} とすると，この平衡定数は，標準自由エネルギー変化 ΔG_{ij}^0 を用いて

$$K_{ij} = \frac{(\mathrm{A}_j)^{m_j}}{(\mathrm{A}_i)^{m_i}} = \exp\left(-\frac{\Delta G_{ij}^0}{RT}\right) \tag{10}$$

と表される。なお ΔG_{ij}^0 は，各 A_i の標準化学ポテンシャル μ_i^0 により，次式のように定義される。

$$\Delta G_{ij}^0 = m_j \mu_j^0 - m_i \mu_i^0 \tag{11}$$

ここで，式(9)で定義したモル分率を使って式(10)を表すと

$$\frac{(m_j f_j)^{m_j}}{(m_i f_i)^{m_i}} M^{m_j - m_i} = \exp\left(-\frac{\Delta G_{ij}^0}{RT}\right) \tag{12}$$

となる。また，上式の両辺の自然対数をとって整理すると次式を得る。

$$m_j \ln(m_j f_j) - m_i \ln(m_i f_i) = -\frac{\Delta G_{ij}^0}{RT} - \Delta m_{ij} \ln M \tag{13}$$

ここで，化学量論係数変化 Δm_{ij} は次式で定義される。

$$\Delta m_{ij} = m_j - m_i \tag{14}$$

また，タンパク質濃度 M の関数である見かけの自由エネルギー変化 $\Delta G_{ij}^{\mathrm{a}}$ を下記のように定義すると，

$$\Delta G_{ij}^{\mathrm{a}} = \Delta G_{ij}^0 + \Delta m_{ij} RT \ln M \tag{15}$$

式(12)，(13)は下記のように簡単に表され便利である。

$$\frac{(m_j f_j)^{m_j}}{(m_i f_i)^{m_i}} = \exp\left(-\frac{\Delta G_{ij}^{\mathrm{a}}}{RT}\right) \tag{16}$$

$$m_j \ln(m_j f_j) - m_i \ln(m_i f_i) = -\frac{\Delta G_{ij}^{\mathrm{a}}}{RT} \tag{17}$$

これらの式は，化学量論係数変化 Δm_{ij} が０でない（状態間で会合数や化学量論係数が異なる）場合には，それらの状態のモル分率がタンパク質濃度 M に依存する（タンパク質濃度依存性がある）ことを意味している。

たとえば，式(16)の左辺が１となる（すなわち，右辺の見かけの自由エネルギー変化 $\Delta G_{ij}^{\mathrm{a}}$ が０となる）温度として熱転移温度 T_{m} を定義すると，式(15)より，

$$0=\frac{\Delta G_{ij}^{0}(T_{\mathrm{m}})}{RT_{\mathrm{m}}}+\Delta m_{ij}\ln M \tag{18}$$

という関係が導かれる。すなわち，Δm_{ij} が0でない場合は，タンパク質濃度 M を変化させると，この式を満たすように転移温度 T_{m} が変化することになり，T_{m} は M の関数となる。この式の両辺を $\ln M$ で微分することにより，次式を得る。この式は，タンパク質濃度を n 倍にしたときの転移温度 T_{m} の変化を計算することができる[1]。

$$\Delta T_{\mathrm{m}}=\frac{RT_{\mathrm{m}}^{2}\Delta m}{\Delta H(T_{\mathrm{m}})}\ln n \tag{19}$$

この式から，同じ n 倍の濃度変化でも，化学量論係数変化が小さい場合や，エンタルピー変化が大きい場合には T_{m} の変化が小さく，濃度依存性の観測が困難となることを示している。たとえば，$n=2$ の場合，単量体から2量体への熱転移（$\Delta m=-0.5$）で $\Delta H(T_{\mathrm{m}})$ が400 kJ/mol，$T_{\mathrm{m}}=320$ K では $\Delta T_{\mathrm{m}}=-0.74$ K と，高精度のDSCであれば十分に観測可能な転移温度の変化が期待される。一方，6量体から3量体（$\Delta m=0.16\cdots$），$\Delta H=1{,}000$ kJ/mol の場合には，$\Delta T_{\mathrm{m}}=0.098\cdots$ K と変化はかなり小さくなる。

また，式(19)を n について解いた次式

$$n=\exp\left[\frac{\Delta H(T_{\mathrm{m}})}{RT_{\mathrm{m}}^{2}\Delta m}\Delta T_{\mathrm{m}}\right] \tag{20}$$

を用いると，後者の場合，0.5 K の T_{m} の差を出すためには，34倍の濃度変化が必要であることがわかる。また，Δm_{ij} について上式を解くと

$$\Delta m=\frac{\Delta T_{\mathrm{m}}\Delta H(T_{\mathrm{m}})}{RT_{\mathrm{m}}^{2}\ln n} \tag{21}$$

となり，$\Delta H(T_{\mathrm{m}})$ がわかれば，転移温度のタンパク質濃度依存性から，化学量論変化が定量的に決定できることがわかる。これらの例に見るように，タンパク質濃度依存性を予測・解析する際には，ΔH の情報が不可欠であり，会合体形成の平衡解析では，エンタルピー変化を直接観測できる熱測定法が有用である。

3　タンパク質の高温での可逆的オリゴマー形成の例1：シトクロム c の場合[4]

シトクロム c は分子量約1万の小さな球状タンパク質で，分子内部にヘムを1つ共有結合している。ヘムは可視光帯域に吸収や蛍光などのさまざまなシグナルを有するため，立体構造変化に伴う分光学的な情報を得やすく，また，弱酸性から酸性条件下では，温度・pH・変性剤などさ

まざまな条件で可逆的な変性が観測されるため，従来からタンパク質の立体構造変化の研究対象となってきた。また，モルテングロビュール（MG）状態と呼ばれる巻き戻り中間体（分子鎖の形も天然構造と同等までコンパクトになっており2次構造も形成されているが，側鎖がまだ変性状態と同程度に大きく揺らいでいる状態）が観測され，かつ，この状態が，酸性・高塩濃度の条件で安定化されることから，このタンパク質はMG状態の研究対象としても非常に盛んに研究されている[1,4,9~16]。

また，このタンパク質の場合，MG状態は昇温によって，熱変性状態（D状態）へと可逆的・協同的な熱転移を示すことも熱力学的研究には大変有利である。これは，可逆的な熱変性であればDSC測定によって直接ギブズエネルギー変化が評価できるからである。同様に可逆的である，弱酸性・低塩濃度のシトクロムcのN状態からD状態への熱転移については，これらの測定の利点を生かしてDSC測定から，酸性・高塩濃度のMG状態と同様の中間状態を検出することに成功している[14]。

シトクロムcは天然状態（N状態）のほか，MG状態やD状態も単量体であることが，溶液X線散乱実験から示されており，このタンパク質の可逆的な熱転移でタンパク質濃度依存性が示された報告は著者の知る限りなかった。また，シトクロムcに限らず，N状態で単量体のタンパク質が熱転移の際に可逆的にオリゴマーを形成するという報告もなかった。

しかし，図1(A)に示すように，酸性・高塩濃度（pH 2.5，500 mM KCl）で測定したシトクロムcのMG状態（厳密には低温側で安定なMG1状態）からの熱転移では，0.5～18 mg/mLの濃度範囲で顕著な濃度依存性が観測された[4]。1 mg/mL程度の濃度の測定では，熱転移の可逆性は従来から報告されていたが，図1(B)，(C)から，18 mg/mLという高濃度の測定でも，熱転移は可逆であり，昇温速度に依存しない，各温度で平衡が成立しており，可逆過程と見なせる測定であることがわかる。

最も濃度の薄い0.5 mg/mLは，従来から提案されている単量体の3状態モデル（式(22)）[10,15]による個別fittingは可能であるが，もちろんこのモデルでは，濃度依存性は全く説明できない。

$$\mathrm{MG1} \rightleftarrows \mathrm{MG2} \rightleftarrows \mathrm{D} \tag{22}$$

式(21)によれば，定性的には，濃度を上げる（$\ln n > 0$）ことでT_mが減少する（$\Delta T_m < 0$）反応が吸熱（$\Delta H > 0$）で起きていることがら，Δmが負となる（化学量論係数が減少し，会合数は増加する）反応が生じていることがわかる。そこで，2量体，3量体などのオリゴマーをモデルに追加したところ，4量体の状態を含む下記の6状態モデル（式(23)）で全てのDSCデータが説明できることがわかった。

$$\mathrm{MG1} \rightleftarrows \mathrm{MG2} \rightleftarrows \mathrm{D} \rightleftarrows \frac{1}{2}\mathrm{I}_2 \rightleftarrows \frac{1}{3}\mathrm{I}_3 \rightleftarrows \frac{1}{4}\mathrm{I}_4 \tag{23}$$

すなわち，今回のDSCのデータ（濃度依存性）は，少なくとも4量体程度の会合体が高温で

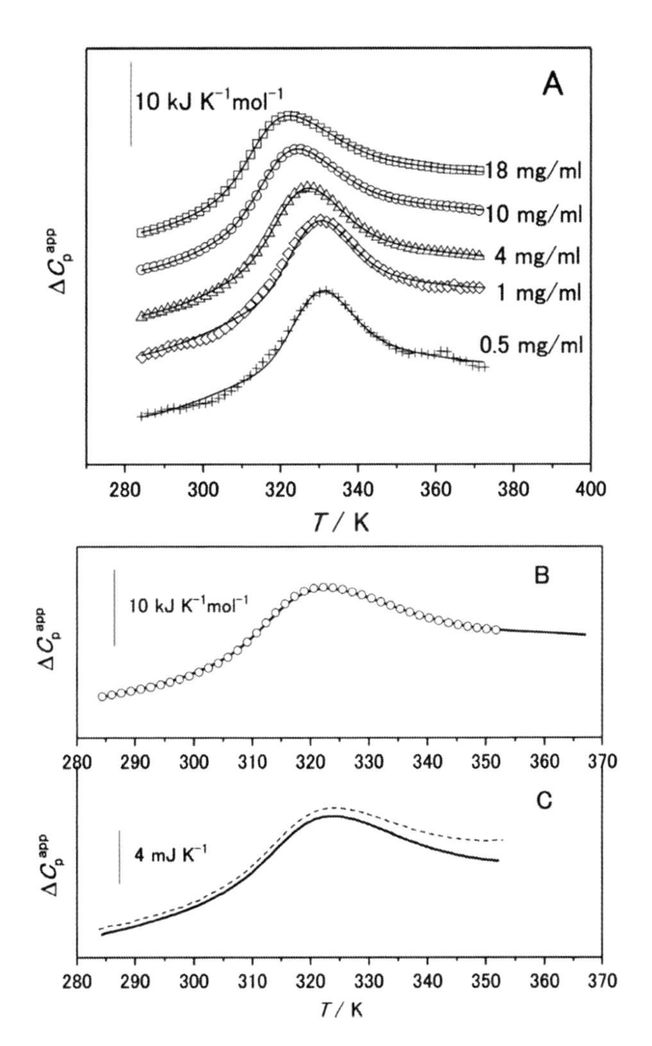

図1　(A)ウマシトクロム c の pH 2.5，500 mM KCl における熱容量関数。空白の四角，丸，三角，ダイヤモンドと十字の印は，それぞれ，18，10，4，1，0.5 mg/mL のシトクロム c 濃度の熱容量である。実線は，4量体を含む6状態モデル（詳細は本文参照）の非線形最小2乗法を用いたグローバル解析の結果から計算した理論曲線である。(B)18 mg/mL の場合の可逆性の確認。空白の丸印は 353.15 K までの1回目の走査を示し，実線は1回目の走査後に直ちに冷却し，2回目の走査を行った結果を示す。(C)18 mg/mL の場合の走査速度依存性の確認。破線は 353.15 K から 283.15 K まで−0.5 K/min の速度で降温走査を行った結果，実線は，その後に，283.15 K から 353.15 K まで 0.5 K/min の速度で昇温走査を行った結果である。
(American Chemical Society からの許諾を得て転載)[4]

可逆的に形成されていることを示している。5量体以上の会合体の形成は否定できないが，もし会合数の大きな安定な状態があるとすると，式(19)から，4量体までのモデルよりもさらに濃度依存性は大きく観測されるはずであり，5量体以上の可逆的会合体の形成の可能性は小さいと考えられる。

さらに，このDSCの結果を利用して同条件で測定したPPC（圧力摂動熱量測定）結果を解析し，部分分子体積が，単量体間ではMG1 < MG2 < Dと構造が壊れるとともに増加するのに対し，会合数が大きくなるほど部分体積は減少することが示された。MG1からMG2，Dへと高次構造が壊れ，タンパク質内部に埋もれていた疎水性残基表面が溶媒に露出することで新たに疎水水和した水分子の寄与でタンパク質の部分分子体積が増加し，逆にオリゴマーを形成することで会合面にあった疎水水和が減少することで部分分子体積が減少すると予測されることを考えると上記の実験結果は大変合理的であるが，昇温によって，分子内部では疎水水和が増加する方向に反応が進み，分子間では逆に疎水水和が減少する方向へと変化していることを示唆しており，大変興味深い。

4　タンパク質の高温での可逆的オリゴマー形成の例2：デングウイルスの外殻タンパク質ドメイン3の場合[5)]

デング熱の原因ウイルスの外殻を形成するタンパク質の一部（ドメイン3，以下ED3と省略）は，X線結晶解析でN状態の立体構造が決定され，また溶液中では，超遠心分析で単量体であることがわかっている分子量約1万の球状タンパク質である。このED3のDSC測定では，図2に一例を示すように，弱酸性から中性pHで，明確な2つの吸熱ピークが観測され，安定な中間状態が存在することがわかった。これらの熱転移は完全に可逆であった。また，2倍程度のタンパク質濃度変化で明確な濃度依存性が確認できた。すなわち，タンパク質濃度を上げることで，低温側のピークはより低温に，高温側のピークはより高温にシフトすることがわかった。このことは，濃度が高くなることで，中間状態はN・D両方の状態に対して安定化していることを示している。0.5 mg/mLと1.0 mg/mLの2つの濃度の熱容量関数をグローバル解析することで，中間状態は4量体，D状態は単量体ということがわかった（下記式(24)）。

$$N \rightleftarrows \frac{1}{4} I_4 \rightleftarrows D \tag{24}$$

また，分子表面にある疎水性残基の一つである380番のバリン（V）を，より疎水性の低いアラニンや極性のアミノ酸（セリン，トレオニン，アスパラギンなど）に置換したところ（図2ではリシン（K）に置換したV380Kを示す），野生型では2つあった吸熱ピークは1つとなり，濃度依存性は消滅した。これらの変異体の，熱転移はNとDの間の単量体の2状態転移で説明できることがわかった。また，このN，D間のT_mや$\Delta H(T_m)$は，380番をどのアミノ酸に置換してもほぼ同じ値となり，野生型の解析から得られたN，D間の値とも一致していることが確認された。すなわち，野生型の380番目のバリンは，N，D状態の安定性には大きな影響を与えずに，中間体である4量体の形成のみを安定化していることが示唆される。

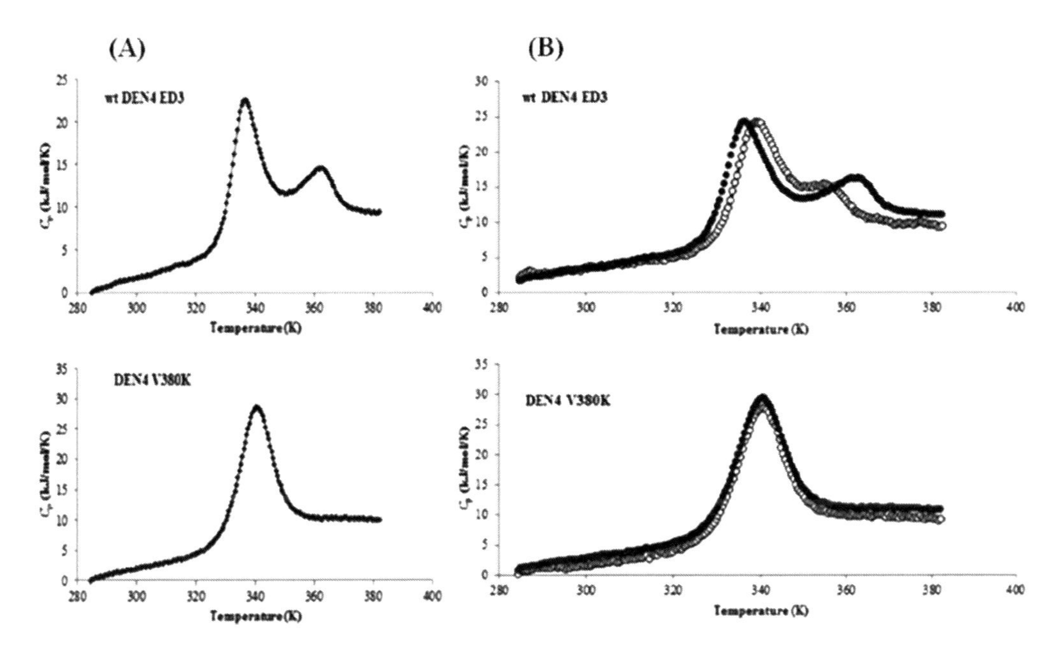

図2　(A)デングウイルス4の外殻タンパク質ドメイン3（ED3）のpH 4.6，1 mg/mLでの熱容量関数。野生型（上図）は4量体の中間体を含む3状態モデル（詳細は本文参照）で，V380K（下図）はNとDの2状態モデルによる理論曲線を示す。それぞれ，実験データを点で，理論曲線を実線で示した。(B)異なるタンパク質濃度における熱容量関数の比較。黒塗りと空白の丸印はそれぞれ1 mg/mL，0.5 mg/mLの濃度で測定。
(American Chemical Societyの許可を得て転載)[5)]

5　可逆的オリゴマー形成と凝集反応との関係について

従来から，熱変性したタンパク質は会合体を形成しやすいことがよく知られている。これらの会合体は凝集あるいはアミロイドと呼ばれ，非常に多数のタンパク質分子が不可逆的に会合したものである。たとえば，DSCで熱変性後に観測されることのある凝集体の形成は発熱反応で，エンタルピーの減少を伴う。定性的にはルシャトリエの原理によって，定量的にはファントホッフの式で示されるように，定圧での平衡定数は昇温によって必ずエンタルピーが増加する（吸熱）方向に変化する。したがって，昇温により発熱反応が生じる場合には，この反応は不可逆反応でなければならない。

本稿で紹介した，最近発見された可逆的オリゴマー形成（RO）と不可逆過程である凝集体やアミロイド形成反応との関係については，現在のところ未解明であるが，大きく分けて2つの可能性が考えられる。すなわち，①ROが核となって，さらに大きな会合体が形成される（すなわち，ROが凝集体やアミロイド形成を促進する）場合と，②ROが凝集体やアミロイド形成に直接関与しない（凝集体やアミロイド形成は，別の種類の初期会合体から成長する）場合である。①のようにROが必須の初期過程であるとすると，ROの形成・解離の速度論的性質は凝集体形成やアミロイド形成反応に直接関係することになる。この場合は，これを不安定化させることで，凝集体やアミロイド形成を抑制できる可能性がある。一方，②のようにROが凝集体やアミロイド形成過程に直接関与しない場合には，よりROを安定化させ，変性した単量体タンパク質から積極的にROを作ることで，変性した単量体の濃度を下げ，間接的に凝集体やアミロイドの形成反応を抑えられる可能性がある。

ROがどのような機構で安定化されているか，立体構造はどんな特徴があるのか，については，今後の問題である。前述のED3のアミノ酸置換の実験からは，RO形成のためには，分子間の疎水性相互作用が重要である可能性が示唆される。今後，さまざまなアミノ酸置換体を調べることでRO安定化の機構を明らかにすることが可能と思われる。

ROの立体構造に関しては，MG状態と同様に，結晶化による構造解析は難しいと思われる。溶液状態での構造解析（NMRなどの分光法，散乱法など）が有望である。近年急速に進展したX線結晶構造解析によって，我々はタンパク質のN状態についての立体構造情報は非常に詳細に得られるようになった。しかし，それ以外の状態の立体構造についてはまだまだわからない部分が多いことを改めて痛感させられる。

また，今回の例は，タンパク質立体構造転移のDSC測定では，従来から標準的に実施されている，可逆性や昇温速度依存性の確認に加えて，タンパク質濃度依存性の確認を行うことの重要性を示している。現状では，単量体タンパク質については，濃度依存性の測定はほとんど行われていないが，濃度依存性を確認することで，これまで見逃していたROが発見できる可能性があると期待される。

文　献

1） S. Kidokoro and S. Nakamura, *Method. Enzymol.*, **567**, 391 (2016)
2） M. Goyal *et al.*, *PLoS One*, **9**, e115877 (2014)
3） T. Ikenoue *et al.*, *Proc. Natl. Acad. Sci. USA*, **111**, 6654 (2014)
4） S. Nakamura *et al.*, *Biochemistry*, **56**, 2372 (2017)
5） T. Saotome *et al.*, *Biochemistry*, **55**, 4469 (2016)
6） 城所俊一，熱測定，in press.
7） S. Kidokoro *et al.*, *Biopolymers*, **27**, 271 (1988)
8） 城所俊一，熱測定，**14**, 143 (1987)
9） M. Ohgushi and A. Wada, *FEBS Lett.*, **164**, 21 (1983)
10） Y. Kuroda *et al.*, *J. Mol. Biol.*, **223**, 1139 (1992)
11） D. Hamada *et al.*, *Proc. Natl. Acad. Sci. USA*, **91**, 10325 (1994)
12） M. Arai and K. Kuwajima, *Adv. Protein Chem.*, **53**, 209 (2000)

13) S. Nakamura and S. Kidokoro, *Biophys. Chem.*, **113**, 161 (2005)
14) S. Nakamura *et al.*, *Biophys. Chem.*, **127**, 103 (2007)
15) S. Nakamura *et al.*, *Biochemistry*, **50**, 3116 (2011)
16) S. Nakamura and S. Kidokoro, *J. Phys. Chem. B*, **116**, 1927 (2012)

第6章　イオン液体とタンパク質フォールディング —新しい溶媒への古い策略—

若山諒大*1，内山　進*2，デミエン ホール*3

グリーンケミストリー革命における重要な側面の一つに，液相での酵素反応にイオン液体を溶媒として用いたことがある。タンパク質である酵素にとって，ポリペプチド鎖が，機能を発揮できる「天然」状態へと正しくフォールディングすることは必要不可欠である。タンパク質構造の定量評価は，経験的，あるいはモデルに基づいた特性評価手法により行われ，種々のパラメータは標準状態を基準に定義されることがある。この短報では，異なる経験的あるいはモデルに基づいた特性評価手法に関連するパラメータの特徴を概説し，水とは異なる基本溶媒を用いた際にパラメータの解釈に影響する要素について指摘する。

はじめに

イオン液体※1の出現により，商業的に重要な酵素処理を行う際に多種多様な新しい溶媒が利用可能となった[13,14]。バイオテクノロジーの観点からは，以下の理由によりイオン液体はタンパク質化学において有望な補助溶媒であるといえる。

① 揮発性が低く幅広い温度範囲で液体状態である（いくつかの溶媒は−80℃から300℃まで液体のままである）[11,15]

② タンパク質の天然状態を選択的に安定化あるいは不安定化できる[16,17]

③ 有機，無機，金属の多岐にわたる化合物に対して溶解性を調整可能である[18]

④ さまざまな有機溶媒に対して調整可能な混和性あるいは不混和性があり，そのため，単相および複相反応系を確立できる[19]

⑤ 基質遷移状態の安定化を導く溶媒によって触媒強化の可能性がある[20〜22]

合理的または指向的なタンパク質設計原理[23,24]とイオン液体の好都合な特性を組み合わせれば，新しい範囲の超触媒が開発できるかも知れない。そして，最適化された超酵素／溶媒ペアにより，新しいバイオテクノロジーに基づいた産業発展が実現できるであろう[13,25]。とはいっても，

＊1　Ryota Wakayama　大阪大学　大学院工学研究科　生命先端工学専攻

＊2　Susumu Uchiyama　大阪大学　大学院工学研究科　生命先端工学専攻　教授；
自然科学研究機構　生命創成探求センター　客員教授

＊3　Damien Hall　大阪大学　蛋白質研究所　招へい准教授

酵素の触媒力は，溶媒の性質というよりも，酵素が活性フォールディング状態で存在できる時間の割合，つまり熱力学的安定性によって主に決定される[23,26]。したがって「溶媒調製」，すなわち酵素が最大の触媒効率を発揮できるように補助する溶媒環境を作り出すため2種類以上のイオン液体を混合する前に，タンパク質の安定性を測定しておくことが不可欠である[27,28]。近年のタンパク質フォールディングと安定性に関する我々の理解[29,30]は，加熱[31,32]，加圧[33,34]，あるいは変性剤か変性能力を持つ溶媒の添加またはその両方の添加[35,36]※2，のいずれかによるタンパク質の平衡状態での変性[39]に関する多数の偉大な実験に基づいている。これらの研究では，典型的には，溶媒の標準状態は低イオン強度で中性pHの緩衝水溶液であり，特定のタンパク質についての安定性を特徴づけるパラメータはこの標準状態において与えられる[35,36,40]。イオン液体を使用した場合，明らかにこれらのパラメータは異なる意味を持つため，タンパク質のフォールディングを測定し評価するための一般的な方法に関する簡単なレビューが必要であろうと考えられており[23,35,41]，イオン液体を補助溶媒として利用した際にデータの簡略化に伴って特徴づけパラメータの解釈がいかに複雑となるかが指摘されている[23,35]。

1　タンパク質フォールディングの基本的な説明

タンパク質のフォールディングをどのように議論するにしても，最も単純な導入は，フォールドした構造（F）は，アンフォールドした構造（U）がエンタルピー的に縮重した集合と平衡関係にある（式(1a)）という協同的2状態過程[23,35,39]として捉えることであろう。このモデルでは，F状態とU状態との間の可逆的変換の程度は，C_FとC_Uという2種類の濃度により定義される無単位の平衡定数K_{FU}により決定される（式(1b)）。全タンパク質のうちアンフォールディングした構造にあるタンパク質の比率f_Uを反映する単一の増加変数は，両方の種の測定濃度または

※1　イオン液体という用語は，典型的には水の沸騰温度より低い温度で液体である溶解塩に対して使われる[1~3]。最初の室温でのイオン液体（Room temperature ionic liquid：RTIL）は1914年に登場した硝酸エチルアンモニウムである[4]。1940年代から1970年代にかけては，電気めっきの際に溶媒と基質の両方にRTILを使うという当初からの目的のために，N-アルキルピリジニウムクロロアルミネート化学[5~7]に基づいた新しいクラスのRTILが開発された。現在では，RTILは化学反応を促進するための「活性溶媒」として意図的に使用されており，①クロロアルミネート[7]，②テトラフルオロボレート[8]，あるいは③ヘキサフルオロホスフェート[9]から誘導されたジアルキルイミダゾリウムカチオンやアニオンからイオン液体が作製されている。それ以来，数多くの新しいイオン液体が，さまざまな置換カチオン，例えば，アンモニウム，イミダゾリウム，ホスホニウム，ピペリジニウム，ピロリジニウム，ピリジニウムなど，そして，さまざまな置換アニオン，アセテート，スルホニルイミド，ホウ酸塩，臭化物，塩化物，ヨウ化物など，を利用してつくられてきた[1,10]。全てのイオン液体とその特性が精選されたデータベースがKazakovと共同研究者によって開発されており，NISTのウェブサイトで利用可能である[11]。一般的に使用されるイオン液体の一部の物理的特性については，Domańskaによって丁寧に紹介されている[12]。

※2　あまり一般的でない他の実験には，機械的な引っ張り[37]と粘性せん断の適用[38]が含まれる。

平衡を定義する定数K_{FU}，あるいはこれらの両者により定められる（式(1c)）。

$$F \overset{K_{FU}}{\rightleftarrows} U \tag{1a}$$

$$K_{FU}=\frac{C_U}{C_F} \tag{1b}$$

$$f_U=\frac{C_U}{[C_U+C_F]}=\frac{K_{FU}}{[1+K_{FU}]} \tag{1c}$$

平衡定数K_{FU}は，別個に変動しうる環境条件，典型的な生化学の研究室であれば，温度T，圧力P，および溶液組成，すなわちQ種類の異なる溶液成分の数n_jの総和$\sum_{j=1}^{j=Q} n_j$において定義される。T，Pまたはn_jなどの独立変数のいずれかについて個々の値が変化し系に変更が加わると，アンフォールドのタンパク質の比率が変化する。従来から行われているタンパク質のフォールディング実験では，χに対するf_Uの測定値をプロットすることで，f_Uの各変数に対する依存性を系統的に調べることができる（図1)。ここで，χは個別の独立変数※3の変化値である。以下にf_U vs. χ（または$\Delta\chi$）のデータ（ベースライン差引後）から，安定性を特徴づけるパラメータを定量的に求めるいくつかの異なる方法について検討し，溶媒が水以外の場合に得られたこれらのパラメータの意味について議論する。

1.1 経験的スキーム1：中点分析

実験の設計に従うが，独立変数の絶対値χ，あるいは，ある基準値χ_1とその変数の変化後の値χ_2との間の絶対差$\Delta\chi$，に対するf_Uの依存性が測定される（図1A)。通常，系の温度，圧力，または組成変化がタンパク質のフォールドした状態に影響を与える手段として利用され，そのため，これまで発表されたアンフォールディング実験の大部分はf_U vs. T（あるいはΔT)，f_U vs. P（あるいはΔP)，f_U vs. C_D（あるいはΔC_D）で示されている（ここでのC_Dは変性剤濃度を表す）[23,41]。アンフォールディング曲線を解析する最も簡単な手順は，変性中点（mp)，すなわち$f_U=0.5$となるχ_{mp}の値（図1A）を求めることである。こうした経験的な解析には利点があり，完全に一般的に用いることが可能で，理想系の場合，タンパク質安定化力に応じた溶媒の順位づけが可能となる[17,23,42]。しかしながら，このような手順からは遷移経路に関する情報が一切得られず，そのため，タンパク質安定性において重要な，熱力学的経路という付加的様相を見逃す可能性がある（図1B)。そのような問題の一つは，凝集による酵素損失である[27,43,44]。アンフォールディングしたタンパク質は濃度依存的に凝集し，アモルファスまたは構造化した凝集体のいずれかを形成する傾向を強く持つ[45,46]（アミロイド線維は，構造化した凝集体クラスの顕著な例で，

※3 （モル濃度や体積分率のような）いくつかの場合，χは複合独立変数，すなわち第二の成分が典型的には過剰に存在する溶媒のとき連続依存的に変化する2つの成分を示す。

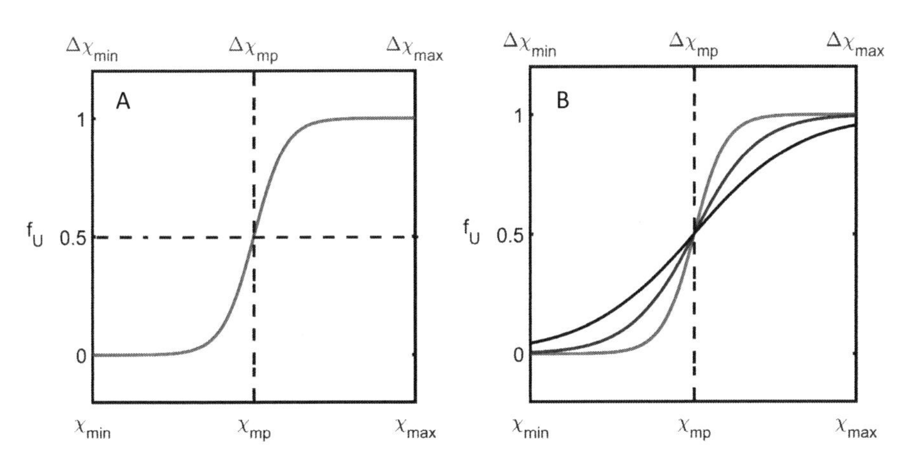

図1　中間点特性評価スキーム

(A)f_U vs. χ（または$\Delta\chi$）の依存性を示す概略図（すなわち温度，圧力，変性溶質や混和性溶媒など変化を引き起こす原因となる変数におけるアンフォールディングタンパク質分率）。解析対象範囲は$f_U \approx 0$と$f_U \approx 1$の間の作動範囲をそれぞれ定義する下限（χ_{min}あるいは$\Delta\chi_{min}$）と上限（χ_{max}あるいは$\Delta\chi_{max}$）の間である。f_Uが0.5に等しいときの単一パラメータχ_{mp}（あるいは$\Delta\chi_m$）がデータを特徴づけるために用いられる。(B)中点特性評価スキームの欠点：3つの異なるアンフォールディング曲線は，すべて同じ値χ_{mp}によって特徴づけられる。1つのパラメータのみでは，中間点特性評価スキームは，フォールディング状態とアンフォールディング状態との間の遷移の急峻性を表すことができない。

病気やバイオテクノロジーと関連がある[47〜53]。複数パラメータの最適化手順の場合，系が最高の性能を発揮するように条件を変更する必要があるが，そのためには，温度，圧力，溶媒組成および酵素濃度などの調整可能な因子が酵素安定性と活性に悪影響を与えないように注意を払う必要がある[54, 55]。そのため，タンパク質凝集によるタンパク質の損失を最小限としながら，触媒が強くなるようなχ値となる条件とするためには，変性中点よりどの程度低い値とすれば良いかを知ることが効率的な工程の設計において不可欠となる[26, 56]。中点解析では変性のシャープさと幅についての情報が得られないが，それについてはm値法[35, 57]として知られる2パラメータのもう少し複雑な経験的手法によって解決されるので，次の項で議論することとする。

1.2　経験的スキーム2：*m* 値法

実際には，タンパク質アンフォールディングの程度を反映する平衡定数は，f_Uの測定値が異なるそれぞれの条件ついて決定できる（図2A）。70年代と80年代に執筆された一連の論文において[35, 57, 58]，Greene と Pace は，アンフォールディングの際の平衡定数の対数がしばしば$\Delta\chi$の線形に依存することを指摘した。非線形性の場合には，系を記述するためには多項式まで項を追加すれば十分である[41, 59〜62),本稿]。後に，よりきちんとしたかたちでこの点については記述するが，ここではすべての可逆過程の平衡定数は，$\Delta\chi$の変化があった際の，系の反応物と生成物の間の標準モル自由エネルギー変化Δg°_{FU}と追加の自由エネルギー変化$d(\Delta g^\circ_{FU}(\Delta\chi))$によって表さ

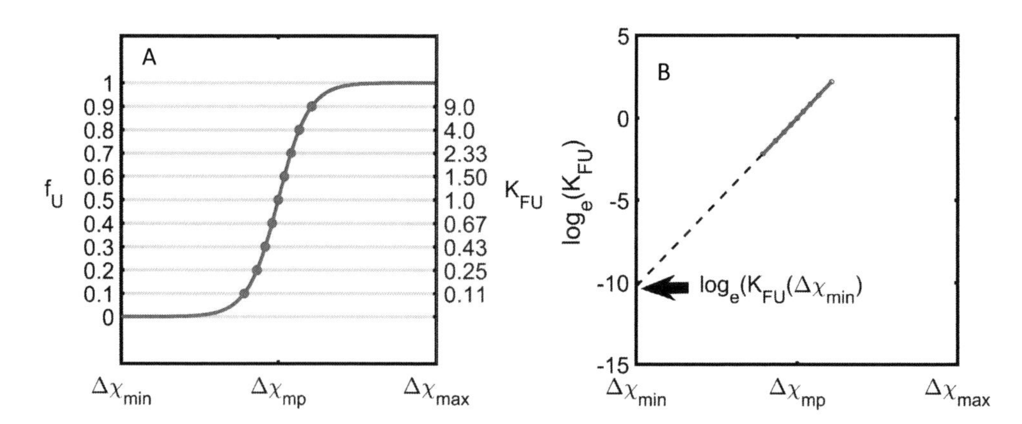

図２　一般化 m 値法

(A) m 値法を用いて得られた $\Delta\chi$ に対する f_U のシミュレーションで表された依存性（式(5)）。この方法はアンフォールディング中間点 χ_{mp} と $\left(m=\left[\frac{d(\Delta g^\circ_{FU})}{d\Delta\chi}\right]_{\Delta\chi=0}\right.$ として定義される）m 値の２つのパラメータに基づいて遷移経路の形状を説明することができる。(B)歴史的に言うと，m 値法は変化を誘発する変数 χ に対する $\log_e(K_{FU})$ の線形依存性の実験的観察に基づいていた。この方法では最初に K_{FU} の値が（式(1c)を経て）f_U vs. $\Delta\chi$ のアンフォールディング曲線の各点における f_U から評価された。典型的にはデータセット内のノイズは K_{FU} の推定に用いられる極値，すなわち $0.1<f_U<0.9$ から特異的に取り除かれた点のみが許容される。$\Delta\chi$ に対する $\log_e(K_{FU})$ のプロットから基準状態での $\log_e(K_{FU})$ の値 χ_{min} は線形外挿によって決められる。

れるという一般的な考えを記しておく（式(2)）。

$$(K_{FU})_{\Delta\chi}=\exp\left(\frac{-[\Delta g^\circ_{FU}+d(\Delta g^\circ_{FU}(\Delta\chi))]}{RT}\right) \tag{2a}$$

$$\log_e(K_{FU})_{\Delta\chi}=\log_e(K_{FU})_{\Delta\chi=0}-\left(\frac{1}{RT}\right)[d(\Delta g^\circ_{FU}(\Delta\chi))] \tag{2b}$$

追加の自由エネルギー項 $d(\Delta g^\circ_{FU})$ は，点（$\Delta\chi=0$，Δg°_{FU}）についてのテイラー展開を用いて $\Delta\chi$ の関数として表すことができる（式(3a)）。テイラー展開の第一項で適切に切り捨てると，しばしば $\Delta\chi$ に対する $\log_e(K_{FU})_{\Delta\chi}$ のプロットに明らかな線形依存性が見られる[59, 62, 63]。この１次微分項は Pace とその共同研究者によって m 値として名づけられた（式(3b)）[57]。

$$d\Delta g^\circ_{FU}(\Delta\chi)=\left(\frac{d(\Delta g^\circ_{FU})}{d\Delta\chi}\right)_{\Delta\chi=0}\cdot\Delta\chi+\frac{1}{2}\left(\frac{d^2(\Delta g^\circ_{FU})}{d\Delta\chi^2}\right)_{\Delta\chi=0}\cdot(\Delta\chi)^2+\cdots \tag{3a}$$

$$m_\chi=\left(\frac{d(\Delta g^\circ_{FU})}{d\Delta\chi}\right)_{\Delta\chi=0} \tag{3b}$$

数学的有用性のため，標準状態自由エネルギーは通常変性中点（χ_{mp}），すなわち $\Delta\chi=0$，$C_U=C_F$，

$(K_{\mathrm{FU}})_{\Delta\chi=0}=1$，$\Delta g^{\circ}_{\mathrm{FU}}(\Delta\chi=0)=0$ となる点に関して定義される。変化の性質，すなわち $\Delta\chi=\Delta P$，ΔT あるいは Δn_{D}（または，より一般的に使用される ΔC_{D}）に応じて，変化に関する自由エネルギー微分の項は異なる。ここでは，文献をいくらか整理するため，変性剤によるタンパク質アンフォールディングにおいて使い始められた用語である m 値[57]を3つの主な方法に使用することとする。すなわち，温度に対する m 値として m_T（式(4a)），圧力に対して m_P（式(4b)），変性剤に対して m_{D}（式(4c)）を設定した。

$$m_T=\left(\frac{d(\Delta g^{\circ}_{\mathrm{FU}})}{d\Delta T}\right)_{\Delta T=0} \tag{4a}$$

$$m_P=\left(\frac{d(\Delta g^{\circ}_{\mathrm{FU}})}{d\Delta P}\right)_{\Delta P=0} \tag{4b}$$

$$m_{\mathrm{D}}=\left(\frac{d(\Delta g^{\circ}_{\mathrm{FU}})}{d\Delta C_{\mathrm{D}}}\right)_{\Delta C_{\mathrm{D}}=0} \tag{4c}$$

この方法を使用すると，タンパク質アンフォールディング曲線は，特異的「m 値」および遷移中間点 χ_{mp} の2つのパラメータを用いて最小限で特徴づけられる。異なる値 χ での K_{FU} の説明に必要な項を式(1c)に挿入すると，2つの関連パラメータ χ_{mp} および m_{χ} の推定値を与える f_{U} vs. χ データの非線形回帰分析に使用される式(5)が得られる。

$$f_{\mathrm{U}}=\frac{\exp\left(\frac{-m_{\chi}(\chi-\chi_{\mathrm{mp}})}{RT}\right)}{1+\exp\left(\frac{-m_{\chi}(\chi-\chi_{\mathrm{mp}})}{RT}\right)} \tag{5}$$

（摂動のない）タンパク質の内在的安定性を推定できる線形外挿法によって，ある追加の基準状態と遷移中点の間の自由エネルギーの差が得られるということが m 値法の重要な結果である（図2B）。このため，m 値法は線形外挿法（LEM）と呼ばれることがある[35, 57, 63〜65]。m 値／LEM 手順の単純さと明らかな有用性にもかかわらず，経験的であるためアンフォールディング反応の分子的原因に対する機構的洞察が欠けている。次節で，この問題を解決するいくつかの理論に基づいた特性評価手順を示す。

2　古典的熱力学に基づいたタンパク質フォールディング特性のための機構的アプローチ

前節で説明した m 値／LEM 手順の成功が実証されているので，①なぜそのような線形外挿法が実際によく成り立つように観察されるのか，②どのような状況だと成り立たなくなるか，について論理的理由を調べることは有益であろう。この節を簡単にするために，可逆的化学平衡に加わることができる構成要素を含む開放系の熱力学に関する一般的な議論は付録として文末に提供した。そこに導入されたデータに基づいて，式(6)にある3つの方程式によって得られる出発点からその後の議論を発展させる。簡単に述べると，式(6a)は化学平衡条件を定義するために，フォールディングタンパク質の化学ポテンシャル μ_F，アンフォールディングタンパク質の化学ポテンシャル μ_U，の使用に関連し，式(6b)は反応条件の変化時$[T_1,\ P_1,\ \{n_j\}_1 \rightarrow T_2,\ P_2,\ \{n_j\}_2]$ に化学ポテンシャルへの変化を組み込む方法を記載し，式(6c)は条件変化※4 に伴う化学ポテンシャル変化の程度を計算する手順を説明する。

$$(\mu_U)_{T_2, P_2, \{n_j\}_2} = (\mu_F)_{T_2, P_2, \{n_j\}_2} \tag{6a}$$

$$(\mu_i)_{T_2, P_2, \{n_j\}_2} = (\mu_i)_{T_1, P_1, \{n_j\}_1} + (d\mu_i)_{T_1, P_1, \{n_j\}_1 \rightarrow T_2, P_2, \{n_j\}_2} \tag{6b}$$

$$(d\mu_i)_{T_1, P_1, \{n_i\}_1 \rightarrow T_2, P_2, \{n_i\}_2} = (\partial\mu_i)_{T_1 \rightarrow T_2 : P, \{n_j\}} + (\partial\mu_i)_{P_1 \rightarrow P_2 : T, \{n_j\}} + \sum_{j=1}^{Q} \left(\frac{\partial \mu_j}{\partial n_i}\right)_{(n_i)_1 \rightarrow (n_i)_2 : T, P, \{n_{i*k}\}} \cdot dn_j \tag{6c}$$

これら3つの方程式を背景に，アンフォールディング平衡定数に温度，圧力，または添加された変性剤の濃度変化の影響を説明する分析的関係式を導出する。

2.1　温度誘導性アンフォールディング

一定圧力および他の溶液成分の一定濃度で起こる i 番目（i^{th}）の成分の濃度の熱誘発された変化は，化学ポテンシャルの変化を表す方程式が（$(\partial\mu_i)_{T_1 \rightarrow P_2 : P, \{n_j\}}$（式(6c)）と（$(\partial\mu_i)_{(n_j)_1 \rightarrow (n_j)_2, T, P, \{n_{j*i}\}}$（式(7a)）から $Q+2$ の起こりうる遷移のうちの2つのみを含むことを意味する。（式(6b)にしたがって算出された）新たな一連の条件におけるフォールディングおよびアンフォールディングタンパク質形態の化学ポテンシャルは，それぞれ式(7b)および式(7c)として示される式として記述される。わかりやすくするために，初期条件（$T_1, P_1, \{n_j\}_1$）で各種の化学ポテンシャルを構成する項および温度（$T_1 \rightarrow T_2$）や濃度（$(n_i)_1 \rightarrow (n_i)_2$）の遷移（式(6c)に記載されているような）$\partial\mu$項を示すために波括弧を使用した。$s_i$ は成分 i の系エントロピーの部分モル量 $\left(s_i = \left(\frac{\partial S}{\partial n_i}\right)_{T, P, \{n_{j*i}\}}\right)$，$h_i$ は成分 i の系のエンタルピー部分モル量 $\left(h_i = \left(\frac{\partial H}{\partial n_i}\right)_{T, P, \{n_{j*i}\}}\right)$ を示す。

$$(d\mu_i)_{T_1, T_2, (n_i)_1 \rightarrow (n_i)_2 : P, \{n_{j*i}\}} = (\partial\mu_i)_{T_1 \rightarrow T_2 : P, \{n_j\}} + (\partial\mu_i)_{(n_i)_1 \rightarrow (n_i)_2 : T, P, \{n_{j*i}\}} \tag{7a}$$

$$(\mu_F)_{T_2, P, \{n_{j*F}\}_2} = \left\{ (\mu^{\circ}_F)_{T_1, P, \{n_{j*F}\}_1} + RT_1 \log_e \left(\frac{(C_F)_1}{C^{\circ}_F}\right) \right\}$$

※4　式(6c)は，変更が任意の順序で発生する可能性があるという事実を説明するために，非推移的独立変数が割り当てられていない状態（1または2のいずれか）で書かれている。これは任意の状態関数に必要な特性である。さらに，我々は成分組成の変化が特定の相互作用を伴わずに i 番目の組成の化学ポテンシャルを潜在的に変えるかもしれないという一般的な事例を書いた。このようによく認識されることはないが，それはTanfordの移動自由エネルギーモデル（例は文献[62, 64, 66]参照のこと）の基礎を提供する基本式である。この短報で我々は特異的相互作用の場合のみを考慮し，それによって式(6c)を $(d\mu_i)_{T_1, P_1, \{n_i\}_1 \rightarrow T_2, P_2, \{n_i\}_2} = (\partial\mu_i)_{T_1 \rightarrow T_2 : P, \{n_j\}} + (\partial\mu_i)_{P_1 \rightarrow P_2 : T, \{n_j\}} + (\partial\mu_i)_{(n_i)_1 \rightarrow (n_i)_2 : T, P, \{n_{j*i}\}}$ に整理する。

$$+\left\{-\int_{T_1}^{T_2} s_F \cdot dT\right\}+\left\{RT_1 \log_e\left(\frac{(C_F)_2}{(C_F)_1}\right)\right\} \quad (7b)$$

$$(\mu_U)_{T_2, P, \{n_{j\neq U}\}_2}=\left\{(\mu^{\circ}_U)_{T_1, P, \{n_{j\neq U}\}_1}+RT_1 \log_e\left(\frac{(C_U)_1}{C^{\circ}_U}\right)\right\}$$

$$+\left\{-\int_{T_1}^{T_2} s_U \cdot dT\right\}+\left\{RT_1 \log_e\left(\frac{(C_U)_2}{(C_U)_1}\right)\right\} \quad (7c)$$

これらの関係をフォールディング状態とアンフォールディング状態（式(6a)）との間の2状態平衡の条件に挿入すると式(8)が得られる。

$$-R \log_e\left(\frac{C_{U\{2\}} \cdot C^{\circ}_F}{C_{F\{2\}} \cdot C^{\circ}_U}\right)=\left(\frac{1}{T_1}\right) \cdot \left(\Delta \mu^{\circ}_{FU}-\int_{T_1}^{T_2} \Delta s_{FU} \cdot dT\right) \quad (8a)$$

$$\Delta\mu^{\circ}_{FU}=(\mu^{\circ}_U)_{T_1, P_1, \{n_{j\neq U}\}_1}-(\mu^{\circ}_F)_{T_1, P_1\{n_{j\neq F}\}_1} \quad (8b)$$

$$\Delta s_{FU}=(s_U-s_F) \quad (8c)$$

フォールディングまたはアンフォールディングのいずれかのモル数変化に関する固定温度系でのエントロピー変化を計算するために，式(9)の構築を可能にする置換によって，式(A2c)(付録参照）で見られる構成要素 i の標準状態の化学ポテンシャル μ°_i が，その構成要素の標準状態エンタルピー h_i とエントロピー s°_i の項で表現される。

$$\Delta\mu^{\circ}_{FU}=(h^{\circ}_U-h^{\circ}_F)-T.(s^{\circ}_U-s^{\circ}_F) \quad (9)$$

$\Delta\mu^{\circ}_{FU}=0$ になるような［$T_1, P_1, \{n_j\}_1$］条件を選択すれば，式(9)を式(10)として示せる。

$$\Delta s^{\circ}_{FU}=\frac{\Delta h^{\circ}_{FU}}{T_1} \quad (10)$$

熱容量の概念を導入することによって異なる温度で Δs°_{FU} を計算することができるかもしれない[67~71]。温度のわずかな変化に対して，温度 T_2 でのモル系エンタルピーは線形近似（式(11a)）を用いて基準温度 T_1 での値から決定される。式(11a)は，第2温度でアンフォールディングの部分モルエンタルピー Δh_{FU} が式(11b)を用いて決定される組成変化に対してさらに区別される。

$$H_{system}(T_2)=H^{\circ}_{system}(T_1)+\Psi \cdot dT \quad (11a)$$

$$(\Delta h_{FU})_{T_2, P_1, \{n_j\}_2}=(\Delta h^{\circ}_{FU})_{T_1, P_1, \{n_j\}_2}+\int_{T_1}^{T_2}(\sigma_{FU})_{P_1, \{n_j\}_2} \cdot dT \quad (11b)$$

ここで，Ψは一定圧力での熱容量を表す。すなわちそれは温度の変化に伴うシステムエンタルピーの微分変化，つまり$\Psi=\left(\frac{\partial H^{\circ}}{\partial T}\right)_{P,\{n_j\}}$を，$\sigma_{\mathrm{FU}}$は$(\sigma_{\mathrm{FU}})_{P,\{n_j\}}=\left(\frac{\partial \Psi}{\partial n_{\mathrm{U}}}\right)_{P,\{n_{j\neq \mathrm{U}}\}}-\left(\frac{\partial \Psi}{\partial n_{\mathrm{F}}}\right)_{P,\{n_{j\neq \mathrm{F}}\}}$のようにＵとＦに関する，Ψの部分導函数における差である。式⑽と式⑾に示された形式を用いると，異なる温度でのアンフォールディング反応のための系エントロピーの部分モル変化$\Delta s_{\mathrm{FU}}(T)$は温度$T$に関して式⑿で推定される。

$$\Delta s_{\mathrm{FU}}(T_1)=\left(\frac{\Delta h^{\circ}{}_{\mathrm{FU}}+\Delta\sigma_{\mathrm{FU}}\cdot\Delta T}{T_1}\right) \tag{12}$$

式⑿を式(8a)に挿入し，さらに積分してT_2を掛けて式(13a)が得られる。この式を整理して逆対数を取ることによって式(13b)が得られる。

$$-RT_2\log_e\left(\frac{C_{\mathrm{U}\{2\}}\cdot C^{\circ}{}_{\mathrm{F}}}{C_{\mathrm{F}\{2\}}\cdot C^{\circ}{}_{\mathrm{U}}}\right)=\left(\frac{T_2}{T_1}\right)\cdot(\Delta\mu^{\circ}{}_{\mathrm{FU}})_{T_1,P_1,\{n_j\}_1}$$

$$+\left[\Delta h^{\circ}{}_{\mathrm{FU}}\cdot\left(1-\frac{T_2}{T_1}\right)-\Delta\sigma_{\mathrm{FU}}\cdot\left(T_2\cdot\log_e\left(\frac{T_2}{T_1}\right)-(T_2-T_1)\right)\right] \tag{13a}$$

$$(K_{\mathrm{FU}})_{T_2,P_1,\{n_j\}_2}=\left[(K_{\mathrm{FU}})_{T_1,P_1,\{n_j\}_1}\right]\cdot\exp\left\{\frac{-\left[\Delta h^{\circ}{}_{\mathrm{FU}}\cdot\left(1-\frac{T_2}{T_1}\right)+\Delta\sigma_{\mathrm{FU}}\cdot(T_2-T_1)-\Delta\sigma_{\mathrm{FU}}\cdot T_2\cdot\log_e\left(\frac{T_2}{T_1}\right)\right]}{RT_2}\right\} \tag{13b}$$

式⒀の興味深い側面の一つは，T_1の定義に関連する。この温度は式(10a)の標準状態要件を満たすように，したがって（$(\Delta\mu^{\circ}{}_{\mathrm{FU}})_{T_1,P_1,\{n_j\}_1}=0$；$C_{\mathrm{F}}=C_{\mathrm{U}}$，$(K_{\mathrm{FU}})_{T_1,P_1,\{n_j\}_1}=1$と定義されることで，アンフォールディング遷移中間点$T_1=T_{\mathrm{mp}}$として設定されなければならない。式(1c)にこのK_{FU}の記述を挿入すると，f_{U} vs. Tデータの非線形回帰分析（図3A）に有用な3つのパラメータ（T_{mp}，$\Delta h^{\circ}{}_{\mathrm{FU}}$，$\Delta\sigma_{\mathrm{FU}}$）の式（式⒁）が得られる。

$$f_{\mathrm{U}}=\frac{\exp\left\{\frac{-\left[\Delta h^{\circ}{}_{\mathrm{FU}}\cdot\left(1-\frac{T_2}{T_{\mathrm{mp}}}\right)+\Delta\sigma_{\mathrm{FU}}\cdot(T_2-T_{\mathrm{mp}})-\Delta\sigma_{\mathrm{FU}}\cdot T_2\cdot\log_e\left(\frac{T_2}{T_{\mathrm{mp}}}\right)\right]}{RT_2}\right\}}{1+\exp\left\{\frac{-\left[\Delta h^{\circ}{}_{\mathrm{FU}}\cdot\left(1-\frac{T_2}{T_{\mathrm{mp}}}\right)+\Delta\sigma_{\mathrm{FU}}\cdot(T_2-T_{\mathrm{mp}})-\Delta\sigma_{\mathrm{FU}}\cdot T_2\cdot\log_e\left(\frac{T_2}{T_{\mathrm{mp}}}\right)\right]}{RT_2}\right\}} \tag{14}$$

ΔTに対する$\log_e(K_{\mathrm{FU}})$の（線形またはその他の）依存性を説明する点において，式(13c)が中間点からの僅かな差のために$\log_e(T_2/T_{\mathrm{mp}})\approx(T_2-T_{\mathrm{mp}})/T_{\mathrm{mp}}$（式(3b)）で表される※6簡略化された式(15a)に再編成される。

※5　エントロピーは熱および温度の関数である，すなわち$\Delta s(T)=\Delta s(T_1)+\left(\frac{\partial\Delta s}{\partial\Delta q}\right)\cdot d(\Delta q)+\left(\frac{\partial\Delta s}{\partial T}\right)\cdot dT$

※6　それによって効率的に熱容量の項を消した。

$$\log_e\left[(K_{\mathrm{FU}})_{T_2, P_1, \{n_j\}_2}\right] = \left(\frac{1}{RT_2}\right)\left\{-\left[\Delta h^{\circ}_{\mathrm{FU}}\cdot\left(\frac{T_2 - T_{\mathrm{mp}}}{T_{\mathrm{mp}}}\right) - \Delta\sigma_{\mathrm{FU}}\cdot(T_2 - T_{\mathrm{mp}}) + \Delta\sigma_{\mathrm{FU}}\cdot T_2\cdot\log_e\left(\frac{T_2}{T_{\mathrm{mp}}}\right)\right]\right\} \quad (15a)$$

$$\log_e\left[(K_{\mathrm{FU}})_{T_2, P_1, \{n_j\}_2}\right] \approx \frac{\Delta h^{\circ}_{\mathrm{FU}}}{R\cdot T_{\mathrm{mp}}^{2}}\cdot\Delta T \quad (15b)$$

上記の2つの式（式(15a)と(15b)）はなぜ，そしてどのような状態下でm値の記述が熱アンフォールディングの良い近似を示すことができるかを理解するのに十分である。すなわち，式(15b)は温度の僅かな変化に対して保持されるが，より大きな温度の差に対して，あるいは系の熱容量が温度変化に対しては敏感なので直線近似を用いて記述できない場合，歪みが顕著に現れるだろう。重要なことに，式(15a)は$\log_e\left[(K_{\mathrm{FU}})_{T_2, P_1, \{n_j\}_2}\right]$ vs. Tの対比プロットを機械的に解釈することを可能にする。中間点付近では傾き[※7]は$-\Delta h^{\circ}_{\mathrm{FU}}/(RT_{\mathrm{mp}}^{2})$（式3b)に等しくなり，式(4a)で定義される$m_T$値はほぼ$-\Delta h^{\circ}_{\mathrm{FU}}/T_{\mathrm{mp}}$に等しくなる。中間点から離れた位置では$\log_e\left[(K_{\mathrm{FU}})_{T_2, P_1, \{n_j\}_2}\right]$ vs. ΔTプロットの一般的な傾きは$\left(\frac{-1}{RT_2}\right)\left[\Delta h^{\circ}_{\mathrm{FU}}/T_{\mathrm{mp}} - \Delta\sigma_{\mathrm{FU}} + \frac{\left[\Delta\sigma_{\mathrm{FU}}\cdot T_2\cdot\log_e\frac{T_2}{T_{\mathrm{mp}}}\right]}{(T_2 - T_{\mathrm{mp}})}\right]$によって得られる複雑な非定数関数となる。興味深いことに式(15a)に含まれる非定常勾配項によって，時に低温変性と呼ばれる低温誘導タンパク質アンフォールディングの現象[72]を定量的に「理解」するのに必要な熱力学的式が得られる（図3)。液体状態の可能な温度範囲がより広い場合，そのような考察はイオン液体媒質中のタンパク質フォールディングの挙動を解釈する際に重要である[73〜76]。

2.2　圧力誘導性アンフォールディング

多成分系の体積Vは各成分のモル数にそれらの部分モル体積$(v_i)_{T, P, \{n_j\}}$，ここでは，$(v_i)_{T, P, \{n_j\}} = \left(\frac{\partial V}{\partial n_i}\right)_{T, P, \{n_j\}}$を乗じたものの合計項で表される（式(16))。部分モル体積が他成分の種類および濃度に依存しないと仮定すると[77]，式(16a)を式(16b)によって近似することができる。

$$(V)_{T, P, \{n_j\}} = \sum_{i=1}^{Q}\int_0^{n_i}\left(\frac{\partial V}{\partial n_i}\right)_{T, P, \{n_j\}}\cdot dn_i \quad (16a)$$

$$(V)_{T, P, \{n_j\}} \approx \sum_{i=1}^{Q} n_i\cdot(v_i)_{T, P} \quad (16b)$$

一定温度で圧力変化した場合，Pと$\{n_j\}$の変化に対応する一連の新しい条件（$T_1, P_2, \{n_j\}_2$）におけるフォールディングとアンフォールディングタンパク質形態の化学ポテンシャルはそれぞれ式(7b)と式(7c)によって得られる。化学ポテンシャルの変化$d\mu$から（式(6c)を介して）生じる項

※7　我々はGibbs-Helmholtz方程式の微分式を導出した。

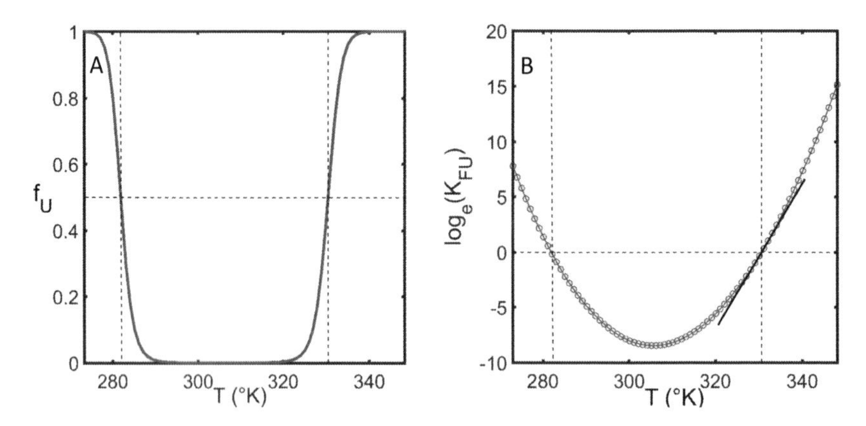

図３　温度誘導性アンフォールディング

(A) Gibbs-Helmholtz 方程式（式(12)）を用いて生成された温度に対する（T に対する f_U）アンフォールドタンパク質分率のシミュレーションで得られた依存性。式で表されたように Gibbs-Helmholtz 式は熱誘導性アンフォールディング中間点 T_{mp}，アンフォールディングに対するモルエンタルピー変化 Δh_{FU}，アンフォールディングに対するモル熱容量変化 $\Delta\sigma_{FU}$，の３つのパラメータに基づいている。低温でアンフォールディング領域を誘導する温度が現れる。(B) $\log_e(K_{FU})$ vs. T のプロットは典型的に異なる温度でアンフォールディングのエンタルピー変化を説明する追加のモル熱容量項（$\Delta\sigma_{FU}$）のために非線形性である。このように式(4a)によって推定される m_T 値は熱誘導遷移中間点 T_{mp} における傾きを表すだけである（シミュレーションで用いられたパラメータ値は $\Delta h_{FU}=6\times10^5$ J·mol^{-1}，$\Delta\sigma_{FU}=2.4\times10^4$ J·K^{-1}·mol^{-1} および $T_{mp}=57.5$℃である）。

を表すために再度角括弧が用いられる。

$$(\mu_F)_{T_1,P_2,|n_j|_2}=\left\{(\mu^\circ_F)_{T_1,P_1,|n_{j\neq F}|_1}+RT_1\ln\left(\frac{(C_F)_1}{C^\circ_F}\right)\right\}+\left[\int_{P_1}^{P_2}\left(\frac{\partial V}{\partial n_F}\right)_{T_1,P,|n_{j\neq F}|_2}\cdot dP\right]+\left[RT_1\ln\left(\frac{(C_F)_2}{(C_F)_1}\right)\right] \tag{17a}$$

$$(\mu_U)_{T_1,P_2,|n_j|_2}=\left\{(\mu^\circ_U)_{T_1,P_1,|n_{j\neq U}|_1}+RT_1\ln\left(\frac{(C_U)_1}{C^\circ_U}\right)\right\}+\left[\int_{P_1}^{P_2}\left(\frac{\partial V}{\partial n_U}\right)_{T_1,P,|n_{j\neq U}|_2}\cdot dP\right]+\left[RT_1\ln\left(\frac{(C_U)_2}{(C_U)_1}\right)\right] \tag{17b}$$

タンパク質のフォールディング形態 υ_F，アンフォールディング形態 υ_U，の両方の部分モル体積が圧力とは無関係であるとさらに仮定することで，上記の式をさらに簡略化し，式(6a)によって示される平衡関係に挿入して式(18a)が得られ，その後の再編成によって式(18b)が得られる。

$$(\mu^\circ_F)_{T_1,P_1,|n_j|_1}+\int_{P_1}^{P_2}\upsilon_F\cdot dP+RT_1\ln\left(\frac{(C_F)_2}{C^\circ_F}\right)\approx(\mu^\circ_U)_{T_1,P_1,|n_j|_1}+\int_{P_1}^{P_2}\upsilon_U\cdot dP+RT_1\ln\left(\frac{(C_U)_2}{C^\circ_U}\right) \tag{18a}$$

$$-RT_1 \ln\left(\frac{(C_U)_2 \cdot C^\circ_F}{(C_F)_2 \cdot C^\circ_U}\right) = (\mu^\circ_U)_{T_1, P_1, |n_{j\neq U}|_1} - (\mu^\circ_F)_{T_1, P_1, |n_{j\neq F}|_1} + \int_{P_1}^{P_2} (\upsilon_U - \upsilon_F) \cdot dP \tag{18b}$$

式(18b)の積分は，さらに単純にすることができ（式(19b)），平衡定数（式(19a)）を導出する（これはデータの処理において最も頻繁に使用される分析形式である）[23, 33, 34, 78]。

$$(K_{FU})_{T_1, P_2, |n_j|_2}\left(\frac{(C_U)_2 \cdot C^\circ_F}{(C_F)_2 \cdot C^\circ_U}\right) = \exp\left(\frac{-[(\mu^\circ_U)]_{T_1, P_1, |n_{j\neq U}|_1} - (\mu^\circ_F)_{T_1, P_1, |n_{j\neq F}|_1}] - \Delta\upsilon_{FU} \cdot [P_2 - P_1]}{RT_1}\right) \tag{19a}$$

$$(K_{FU})_{T_1, P_2, |n_j|_2} = \left[(K_{FU})_{T_1, P_1, |n_j|_1}\right] \cdot \exp\left[\frac{-\Delta\upsilon_{FU} \cdot [P_2 - P_1]}{RT_1}\right] \tag{19b}$$

初期状態の圧力 P_1 がアンフォールディング中点 P_{mp} として選択される場合，定義によりこの圧力における平衡定数は1に等しい。すなわち，$(K_{FU})_{T_1, P_1, |n_j|_1} = 1$，$C_F = C_U$（図4A）である。式(1c)に K_{FU} のこの式を挿入すると f_U vs. P のアンフォールディングデータの非線形回帰分析に直接使用できる2つのパラメータ（P_{mp} と $\Delta\upsilon_{FU}$）からなる式が得られる（式(20a)）。興味深いことに，非束一的なパラメータとして部分モル体積における変化 $\Delta\upsilon_{FU}$ はタンパク質質量 M_P（単位はkg/mole）とアンフォールディング時の部分比体積の変化 $\Delta\upsilon_{FU}$ と，$\Delta\upsilon_{FU} = M_P \cdot \Delta\upsilon_{FU}$ となるような重量濃度（単位は m^3/kg）当たりの体積で定義される量に依存する。この特徴によって圧力誘起アンフォールディングの実験に対して過小評価されたタンパク質サイズ依存がもたらされる（図4B）。

$$f_U = \frac{\exp\left[\frac{-\Delta\upsilon_{FU} \cdot [P_2 - P_{mp}]}{RT_1}\right]}{1 + \exp\left[\frac{-\Delta\upsilon_{FU} \cdot [P_2 - P_{mp}]}{RT_1}\right]} \tag{20}$$

式(19b)の対数をとると式(21)が得られる※8。

$$\log_e\left[(K_{FU})_{T_1, P_2, |n_j|_2}\right] = \frac{-\Delta\upsilon_{FU}}{RT_1} \cdot [P_2 - P_1] \tag{21}$$

式(21)は，m 値／LEM法によって規定された線形依存性が圧力誘起のアンフォールディングの良い近似を表す理由を理解するのに十分である（図4C）。式(21)もまた $\log_e((K_{FU})_{T_1, P_2, |n_j|_2})$ vs. P プロットの中間点付近の傾きの意味の機構的解釈を可能にする。すなわち，傾きは $\Delta\upsilon_{FU}/(RT_1)$ と等しくなり，（式(4b)で定義された）m_P 値は $\Delta\upsilon_{FU}$ と等しくなる。さらに，導出における2つ

※8　$\log_e\left((K_{FU})_{T_1, P_2, |n_j|_1}\right) = 0$ となる中間点で定義される $(K_{FU})_{T_1, P_2, |n_j|_1}$ を用いた。

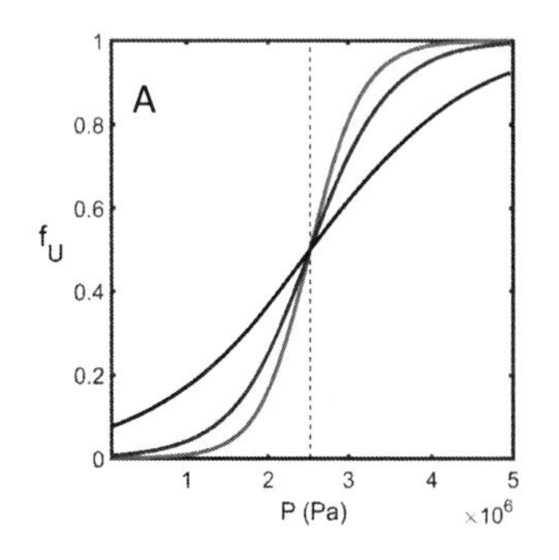

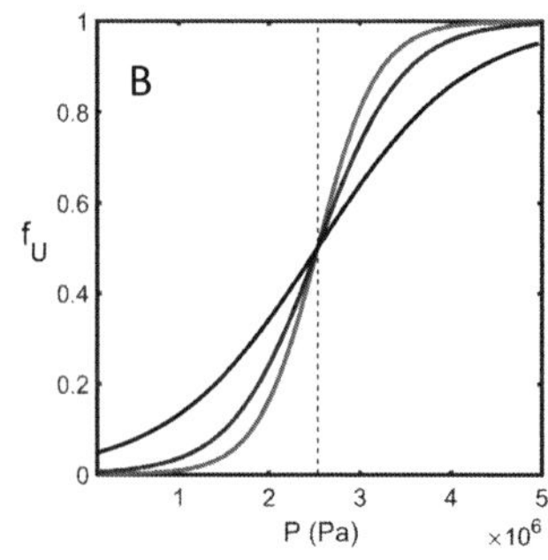

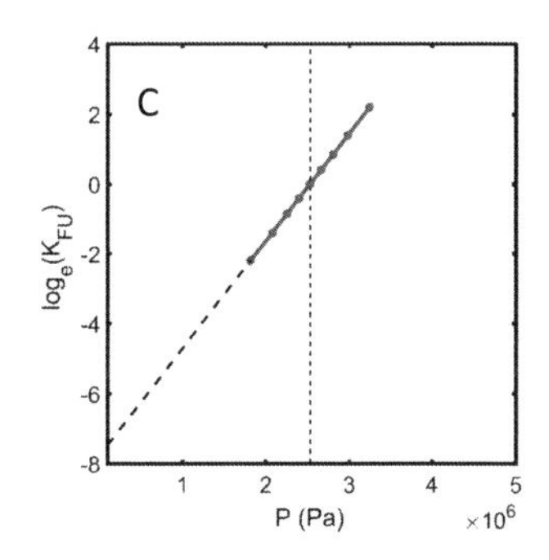

図４　圧力誘導性アンフォールディング

(A) アンフォールディングに対するモル体積変化$\Delta \upsilon_{FU}$とアンフォールディング遷移の圧力中間点P_{mp}の２つのパラメータに基づく式⒅を用いて生成された圧力に対する（Pに対するf_U）アンフォールディングタンパク質分率のシミュレーションで得られた依存性。圧力領域は標準大気圧である101.3 kPaで始まり，5 MPaまで増加した。線は質量M_p＝50,000 g/moleによってすべて共に特徴づけられる３つの異なるタンパク質の圧力誘導性アンフォールディング遷移に対応しているが，それぞれ－0.15，0.1および0.05 mL/gの異なる$\Delta\upsilon_{FU}$の値を示している。(B) 線はそれぞれ３つの異なる分子量M_p＝50,000，35,000および20,000 g/moleをもつが，すべて共通の-0.15 mL/gの$\Delta \upsilon_{FU}$の値を示すタンパク質のアンフォールディング遷移をシミュレーションで表したPに対するf_U曲線。(C) 式⒅の微分で得られた仮定が保持される場合，$\log_e(K_{FU})$ vs. Pプロットは線形になる（追加のシミュレーションパラメータはP_{mp}＝2.53 MPa，T＝20℃である）。

の近似の具体的な形（υ_iが構成物に依存しない式(16b)と，υ_iが加えられた圧力に依存しない式⒅）から，どの仮定が間違っているかを理解することができる[34, 41, 79]。ここでは扱われていないが，多様な範囲のイオン液体とその配合に関連する潜在的な溶媒圧縮性の問題は，この分野における未解決の問題である[80, 81]。

2.3　変性剤誘導性アンフォールディング

一定の温度および圧力で，フォールディング状態とアンフォールディング状態とを特異的に安定化する化学物質で溶媒成分を置き換えることで，タンパク質をアンフォールディングに誘導する[39]。そのような変性剤誘発アンフォールディングは添加された変性剤とタンパク質の間の特異的あるいは非特異的相互作用を含むかもしれない（それによりタンパク質上の特定の化学部位における変性剤に対する親和性に基づいて，特異的または非特異的かが決められる[35, 36, 82]）。変性剤の特異的または非特異的結合を考慮したこの基本的な違いは，変性剤誘発アンフォールディングの異なる理論式を導いてきた概念的な対立の根底的原因である（例えば，文献[83, 84) vs. 36, 85) vs. 40, 62]）。これらの異なる方法のそれぞれは論理的に一致する［重要なことに相互に互換性がある（簡単な導入は文献[86]を参照)］が，その解釈の容易さのために以下では我々は特異的結合形式の定量式を採用する[82~84]。同じ一定の温度T_1および圧力P_1で存在するが，変性剤および可逆成分の濃度に関して３つの異なる系の状態を検討する。これら３つの状態は次のように定義される。状態

$0[T_1, P_1, \{n_j\}_0, (C_D=0)]$，状態 $1[T_1, P_1, \{n_j\}_1, (C_D)_1]$，状態 $2[T_1, P_1, \{n_j\}_2, (C_D)_2]$。

特異的結合モデルではフォールディングタンパク質F，アンフォールディングタンパク質Uは部位結合定数 k_{FD} と k_{UD} を持つ変性剤が結合できる非依存性で等価な N_{FD} および N_{UD} の特異的部位をそれぞれ有していると考えられる（式(22)）。

$$F_{site} + D \overset{k_{FD}}{\rightleftarrows} FD \tag{22a}$$

$$U_{site} + D \overset{k_{UD}}{\rightleftarrows} UD \tag{22b}$$

それぞれのタンパク質状態に結合した変性剤分子の一定の付加に対して，アンフォールディング平衡定数は仮定の段階的平衡に基づいて定義することができる（式(23)）※9。

$$[\cdots \rightleftarrows FD_2 \rightleftarrows FD_1 \rightleftarrows F] \rightleftarrows [U \rightleftarrows UD_1 \rightleftarrows UD_2 \rightleftarrows \cdots] \tag{23a}$$

$$(K_{FU})_{T_1, P_1, \{n_j\}_2, (C_D)_2} = \frac{\sum_{j-0}^{N_{UD}} C_{UD_j}}{\sum_{i-0}^{N_{FD}} C_{FD_i}} \tag{23b}$$

結合部位の統計学的同義性の概念を含む式(23)によって示された段階的平衡を拡大すること（文献[77]は付録でさらに記述される）で，すべてのアンフォールディング形態（分子）とフォールディング形態（分母）に対して結合多項式を列挙することができる（式(24)）。

$$(K_{FU})_{T_1, P_1, \{n_j\}_2, (C_D)_2} = \frac{C_U\left(\sum_{i=0}^{N_{UD}} A_i \cdot (k_{UD}C_D)^i\right)}{C_F\left(\sum_{j=0}^{N_{FD}} B_j \cdot (k_{FD}C_D)^j\right)} \tag{24a}$$

$$(K_{FU})_{T_1, P_1, \{n_j\}_2, (C_D)_2} = (K_{FU})_{T_1, P_1, \{n_j\}_0, (C_D=0)} \cdot \frac{\sum_{i=0}^{N_{UD}} A_i \cdot (k_{UD}C_D)^i}{\sum_{j=0}^{N_{FD}} B_j \cdot (k_{FD}C_D)^j} \tag{24b}$$

$$A_i = \left[\frac{N_{UD}!}{(N_{UD}-i)! \cdot i!}\right] \tag{24c}$$

$$B_j = \left[\frac{N_{FD}!}{(N_{FD}-j)! \cdot j!}\right] \tag{24d}$$

いくつかの数学的知見により，式(24)で示された括弧で囲まれた合計が二項級数を表し，式(24b)

※9　数学的な正しさは欠けているが，この項での解説を容易にするために以下の式，$(K_{FU})_{T_1, P_2, \{n_j\}_2, (C_D)_2}$，を用いて変性剤の濃度および（平衡に関する成分を含む）その他の溶液成分のモル数に対するアンフォールディング平衡定数を同様に明示する。

を式(25a)として書き換えられるとわかる。フォールディングおよびアンフォールディング状態のタンパク質に対する変性剤の部位結合定数は等しい。すなわち $k_{FD} = k_{UD} = k_{PD}$ というさらなる仮定で，式(23b)を式(25b)で示される式に書き直すことができる[82,84]。

$$(K_{FU})_{T_1, P_1, |n_j|_2, (C_D)_2} = (K_{FU})_{T_1, P_1, |n_j|_0, (C_D=0)} \cdot \frac{(1 + k_{UD}C_D)^{N_{UD}}}{(1 + k_{FD}C_D)^{N_{FD}}} \tag{25a}$$

$$(K_{FU})_{T_1, P_1, |n_j|_2, (C_D)_2} = (K_{FU})_{T_1, P_1, |n_j|_0, (C_D=0)} \cdot (1 + k_{PD}C_D)^{\Delta N_D} \tag{25b}$$

K_{FU} に対するこの式が式(1c)に挿入されることで，非線形回帰で f_U vs. C_D 型のアンフォールディングデータに適用される3つのパラメータ［$(K_{FU})_{T_1, P_1, |n_j|_0, (C_D=0)}$, k_{PD}, ΔN_D］に基づいた分析式が得られる（式(26)）（図5A）。

$$f_U = \frac{(K_{FU})_{T_1, P_1, |n_j|_0, (C_D=0)} \cdot (1 + k_{PD}C_D)^{\Delta N_D}}{1 + (K_{FU})_{T_1, P_1, |n_j|_0, (C_D=0)} \cdot (1 + k_{PD}C_D)^{\Delta N_D}} \tag{26}$$

$\log_e(K_{FU})$ vs. C_D の標準 m 値型プロットの直線性の因果関係を探すとき，式(25b)の両辺の自然対数をとると式(27)が得られる（図5B）。

$$\log_e(K_{FU})_{T_1, P_1, |n_j|_2, (C_D)_2} = \log_e(K_{FU})_{T_1, P_1, |n_j|_0, (C_D=0)} + \Delta N_D \cdot \log_e(1 + k_{PD}C_D) \tag{27}$$

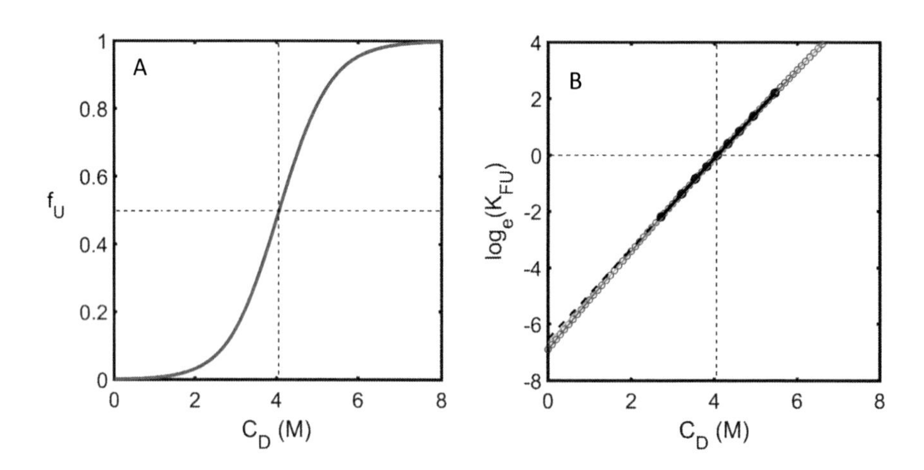

図5　変性剤誘導性アンフォールディング

(A) 変性剤濃度がゼロのときのアンフォールディング平衡定数 $(K_{FU})_{T_1, P_1, |n_j|_0, (C_D=0)}$，変性剤の部位結合定数 k_{PD}，タンパク質のアンフォールディングとフォールディング状態の間の結合可能な部位のすべての数の違い ΔN_D，の3つのパラメータに基づく式(24)を用いて生成された変性剤濃度に対する（C_D に対する f_U）アンフォールディングタンパク質の割合のシミュレーションによる依存性。点線は遷移中間点を示している。(B) $\log_e(K_{FU})$ vs. C_D プロットは $C_D = 0$ 付近で線形になるが遷移領域で線形になるとは限らない。黒点線は式(24)で予想された外挿値と異なり，$C_D = 0$ での $f_U \in [0.1, 0.9]$ 領域の値の外挿に基づいている（丸）。

小さいxの値のとき$\log_e(1+x) \approx \sum_{i=0}^{\infty}\int(-x)^i \cdot dx$の級数展開によって，濃度（$(C_D)_2$（式(28a)）および特定の標準濃度（$(C_D)_1$（式(28b)）で近似式を書くことができる。

$$\log_e(K_{FU})_{T_1, P_1, |n_j|_2, (C_D)_2} = \log_e(K_{FU})_{T_1, P_1, |n_j|_0, (C_D=0)} + \Delta N_D \cdot \left[(k_{PD}(C_D)_2) - \frac{1}{2} \cdot (k_{PD})(C_D)_2)^2 + \cdots \right] \quad (28a)$$

$$\log_e(K_{FU})_{T_1, P_1, |n_j|_1, (C_D)_1} = \log_e(K_{FU})_{T_1, P_1, |n_j|_0, (C_D=0)} + \Delta N_D \cdot \left[(k_{PD}(C_D)_1) - \frac{1}{2} \cdot (k_{PD})(C_D)_1)^2 + \cdots \right] \quad (28b)$$

標準濃度$(C_D)_1$が中間点$(C_D)_{mp}$，$(C_U)_{mp} = (C_F)_{mp}$および$(C_U)_{mp} = (C_F)_{mp}$と$(K_{FU})_{T_1, P_1, |n_j|_1, (C_D)_1} = 1$で設定されると，式(28a)から式(28b)の引き算で式(29)が得られる。

$$\log_e(K_{FU})_{T_1, P_1, |n_j|_2, (C_D)_2} = \Delta N_D \cdot \left[\left(k_{PD}\left\{(C_D)_2 - (C_D)_{mp}\right\}\right) - \frac{1}{2} \cdot \left\{ \left(k_{PD}(C_D)_2\right)^2 - \left(k_{PD}(C_D)_{mp}\right)^2 \right\} + \cdots \right] \quad (29)$$

一見すると，式(29)は$\log_e\left[(K_{FU})_{T_1, P_1, |n_j|_2, (C_D)_2}\right]$ vs. ΔC_Dプロット，すなわち$\Delta N_D \cdot k_{PD}$の中点付近の勾配の近似値を示唆しているように思われる。小さな摂動のとき，式(4c)にしたがって$\Delta N_D \cdot R \cdot T_{mp} \cdot k_{PD}$によって与えられる中間値での対応する$m_D$値を定義してみたくなる。しかしながら，①（式(28)で示された）近似式を得るためにテイラー展開が$C_D = 0$となる点で行われ，ゆえに（式(29)によって示された）差分式は$C_D = 0$を超えている疑いがある2つの近似を含む，②展開がΔC_DでなくC_Dで進む，すなわち高次数z^{th}項が$\left((C_D)_2 - (C_D)_{mp}\right)^z$ではなく$\left((C_D)_2\right)^z - \left((C_D)_{mp}\right)^z$を含む，という2点を理解することがより完璧な解釈のために重要である。このように，$\log_e\left[(K_{FU})_{T_1, P_1, |n_j|_2, (C_D)_2}\right]$ vs. C_Dプロットは$C_D = 0$で直線になるが，この仮定が推定手順の基礎として以前に使われた中間点では不十分である[35, 63, 87]。直線性がしばしば観察されるのは，水系における尿素やグアニジン塩酸のような変性剤結合で測定されたk_{PD}が極めて小さい値（1×10^{-3}～1×10^{-1} M^{-1}）を示すからである[36, 40, 82]。変性剤の効果が水系溶媒の場合とは対照的にイオン液体によって，あるいはイオン液体に溶解した変性溶質によってタンパク質の選択的溶媒和から生じるとき，k_{PD}がどれくらいの大きさをとるかはわからないままである[85, 88]。この方法に関連する（フォールディング状態とアンフォールディング状態のタンパク質に対する変性剤の異なる結合といった）その他の複雑な要因が最近検討されてきている[82]。

結論

酵素ベースの触媒系の合理的設計における塩基性溶媒としてのイオン液体の使用は，酵素の改良の歴史において大きな広がりをもたらした転換点である[13, 25]。自然の進化，合理的設計あるいは方向付けされた進化によって生まれたかどうかに関わりなく[89, 90]，酵素機能の改良は水溶液の溶媒中で行われてきた。その結果，反応の環境は大きく制限され，反応物／生成物の溶解性，反応物の構造，反応物の化学的状態および溶液の操作温度（典型的には0～100℃）は大きく制限されていた※10。水とは大きく異なった物理的および化学的性質により[11,80]，反応溶媒としてのイオン液体の使用は水性反応環境に関連する制約を変える可能性があるので，バイオ触媒の分野において以前には考えられなかった扉を開くかもしれない[13,92,93]。その興奮にもかかわらず，酵素の触媒活性は遷移状態の相対的自由エネルギーを低下させるために，反応物と相互作用するのに必要な三次元構造をとっているポリペプチド鎖を前提として予測されている※11。したがって，酵素ベースの触媒作用を促進するためのイオン液体の使用における最も重要な要素は，もしかするとタンパク質構造を決定する上でのイオン液体の役割かもしれない[16,94,95]。この短報では，温度，圧力あるいは溶媒の組成の変化に対応するタンパク質の構造の評価のための適切な経験的および理論に基づいた戦略の概要を示し，解析的な表現に現れる項の起源についての説明を試みた。

商業的に重要な化学物質の酵素触媒生産において，これまでに多くのイオン液体の使用例がある[13,14,17,96～98]。標準的なプロセス工学的な観点から，商業的思惑での最適化の目的は化学製品の製造単価である。プロセス設計技術者にとって生産コスト低減を達成するために変更可能な変数は，一般的に系の温度と圧力，溶媒の組成，反応濃度，および触媒のタイプとその化学的および構造上の状態である[99]。酵素触媒反応における溶媒としてのイオン液体の使用は，酵素触媒自体の設計および最適化を含む系の変数のすべてに関して，探索の余地がある新しい領域を開く。これらの新しい地平線が存在するにもかかわらず，酵素タンパク質の構造と，変性と凝集に対する安全性と競合に関する適切な理解は[74,100]，知的・科学的および経営に基づく意思決定の重要な要素である。

この分野のレビューに当たって我々は，多くの出版物に感銘を受けた。実際，以下のイオン液体に関する最近の研究論文の前置きのコメントで表現された所感は[3]，少なくともいくつかの異なる意味で適切であるように見える。

「*Ex sale et sole existunt omnia* － 塩と太陽からすべてのものが出てくる」

本稿はイオン液体の生物学分野での応用に関する他の多くのレビュー（例えば，文献[101]による最近の特集号の記事を参照）と以下の点で異なる。すなわち，通常のレビューでよく行われるようなイオン液体中のタンパク質の安定性をタンパク質の変性中点を定義する条件に関連してランク付けするようなやり方を超えて，この分野における情報のギャップを埋めることを試みている。この目的に関して，本稿はSmiatekのレビュー[85]と目的を共有している。ただし，Smiatekのレビューがコンピューターの専門家に有用な理論を紹介しているのに対して，本稿は“ウェッ

※10　有機溶媒に用いる修飾酵素の開発が行われている（例は文献[56,91]）。

※11　遷移状態は生成物への変換を決定する反応経路上の主要なエネルギー障害を示す反応物質によって決まる構造的および化学的状態である。

ト”な実験研究者に便利な結果や方程式を扱っている。我々は，本稿で示された既存の評価法の詳細でかつ熱力学的に一貫した記述が，イオン液体を利用した酵素設計のこの険しくとも新しい領域に足を踏み入れる人にとって有益であることを願っている。

付録：開放系の熱力学

開放系（加えられた圧力，温度あるいは非反応性溶液成分の数／濃度を独立に変化可能）の場合，２つの平衡状態間の自由エネルギーの差は式(A1)によって与えられる[71]。

$$dG = \left(\frac{\partial G}{\partial T}\right)_{P,\{n_j\}} \cdot dT + \left(\frac{\partial G}{\partial P}\right)_{T,\{n_j\}} \cdot dP + \sum_{i=1}^{Q} \left(\frac{\partial G}{\partial n_i}\right)_{T,P,\{n_{j\neq i}\}} \cdot dn_i \qquad \text{(A1)}$$

各偏微分項は式(A2)によって示される標準恒等式を作って評価される。

$$\left(\frac{\partial G}{\partial T}\right)_{P,\{n_j\}} = -S_{\text{system}} \qquad \text{(A2a)}$$

$$\left(\frac{\partial G}{\partial P}\right)_{T,\{n_j\}} = V_{\text{system}} \qquad \text{(A2b)}$$

$$\left(\frac{\partial G}{\partial n_i}\right)_{T,P,\{n_{j\neq i}\}} = \mu_i = \mu^\circ_i + RT\ln\left(\frac{C_i}{C^\circ_i}\right) \qquad \text{(A2c)}$$

式(A2)において S および V はそれぞれ系のエントロピーと体積であり，μ_i は i 番目の特定の化学成分のモル組成におけるわずかな変化当たりのシステムの自由エネルギー変化である（さらにその成分の濃度がその標準状態の濃度 C°_i，すなわち典型的には１M の濃度であるとき，μ°_i は化学成分の i 番目モル組成におけるわずかな変化当たりの自由エネルギーの変化である）。これらの恒等式を式(A1)に代入すると式(A3)が得られる。

$$dG = -S_{\text{system}} \cdot dT + V_{\text{system}} \cdot dP + \sum_{i=1}^{Q} \mu_i \cdot dn_i \qquad \text{(A3)}$$

重要な点として，式(A3)は，Q+2の独立変数（ここで，Qは独立に変化する化学成分の数）を用いた偏微分項で自由エネルギーの変化を表す。系に変更が加えられた場合，自由エネルギーの全体的な変化 dG は，状態変数の評価のために必要に応じて更新された独立変数で順番に評価される各偏微分とともに，式(A3)にしたがって基本的な収支計算で計算される。温度，圧力，および成分の粒子数が可逆的に変化し得る状況では，i 番目の成分のモル組成に対する系の自由エネルギー差の導関数は，式(A4a)によって得られる。微分する順番は重要でないことに気づき，$\frac{d(dG)}{dn_i}$ を化学ポテンシャルの増分変化 $d\mu_i$ として書き換え，同じく $j \neq i$ であるすべての成分において $dn_j = 0$ であるという条件下で式(A4a)のさまざまな成分項を化学ポテンシャルの部分変化

$\partial\mu_{\mathrm{i}}$ として表す。

$$\frac{d(dG)}{dn_i}_{T_1,P_1,\{n_i\}_1\to T_2,P_2,\{n_i\}_2} = -\left(\frac{\partial S}{\partial n_i}\right)_{T,P,\{n_j\}}\cdot dT + \left(\frac{\partial V}{\partial n_i}\right)_{T,P,\{n_j\}}\cdot dP + \sum_{j=1}^{Q}\left(\frac{\partial \mu_j}{\partial n_i}\right)_{(n_i)_1\to(n_i)_2;T,P,\{n_{i\neq k}\}}\cdot dn_j \quad \text{(A4a)}$$

$$(d\mu_i)_{T_1,P_1,\{n_i\}_1\to T_2,P_2,\{n_i\}_2} = (\partial\mu_i)_{T_1\to T_2;P,\{n_{j\neq i}\}} + (\partial\mu_i)_{P_1\to P_2;T,\{n_{j\neq i}\}} + (\partial\mu_i)_{(n_i)_1\to(n_i)_2;T,P,\{n_{j\neq i}\}} \quad \text{(A4b)}$$

$$(\mu_i)_{T_2,P_2,\{n_j\}_2} = (\mu_i)_{T_1,P_1,\{n_j\}_1} + (d\mu_i)_{T_1,P_1,\{n_i\}_1\to T_2,P_2,\{n_j\}_2} \quad \text{(A4c)}$$

〈平衡系と平衡定数の定義〉

一定の温度および圧力において，式(A3)は式(A5a)に帰着する。A⇄Bというような2つの関連した化学成分AおよびBの場合は式(A5a)を簡略化してよい[※12]。成分AとBが化学平衡状態で存在する場合，反応進行変数ξの変化は$d\xi = |dn_{\mathrm{A}}| = |dn_{\mathrm{B}}|$（式(A5b)）のように表される。反応進行変数に関して微分すると式(A5c)が得られる。

$$dG = \sum_{i=1}^{Q}\mu_i\cdot dn_i \quad \text{(A5a)}$$

$$dG = \mu_{\mathrm{B}}\cdot d\xi - \mu_{\mathrm{A}}\cdot d\xi \quad \text{(A5b)}$$

$$\frac{dG}{d\xi} = \Delta\mu_{\mathrm{AB}} \quad \text{(A5c)}$$

以下の式(6A)から式(A5c)によって示される微分が最小値，すなわち$\frac{dG}{d\xi}=0$になるまで反応が進むという意味で式(A5c)は平衡状態を定義する。

$$\Delta\mu_{\mathrm{AB}} = 0 \quad \text{(A6a)}$$

$$(\mu_{\mathrm{A}})_{T_1,P_1,\{n_{j\neq \mathrm{A}}\}_1} = (\mu_{\mathrm{B}})_{T_1,P_1,\{n_{j\neq \mathrm{B}}\}_1} \quad \text{(A6b)}$$

式(A2c)から化学ポテンシャルの定義式を挿入すると式(A7)が得られる。

$$(\mu^{\circ}_{\mathrm{A}})_{T_1,P_1,\{n_{j\neq \mathrm{A}}\}_1} + RT_1\ln\left(\frac{(C_{\mathrm{A}})_1}{C^{\circ}_{\mathrm{A}}}\right)(\mu^{\circ}_{\mathrm{B}})_{T_1,P_1,\{n_{j\neq \mathrm{B}}\}_1} + RT_1\ln\left(\frac{(C_{\mathrm{B}})_1}{C^{\circ}_{\mathrm{B}}}\right) \quad \text{(A7)}$$

そこから以下の式が得られる。

※12　変性剤誘導性アンフォールディングの場合，これを後で改訂する。

$$-RT_1 \ln\left(\frac{(C_B)_1 \cdot C^\circ_A}{(C_A)_1 \cdot C^\circ_B}\right) = (\mu^\circ_B)_{T_1, P_1, \{n_{j\neq B}\}_1} - (\mu^\circ_A)_{T_1, P_1, \{n_{j\neq A}\}_1} \tag{A8a}$$

$$(K_{AB})_{T_1, P_1, \{n_j\}_1} = \left(\frac{(C_B)_1 \cdot C^\circ_A}{(C_A)_1 \cdot C^\circ_B}\right) = \exp\left(\frac{-\left[(\mu^\circ_B)_{T_1, P_1, \{n_{j\neq B}\}_1} - (\mu^\circ_A)_{T_1, P_1, \{n_{j\neq A}\}_1}\right]}{RT_1}\right) \tag{A8b}$$

〈新たな条件での平衡定数の計算〉

変化する条件で平衡定数がどのように変化するかを理解するためには，ある変化した条件（例えば，$T_2, P_2, \{n_j\}_2$）で式(A8b)と同じ方法で一定の温度および圧力で平衡条件を表すことができることを認識することが重要である（式(A9)）。

$$(K_{AB})_{T_2, P_2, \{n_j\}_2} = \left(\frac{(C_B)_1 \cdot C^\circ_A}{(C_A)_1 \cdot C^\circ_B}\right) = \exp\left(\frac{-\left[(\mu^\circ_B)_{T_2, P_2, \{n_{j\neq B}\}_2} - (\mu^\circ_A)_{T_2, P_2, \{n_{j\neq A}\}_2}\right]}{RT_2}\right) \tag{A9}$$

式(A4b)で与えられる全微分を使用することで，一連の以前の条件下（T_1，P_1，$\{n_j\}_1$）で定義された成分 A および B の化学ポテンシャルを，一連の新たな条件（T_2，P_2，$\{n_j\}_2$）で定義されたそれらの化学ポテンシャルに関連づけることができる（式(A10)）。

$$(\mu_A)_{T_2, P_2, \{n_{j\neq A}\}_2} = (\mu_A)_{T_1, P_1, \{n_{j\neq A}\}_1} + (d\mu_A)_{T_1, P_1, \{n_j\}_1 \to T_2, P_2, \{n_j\}_2} \tag{A10a}$$

$$(\mu_B)_{T_2, P_2, \{n_{j\neq B}\}_2} = (\mu_B)_{T_1, P_1, \{n_{j\neq B}\}_1} + (d\mu_B)_{T_1, P_1, \{n_j\}_1 \to T_2, P_2, \{n_j\}_2} \tag{A10b}$$

式(A2c)の結果を式(A10)に代入すると，温度，圧力または組成における変化が平衡状態の系に起こった後の平衡条件が得られる（式(A11)）。

$$(\mu^\circ_A)_{T_1, P_1, \{n_{j\neq A}\}_1} + RT_1 \ln\left(\frac{(C_A)_1}{C^\circ_A}\right) + (d\mu_A)_{T_1, P_1, \{n_j\}_1 \to T_2, P_2, \{n_j\}_2}$$
$$= (\mu^\circ_B)_{T_1, P_1, \{n_{j\neq B}\}_1} + RT_1 \ln\left(\frac{(C_B)_1}{C^\circ_B}\right) + (d\mu_B)_{T_1, P_1, \{n_j\}_1 \to T_2, P_2, \{n_j\}_2} \tag{A11}$$

本文では，環境条件の変化によるタンパク質アンフォールディングの程度の変化の解析的関係を導出するために式(A11)を利用した。

〈変性剤結合機構に対する平衡定数の定義〉

タンパク質上のさまざまな「部位」への変性剤の逐次的結合を説明する一連の方程式を導出するために，我々はまず特定の部位に変性剤を可逆的に結合させる事例を展開し，その後，各部位が等価であると考えられる統計学的変性の場合を含むように部位特異性の要件を緩める。特定の

タンパク質部位と変性剤分子間の相互作用（$P_{site}+D \rightleftarrows P_{site}D$）のために，部位結合平衡条件と部位結合平衡定数（$k_{P_{site}D}$）$_{T_1, P_1, |n_j|_1, (C_D)_1}$ はそれぞれ式(A12a)と式(A12b)によって与えられる。

$$\mu_{P_{site}}+\mu_D=\mu_{P_{site}D} \tag{A12a}$$

$$(k_{P_{site}D})_{T_1, P_1, |n_j|_1, (C_D)_1}=\exp\left(\frac{-\left[\mu^{\circ}_{P_{site}D}-(\mu^{\circ}_{P_{site}}+\mu^{\circ}_{D})\right]}{RT_1}\right)=\frac{C_{PD}}{C_{P_{site}},(C_D)_1} \tag{A12b}$$

タンパク質分子上の変性剤の特定の j 番目の負荷状態 C_{PD_j} を構成する複数の配置がある場合，部位結合定数は PD_j 状態が構成されうる異なるすべての配置を説明する統計学的因数 F_{PD_j} によって修正されなければならない（式(A13a)）。この同等性のある配置の数を平衡に組み込むことで有効平衡定数（K_{PD_j}）$_{T_1, P_1, |n_j|_1, (C_D)_1}$ と部位結合平衡定数（$k_{P_{site}D}$）$_{T_1, P_1, |n_j|_1, (C_D)_1}$ との関係を定義することができる（式(A13b)）[82]。

$$C_{PD_j}=F_{PD_j}\cdot C_{P_{site}D} \tag{A13a}$$

$$(k_{PD_j})_{T_1, P_1, |n_j|_1, (C_D)_1}=\frac{C_{PD_j}}{C_{PD_{j-1}}.(C_D)_1}=\frac{F_{PDj}\cdot C_{P_{site}D}}{F_{PD_{j-1}}.C_{P_{site}}.(C_D)_1}=\left(\frac{F_{PD_j}}{F_{PD_{j-1}}}\right).(k_{P_{site}D})_{T_1, P_1, |n_j|_1, (C_D)_1} \tag{A13b}$$

N_{PD} 個の等価および識別不能部位のすべてとタンパク質上に付加した j 個の変性剤分子について，統計学的因子 F_{PDj} は式(A14)で得られる（読者は本文で与えられる式(24c)と式(24d)に機能的に同じであるということに気づくだろう）。

$$F_{PD_j}=\frac{N_{PD}!}{(N_{PD}-j)!\cdot j!} \tag{A14}$$

タンパク質―変性剤複合体のすべての形態を合計すると式(A15a)が得られる。式(A13b)を使用すると式(A15a)は式(A15b)のような結合多項式として知られる恒等式で表される[77]。

$$(C_P)_{TOTAL}=\sum_{i=0}^{\infty}(C_{PD_i})_1 \tag{A15a}$$

$$(C_P)_{TOTAL}=(C_P)_1\cdot\sum_{i=0}^{\infty}F_{PD_i}\cdot(k_{P_{site}D}\cdot(C_D)_1)^i \tag{A15b}$$

タンパク質の2つの異なるF型とU型をさらに考慮すると，式(A15b)で得られた結果を用いて式(25)で得られたものと同一の有効平衡定数を得ることができる。

謝辞

DHはオーストラリア国立大学（ANU）の上席研究員および大阪大学蛋白質研究所の客員准教授として研究助成を受けている。本稿の執筆に際してご助言いただいたANU化学研究所のNicholas Kanizaj博士，

Bradley Stevenson 博士，Christoph Nitsche 博士，Gibbs-Helmholtz 式の導出に関連した議論をしていただいた米国 NIH の Allen Minton 博士に感謝する。また，本稿が完成し提出された期間である 2018 年 7〜8 月の 2ヶ月間，客員研究員として経済的支援をいただいた米国 NIH（NIDDK）の生化学・遺伝学研究室にも感謝の意を表したい。RW は ANU で研究していた期間，文部科学省が展開する「トビタテ！留学 JAPAN 日本代表プログラム」によって経済的な支援をしていただいたことに対して感謝したい。

文　　献

1) R. Sheldon, *Chem. Commun.*, (23), 2399 (2001)
2) J. S. Wilkes, *Green Chem.*, **4**, 73 (2002)
3) M. Koel, Introduction to “Analytical Chemistry: Ionic liquids in chemical analysis”, pp.xxvii-xxxi (2009)
4) P. Walden, *Bulletin de l'Académie impériale des sciences de Saint-Pétersbourg*, **8** (6), 405 (1914)
5) F. H. Hurley & T. P. Wier, *J. Electrochem. Soc.*, **98**, 207 (1951)
6) H. L. Chum *et al.*, *J. Am. Chem. Soc.*, **97** (11), 3264 (1975)
7) J. S. Wilkes *et al.*, *Inorg. Chem.*, **21**, 1263 (1982)
8) J. S. Wilkes & M. J. Zaworodtko, *J. Chem. Soc., Chem. Commun.*, **13**, 965 (1992)
9) P. A. Suarez *et al.*, *Electrochim. Acta*, **42** (16), 2533 (1997)
10) R. L. Vekariya, *J. Mol. Liq.*, **227**, 44 (2017)
11) A. Kazakov *et al.*, “NIST Standard Reference Database 147: NIST Ionic Liquids Database - (ILThermo)”, Version 2.0, National Institute of Standards and Technology, Gaithersburg, MD, 20899, http://ilthermo.boulder.nist.gov/ (2018)
12) U. Domańska, “Analytical Chemistry: Ionic liquids in chemical analysis”, Chapter 1, pp.1-71 (2009)
13) T. Itoh, *Chem. Rev.*, **117** (15), 10567 (2017)
14) L. E. Meyer *et al.*, *Biophys. Rev.*, **10** (3), 901 (2018)
15) S. Aparicio *et al.*, *Ind. Eng. Chem. Res.*, **49** (20), 9580 (2010)
16) R. Patel *et al.*, *Appl. Biochem. Biotechnol.*, **172** (8), 3701 (2014)
17) P. K. Kumar *et al.*, *J. Mol. Liq.*, **246**, 178 (2017)
18) H. Zhao *et al.*, *J. Chem. Technol. Biotechnol.*, **80** (10), 1089 (2005)
19) K. N. Marsh *et al.*, *Fluid Phase Equilibr.*, **219** (1), 93 (2004)
20) T. Welton, *Chem. Rev.*, **99** (8), 2071 (1999)
21) Weingärtner, H., *Angewandte Chemie International Edition*, **47** (4), 654 (2008)
22) M. Naushad *et al.*, *Int. J. Biol. Macromol.*, **51** (4), 555 (2012)
23) A. Fersht, “Structure and Mechanism in Protein Science: A Guide to Enzyme Catalysis and Protein Folding”, Chapter 17, pp.508-539, W.H. Freeman Press (1999)
24) B. J. Stevenson *et al.*, *Biochemistry*, **47** (9), 3013 (2008)

25) S. Park & R. J. Kazlauskas, *Curr. Opin. Biotechnol.*, **14** (4), 432 (2003)
26) P. A. Fields, *Comp. Biochem. Physiol. A Mol. Integr. Physiol.*, **129** (2-3), 417 (2001)
27) H. Weingartner *et al.*, *Phys. Chem. Chem. Phys.*, **14**, 415 (2012)
28) V. Lesch *et al.*, *Phys. Chem. Chem. Phys.*, **17** (39), 26049 (2015)
29) K. A. Dill, *Biochemistry*, **24** (6), 1501 (1985)
30) K. A. Dill & J. L. MacCallum, *Science*, **338** (6110), 1042 (2012)
31) P. H. Von Hippel & K. Y. Wong, *J. Biol. Chem.*, **240** (10), 3909 (1965)
32) P. McPhie *et al.*, *J. Mol. Biol.*, **361** (1), 7 (2006)
33) V. V. Mozhaev *et al.*, *Proteins*, **24** (1), 81 (1996)
34) P. P. Pandharipande & G. I. Makhatadze, *Biochim. Biophys. Acta*, **1860** (5), 1036 (2016)
35) C. N. Pace, *Methods Enzymol.*, **131**, 266 (1986)
36) J. A. Schellman, *Biophys. Chem.*, **96** (2-3), 91 (2002)
37) A. F. Oberhauser *et al.*, *Proc. Natl. Acad. Sci. USA*, **98** (2), 468 (2001)
38) J. Jaspe & S. J. Hagen, *Biophys. J.*, **91** (9), 3415 (2006)
39) C. B. Anfinsen, *Science*, **181**, 223 (1973)
40) C. Tanford, *Adv. Protein Chem.*, **23**, 121 (1968)
41) M. R. Eftink & R. Ionescu, *Biophys. Chem.*, **64** (1-3), 175 (1997)
42) W. Pfeil, "Protein stability and folding Supplement 1: a collection of thermodynamic data", Springer Science & Business Media (2012)
43) C. J. Roberts, *Biotechnol. Bioeng.*, **98** (5), 927 (2007)
44) M. Z. Kamal *et al.*, *FEBS Open Bio*, **6** (2), 126 (2016)
45) E. Y. Chi *et al.*, *Pharm Res.*, **20** (9), 1325 (2003)
46) R. Mezzenga & P. Fischer, *Rep. Prog. Phys.*, **76** (4), 046601 (2013)
47) M. Stefani & C. M. Dobson, *J. Mol. Med.*, **81** (11), 678 (2003)
48) D. Hall, *Biophys. Chem.*, **104** (3), 655 (2003)
49) D. Hall & L. Huang, *Anal. Biochem.*, **426** (1), 69 (2012)
50) D. Hall., *Anal. Biochem.*, **421** (1), 262 (2012)
51) D. Hall & H. Edskes, *J. Mol. Biol.*, **336** (3), 775 (2004)
52) D. Hall & H. Edskes, *Biophys. Chem.*, **145** (1), 17 (2009)
53) D. Hall & H. Edskes, *Biophys. Rev.*, **4** (3), 205 (2012)
54) T. A. Rogers & A. S. Bommarius, *Chem. Eng. Sci.*, **65** (6), 2118 (2010)
55) J. Lima-Ramos *et al.*, *Topic. Catal.*, **57** (5), 301 (2014)
56) A. S. Bommarius, *Annu. Rev. Chem. Biomol. Eng.*, **6**, 319 (2015)
57) R. F. Greene & C. N. Pace, *J. Biol. Chem.*, **249**, 5388 (1974)
58) C. N. Pace & K. L. Shaw, *Proteins*, **41** (S4), 1 (2000)
59) J. K. Myers *et al.*, *Protein Sci.*, **4** (10), 2138 (1995)
60) C. M. Johnson & A. R. Fersht, *Biochemistry*, **34** (20), 6795 (1995)
61) E. M. Nicholson & J. M. Scholtz, *Biochemistry*, **35** (35), 11369 (1996)
62) E. P. O' Brien *et al.*, *Biochemistry*, **48** (17), 3743 (2009)
63) M. Auton & D. W. Bolen, *Proc. Natl. Acad. Sci. USA*, **102**, 15065 (2005)

64) C. Tanford, *Adv. Protein Chem.*, **24**, 1 (1970)
65) M. M. Santoro & D. W. Bolen, *Biochemistry*, **27** (21), 8063 (1988)
66) D. Horinek & R. R. Netz, *J. Phys. Chem. A*, **115** (23), 6125 (2011)
67) D. F. Shiao *et al.*, *J. Am. Chem. Soc.*, **93** (8), 2024 (1971)
68) P. L. Privalov & N. N. Khechinashvili, *J. Mol. Biol.*, **86** (3), 665 (1974)
69) J. M. Sturtevant, *Proc. Natl. Acad. Sci. USA*, **74** (6), 2236 (1977)
70) W. J. Becktel & J. A. Schellman, *Biopolymers*, **26** (11), 1859 (1987)
71) K. E. Van Holde *et al.*, "Principles of physical biochemistry", Chapter 2, Thermodynamics and biochemistry, Pearson Prentice Hall (2006)
72) P. L. Privalov & A. I. Dragan. *Biophys. Chem.*, **126** (1-3), 16 (2007)
73) D. Constantinescu *et al.*, *Angew. Chem. Int. Ed.*, **46** (46), 8887 (2007)
74) D. Constatinescu *et al.*, *Phys. Chem. Chem. Phys.*, **12** (8), 1756 (2010)
75) L. Satish *et al.*, *Spectrosc. Lett.*, **49** (6), 383 (2016)
76) A. P. Brogan *et al.*, *Nature Chemistry*, **10** (8), 859 (2018)
77) K. E. Van Holde *et al.*, "Principles of physical biochemistry", Chapter 13, Macromolecules in solution: Thermodynamics and equilibria, Pearson Prentice Hall (2006)
78) K. Sasahara *et al.*, *Proteins*, **44** (3), 180 (2001)
79) A. Fersht, "Structure and Mechanism in Protein Science: A Guide to Enzyme Catalysis and Protein Folding", Chapter 19, pp.573-611, W. H. Freeman Press (1999)
80) K. R. Seddon *et al.*, *Pure Appl. Chem.*, **72** (12), 2275 (2000)
81) J. Jacquemin *et al.*, *J. Chem. Eng. Data*, **52** (6), 2204 (2007)
82) D. Hall *et al.*, *Anal. Biochem.*, **542**, 40 (2018)
83) J. A. Schellman, *C. R. Trav. Lab. Carlsb. Ser. Chim.*, **29**, 230 (1956)
84) K. C. Aune & C. Tanford, *Biochemistry*, **8** (11), 4586 (1969)
85) J. Smiatek, *J. Phys. Condens. Matter.*, **29** (23), 233001 (2017)
86) C. N. Pace *et al.*, *Anal. Biochem.*, **167** (2), 418 (1987)
87) T. O. Street *et al.*, *Proc. Natl. Acad. Sci.*, **103**, 13997 (2006)
88) D. R. Canchi & A. E. García, *Annu. Rev. Phys. Chem.*, **64**, 273 (2013)
89) O. Kuchner & F. H. Arnold, *Trends Biotechnol.*, **15** (12), 523 (1997)
90) J. L. Porter *et al.*, *ChemBioChem*, **17** (3), 197 (2016)
91) M. T. Reetz *et al.*, *Chem. Comm.*, **46** (45), 8657 (2010)
92) A. P. Brogan & J. P. Hallett, *J. Am. Chem. Soc.*, **138** (13), 4494 (2016)
93) C. Schröder, *Top. Curr. Chem.*, **375** (2), 25 (2017)
94) T. Takekiyo *et al.*, *J. Phys. Chem. B*, **117** (35), 10142 (2013)
95) M. Reslan & V. Kayser, *Biophys. Rev.*, **10** (3), 781 (2018)
96) T. De Diego *et al.*, *Biomacromolecules*, **6** (3), 1457 (2005)
97) D. T. Dang *et al.*, *J. Mol. Catal. B Enzym.*, **45** (3-4), 118 (2007)
98) B. Dabirmanesh *et al.*, *J. Mol. Liq.*, **170**, 66 (2012)
99) A. S. Bommarius, *Ann. Rev. Chem. Biomol. Eng.*, **6**, 319-345 (2015)
100) D. Hall *et al.*, *FEBS letters*, **589** (6), 672 (2015)
101) A. Benedetto & H. J. Galla, *Biophys. Rev.*, **10** (3), 687 (2018)

第7章　タンパク質凝集の速度論を統合する理論的記述

廣田奈美[*1]，デミエン ホール[*2]

アミロイド形成の溶液条件がしばしばアモルファスなタンパク質凝集の形成も引き起こすことが知られている。これはアミロイド形成とアモルファスな凝集の形成経路が競合していると解釈できる。異なる見方として，アモルファス凝集をアミロイド形成経路上，必須の中間過程として考えることもできる。ここではこれらの異なるモデルを一つに統合する，マクロレベルのタンパク質凝集理論モデルを提案する。この統合モデルの特徴は同種および異種核形成経路と液体・溶液空間の二相性である。このモデルを使い，タンパク質凝集反応の限定的な例（アミロイド形成あるいはアモルファス凝集形成）と混合的な例（競合的および促進的な成長）を詳しく解析する。

はじめに

初期のタンパク質フォールディングの研究では，非天然中間体（I）がオフ経路あるいはオン経路の中間体であるかというのが大いに議論の的であった[1,2]。単純な例ではこの議論は folded（F）と unfolded（U）状態の二状態転移（F ⇄ U）を以下の式(1a)あるいは式(1b)に変形することでまとめられる[3,4]。

$$\mathrm{I} \rightleftarrows \mathrm{F} \rightleftarrows \mathrm{U} \tag{1a}$$

$$\mathrm{F} \rightleftarrows \mathrm{I} \rightleftarrows \mathrm{U} \tag{1b}$$

アミロイドは繊維状のタンパク質凝集の一種で，生物学，病理学やナノテクノロジーの分野で注目されている[5,6]。アミロイド線維は1種類のタンパク質のモノマー単位からなるホモポリマーとして分類できる[7]。アミロイド形成を促進するような溶液条件（高温，変性剤濃度や pH の変化[8,9]）は他のより非特異的なモノマー間の相互作用も促進することがある[10~13]。このような非特異的なタンパク質間相互作用はアミロイド形成の前あるいは同時にアモルファスな構造の形成を導くことがある[13~16]。アミロイド形成をポリマー形成反応として考えたとき，上記に述べたタンパク質のフォールディング反応における中間体の位置づけの問題と似たようなジレンマに直

＊1　Nami Hirota　堂インターナショナル
＊2　Damien Hall　大阪大学　蛋白質研究所　招へい准教授

面する[3)]。モノマータンパク質（M），アミロイド線維（A）およびアモルファス（あるいはirregular）な凝集体（I）の形成における論理的な順序を考えたとき，考えられるモデルは大きく2つに分かれる[13, 17) vs. 16, 18)]（図1）。一つ目はアモルファス凝集とアミロイド線維が直接モノマー獲得に競合しているというモデル（式(2a)）[13,17)]であり，二つ目はアモルファス凝集がアミロイド形成の際に絶対に通る中間体とするモデル（式(2b)）[15, 16, 18)]である。この章では従来の競合モデルと絶対に形成する中間体が必要なモデルの2つを結びつけ，より包括的な作用機構を考える新しいモデルとして提唱する（式(2c)）。

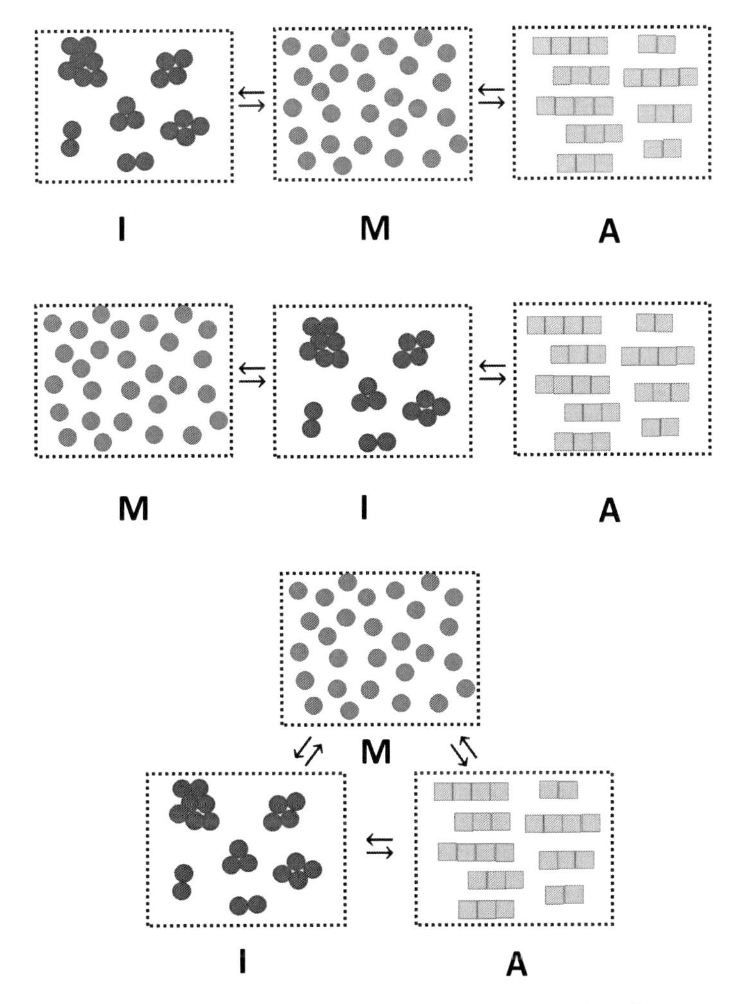

図1　モノマー（M，ばらばらな円），irregular なアモルファス凝集体（I，互いにくっついている円）とアミロイド線維（A，四角）間の関係を表す3つのモデル
（上）アモルファス凝集とアミロイド線維が直接モノマー獲得に競合しているというモデル。（中）アモルファス凝集がアミロイド形成の必須な中間体とするモデル。（下）アモルファス凝集はアミロイド形成の中間体となりうるが必須な中間体ではないモデル。

$$\mathrm{I} \rightleftarrows \mathrm{M} \rightleftarrows \mathrm{A} \tag{2a}$$

$$\mathrm{M} \rightleftarrows \mathrm{I} \rightleftarrows \mathrm{A} \tag{2b}$$

$$\begin{array}{ccc} & \mathrm{M} & \\ \nearrow\!\!\swarrow & & \searrow\!\!\nwarrow \\ \mathrm{I} & \rightleftarrows & \mathrm{A} \end{array} \tag{2c}$$

以下ではこれらの異なった種類の凝集の作用機構の考察とモノマーの全濃度（$(C_1)_{TOT}$）が保存的な量と仮定して，一般的な実験条件における凝集形成の時間的依存性のシミュレーションを行う数理モデルを示す。モデルでは平均を扱うが，分布の情報を省くことによって扱いやすくしてこの問題に取り掛かる。

1 バルク相における同種核形成によるアミロイド形成の単純な速度論モデル

アミロイドの速度論のメカニズムに基づくシミュレーションのアプローチは，アクチンの重合反応の研究において大沢らによって開発されたヘリカル重合反応を根底にしている[19,20]。線維切断などを取り入れたMasel，JansenとNowakの式によってアミロイドの速度論はリアルさが一段と増した[21]。さらにHallとEdskesはアミロイドの分子分布の時間依存性をシミュレーションする近似法でこの研究を進展させた[22]。その後HallとEdskesは全体の分布ではなく，分布の平均を扱ってこれらの式をより簡易化して使いやすくしたものを発表した[23]。最近では線維同士の結合も含めたモデルが発表された[24]。最小限のメカニズムを構成する各ステップを図2に示している。この図に対応する式(3)の数理モデルではアミロイド核の大きさ（n）を$n=2$として，サイトあたりの切断速度定数k_{s°が核からモノマーへの解離速度を定めるとしており，①バルク相における同種核形成によるアミロイド形成を十分に表し，②他の凝集モードとともに用いて，より大きなシミュレーションに取り込むことができる簡単さがある。そして重要なことはこのモデルがバルク相のアミロイドの個数濃度の変化速度$C_{N(A)_B}$（式(3a)）を示し，バルク相のアミロイド線維の質量濃度の変化速度$C_{M(A)_B}$（式(3b)）およびバルク相のアミロイド線維の平均重合度$\langle i_{(A)_B} \rangle$（式(3c)）を表すことである。モノマーは保存されているという条件の下，解離モノマーの濃度はいつでも全濃度と質量濃度から求めることができる。

$$\frac{dC_{N(A)_B}}{dt} = k_{n(A)_B} \cdot (C_1)_B^2 + k_{s^\circ (A)_B} \cdot C_{N(A)_B} \cdot \left[\langle i_{(A)_B} \rangle - 3 \right] - k_{j(A)_B} \cdot (C_{N(A)_B})^2 \tag{3a}$$

$$\frac{dC_{M(A)_B}}{dt} = 2 \cdot k_{n(A)_B} \cdot (C_1)_B^2 + k_{g(A)_B} \cdot C_{N(A)_B} \cdot (C_1)_B - 2 \cdot k_{s^\circ (A)_B} \cdot C_{N(A)_B} \tag{3b}$$

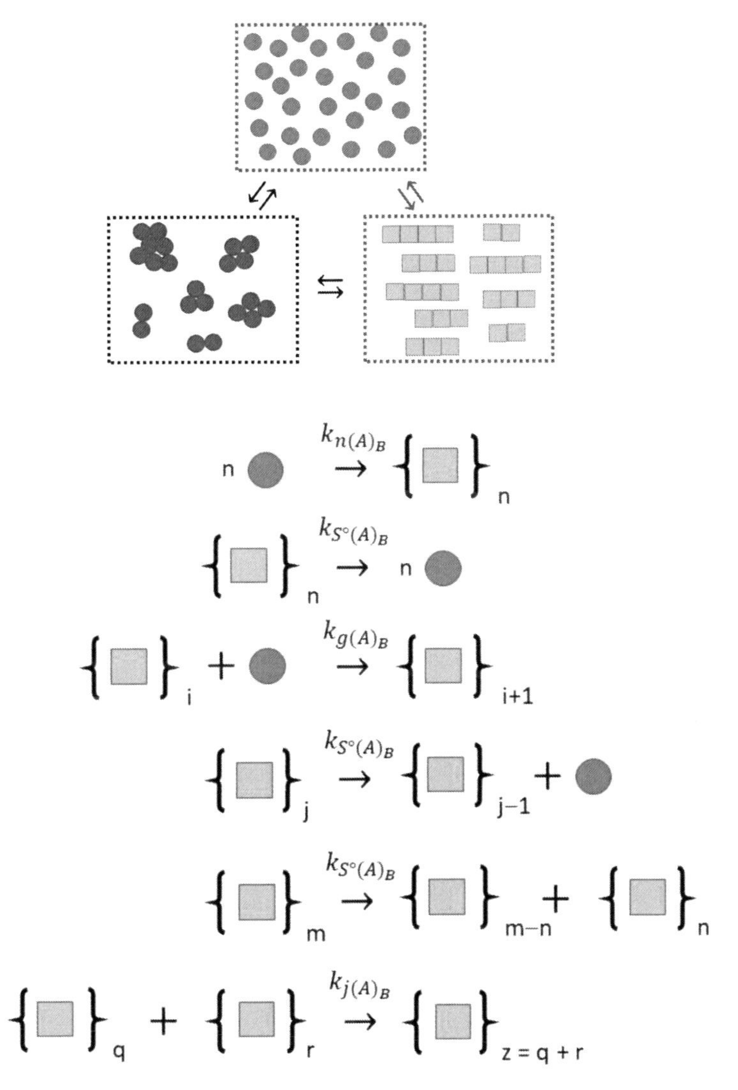

図2　バルク相において核をもとに起きるアミロイド形成の最小限のメカニズム
式(3)に対応する。核形成は付加反応で（核の大きさが2と決めた）二次核形成速度定数 $k_{n(A)_B}$ によって定める。線維成長 growth はモノマー付加および線維—線維間結合 joining によって起こり，それぞれ二次速度定数 $k_{g(A)_B}$ および $k_{j(A)_B}$ によって定める。線維縮小は線維の端からのモノマーの切断（解離）あるいは線維の中ほどにおける切断によって起きる。あるサイトにおける切断速度は位置に依存しない一次速度定数 $k_{s^\circ(A)_B}$ によって近似的に定める。

$$\langle i_{(A)_B} \rangle \approx \frac{C_{M(A)_B}}{C_{N(A)_B}} \tag{3c}$$

式(3)では①線維の片方へモノマーが付加される，あるいは特定の方向性で線維と線維の端が結合することによるアミロイドの単一方向への伸長[24, 25]および②線維の切断（2つの線維になる）

あるいは線維の端からモノマーが解離することによる線維縮小[22,23]の2つの場合を表す。式(3)はさまざまな挙動をたった4つのパラメーター，バルク相におけるアミロイドの核形成速度定数 $k_{n(A)_B}$，アミロイド分子間結合の切断速度定数 $k_{s^\circ(A)_B}$，線維へのモノマー付加による成長速度定数 $k_{g(A)_B}$，および線維—線維間結合速度定数 $k_{j(A)_B}$ で表すことができる。図3はバルク相において同種核形成により形成されるアミロイドの量 $C_{M(A)_B}$ および平均重合度 $\langle i_{(A)_B} \rangle$ に対するこの4つのパラメーターの変化による効果を示す。

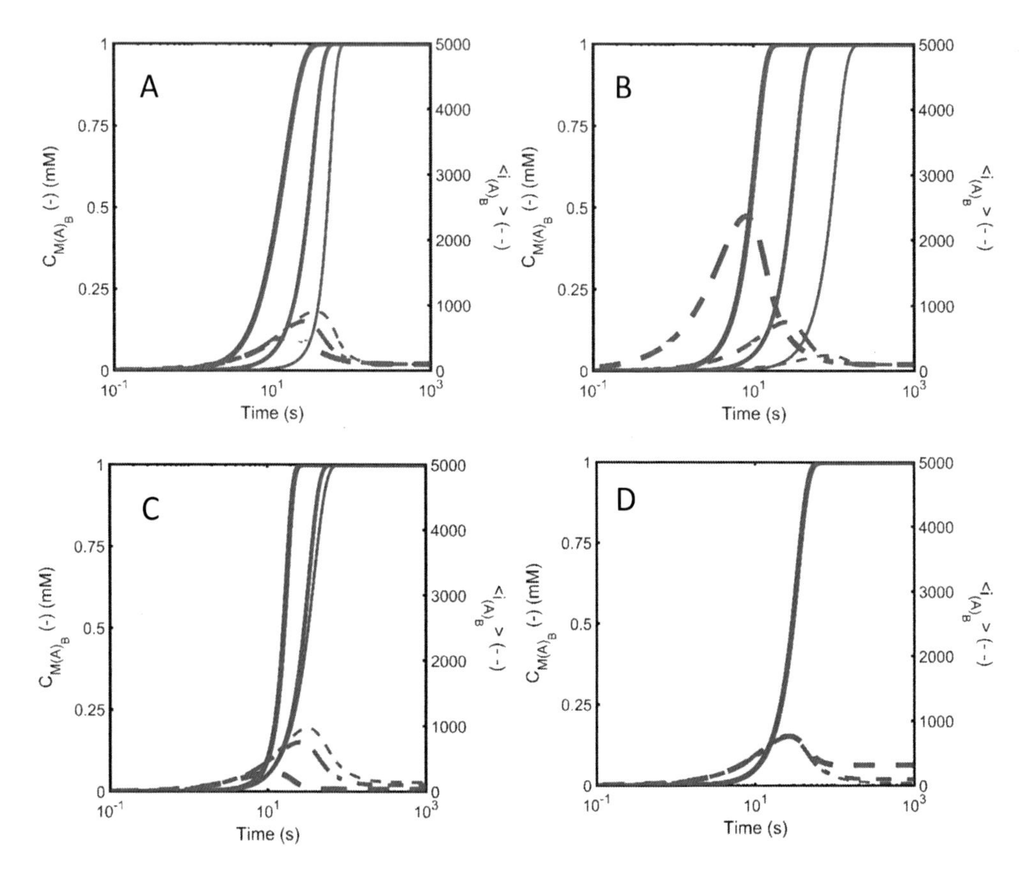

図3　バルク相における同種核形成によるアミロイド線維形成の速度論（式(3)）において総質量濃度 $C_{M(A)_B}$（太線・左軸）およびバルク相におけるアミロイドの平均重合度 $\langle i_{(A)_B} \rangle$（破線・右軸）に対する4つのパラメーターの変化の効果

(A) バルク相における核形成速度定数 $k_{n(A)_B}(M^{-1}s^{-1})$ の変化の効果：細線 $k_{n(A)_B}=1\times10^{-3}$，中太線 $k_{n(A)_B}=1\times10^{-2}$，太線 $k_{n(A)_B}=1\times10^{-1}$。(B) バルク相における伸長速度定数 $k_{g(A)_B}(M^{-1}s^{-1})$ の変化の効果：細線 $k_{g(A)_B}=1\times10^{4}$，中太線 $k_{g(A)_B}=1\times10^{5}$，太線 $k_{g(A)_B}=1\times10^{6}$。(C) バルク相における切断速度定数 $k_{s^\circ(A)_B}(s^{-1})$ の変化の効果：細線 $k_{s^\circ(A)_B}=5\times10^{-5}$，中太線 $k_{s^\circ(A)_B}=1\times10^{-4}$，太線 $k_{s^\circ(A)_B}=1\times10^{-3}$。(D) バルク相における線維—線維間切断速度定数 $k_{j(A)_B}(M^{-1}s^{-1})$ の変化の効果：細線 $k_{j(A)_B}=1\times10^{2}$，中太線 $k_{j(A)_B}=1\times10^{3}$，太線 $k_{j(A)_B}=1\times10^{4}$。指定していない際の各定数は以下の通り：$k_{n(A)_B}=1\times10^{-2}(M^{-1}s^{-1})$，$k_{g(A)_B}=1\times10^{5}(M^{-1}s^{-1})$，$k_{s^\circ(A)_B}=1\times10^{-4}(s^{-1})$，$k_{j(A)_B}=1\times10^{3}(M^{-1}s^{-1})$。核の大きさは $n=2$。

2　バルク相における同種核形成によるアモルファス凝集の単純な速度論モデル

アモルファス凝集は凝集の内部構造において規則的な位置秩序がない[26)]。100年以上前にMarian von Smoluchowskiはモノマーのみが存在する初期条件から不可逆的なアモルファス凝集の速度論の解析的な解法を開発した[27)]。この解析的な解法を式(4)に示している。式(4a)は二分子反応定数k_I，系の中の全モノマー濃度（$(C_1)_{TOT}$のとき，全粒子の個数濃度$C_{N(P)}(t) = C_1(t) + \Sigma_{i=2}^{z} C_{N(I)_i}(t)$を時間$t$の関数として表している。

式(4b)は溶液中の全粒子の平均重合度$\langle i_P \rangle$（モノマーを含む）を示す。

$$C_{N(P)}(t) = (C_1)_B(t) + \Sigma_{i=2}^{z} C_{N(I)_i}(t) = \frac{(C_1)_{TOT}}{1 + k_I \cdot (C_1)_{TOT} \cdot t} \tag{4a}$$

$$\langle i_P \rangle = 1 + k_I \cdot (C_1)_{TOT} \cdot t \tag{4b}$$

可逆的な反応の場合，異なるモデルが必要であり，上に示したような1次元的な線維伸長と違い，単純な表現はない。起こりうるすべての二分子反応をそれぞれ表し，系の完全な速度論的な表現を開発した[13)]。しかし，この章では図4で示した作用機構に基づいて可逆的なアモルファス凝集の単純モデルを示す。凝集（球体として考える）の成長はモノマーの付加あるいは凝集—凝集間の結合によって起こると仮定し，凝集の縮小はモノマー解離によってのみ起きると仮定する（式(5a-c)）。のちに展開する式のために，アモルファス凝集分子種に対応する平均容積[※1]$V_{\langle i_{(I)_B} \rangle}$および平均表面積$S_{\langle i_{(I)_B} \rangle}$を式(5d)および式(5e)として表す。

$$\frac{dC_{N(I)_B}}{dt} = k_{n(I)_B} \cdot (C_1)_B^2 - k_{s^\circ(I)_B} \cdot C_{N(I)_B} \cdot \exp\left[-q \cdot (\langle i_{(I)_B} \rangle - 2)\right] - k_{j(I)_B} \cdot (C_{N(I)_B})^2 \tag{5a}$$

$$\frac{dC_{M(I)_B}}{dt} = 2 \cdot k_{n(I)_B} \cdot (C_1)_B^2 + k_{g(I)_B} \cdot C_{N(I)_B} \cdot (C_1)_B^2 - \left(\frac{S_{\langle i_{(I)_B} \rangle}}{S_{\langle i_{(I)_B} \rangle = 2}} + 1 \right) \cdot k_{s^\circ(I)_B} \cdot C_{N(I)_B} \tag{5b}$$

$$\langle i_{(I)_B} \rangle \approx \frac{C_{M(I)_B}}{C_{N(I)_B}} \tag{5c}$$

$$V_{\langle i_{(I)_B} \rangle} = \frac{\langle i_{(I)_B} \rangle \cdot V_1}{\alpha} \tag{5d}$$

※1　モノマーの容積V_1と凝集内における空間充填率αとして定義する。

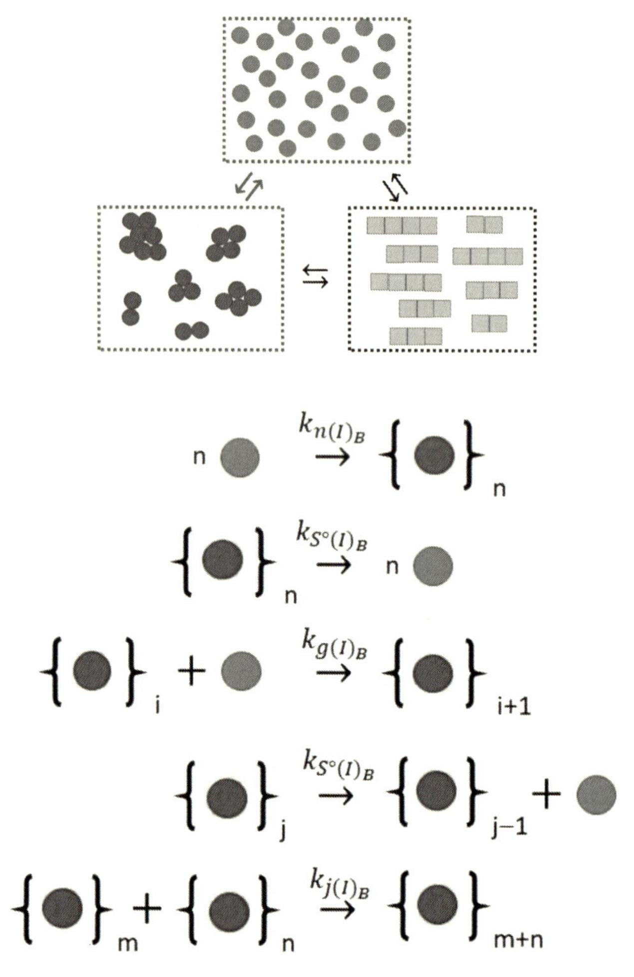

図４　バルク相においてモノマーの凝集によって不規則なアモルファス構造を形成する最小限のメカニズム

式(5)に対応する。この系のモノマー導入ステップでは最初 $k_{n(I)_B}$，そして後の $k_{g(I)_B}$ として選ばれた二次速度定数の値によっては核をもとに成長する挙動を示さないかもしれない。アモルファス凝集成長は $k_{j(I)_B}$ で定められる凝集同士の結合によっても起きうる。アモルファス凝集縮小はモノマー解離によってのみ起きると想定し，一次速度定数 $k_{s^\circ(I)_B}$ で定められる。アモルファス凝集の表面積が増加するに従ってモノマー解離の確率が増加するのに関連する統計学的な因子は式(5)に示している。

$$S_{\langle i_{(I)_B}\rangle}=4.836\cdot(V_{\langle i_{(I)_B}\rangle})^{2/3} \tag{5e}$$

式(3)で使用した用語を引き続き，式(5)においても使用した。従属変数のうち，$C_{N(I)_B}$ はバルク相におけるアモルファス凝集の個数濃度，$C_{M(I)_B}$ はアモルファス凝集の質量濃度，および $\langle i_{(I)_B}\rangle$ はバルク相におけるアモルファス凝集の平均重合度を表す。式(5)におけるパラメーターに関して，$k_{n(I)_B}$ はアモルファス凝集の核形成定数（核の大きさは $n=2$），$k_{g(I)_B}$ は凝集へのモノマー付加を決める二分子成長速度定数，$k_{s^{\circ}(I)_B}$ は凝集からのモノマー解離を表す一次速度定数，$k_{j(I)_B}$ はアモルファス凝集同志の結合を決める二分子速度定数である。式(5)は２つの特筆すべき点によってアモルファス凝集を表すのに便利である。一つ目は，アモルファス凝集の個数濃度の変化を決める指数の項 $-\exp[-q\cdot(\langle i_{(I)_B}\rangle-2)]$ はアミロイド形成の速度論における $[\langle i_{(A)_B}\rangle-3]$ の項（式(3)）と同様な過程の簡略化が可能である。アミロイド形成の場合，$\langle i_{(A)_B}\rangle$ が最小値の２より増加するに従い，$[\langle i_{(A)_B}\rangle-3]$ は $C_{N(A)_B}$ を減少から増大へと変える※2。アモルファス凝集の場合，凝集の縮小はモノマーの解離によってのみ起きると想定している。適切に q 値を選択すること※3により，指数の項が -1 から 0 に変わるに従い，$\langle i_{(I)_B}\rangle$ が最小値の２より増加する。式(5)の二つ目に特筆するべき点は，$C_{M(I)_B}$ の変化を表面積 $\left(\frac{S_{\langle i_{(I)_B}\rangle}}{S_{\langle i_{(I)_B}\rangle=2}}+1\right)$ の項が制御するということである。この項の $\left(\frac{S_{\langle i_{(I)_B}\rangle}}{S_{\langle i_{(I)_B}\rangle=2}}\right)$ 部分は凝集の表面（アモルファスな球体構造）を脱する能力のあるモノマーの数の増加を示す。$\langle i_{(I)_B}\rangle=2$ の時，１つの切断イベントの際に凝集からモノマーが２分子解離する。$\langle i_{(I)_B}\rangle$ が増加するにつれ，表面積が広くなり，確率的に切断イベントの総数が増加するが，切断イベント毎にモノマー１分子のみが解離することを考慮して $\left(\frac{S_{\langle i_{(I)_B}\rangle}}{S_{\langle i_{(I)_B}\rangle=2}}+1\right)$ の項に（+1）を設定している。

アミロイド線維の場合と同様，アモルファス凝集を表す式(5)には４つの主要な速度定数，$k_{n(I)_B}$，$k_{S^{\circ}(I)_B}$，$k_{G(I)_B}$，および $k_{j(I)_B}$ があり，アモルファス凝集の構造に関連する２つの定数，q と α がある。q は初期の単純切断イベントが凝集の完全な溶解を導く傾向を示し，α はアモルファス凝集のモノマーの空間充填率を表す。図５は同種核形成によってバルクで形成されたアモルファス凝集の量（$C_{M(I)_B}$）と平均の重合度（$\langle i_{(I)_B}\rangle$）に対する４つの主要な速度定数の変化の効果を示す。

3　アミロイド形成と競合するアモルファス凝集

式(3)と式(5)で示したように，アミロイド形成とアモルファス凝集の過程はバルクにあるモノマーの獲得に関して競合する以外に互いに影響を与えることはない。式(2a)で示されている直接的な競合のシナリオを Hall らが調べ，シグナルに対して異なる作用をもつ２つの凝集タイプを調べた[13]。図６では Hall らの結果[13]を式(3)と(5)で示した単純モデルを使って表した。アミロイドの方がアモルファス凝集よりも熱力学的に安定であるという仮定の下で[5]，アモルファス凝集がアミロイド形成よりもかなり速い場合，アモルファス凝集とアミロイド形成の速度が同じ場合と，その２つの場合の中間的な場合の計３つの場合を想定した。図６は競合的な状況におけるア

※２　具体的に，$\langle i_{(A)_B}\rangle=2$ の時，各切断イベントは線維の数を１つ減少させ，$\langle i_{(A)_B}\rangle=3$ の時，各切断イベントにおいて線維の数には変化がなく，$\langle i_{(A)_B}\rangle\geq 4$ の時，線維の数は切断イベント毎に増えていく。

※３　ここでは任意に $q=7$ と定める。$\langle i_{(I)_B}\rangle=2$ の時，指数項が -1 であり，$\langle i_{(I)_B}\rangle$ が３に近づき，超える時，指数項が０に近づく。

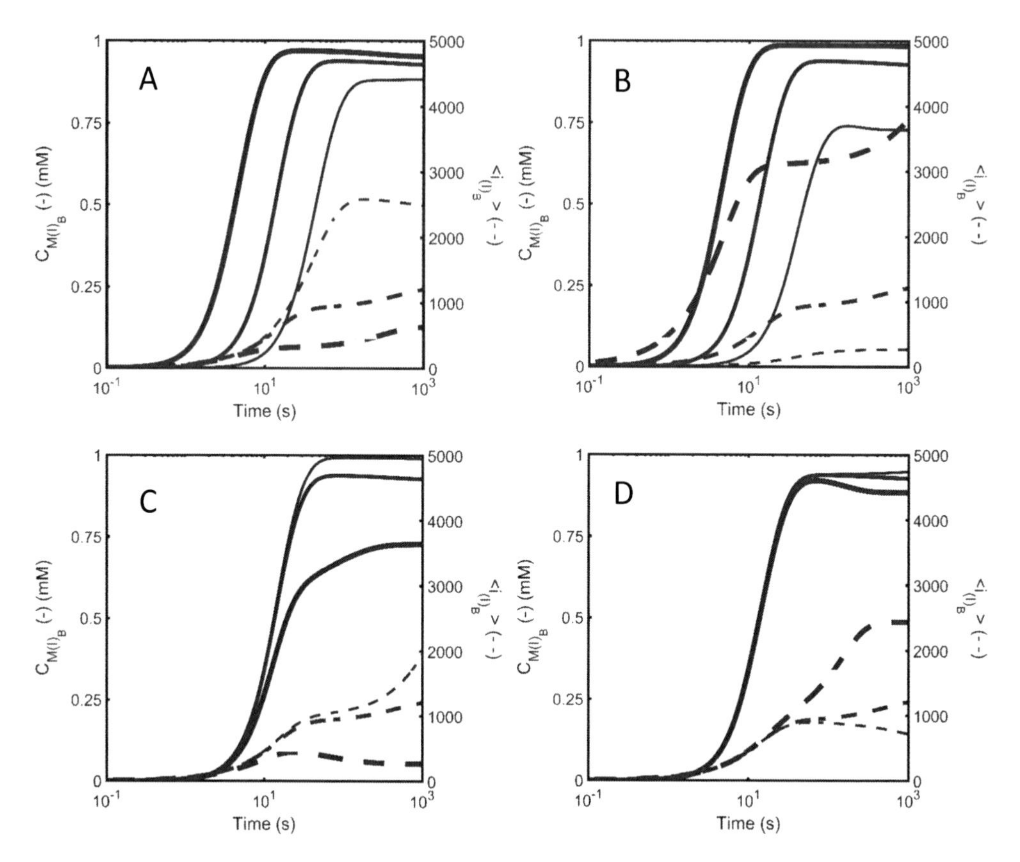

図５　バルク相におけるアモルファス凝集形成の速度論（式(5)）において総質量濃度 $C_{M(I)_B}$（太線・左軸）およびバルク相におけるアモルファス凝集の平均重合度 $\langle i_{(I)_B}\rangle$（破線・右軸）に対する４つのパラメーターの変化の効果

（A）バルク相における核形成速度定数 $k_{n(I)_B}(M^{-1}s^{-1})$ の変化の効果：細線 $k_{n(I)_B}=1\times10^{-2}$，中太線 $k_{n(I)_B}=1\times10^{-1}$，太線 $k_{n(I)_B}=1$。（B）バルク相における成長速度定数 $k_{g(I)_B}(M^{-1}s^{-1})$ の変化の効果：細線 $k_{g(I)_B}=1\times10^{4}$，中太線 $k_{g(I)_B}=1\times10^{5}$，太線 $k_{g(I)_B}=1\times10^{6}$。（C）バルク相における切断速度定数 $k_{s^*(I)_B}(s^{-1})$ の変化の効果：細線 $k_{s^*(I)_B}=0.01$，中太線 $k_{s^*(I)_B}=0.1$，太線 $k_{s^*(I)_B}=1$。（D）バルク相における凝集—凝集結合速度定数 $k_{j(I)_B}$ の変化の効果（$M^{-1}s^{-1}$）：細線 $k_{j(I)_B}=10$，中太線 $k_{j(I)_B}=1\times10^{3}$，太線 $k_{j(I)_B}=1\times10^{4}$。指定していない際の各定数は以下の通り：$k_{n(I)_B}=0.1(M^{-1}s^{-1})$，$k_{g(I)_B}=1\times10^{5}(M^{-1}s^{-1})$，$k_{s^*(I)_B}=0.1(s^{-1})$，$k_{j(I)_B}=1\times10^{3}(M^{-1}s^{-1})$。核の大きさは $n=2$。

ミロイド形成はアモルファス凝集の速度論による遊離モノマー濃度の制御を通してより効果的に制御されることを示している（図6A）[13]。競合する過程が検出できない場合，例えば非アミロイド型の凝集を検出できない，アミロイドに特異的なアッセイ法（チオフラビンＴ蛍光など）を使った時に上のような速度論的な制御が重要になってくるかもしれない（図6B）[28]。あるいはアミロイド形成のみを検出していると考えている凝集アッセイにおいて，アモルファス凝集の存在に特に敏感なアッセイを使った場合である（図6C）[24, 29]。このような状況が Hall ら[29]において，濁度測定によるタンパク質凝集の検出と関連して調べられた。同じ質量濃度の場合，コンパクト

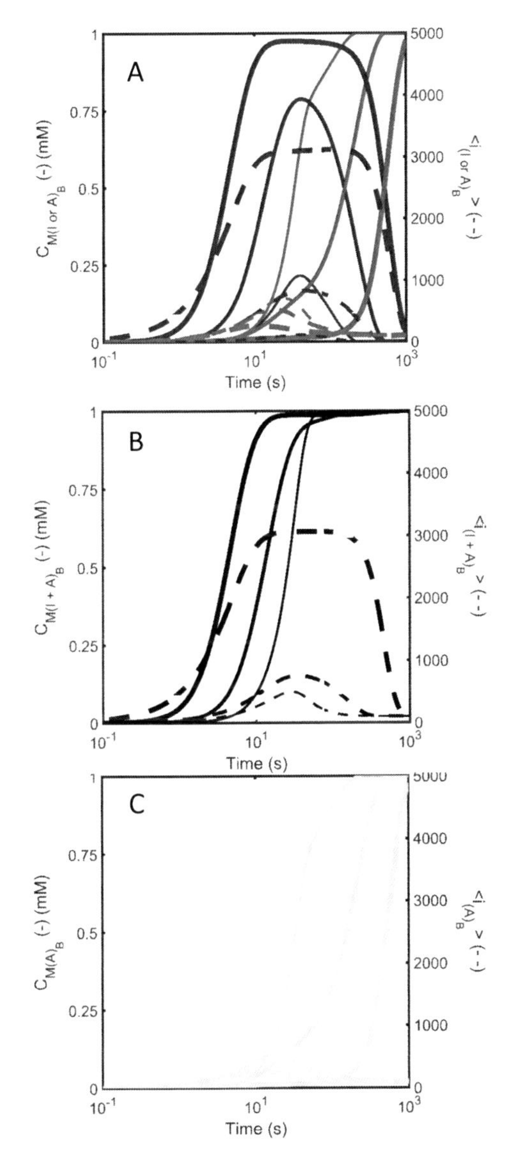

図６　アミロイド形成の速度論は変わらないが，アモルファス凝集の成長定数が増加する３つの場合におけるバルク液相の遊離モノマーをアミロイドと直接的に競合しているアモルファス凝集の成長の速度論
細線 $k_{g(I)_B}=1\times10^4$，中太線 $k_{g(I)_B}=1\times10^5$，太線 $k_{g(I)_B}=1\times10^6(M^{-1}s^{-1})$。3つのパネルはさまざまな凝集の総質量濃度，$C_{M(I)_B}$ と $C_{M(A)_B}$（太線・左軸）および凝集の平均重合度 $\langle i_{(I)_B}\rangle$ と $\langle i_{(A)_B}\rangle$（破線・右軸）を示す。(A) アモルファス凝集（黒線）とアミロイド（灰線）の性質の時間的変化を示す種プロット。(B) 検出する速度論に対する測定原理の影響：分子量を示すシグナル：タンパク質の凝集の測定によくペレット法が用いられる。この方法は高分子種をひとまとめにしてしまう。黒線はシグナルに対してアミロイドとアモルファス凝集が同じだけ貢献するときを示す。(C) 検出する速度論に対する測定原理の影響：シグナルはアミロイド分子のみ反映：アミロイドの測定で広く使われるのはチオフラビンＴ蛍光測定であり，アモルファス凝集は認識しない。アモルファスの系では $k_{g(I)_B}$ の変化以外，他の速度定数は一定である［$k_{n(I)_B}=0.1(M^{-1}s^{-1})$，$k_{s^\circ(I)_B}=0.1(s^{-1})$，$k_{j(I)_B}=1\times10^3(M^{-1}s^{-1})$］。シミュレーションは式(3)と式(5)の連立解を保存関係 $(C_1)_B=(C_1)_{TOT}-C_{M(I)_B}-C_{M(A)_B}$ として行い，アミロイド速度論［$k_{n(A)_B}=1\times10^{-2}(M^{-1}s^{-1})$，$k_{g(A)_B}=1\times10^5(M^{-1}s^{-1})$，$k_{s^\circ(A)_B}=1\times10^{-4}(s^{-1})$，$k_{j(A)_B}=1\times10^3(M^{-1}s^{-1})$］として計算。

なアモルファス凝集は特定な大きさでは対応する棒状な凝集よりも多くの光を散乱し，より高い濁度として測定されることが分かった[29]。

4 アモルファス凝集がアミロイド形成の中間体である場合

上で示した競合的な場合と異なり，式(2b) のモデルのように，アモルファス凝集が必須の中間体としてアミロイド形成を促進する場合があるという報告がある[14, 15, 30]。この促進作用の機構としていくつかの案が出されているが，主なモデルとしてアモルファス凝集の表面における異種核形成[10, 30, 31]および液状のようなアモルファスミクロ相内の同種核形成[14, 32, 33]が挙げられる。続くセクションにおいてこれらの2つの可能性を表現する単純なモデルを開発するのが目標である。そのために，まずアモルファス凝集が構造のない固体から液状相への転移を表現できる方法

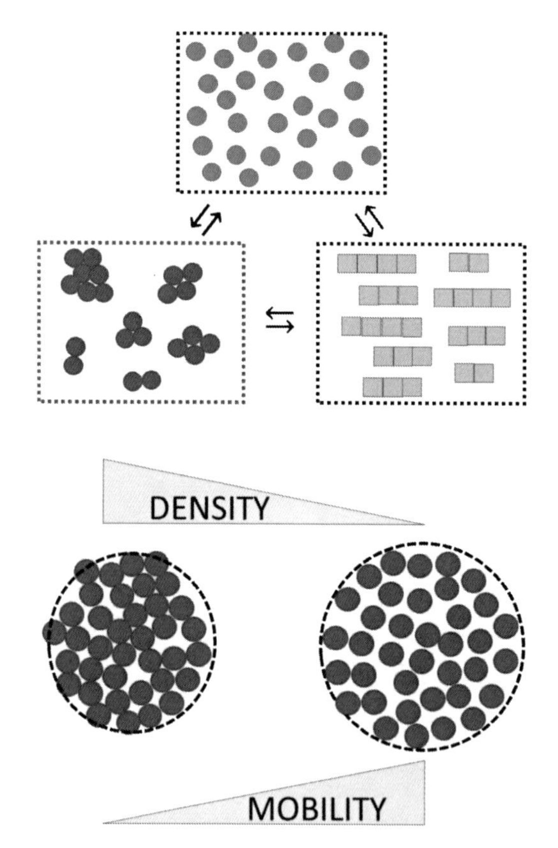

図7　アモルファス凝集を別の相として考えたときの図
液状の性質を移動性パラメーター σ と密度パラメーター ρ によって定義する。凝集のモノマーは相容積に基づいたモル濃度（式(9a)）を割り当てられ，式(9b-d)で示されるように移動性パラメーター σ を使ってこのモノマーがアミロイドを形成する速度を決める二次速度定数を定める。

が必要である。

まずバルクの液相（B）から区別される分散したミクロ相（L）の一部として各アモルファス凝集を表現する（図7）。アモルファスミクロ相の内部液状性質の度合いは，凝集の容積内の内容物の移動性を表すパラメーターσによって決まる。経験的に移動性パラメーターはアモルファス凝集内におけるモノマーの短時間並進拡散係数 $(D_1)_L$ に対するバルクにおける短時間並進拡散係数 $(D_1)_B$ の比として表現する（式(6)）。

$$\sigma = \frac{(D_1)_L}{(D_1)_B} \tag{6}$$

モデルの限界条件としてモノマー成分の移動性が0であり（$\sigma=0$），臨界凍結密度（ρ_*）にあるアモルファス相を「凍った」液体として考えられる。異なる限界条件は凝集内のモノマーがバルク液体と実質的に同じ移動性，すなわち$\sigma=1$とした時で，アモルファス凝集内の充填積によって密度ρは凍結密度よりも低いが，ミクロ相の溶解する臨界分散密度（ρ_c）よりも大きいと考えられる（$\rho_c < \rho < \rho_*$）[34]。ある中間的な密度ρでは，σ_cが相分散点におけるアモルファス凝集のモノマーの移動性とすると，移動性パラメーターは$0 < \sigma \leq \sigma_c < 1$の範囲にある。ここで示したアモルファス相の考えを使い，アミロイド形成をどのように促進するか考察する。

4.1　アミロイドの第2のルートとしてのアモルファス凝集：表面核形成

アモルファス凝集が流動的か凍結状態であるかにかかわらず，バルク溶液に対して表面領域を提示する。はじめにアモルファス凝集が表面に誘導された異種核形成を通してアミロイド形成を促進するというモデルについて考える（図8）[10, 30, 31, 35, 36]。このモデルでは，凝集の表面はモノマー吸着があればアミロイド形成を開始する核となる一定数のサイトを提示している[37〜40]。表面の核形成サイトの総濃度 $(C_X)_{TOT}$（式(7)）は，①提示されている表面積 $S_{\langle i_{(I)_B}\rangle}$（式(5e)）および②単位表面積当たりにある核形成サイトの数 $\epsilon_{\langle i_{(I)_B}\rangle}$（表面の化学的性質や構造構成によって定義される）に依存している。

$$(C_X)_{TOT} = C_{N(I)_B} \cdot S_{\langle i_{(I)_B}\rangle} \cdot \epsilon_{\langle i_{(I)_B}\rangle} \tag{7}$$

式(8)は図8で示しているアミロイドの表面核形成機構の速度論を表す最低限の式を示している。これらの式は表面相を構成するアモルファス凝集の数 $C_{N(I)_B}$ および質量濃度 $C_{M(I)_B}$ の形成速度（式(8a-e)）とアモルファス凝集表面に結合しているアミロイドの数 $C_{N(A)_S}$ および質量濃度 $C_{M(A)_S}$（式(8f-h)）を示している。アモルファス凝集表面に結合しているアミロイドが切断されてモノマーがバルクに放出されるため，バルクにおけるアミロイド伸長の式を少し改変したもの（$C_{N(A)_B}$ および $C_{M(A)_B}$）もこれらの式に含まれている（式(8i-k)）。

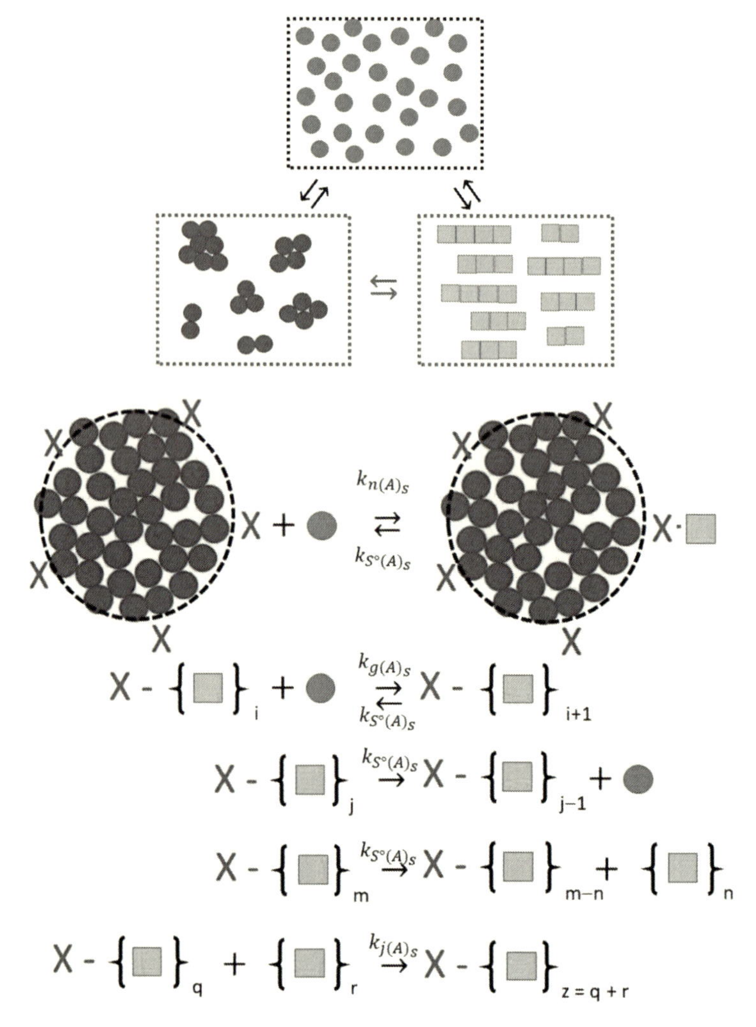

図８　アモルファス凝集の表面におけるアミロイドの核形成の最小限のメカニズム

このモデルではアモルファス凝集の表面はバルク相のモノマーを結合してアミロイド構造状態を形成するような一定の数のサイト（X で示す）がある。この過程は二次速度定数 $k_{n(A)_S}$ によって定められる。この表面アミロイド核自体はさらにモノマーを結合してアミロイドが伸長し，この過程は二次速度定数 $k_{g(A)_S}$ によって定められる。表面アミロイドは線維の端からモノマーが解離するか線維が折れて，折れて遊離した分はバルク相へ失われることによって縮小することができる。表面アミロイドはバルク相の線維と結合することができ，これは二次速度定数 $k_{j(A)_S}$ によって定められる。

$$\frac{dC_{N(I)_B}}{dt}=k_{n(I)_B}\cdot(C_1)_B^2-k_{s^\circ(I)_B}\cdot C_{N(I)_B}\cdot\exp\left[-q\cdot(\langle i_{(I)_B}\rangle-2)\right]-k_{j(I)_B}\cdot(C_{N(I)_B})^2 \tag{8a}$$

$$\frac{dC_{M(I)_B}}{dt}=2\cdot k_{n(I)_B}\cdot(C_1)_B^2+k_{g(I)_B}\cdot C_{N(I)_B}\cdot(C_1)_B-\left(\frac{S_{\langle i_{(I)_B}\rangle}}{S_{\langle i_{(I)_B}\rangle=2}}+1\right)\cdot k_{s^\circ(I)_B}\cdot C_{N(I)_B} \tag{8b}$$

$$\langle i_{(I)_B}\rangle \approx \frac{C_{M(I)_B}}{C_{N(I)_B}} \tag{8c}$$

$$V_{\langle i_{(I)_B}\rangle} = \frac{\langle i_{(I)_B}\rangle \cdot V_1}{\alpha} \tag{8d}$$

$$S_{\langle i_{(I)_B}\rangle} = 4.836 \cdot (V_{\langle i_{(I)_B}\rangle})^{2/3} \tag{8e}$$

$$\frac{dC_{N(A)_S}}{dt} = k_{n(A)_S} \cdot \left[(C_X)_{TOT} - C_{N(A)_S}\right] \cdot (C_1)_B - k_{s^\circ(A)_S} \cdot C_{N(A)_S} \tag{8f}$$

$$\frac{dC_{M(A)_S}}{dt} = k_{n(A)_S} \cdot \left[(C_X)_{TOT} - C_{N(A)_S}\right] \cdot (C_1)_B + k_{g(A)_S} \cdot C_{N(A)_S} \cdot (C_1)_B$$
$$- k_{s^\circ(A)_S} \cdot C_{N(A)_S} \cdot \Sigma_{m=1}^{m=\langle i_{(A)S}\rangle} m + k_{j(A)_S} \cdot (C_{N(A)_S}) \cdot (C_{N(A)_B}) \cdot \langle i_{(A)_B}\rangle \tag{8g}$$

$$\langle i_{(A)_S}\rangle \approx \frac{C_{M(A)_S}}{C_{N(A)_S}} \tag{8h}$$

$$\frac{dC_{N(A)_B}}{dt} = k_{n(A)_B} \cdot (C_1)_B^2 + k_{s^\circ(A)_S} \cdot C_{N(A)_S} \cdot \langle i_{(A)_S}\rangle + k_{s^\circ(A)_B} \cdot C_{N(A)_B} \cdot \left[\langle i_{(A)_B}\rangle - 3\right]$$
$$- k_{j(A)_B} \cdot (C_{N(A)_B})^2 - k_{j(A)_S} \cdot (C_{N(A)_S}) \cdot (C_{N(A)_B}) \tag{8i}$$

$$\frac{dC_{M(A)_B}}{dt} = 2 \cdot k_{n(A)_B} \cdot (C_1)_B^2 + k_{g(A)_B} \cdot C_{N(A)_B} \cdot C_1 - 2 \cdot k_{s^\circ(A)_B} \cdot C_{N(A)_B}$$
$$+ k_{s^\circ(A)_S} \cdot C_{N(A)_S} \cdot \Sigma_{m=1}^{m=\langle i_{(A)S}\rangle - 1} m - k_{j(A)_S} \cdot (C_{N(A)_S}) \cdot (C_{N(A)_B}) \cdot \langle i_{(A)_B}\rangle \tag{8j}$$

$$\langle i_{(A)_B}\rangle \approx \frac{C_{M(A)_B}}{C_{N(A)_B}} \tag{8k}$$

図９は表面核形成機構を導入するのに必要な５つの追加パラメーターの一部を示している。特に，表面核形成サイトの総数 $(C_X)_{TOT}$（$\epsilon_{\langle i_{(I)_B}\rangle}$の変形より）および表面アミロイド切断速度 $k_{s^\circ(A)_S}$

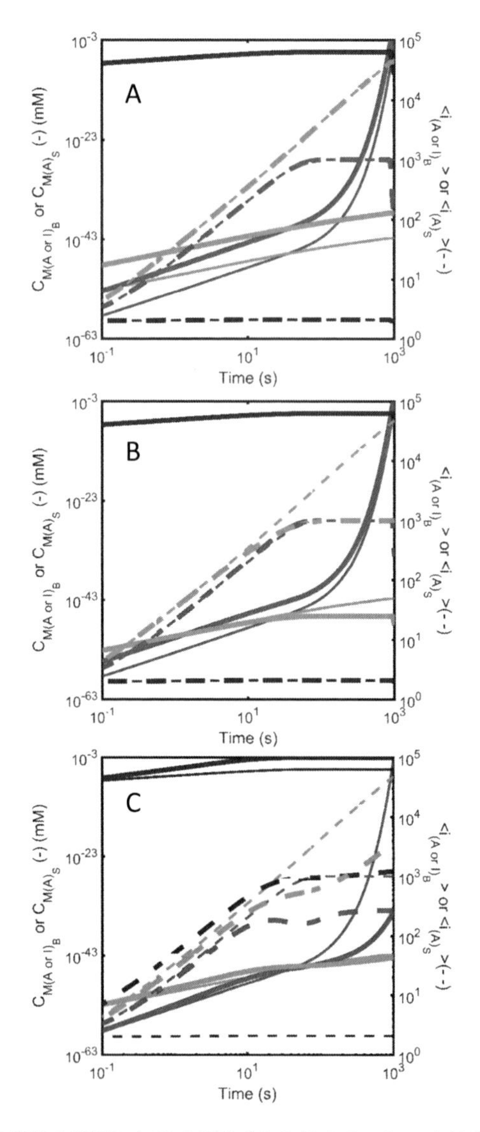

図９　アモルファス凝集の表面における核形成から起きるアミロイド成長の速度論（式(8)）

表面に結合して成長するアミロイド（薄灰線），バルク相で成長するアミロイド（濃灰線）とアモルファス凝集（黒線）の総質量濃度（太線・左軸）と平均重合度（破線・右軸）。(A) アモルファス凝集の単位面積当たりの核形成サイトの数 $\epsilon\langle i_{(I)_B}\rangle$ の変化の効果：パラメーター $\epsilon\langle i_{(I)_B}\rangle$ を $\epsilon\langle i_{(I)_B}\rangle=1\times10^{-5}\,\epsilon_{max}$（細線）から $\epsilon\langle i_{(I)_B}\rangle=\epsilon_{max}$（with ϵ_{max} は球体の吸収モノマーの投射部の逆数，すなわち $\epsilon_{max}=1/(\pi\cdot R_1^{\,2})$ と定義）へ変化させた。(B) 表面に結合したアミロイドの切断速度定数 $k_{s^\circ(A)_S}$ の変化の効果：アモルファス凝集の表面に結合しているアミロイドの切断速度定数 $k_{s^\circ(A)_S}$ を $k_{s^\circ(A)_S}=1\times10^{-4}(s^{-1})$（細線）から $k_{s^\circ(A)_S}=0.1(s^{-1})$（太線）へ変化させた。(C) アモルファス凝集の成長速度定数 $k_{g(I)_B}$ の変化の効果：アモルファス凝集の成長速度定数を $k_{g(I)_B}=1\times10^2(M^{-1}s^{-1})$（細線）から $k_{g(I)_B}=1\times10^5(M^{-1}s^{-1})$（太線）へ変化させた。これらのシミュレーションではバルク相のアミロイド速度論は変化せず［$k_{n(A)_B}=0(M^{-1}s^{-1})$，$k_{g(A)_B}=1\times10^5(M^{-1}s^{-1})$，$k_{s^\circ(A)_B}=1\times10^{-4}(s^{-1})$，$k_{j(A)_B}=1\times10^3(M^{-1}s^{-1})$］，特に指定がない限り，アモルファス凝集は［$k_{n(I)_B}=0.1(M^{-1}s^{-1})$，$k_{g(I)_B}=1\times10^2(M^{-1}s^{-1})$，$k_{s^\circ(I)_B}=0.1(s^{-1})$，$k_{j(I)_B}=1\times10^3(M^{-1}s^{-1})$］，アミロイド表面速度論は［$k_{n(A)_S}=0.01(M^{-1}s^{-1})$，$k_{g(A)_B}=1\times10^5(M^{-1}s^{-1})$，$k_{s^\circ(A)_S}=1\times10^{-4}(s^{-1})$，$k_{j(A)_S}=1\times10^3(M^{-1}s^{-1})$］の速度定数で定められる。

の変化の効果を調べる。また，図9ではアモルファス凝集成長速度定数 $k_{g(I)_B}$ を変え，表面アミロイド伸長速度を調べる。ここでは考察しないが，系における表面あるいはバルクの同種核形成機構よりアミロイド形成を開始させる能力を変えることによって，アモルファス凝集とアミロイド形成が互いに競合する状態（式(2a)）から，アモルファス凝集がアミロイドの核形成の唯一の機構（式(2b)）である状況，そして最後にアモルファス凝集がアミロイド形成と競合かつ促進する（式(2c)）状態が考えられる。この最後の例は表面およびバルクの核形成と伸長速度がいずれも0より大きい場合である，すなわち，[$k_{n(A)_S} \geq 0$，$k_{n(A)_B} \geq 0$] および [$k_{g(A)_S} \geq 0$，$k_{g(A)_B} \geq 0$] である。

4.2　アミロイドの第2のルートとしてのアモルファス凝集：液相核形成

図10はアモルファス凝集で構成される別の液状相におけるアミロイド核形成を表している。L相とB相における容積の違いを考慮するための補正項，$\beta = \left(\frac{V_B}{V_L}\right)$ を使うことによってアモルファスなミクロ相内におけるモノマー密度に基づいてモノマーの有効濃度 $(C_1)_L$（単位はmoles/L）を式(9a)で求めることができる。これによりバルク相の遊離モノマー濃度は $(C_1)_B D$ と表される。凝集内の成分の移動性に基づいて，対応するバルク相の値に σ をかけることによって二分子速度定数を求めることができる（式(9b–d)）。

$$(C_1)_L = \beta \cdot C_{M(I)_B} \tag{9a}$$

$$k_{n(A)_L} = \sigma \cdot k_{n(A)_B} \tag{9b}$$

$$k_{g(A)_L} = \sigma \cdot k_{g(A)_B} \tag{9c}$$

$$k_{j(A)_L} = \sigma \cdot k_{j(A)_B} \tag{9d}$$

上の2つの再スケーリングを行うことにより，バルク相における同種核形成の式（式(3)）とともに2つの追加の速度定数 $k_{P(A)_L}$ と $k_{P(A)_B}$ を使用すれば，アモルファス液ミクロ相内におけるアミロイドの同種核形成を表すことができる。速度定数 $k_{P(A)_L}$ と $k_{P(A)_B}$ はアミロイドのアモルファス液相（L）への分配とバルク液相（B）への分配をそれぞれ定めている（式(10a–c)）。アモルファス液相内のアミロイドの同種核形成はアモルファス凝集形成を表す式を書き換え（式(10d–i)），補足項を速度式に加えたり（式(10d, e)），アモルファス凝集の容積を表し（式(10g)），表面積（式(10h)）とより詳しい表面積の表現をバルク液容積Zあたりの全表面として式(10i)で表している。バルク相内のアミロイド形成の式(3)は補足項による修正が必要である（式(10j–l)）。式(10)のすべてを通して，バルク（B）相とアモルファス液（L）相の間の物質移動の相殺に容積補正項 β を使用している。アモルファス凝集は普通の成長および内部におけるアミロイド形成による大きさの増減によって容積は常に変わっており，補正項 β は数値積分サイクル毎に再評価が必要であ

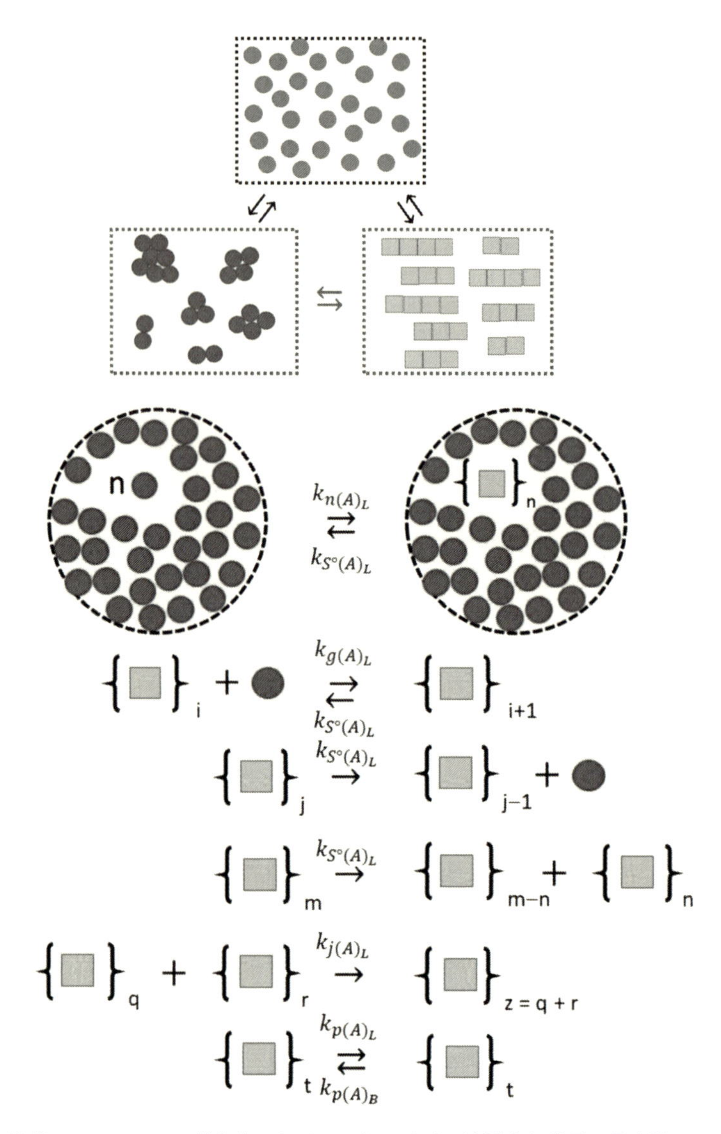

図10　液状のアモルファス凝集内におけるアミロイドの核形成と成長の最小限のメカニズム
液状のアモルファス凝集内（L相）においてアミロイドがどのように核形成と成長をするかを示す最小限のメカニズム。このメカニズムは式(3)で示すバルク相の核をもとにした成長とだいたい同じであり，核形成は2分子付加反応として考え（なので核の大きさは$n=2$），二次核形成速度定数 $k_{n(A)_L}$ によって定める。線維伸長はモノマー付加と線維同士の端と端の結合によってそれぞれ二次速度定数 $k_{g(A)_L}$ と $k_{j(A)_L}$ によって定める。線維縮小は線維の端あるいは線維が折れてモノマーの解離が起き，サイト切断速度は一次速度定数 $k_{s^\circ(A)_L}$ で定める。2つの分配係数によってアモルファス液相からバルク相へ（$k_{P(A)_L}$），そしてバルク相からアモルファス液相へ（$k_{P(A)_B}$）の転移を示す。

る。暗黙的なβの式化は式(10g)と式(10m)で示すように，アモルファス凝集の総容積がアモルファスとアミロイド成分の加算による。式(10n)はその分析的解法を計算する方法を示す。補正項βを使用することによってバルク（B）相の遊離モノマー濃度が式(10o)から求まる。

$$\frac{dC_{N(A)_L}}{dt}=k_{n(A)_L}\cdot(C_1)_L^2+k_{s^\circ(A)_L}\cdot C_{N(A)_L}\cdot\left[\langle i_{(A)_L}\rangle-3\right]$$

$$-k_{j(A)_L}\cdot(C_{N(A)_L})^2-k_{P(A)_L}\cdot Z_{\langle i_{(I)_B}\rangle}\cdot(C_{N(A)_L})+\beta\cdot k_{P(A)_B}\cdot Z_{\langle i_{(I)_B}\rangle}\cdot(C_{N(A)_B}) \tag{10a}$$

$$\frac{dC_{M(A)_L}}{dt}=2\cdot k_{n(A)_L}\cdot(C_1)_L^2+k_{g(A)_L}\cdot C_{N(A)_L}\cdot(C_1)_L-2\cdot k_{s^\circ(A)_L}\cdot C_{N(A)_L}$$

$$-k_{P(A)_L}\cdot Z_{\langle i_{(I)_B}\rangle}\cdot(C_{N(A)_L})\cdot\langle i_{(A)_L}\rangle+\beta\cdot k_{P(A)_B}\cdot Z_{\langle i_{(I)_B}\rangle}\cdot(C_{N(A)_B})\cdot\langle i_{(A)_B}\rangle \tag{10b}$$

$$\langle i_{(A)_L}\rangle\approx\frac{C_{M(A)_L}}{C_{N(A)_L}} \tag{10c}$$

……………………………………………………………………………………………

$$\frac{dC_{N(I)_B}}{dt}=k_{n(I)_B}\cdot(C_1)_B^2-k_{s^\circ(I)_B}\cdot C_{N(I)_B}\cdot\exp\left[-q\cdot(\langle i_{(I)_B}\rangle-2)\right]-k_{j(I)_B}\cdot(C_{N(I)_B})^2$$

$$-\left(\frac{\exp\left[-r\cdot(\langle i_{(I)_B}\rangle-2)\right]}{\beta}\right)\cdot\left[k_{n(A)_L}\cdot(C_1)_L^2+k_{g(A)_L}\cdot(C_{N(A)_L})\cdot(C_1)_L\right] \tag{10d}$$

$$\frac{dC_{M(I)_B}}{dt}=2\cdot k_{n(I)_B}\cdot(C_1)_B^2+k_{g(I)_B}\cdot C_{N(I)_B}\cdot(C_1)_B-\left(\frac{S_{\langle i_{(I)_B}\rangle}}{S_{\langle i_{(I)_B}\rangle=2}}+1\right)\cdot k_{s^\circ(I)_B}\cdot C_{N(I)_B}$$

$$+\left(\frac{1}{\beta}\right)\cdot\left[-2\cdot k_{n(A)_L}\cdot(C_1)_L^2-k_{g(A)_L}\cdot(C_{N(A)_L})\cdot(C_1)_L+2\cdot k_{s^\circ(A)_L}\cdot C_{N(A)_L}\right] \tag{10e}$$

$$\langle i_{(I)_B}\rangle\approx\frac{C_{M(I)_B}}{C_{N(I)_B}} \tag{10f}$$

$$V_{\langle i_{(I)_B}\rangle}=\langle i_{(I)_B}\rangle\cdot\left(\frac{V_1}{\alpha}\right)+\left(\frac{C_{M(A)_L}}{\beta\cdot C_{M(I)_B}}\right)\cdot\langle i_{(A)_L}\rangle\cdot V_1 \tag{10g}$$

$$S_{\langle i_{(I)_B}\rangle}=4.836\cdot(V_{\langle i_{(I)_B}\rangle})^{2/3} \tag{10h}$$

$$Z = 4836 \cdot N_{AV} \cdot C_{N(I)_B} \cdot \left(V_{\langle i_{(I)_B} \rangle}\right)^{2/3} \tag{10i}$$

....

$$\frac{dC_{N(A)_B}}{dt} = k_{n(A)_B} \cdot (C_1)_B^2 + k_{s^\circ (A)_B} \cdot C_{N(A)_B} \cdot \left[\langle i_{(A)_B} \rangle - 3\right]$$
$$- k_{j(A)_B} \cdot (C_{N(A)_B})^2 + \left(\frac{1}{\beta}\right) \cdot k_{P(A)_L} \cdot Z_{\langle i_{(I)_B} \rangle} \cdot C_{N(A)_L} - k_{P(A)_B} \cdot Z_{\langle i_{(I)_B} \rangle} \cdot (C_{N(A)_B}) \tag{10j}$$

$$\frac{dC_{M(A)_B}}{dt} = 2 \cdot k_{n(A)_B} \cdot (C_1)_B^2 + k_{g(A)_B} \cdot C_{N(A)_B} \cdot (C_1)_B - 2 \cdot k_{s^\circ (A)_B} \cdot C_{N(A)_B}$$
$$+ \left(\frac{1}{\beta}\right) \cdot k_{P(A)_L} \cdot Z_{\langle i_{(I)_B} \rangle} \cdot C_{N(A)_L} \cdot \langle i_{(A)_L} \rangle - k_{P(A)_B} \cdot Z_{\langle i_{(I)_B} \rangle} \cdot (C_{N(A)_B}) \cdot \langle i_{(A)_B} \rangle \tag{10k}$$

$$\langle i_{(A)_B} \rangle \approx \frac{C_{M(A)_B}}{C_{N(A)_B}} \tag{10l}$$

....

$$\beta = \left[\langle i_{(I)_B} \rangle \cdot \left(\frac{V_1}{\alpha}\right) + \left(\frac{C_{M(A)_L}}{\beta \cdot C_{M(I)_B}}\right) \cdot \langle i_{(A)_L} \rangle \cdot V_1\right] \cdot C_{N(I)_B} \cdot N_{AV} \cdot 1000 \tag{10m}$$

$$\beta = \frac{\langle i_{(I)_B} \rangle \cdot \left(\frac{V_1}{\alpha}\right) - \sqrt{\left[\langle i_{(I)_B} \rangle \cdot \left(\frac{V_1}{\alpha}\right)\right]^2 + \left(\frac{4 \cdot C_{M(A)_L} \cdot \langle i_{(A)_L} \rangle \cdot V_1}{1000 \cdot N_{AV} \cdot C_{N(I)_B} \cdot C_{M(I)_B}}\right)}}{-2/(1000 \cdot N_{AV} \cdot C_{N(I)_B})} \tag{10n}$$

....

$$(C_1)_B = (C_1)_{TOT} - C_{M(I)_B} - C_{M(A)_B} - \left(\frac{1}{\beta}\right) \cdot C_{M(A)_L} \tag{10o}$$

図 11 はアモルファス液相内において起こりうる他の同種核形成機構を表すのに必要な 3 つの追加パラメーター，アモルファス相内のモノマーの移動性 σ，アモルファス相からバルク相へのアミロイドの移動の分配係数 $k_{P(A)_L}$，およびバルクからアモルファス相へのアミロイドの移動の分配係数 $k_{P(A)_B}$ の変化の影響を示している。アモルファス液相内のモノマーの移動性を減少させると，異なる同種核形成機構の重要度が下がるので実質的には 0 となり，アモルファス凝集とアミロイド形成が互いに競合するような系（式(2a)）からアモルファス凝集がアミロイド核形成の唯一のメカニズムである系（式(2b)）から最後にはアモルファス凝集がアミロイド線維形成と競

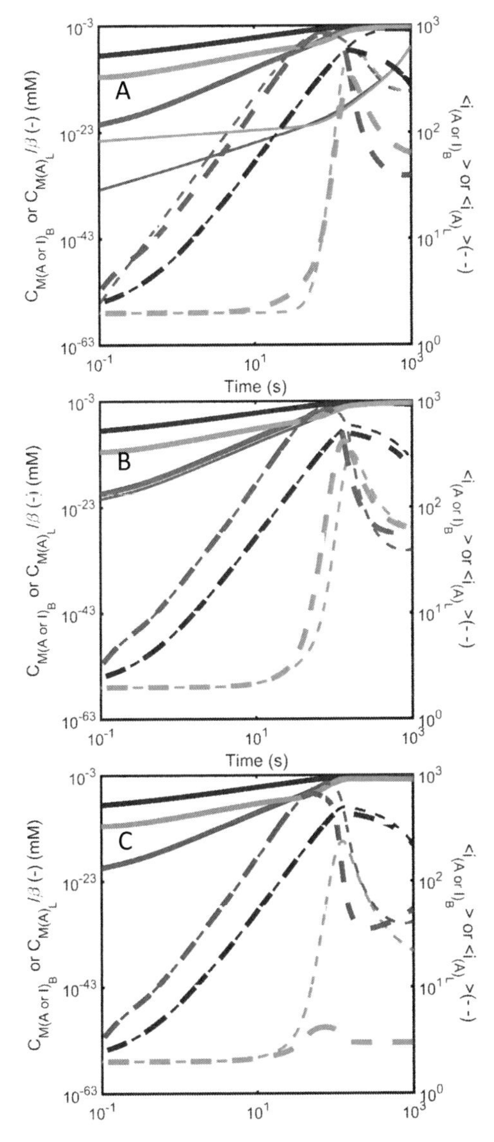

図11　アモルファス凝集内の液状相における核形成からのアミロイド伸長のメカニズム（式⑽）
総質量濃度（太線・左軸）と平均の重合度（破線・右軸）で表す。薄灰色はアモルファス液相内で伸びるアミロイド，濃灰色はバルク相のアミロイド，黒色はアモルファス凝集。（A）液相内のモノマーの移動性パラメーターσの変化の効果：の値を２つの極限の間で変化させた。$\sigma=1\times10^{-15}$（細線），$\sigma=1\times10^{-20}$（細線），$\sigma=1\times10^{-5}$（太線）。（B）アモルファス相からバルク相へのアミロイドの分配係数$k_{P(A)_L}$の変化の効果。$k_{P(A)_L}=5\times10^{-10}(m\cdot s^{-1})$（細線）から$k_{P(A)_L}=5\times10^{-9}(m\cdot s^{-1})$へ変化させた（$k_{P(A)_B}=1\times10^{-10}(m\cdot s^{-1})$のとき）。（C）アモルファス相内のアミロイド伸長における切断速度定数$k_{s^\circ(A)_L}$の変化の効果：$k_{s^\circ(A)_L}$の値を２つの極限の間で変化させた。$k_{s^\circ(A)_L}=1\times10^{-4}(s^{-1})$（細線），$k_{s^\circ(A)_L}=0.1(s^{-1})$（太線）。特に指定のない限り，他の速度定数は次のように設定した：バルク相のアミロイド形成［$k_{n(A)_B}=0(M^{-1}s^{-1})$，$k_{g(A)_B}=1\times10^{5}(M^{-1}s^{-1})$，$k_{s^\circ(A)_B}=1\times10^{-4}(s^{-1})$，$k_{j(A)_B}=1\times10^{3}(M^{-1}s^{-1})$；$n=2$］。バルク相のアモルファス凝集形成［$k_{n(I)_B}=0.01(M^{-1}s^{-1})$，$k_{g(I)_B}=1\times10^{4}(M^{-1}s^{-1})$，$k_{s^\circ(I)_B}=0.01(s^{-1})$，$k_{j(I)_B}=0(M^{-1}s^{-1})$］。アモルファス液相のアミロイド形成［$\sigma=1\times10^{-5}$，$k_{n(A)_L}=\sigma\cdot0.01(M^{-1}s^{-1})$，$k_{g(A)_L}=\sigma\cdot1\times10^{5}(M^{-1}s^{-1})$，$k_{s^\circ(A)_L}=0(s^{-1})$，$k_{j(A)_L}=0(M^{-1}s^{-1})$；$n=2$］。

合かつ促進するような系（式(2c)）において，凝集内部の流動性・移動性が系の速度論的挙動を決定する因子となる。

結論

初期におけるアミロイド形成の速度論のメカニズムの研究ではアクチンやチューブリンの組み立ての解析に使用された一次元的核化成長モデルを用いた[7,19,20,41〜43]。これらのメカニズムに基づいたモデルの使用する科学的な正当化としてタンパク質凝集の過程が似ており，双方ともにある臨界濃度以上のモノマーから出発し，秩序だった内部配置を持つ繊維状のタンパク質の構造形成が関わっていることが挙げられる[7,44〜46]。これらのモデルのアミロイド核形成は単一のバルク液相においてモノマー間における低分子性の会合イベントとして設定され[e.g. 47,48]，この特徴から「同種核形成」と呼ばれることがある[44,49]。実験の速度論的データへのフィッティングという観点から，同種核形成は少し形を変えるだけで[44,50〜52]非常に柔軟な対応が可能なため，いかなる時間依存性のある挙動に沿うことができた[53]。この柔軟性が速度定数と臨界核を定めた同種核形成モデルは信ぴょう性のある非線形回帰分析に基づく定量的な研究を可能にしている[44,50〜53]。過去30年にわたるさまざまな実験や粒子シミュレーションの研究はアミロイドの核形成に関して同種モデルに限定する必要はないことを示しており，例えば2つ目の過程，成分や相のある異なる核形成の方法が可能かもしれない[30)※4]。頻繁に取り上げられる二次的な核形成過程は①線維フラグメント化[21〜23]，②表面間核形成[10,30,31,35,36]，および③2つ目の液相内における同種核形成[14,16,32,33]などである。しかし，ここで示したモデルのように，上に挙げた二次的核形成をまとめて扱うものは今までなかった。

我々のモデルのアプローチはアモルファス凝集を2つ目の液相として捉え，その液状の性質は凝集内にあるモノマーの移動性σで定めている。単純性を保つため，アモルファス液相を標準的な幾何学（ここでは球面幾何学）としてモデル化し，続く二次的な面間核形成過程の評価に使うアモルファス相表面積や二次同種核形成の評価のためのアモルファス相体積を計算することができる。この章で示している例では正確な形は重要ではないが，示したアプローチを実際使用する場合は実際の数値を原子間力顕微鏡や透過型電子顕微鏡写真の解析から得ることができる[54,55]。同様に移動性の度合いσもアモルファス凝集内のモノマーの並進拡散係数を蛍光色素ラベル化したモノマーを光退色法や一分子実験を使って決めることができる[33,54,56]。

ここで紹介したモデルはパラメーターが多いので実験データの解析には実用的ではないという批判があるかもしれない。しかし，現時点ではこの問題に対してマクロなモデルを適用した例はない。この章で紹介したモデルが式(2c)で示したような競合と促進のメカニズムを認識して研究する上の手助けとなればと筆者らは思う。

※4　面間の境界や異なる相において起こる二次核形成過程を異種核形成という。

謝辞

DH はオーストラリア国立大学（ANU）シニア・リサーチ・フェローシップと大阪大学蛋白質研究所の客員准教授として研究のサポートを受けている。DH は 2018 年 7 月から 2 か月間におよんで客員フェローとして経済的支援を受けることを可能にした米国 NIH（NIDDK）の生化学・遺伝学研究室に感謝を表明する。NH は日ごろから堂インターナショナルをサポートしている関係者に感謝を表明する。

文　　献

1) P. S. Kim & R. L. Baldwin, *Annu. Rev. Biochem.*, **51** (1), 459 (1982)
2) K. Kuwajima, *Proteins: Struct. Funct. Bioinform.*, **6** (2), 87 (1987)
3) R. L. Baldwin, *Fold. Des.*, **1** (1), R1 (1996)
4) K. A. Dill & H. S. Chan, *Nat. Struct. Biol.*, **4** (1), 10 (1997)
5) D. S. Eisenberg & M. R. Sawaya, *Annu. Rev. Biochem.*, **86**, 69 (2017)
6) R. Mezzenga & P. Fischer, *Rep. Prog. Phys.*, **76** (4), 046601 (2013)
7) D. Hall & H. Edskes, *Biophys. Rev.*, **4** (3), 205 (2012)
8) S. M. Dorta-Estremera *et al.*, *J. Vis. Exp.*, (82), 50869 (2013)
9) L. Goldschmidt *et al.*, *Proc. Natl. Acad. Sci. USA*, **107** (8), 3487 (2010)
10) M. Zhu *et al.*, *J. Biol. Chem.*, **277** (52), 50914 (2002)
11) Z. Qin *et al.*, *Biochemistry*, **46** (11), 3521 (2007)
12) V. Vetri *et al.*, *Biophys. Chem.*, **125** (1), 184 (2007)
13) D. Hall *et al.*, *FEBS Lett.*, **589** (6), 672 (2015)
14) H. D. Nguyen & C. K. Hall, *Proc. Natl. Acad. Sci. USA*, **101** (46), 16180 (2004)
15) S. Auer *et al.*, *PLoS Comput. Biol.*, **4** (11), e1000222 (2008)
16) S. Auer *et al.*, *J. Mol. Biol.*, **422** (5), 723 (2012)
17) A. L. Fink, *Fold. Des.*, **3** (1), R9 (1998)
18) C. Wu and J. E. Shea, *Curr. Opin. Struct. Biol.*, **21** (2), 209 (2011)
19) F. Oosawa & M. Kasai, *J. Mol. Biol.*, **4** (1), 10 (1962)
20) F. Oosawa & S. Asakura, Thermodynamics of the polymerization of protein, Academic Press (1975)
21) J. Masel *et al.*, *Biophys. Chem.*, **77** (2-3), 139 (1999)
22) D. Hall & H. Edskes, *J. Mol. Biol.*, **336** (3), 775 (2004)
23) D. Hall & H. Edskes, *Biophys. Chem.*, **145** (1), 17 (2009)
24) R. Zhao *et al.*, *Biophys. Rev.*, **8** (4), 445 (2016)
25) K. J. Binger *et al.*, *J. Mol. Biol.*, **376** (4), 1116 (2008)
26) C. H. Bennett, *J. Appl. Phys.*, **43**, 2727 (1972)
27) M. von Smoluchowski, *Z. Phys. Chem.*, **92**, 129 (1917)
28) M. R. Nilsson, *Methods*, **34** (1), 151 (2004)
29) D. Hall *et al.*, *Anal. Biochem.*, **498**, 78 (2016)

30) F. Grigolato *et al., ACS Nano*, **11** (11), 11358 (2017)
31) V. Fodera *et al., J. Phys. Chem. B*, **112** (12), 3853 (2008)
32) S. C. Weber & C. P. Brangwynne, *Cell*, **149** (6), 1188 (2012)
33) Y. Shin & C. P. Brangwynne, *Science*, **357** (6357), pii: eaaf4382 (2017)
34) T. Gillespie & E. K. Rideal, *Trans. Faraday Soc.*, **52**, 173 (1956)
35) S. Linse *et al., Proc. Natl. Acad. Sci. USA*, **104** (21), 8691 (2007)
36) A. Nayak *et al., Biochem. Biophys. Res. Commun.*, **369** (2), 303 (2008)
37) D. Hall, *Anal. Biochem.*, **288** (2), 109 (2001)
38) D. Hall, Handbook of Surface Plasmon Resonance, p.81, Royal Society of Chemistry (2008)
39) A. Nayak *et al., Biochem. Biophys. Res. Commun.*, **369** (2), 303 (2008)
40) G. Thakur *et al., Colloids Surf. B Biointerfaces*, **74** (2), 436 (2009)
41) R. Lumry & H.Eyring, *J. Phys. Chem.*, **58**, 110 (1954)
42) D. Hall & A. P. Minton, *Biophys. Chem.*, **98** (1-2), 93 (2002)
43) D. Hall & A. P. Minton, *Biophys. Chem.*, **107** (3), 299 (2004)
44) A. Lomakin *et al., Proc. Natl. Acad. Sci. USA*, **93** (3), 1125 (1996)
45) P. T. Lansbury, *Proc. Natl. Acad. Sci. USA*, **96** (7), 3342 (1999)
46) N.Carulla *et al., Nature*, **436** (7050), 554 (2005)
47) D. Hall *et al., J. Mol. Biol.*, **351** (1), 195 (2005)
48) D. Hall & N. Hirota, *Biophys. Chem.*, **140** (1-3), 122 (2009)
49) D. W. Oxtoby, *J. Phys. Condens. Mat.*, **4** (38), 7627 (1992)
50) M. M. Pallitto & R. M. Murphy, *Biophys. J.*, **81** (3), 1805 (2001)
51) W. F. Xue *et al., Proc. Natl. Acad. Sci. USA*, **105** (26), 8926 (2008)
52) J. S. Schreck & J. M. Yuan, *J. Phys. Chem. B*, **117** (21), 6574 (2013)
53) L. Bentea *et al., J. Phys. Chem. C*, **121** (9), 5302 (2017)
54) D. Hall, *Anal. Biochem.*, **421** (1), 262 (2012)
55) I. Usov & R. Mezzenga, *Macromolecules*, **48** (5), 1269 (2015)
56) D. Hall & M. Hoshino, *Biophys. Rev.*, **2** (1), 39 (2010)

第8章　溶解性の網羅的解析と機械学習予測

五島直樹[*1]，河村義史[*2]，
廣瀬修一[*3]，野口　保[*4]

1　溶解性のプロテオーム解析

筆者らは，タンパク質の網羅的かつ系統的な機能解析―プロテオミクス―を可能にするため，新エネルギー・産業技術総合開発機構（NEDO）が実施した「完全長cDNA構造解析プロジェクト（FLプロジェクト）」で取得されたヒト完全長cDNAクローン（FLJ cDNAクローン）を使用して，網羅的ヒトタンパク質発現基盤の構築を進めてきた[1)]。NEDO「タンパク質機能解析・活用プロジェクト」において，ヒト完全長cDNAクローンのタンパク質をコードするORF（open reading frame）部分をGatewayクローニング技術[2)]を用いてエントリークローンを作製し，ヒトプロテオーム発現リソース（human proteome expression resource：HuPEX）を構築した[3)]。Gatewayテクノロジーは短時間に目的のDNA断片を他のDNAに正確に挿入する*in vitro*の部位特異的DNA組換え技術である。これまでの遺伝子工学的手法と大きく異なり，制限酵素やDNAリガーゼなどを用いず，ラムダファージDNAと大腸菌ゲノムDNAの部位特異的組換えを応用して試験管内でDNA組換え反応を行うものである[2)]。

タンパク質の合成システムにはさまざまな系が存在し，それぞれ特徴を持つ。筆者らはタンパク質合成の成功率と実験の簡便性に焦点を当て，ヒトのタンパク質を網羅的に発現する上でどの合成システムが適しているかを評価した。そのために，分子量の異なる26種類の可溶性タンパク質と24種類の膜タンパク質合計50種類を選び，それらをコードするGatewayエントリークローン[※1]から*in vivo*あるいは*in vitro*の6種類の合成システムを用いてタンパク質合成を行いその合成量を比較した。その結果，コムギ胚芽無細胞合成系[4〜6)]が最もよく，当該システムを汎用タンパク質合成に用いる合成システムとして選択した[3)]。また，タンパク質合成のコスト，スケールアップの容易さを考慮して，大腸菌発現系も選択した。

コムギ胚芽無細胞合成系を用いて網羅的にヒトタンパク質合成を行うにあたり，筆者らはタン

＊1　Naoki Goshima　産業技術総合研究所　創薬分子プロファイリング研究センター　機能プロテオミクスチーム　研究チームリーダー

＊2　Yoshifumi Kawamura　バイオ産業情報化コンソーシアム　JBIC研究所　特別研究員

＊3　Shuichi Hirose　長瀬産業㈱　ナガセR&Dセンター　センター長付

＊4　Tamotsu Noguchi　明治薬科大学　薬学教育研究センター　数理科学部門　生命情報科学研究室　教授

パク質合成を短時間かつハイスループットで行うことのできる新手法を開発した。従来の方法では，エントリークローンとデスティネーションベクターのLR反応（attL配列とattR配列の部位特異的組換え反応）後，大腸菌に形質転換を行い，生育するコロニーを培養して発現クローンプラスミドを回収する。このプラスミドを鋳型として *in vitro* 転写（SP6 RNAポリメラーゼ）を行い，得られたRNAをコムギ胚芽抽出液に加えてタンパク質合成を行わせる必要があった。一方，筆者らが開発した新手法を使うことによって，極微量のエントリークローンとデスティネーションベクターを使用してLR反応を行った後，この反応液を直接PCRによって鋳型DNAを増幅し，*in vitro* 転写によって合成したRNAを用いることによって，無細胞タンパク質合成を行うことが可能になる。反応溶液の一部を次の反応バッファーに加えて反応を行うことにより，反応溶液の移し替えのみで鋳型DNAの合成からタンパク質合成まで可能になる。このシステムは96または384ウェルプレートによってハイスループットにタンパク質合成を行う目的に非常に適している。

コムギ胚芽無細胞合成系で合成するタンパク質はHisタグ融合タンパク質の合成効率がネイティブタンパク質の合成効率とほぼ一致することから，ヒトタンパク質本来の性状に近い情報を得るために，合成するタンパク質はすべてORFのC末端にHisタグあるいはV5-Hisタグを融合した形で合成を行った。合成反応終了後の反応液全画分と遠心分離（10,000×*g*，10分，4℃）した後に回収した上清（可溶性）画分のそれぞれについてSDS-ポリアクリルアミドゲル電気泳動（SDS-PAGE）を行い，抗V5抗体や抗His抗体を用いたウェスタンブロッティングあるいはオートラジオグラフィーによって合成タンパク質の可溶性を解析した。

一方，大腸菌による *in vivo* タンパク質合成系としては，タンパク質の高発現のためによく用いられる，T7 RNAポリメラーゼとT7プロモーターを用いたpETシステムを使用した。大腸菌宿主はBL21（DE3）を使用し，タンパク質ORFのC末端にHisタグあるいはV5-Hisタグを融合した形で合成を行った。タンパク質発現を行った大腸菌を超音波破砕処理を行い，遠心分離（10,000×*g*，10分，4℃）した後に回収した上清（可溶性）画分と全画分を上記と同様に可溶性の解析を行った[7]。

2 タンパク質溶解性や凝集性のデータベース

タンパク質の生産は，構造生物学，分子生物学，生化学など，それ自身の機能や性質の解明を目的とした基礎的な研究分野だけでなく，診断，治療，創薬といった医療産業分野においても大きな問題の1つである。構造的に安定でかつ活性を維持したタンパク質を遺伝子組換えなどによって人工的に得るためには，タンパク質の合成や精製過程における実験条件の検討と最適化が避けては通れない課題となるが，最初の重要なファクターとなるのが標的とするタンパク質の発

※1 pDONR201ベクターにcDNAのORF配列を挿入し，クローン化したプラスミド

現効率や溶解性であろう。これらは実験条件の違いのほか，個々のタンパク質レベルでみると，発現効率についてはmRNAの二次構造やコドン頻度の偏り，タンパク質自身の毒性などの要因に影響され，溶解性についてはタンパク質を構成するアミノ酸配列の親水性や疎水性，総電荷，分子表面におけるそれらの分布など物理化学的な性質によって決まると経験的に考えられているが，いずれも定量的な関連性は見出されていない。塩基配列が分かっている，言い換えればタンパク質に翻訳された後のアミノ酸配列が保証されるHuPEXクローンを使用して，1万種類以上のヒトのタンパク質を個別に試験管内で合成し，それらの合成レベルや溶解性，電気泳動移動度を調べた前述の筆者らのデータは，それぞれのタンパク質の合成を試みる研究者に対して有用な知見を提供するだけではない。多種多様なタンパク質の性質を一様な実験条件下で解析したという側面を持つデータであり，例えば，未知のタンパク質に対してその発現効率や溶解性を予測するプログラムの開発や，タンパク質の合成量や溶解性に寄与する構造的特徴や因子の解明など，ヒトプロテオーム研究に貢献しうる貴重な情報資源であるといえる。そこでこれらのデータをデータベース化するとともに，自由に閲覧・利用することができるよう，Human Gene and Protein Database（HGPD）に収録し，図1に示したウェブ上で一般に公開している（http://www.hgpd.jp/）[8,9]。

タンパク質の合成実験を網羅的に実施し，その結果をデータベース化したものは，大腸菌全タンパク質の凝集性や溶解性を調べたeSOL（http://www.tanpaku.org/tp-esol/）[10]，分裂酵母全タンパク質の電気泳動度を調べたMobilitome[11,12]などが挙げられるが，ヒトのタンパク質についてはHGPDが世界最大レベルの質と量となっている。HGPDは，①ヒトの各遺伝子のアノテーション情報，②遺伝子からタンパク質を発現する実験リソースであるヒトcDNAクローン（HuPEX）の情報とクローンの供給をリクエストする機能，③HuPEXを活用して得られたヒトタンパク質実験データ，これら3つの要素を融合し，情報系（ドライ）と実験系（ウェット）を結び付けるユニークなデータベースとして，2008年より公開されている。タンパク質実験データとしては，コムギ胚芽無細胞合成系による合成タンパク質のSDSポリアクリルアミドゲル電気泳動（SDS-PAGE）による泳動パターン像を約17,800種類，生細胞蛍光イメージング法によるヒトタンパク質の細胞内局在解析データを15,000種類以上のタンパク質について収録している（2018年10月現在）。各タンパク質の発現効率や溶解性は，電気泳動パターンで評価することができる。HGPDには，名称・キーワード・機能分類・配列相同性などから，ヒトの遺伝子を検索する機能が備わっており，調べたいヒトのタンパク質がある場合，まずそれをコードする遺伝子を検索し，Information Overview（IO）ページにアクセスする。IOページでは，HuPEX cDNAクローンやそれらを活用して得られたタンパク質実験データの有無をアイソフォーム別に確認できる（図1a）。続いてGateway Summary（GW）ページを開くと，cDNAクローンの配列情報とともにタンパク質合成実験とその結果の概要を確認することができる。検出結果は，合成反応終了後の反応液の全画分（T：total）と遠心分離後の回収上清（可溶性）画分（S：supernatant）のそれぞれについて，SDS-PAGE上のバンドの有無が表示されている（図1b）。

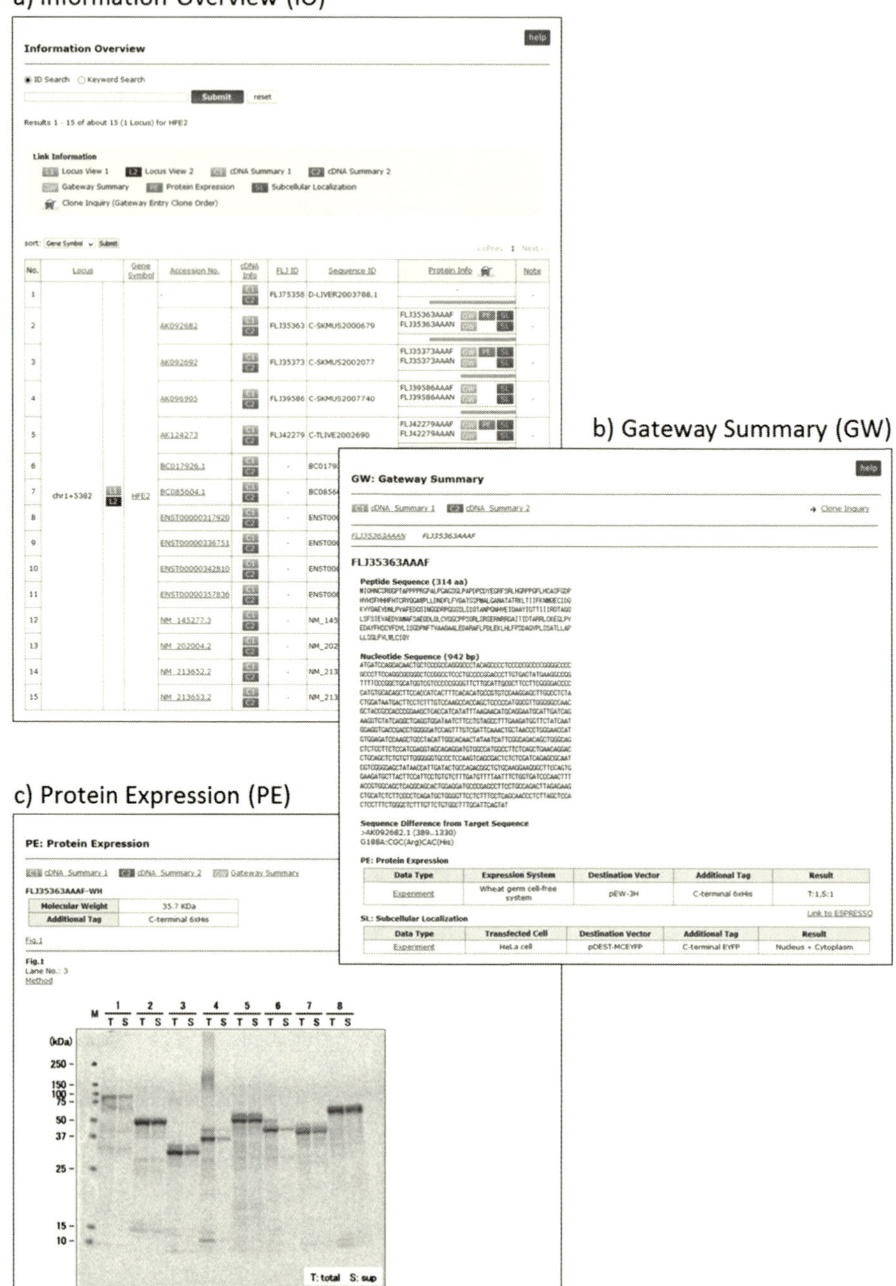

図1　Human Gene and Protein Database

a) Information Overview (IO)：各遺伝子の HuPEX cDNA クローンやそれらを活用して得られたタンパク質実験データの有無が一覧できる。b) Gateway Summary (GW)：HuPEX cDNA クローンの DNA およびアミノ酸配列と，それを活用したタンパク質合成実験やその結果の概要を確認することができる。c) Protein Expression (PE)：SDS-PAGE の泳動パターン像が掲載されている。

実際の泳動像は，Protein Expression（PE）ページに掲載されており，合成タンパク質のバンドの有無や濃さを自分の目で確かめることでその合成レベルや溶解性を評価できるほか，理論分子量も表示されているので，バンドの位置から電気泳動移動度を評価することもできるようになっている（図1c）。また，合成実験を行っていないタンパク質については，後述するタンパク質発現・可溶性予測システム（ESPRESSO）による評価結果（計算スコア）がGWページに掲載されており，同システムへのリンクも可能である。

HGPDの公開当初より収録されている約13,400種類（ヒト全遺伝子の約40%を網羅）のコムギ胚芽無細胞系によるタンパク質合成実験結果を集計したところ，タンパク質の合成が検出されたものは97%に達しており，そのうちの98%については少なくとも一部の可溶化が認められた[3,13]。さらに，溶解性が認められたタンパク質の4分の1（3,040種類）は，経験的に可溶化が困難であるとされている膜貫通タンパク質であった[3,13]。これは従来の経験則からは予測しづらい結論であり，溶解性のプロテオーム解析とそのデータベース化による情報俯瞰がもたらした興味深い知見であろう。

3　機械学習予測

3.1　配列情報からの機能予測

配列情報に基づく遺伝子やタンパク質の機能推定は，バイオインフォマティクス分野における大きな課題の1つである。例えば，遺伝子領域予測，タンパク質立体構造予測，機能予測などこれまで多種多様な特徴に対して予測が試みられ，それらの多くは，サービスとしてウェブ上に公開されている。次世代シークエンサーの登場により，簡便に大量の配列データを手にすることができる時代となり，これらのツールの重要性がさらに増してくるであろう。

アミノ酸配列情報を利用して，その性質や特性を推定する場合，主に3つの手法が存在している。1つ目は，BLAST（https://blast.ncbi.nlm.nih.gov/Blast.cgi）に代表されるような類似性の高い配列をデータベース中から探索する方法である。2つ目は，配列中の内在する特徴量を利用する手法である。タンパク質の二次構造，シグナル配列など，さまざまな特徴の予測に利用されており，機械学習と親和性も非常に高い。3つ目は，モチーフと呼ばれる短い保存配列を利用する方法である。タンパク質機能とモチーフ配列の間には強い関連性あり，PROSITE（https://prosite.expasy.org/）はタンパク質機能と関連する配列パターンのデータベースとして知られている。

3.2　予測手法の構築

構造解析や活性などタンパク質に関する研究を実施しようとする場合，まず考えなければならないことは可溶化したタンパク質を得る方法である。従来，発現宿主や溶媒条件などの実験条件検討が行われるが，配列情報からタンパク質の可溶性予測も実験計画の一助となると考えられる。特に，研究対象の配列が多かったり網羅的な解析であったりする場合は，実験の優先順位付けが重要となるため，予測法の利用が有効であろう。

配列情報を利用して，あるタンパク質発現系において可溶性のタンパク質を得られるかを予測することは可能であろうか。配列類似性を利用した手法は，タンパク質の可溶性に関する網羅的なデータベースが存在しなかったため，利用することができない。一方で，配列の特徴量や機械学習法を利用した手法は，いくつかの先行研究が報告されている[14]。しかしながら，可溶性に関連した配列パターンに関する情報は，ほとんど知られていない。筆者らは，可溶化タンパク質の設計を目指し，配列の特徴量（以下，特徴量ベースと呼ぶ）および配列パターン（以下，配列パターンベースと呼ぶ）から，微生物を用いた発現系で水溶性のタンパク質が得られるか予測する手法を構築した[15]。

まず，学習データセットとして，HGPD[8,9]からヒトタンパク質の網羅的な発現データを収集した。特徴量ベースでの予測法では，配列の組成と構造的特徴を利用してパラメータを定義した。この中から可溶性タンパク質と不溶性タンパク質を分類する統計的に有効なパラメータを選択し，機械学習法に供し，予測モデルを構築した。複数の機械学習法を検討したところ，今回のデータセットに対しては，SVM が最も高いパフォーマンスを示した。配列パターンベースの予測法では，可溶性タンパク質群，不溶性タンパク質群のそれぞれに特異的に出現する数アミノ酸残基パターンを同定した。各タンパク質群から同定した配列パターンの出現数を算出することにより，クエリー配列が可溶性であるかを判定した。

2つの予測手法と既存手法の予測精度を評価したところ，特徴量ベース手法が，最も高い性能を示した（表1に予測精度比較の一例を示した）。配列パターンベースも既存手法と同等の精度を発揮したことから，タンパク質の可溶性（もしくは不溶性）と短いアミノ酸配列パターンには，強い関連性があることが示唆された。

表1　既存手法との予測精度比較

	本手法		Wilkinson and Harrison[16]	SOLpro[17]
	特徴量ベース	配列パターンベース		
Recall	0.85	0.52	0.30	0.64
Precision	0.56	0.53	0.47	0.42
Accuracy	0.68	0.63	0.60	0.52
F-score	0.67	0.53	0.37	0.51
MCC	0.42	0.23	0.09	0.09
AUC	0.784	–	0.607	0.603

評価には，宿主として大腸菌を利用した発現データを用いた。

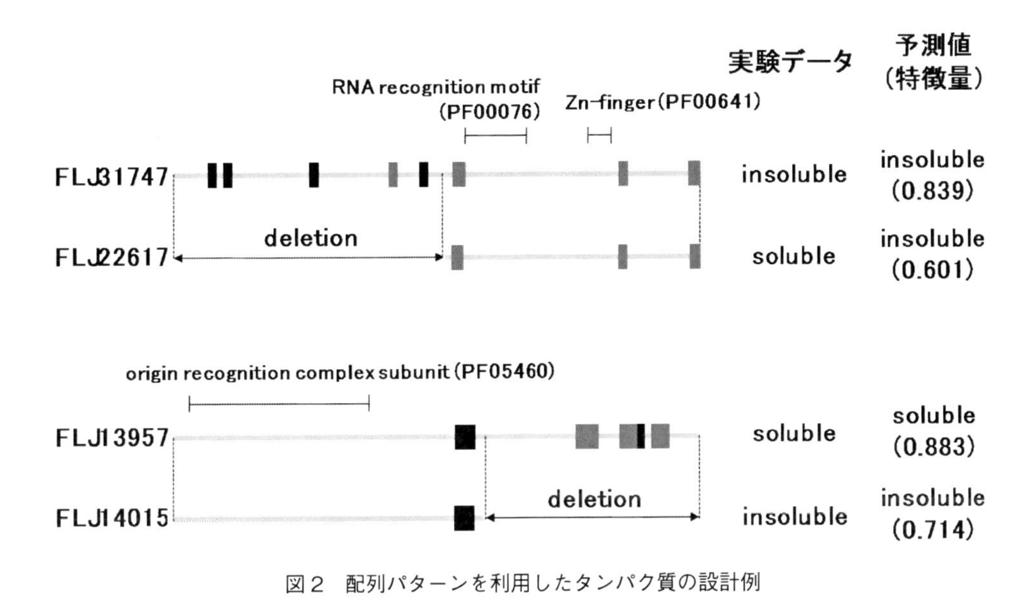

図2　配列パターンを利用したタンパク質の設計例
■および■は，可溶性および不溶性タンパク質群に頻出する配列パターンに一致した領域。
タンパク質機能ドメインの同定は，Pfam（https://pfam.xfam.org/）を利用した。

3.3　予測手法の利用例

配列情報を利用した予測手法の利点の1つは，網羅的な解析が可能なことである。一例として，大腸菌発現系を用いた場合，大腸菌およびヒトのゲノムに対して可溶性タンパク質の予測を実施した。GO（gene ontology）を基にデータを俯瞰してみると，転写・翻訳やセルサイクルに関する因子が可溶性タンパク質として得られやすい一方で，膜結合タンパク質や輸送体は不溶化しやすい傾向がみられた。コムギ胚芽無細胞発現系で学習したモデルでは，膜結合タンパク質は可溶性タンパク質として得られると予測された。これらの結果より，ターゲット配列により発現系の選択は重要であることが示唆された。

網羅的な解析とは対照的に個々のタンパク質の解析では，可溶性を上げるための配列設計が重要となる。ここでは，配列パターンを利用した配列設計事例を紹介する。タンパク質全長から，タンパク質の機能ドメインが同定されていない領域を削除した。この領域に存在する可溶性もしくは不溶性タンパク質群に頻出する配列パターンを取り除くことにより，タンパク質の溶解性を論理的に設計することができた（図2）。さらに，配列パターンの利用から1アミノ酸置換により，可溶性を改変する情報提供を行う手法を構築し，有用性の検証を進めている。

3.4　予測サービス

本稿で紹介した予測手法は，ESPRESSO（ESTimation of PRotein ExpreSsion and SOlubility）としてウェブ上で無料公開している（http://cblab.my-pharm.ac.jp/ESPRESSO）。ユーザーは，予測したい項目，発現宿主，配列タイプ，配列の4項目を入力してサブミットすると，予測結果

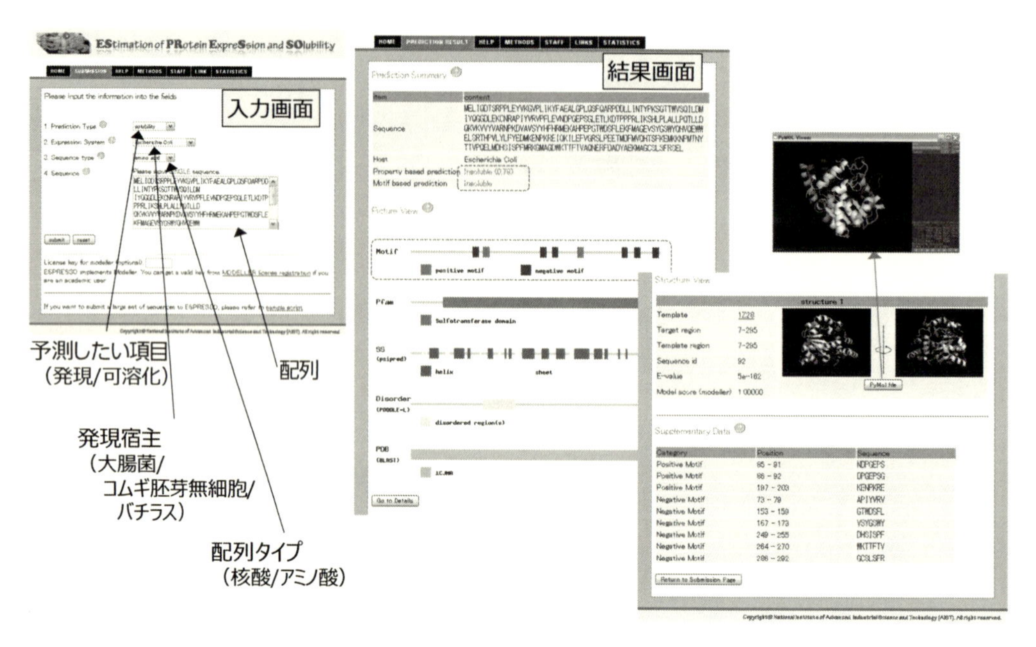

図３　ESPRESSOの入力および出力イメージ

が得られる（図3）。このシステムが，研究者のターゲット配列の選択や，可溶化を目指した配列設計の一助になることを期待する。

文　　献

1）五島直樹ほか，実験医学，**23**, 577 (2005)
2）J. L. Hartley *et al.*, *Genome Res.*, **10**, 1788 (2000)
3）N. Goshima *et al.*, *Nat. Methods*, **5**, 1011 (2008)
4）T. Sawasaki *et al.*, *Proc. Natl. Acad. Sci. USA*, **99**, 14562 (2002)
5）Y. Endo & T. Sawasaki, *Curr. Opin. Biotechnol.*, **17**, 373 (2006)
6）T. Sawasaki *et al.*, *FEBS Lett.*, **514**, 102 (2002)
7）S. Hirose *et al.*, *J Biochem.*, **150** (1), 73 (2011)
8）Y. Maruyama *et al.*, *Nucleic Acids Res.*, **37**, D762 (2009)
9）Y. Maruyama *et al.*, *Nucleic Acids Res.*, **40**, D924 (2012)
10）T. Niwa *et al.*, *Proc. Natl. Acad. Sci. USA.*, **106**, 4201 (2009)
11）A. Shirai *et al.*, *J. Biol. Chem.*, **283**, 10745 (2008)
12）松山晃久ほか，電気泳動，**58**, 89 (2014)

13) 河村義史ほか，蛋白質核酸酵素，**54**, 1173 (2009)
14) N. Habibi *et al.*, *BMC Bioinformatics*, **15**, 134 (2014)
15) S. Hirose *et al.*, *Proteomics*, **13**, 1444 (2013)
16) D. L. Wilkinson *et al.*, *Biotechnology (N Y)*, **9**, 443 (1991)
17) C. N. Magnan *et al.*, *Bioinformatics*, **25**, 2200 (2009)

第9章　再構築型無細胞タンパク質合成系を用いたタンパク質凝集性の網羅解析

丹羽達也[*1]，田口英樹[*2]

1　はじめに

タンパク質はさまざまな生命現象を担う万能の生体高分子であり，生物にとってなくてはならない非常に重要な物質である。タンパク質は基本的に20種類のアミノ酸から構成されるポリペプチド鎖からできており，それぞれのアミノ酸配列によって決まる固有の構造へと正しく折りたたむ（フォールディングする）ことによってはじめて機能を発揮することができる。しかし，フォールディングは物理化学的に非常に複雑なプロセスであり，生理的条件では自発的に正しくフォールディングできないタンパク質も数多く存在する。正しくフォールディングできなかったタンパク質は，本来であれば内部に埋もれるはずの疎水性部分が表面に露出し，それらが分子間で相互作用することによって多数の分子が乱雑に集まって，不可逆な凝集体を形成してしまう[1)]。細胞内では分子シャペロンという一群の因子がこのような凝集体形成を抑え，正しいフォールディングを促すことで細胞内を正常な状態に保っている[2)]。

しかしながら，さまざまな種類のタンパク質の中でどのような性質を持つものが自発的にフォールディングしやすいか，また凝集体を形成しやすいかなどについては，いまだ十分に理解できているとはとても言えない状況である。本章では，さまざまな種類のタンパク質の凝集性を一様な条件で調べることによってタンパク質の凝集性やフォールディングに関する一般的な理解を目指した一連の研究について紹介する。

2　再構築型無細胞タンパク質合成系を用いた凝集性評価

多種類のタンパク質の凝集性を一様な条件で調べたいといっても，対象となるタンパク質を1つ1つ大腸菌などで個別に発現・精製してから凝集性を調べるのは時間的にもコスト的にも限度がある。そこで着目したのが無細胞タンパク質合成系である。無細胞タンパク質合成系は，翻訳反応に必要な因子やエネルギーなどを適切な組成で調製したものであり，鋳型となる遺伝子（DNAやmRNAなど）を加えることでその遺伝子配列に対応したタンパク質を合成することができる技術である。この技術を利用することで，多種類の遺伝子を含んだライブラリを用いれば

＊1　Tatsuya Niwa　東京工業大学　科学技術創成研究院　細胞制御工学研究センター　助教
＊2　Hideki Taguchi　東京工業大学　科学技術創成研究院　細胞制御工学研究センター　教授

多種類のタンパク質を簡便に準備することが可能となる。

本研究では無細胞タンパク質合成系の中でも，「再構築型」とよばれる，翻訳に必須な因子のみを個別に調製し，それらを混ぜ合わせた系であるPUREシステム[3]を用いている。この系は他の細胞抽出液をベースとした系と大きく異なり，通常は細胞内で大量に存在する分子シャペロンを一切含まないという特徴を持っている。そのためPUREシステムを用いることで，そのタンパク質（ポリペプチド鎖）そのものが持つ凝集傾向を調べることができる。また後述するように特定のシャペロンのみを加えることで，シャペロンごとの効果について個別に検討することも可能である。

タンパク質の凝集性の評価は遠心分離による方法を用いて行った。PUREシステムによる翻訳反応後，溶液を2つに分けて片方を20,000×gで遠心し，遠心前（Total）と遠心後の上清（Sup）に含まれる翻訳産物をそれぞれSDS-ポリアクリルアミドゲル電気泳動で分離し，オートラジオグラフィーによって定量した。この両者の量比（Sup/Total）を「可溶率」と定義し，凝集の度合いの指標として用いた。

なお，PUREシステムによって得られるタンパク質濃度はほとんどの場合であまり高くない（10～100 μg/mL程度）ため，本研究で議論する「可溶率」は，フォールディングが完了したタンパク質の水溶液中での溶解度をみているのではなく，フォールディングに失敗し，不可逆な凝集体を形成したものの割合をみていると考えられる。また可溶したものについても，それが必ずしも天然の構造になっているとは限らないという点についても注意しなければならない。

3　大腸菌全タンパク質に対する凝集性の網羅解析

上述した実験系を用いて，まずは大腸菌の全遺伝子について，シャペロンを含まない条件でPUREシステムによる翻訳および凝集性の評価を行った[4]。翻訳のための鋳型としては，大腸菌のすべての遺伝子を網羅したライブラリであるASKAライブラリ[5]を利用した。

約4,000種類のタンパク質について実際に評価を行った結果，約7割（3,173種類）について，PUREシステムによる翻訳および可溶率の定量を行うことができた。これらについて可溶率の分布を調べてみたところ，凝集性の高い部分と低い部分に2つの山を持つ二峰性の分布が得られた（図1a）。この集団には膜タンパク質も一部含まれるが，細胞質のタンパク質のみを抜き出して可溶率分布を調べてもほぼ同様の二峰性を示したことから，この結果は解析したタンパク質が「シャペロンがなくても可溶できる集団」と「シャペロンがないと凝集してしまう集団」に大別できることを示唆している。

そこでこの2つの集団について，可溶率30％以下を凝集性，70％以上を可溶性と定義し，物理化学的な性質についての比較を行った。その結果，分子量が大きいものほど凝集性が強く，また負電荷アミノ酸（Asp，Glu）の割合が少ないほど，芳香族アミノ酸（Phe，Tyr，Trp）の割合が多いほど凝集性が強い傾向がみられた（図1b，c）。一方で疎水性アミノ酸（Val，Leu，

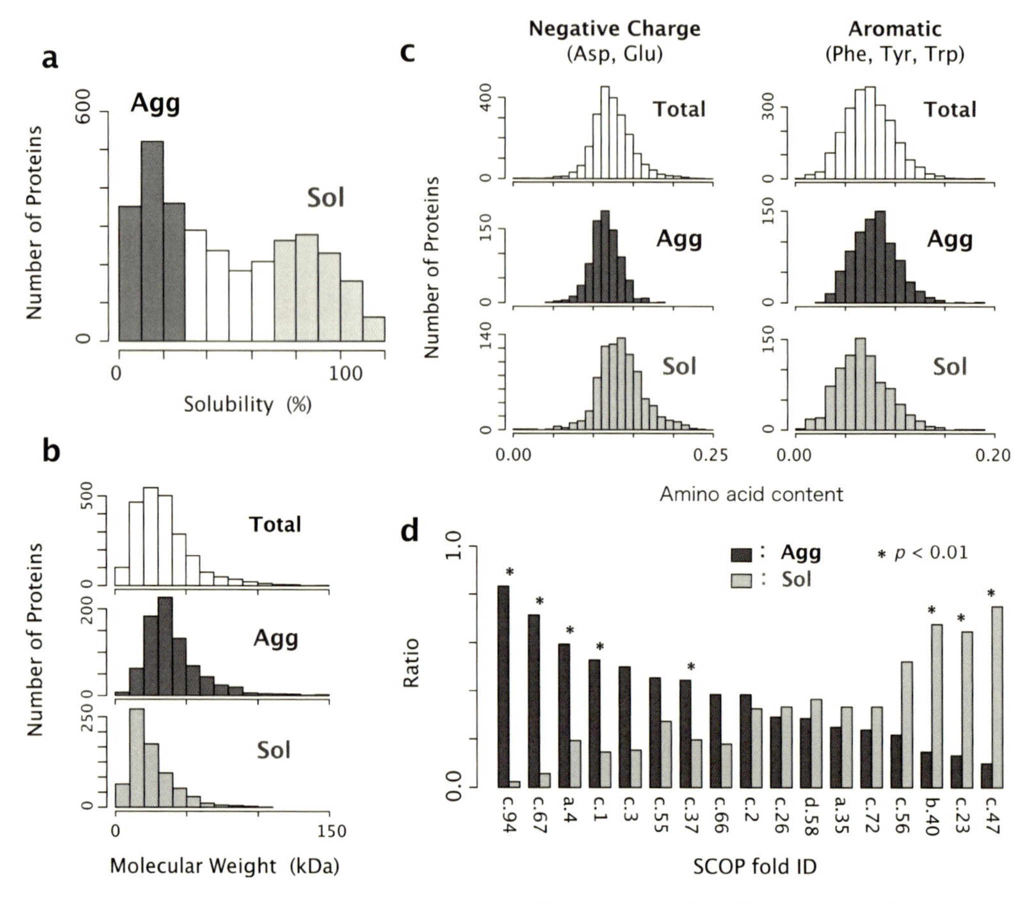

図1　シャペロンを含まない条件における大腸菌タンパク質の凝集性の網羅解析[4)]
(a)定量できた3,173種類のタンパク質の可溶率ヒストグラム。(b)凝集性，可溶性の集団における分子量分布の比較。(c)凝集性，可溶性の集団におけるアミノ酸組成分布の比較。(d)タンパク質の立体構造グループ（SCOP fold）にそれぞれ含まれる凝集性，可溶性タンパク質の割合。

Ile）の割合や局所的な疎水性（Hydropathy plotによる評価）については凝集性との明確な相関はみられなかった。

さらに，SCOPデータベース[6)]を用いた立体構造情報と比較をしてみたところ，一部のSCOP foldで凝集性タンパク質および可溶性タンパク質の明らかな偏りがみられた（図1d）。フォールディングした「後」の情報であるタンパク質の立体構造情報が，正しくフォールディングする「前」に起こる凝集形成と相関しているというのは非常に興味深いが，後述するように凝集性の高いfoldの傾向が出芽酵母の細胞質タンパク質の結果とは一致しないため，立体構造そのものが凝集性と相関しているのではなく，何か別の要因があると考えるべきであろう。

4　大腸菌の凝集性タンパク質に対する分子シャペロンの効果

上述した結果より，大腸菌の細胞質タンパク質の中に，シャペロンの助けがないと凝集してしまうものが多数存在することが明らかとなった。そこで次に，これらのタンパク質に対して，大腸菌の細胞質で働く主要な3種のシャペロンであるTrigger Factor（TF），DnaKJシステム（DnaK＋DnaJ＋GrpE：DnaKJE），GroEL/ESシステム（GroEL＋GroES：GroE）について，それぞれのシャペロンを加えたPUREシステムを用いて可溶率を定量化し，シャペロンなしでの可溶率と比較することで各シャペロンによる凝集抑制効果を網羅的に調べることにした[7]。

対象となった約800種類のタンパク質について実験を行ったところ，DnaKJEおよびGroEは大部分のタンパク質についてある程度以上の凝集抑制効果を発揮したが，TFによる凝集抑制効果は非常に限定的なものであった（図2a）。またDnaKJEおよびGroEの効果と分子量分布を比較したところ，DnaKJEは比較的大きなサイズのタンパク質の凝集抑制にも寄与する傾向がある一方で，GroEは30～50 kDaの比較的狭い範囲のものに作用しやすい傾向がみられた（図2b）。さらにSCOP foldとの関係を調べてみると，TIM barrel（c.1）と呼ばれるfoldを持つものが特にGroEによる凝集抑制効果を受けやすい傾向があることが確認された（図2c）。GroEが好むサイズおよびfoldについては，過去に行われたGroE基質の探索および解析の結果[8, 9]とよく一致する。

5　大腸菌内膜タンパク質と人工リポソーム

ここまでは細胞質のタンパク質についてのみ着目してきたが，上述した網羅解析の結果より，大腸菌の内膜タンパク質は通常の水溶液系で発現させた場合は強い凝集性を示すことが確認されている。挿入されるべき膜画分が系中に存在しないため，これはある意味当然の結果とも言えるかもしれないが，では膜画分が存在する条件で発現させた場合にはどうなるだろうか？

そこで85種類の内膜タンパク質について，人工的に作製したリポソームをPUREシステムに加えた系を用いて発現させた際の凝集性を調べる実験を行った[10]。その結果，ほとんどのタンパク質がリポソームの添加によって凝集を形成しなくなることが確認された（図3）。またその凝集抑制効果は膜貫通ドメインの数が多いほど強いという傾向も確認された。実際に内膜タンパク質がどのような状態で膜と相互作用しているのか，またきちんとフォールディングした状態でいるのかなどについては確認できていないものの，この結果より，SecYEGのような膜タンパク質透過装置を持たない人工リポソームでも多くの内膜タンパク質の凝集形成を防ぐことができる可能性があることが示唆された。

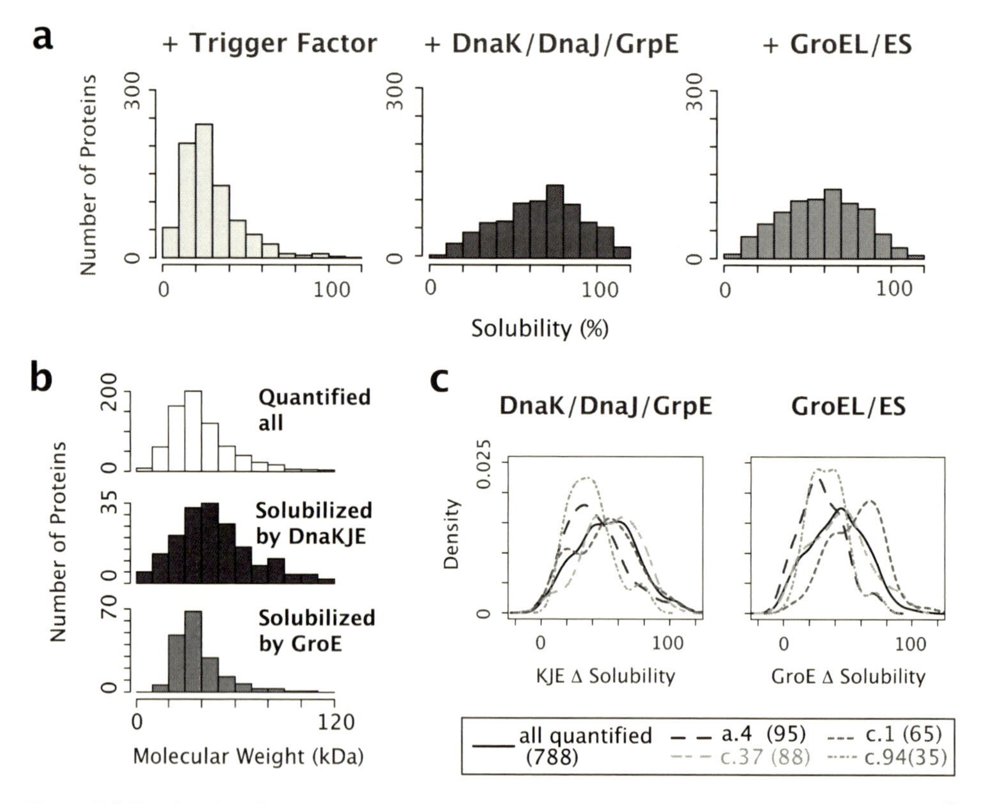

図２　凝集性の高い大腸菌タンパク質に対する，３種類のシャペロンによる凝集抑制効果の網羅解析[7)]
(a)788 種類の凝集性タンパク質に対して，各シャペロンを加えた条件で得られた可溶率の分布。(b)DnaK/DnaJ/GrpE および GroEL/ES によって強く可溶化されたもの（可溶率上位 25%として定義）における分子量分布の比較。(c)各 SCOP fold を持つタンパク質における，DnaK/DnaJ/GrpE および GroEL/ES を加えた条件で得られた可溶率分布（カーネル密度推定による）の比較。

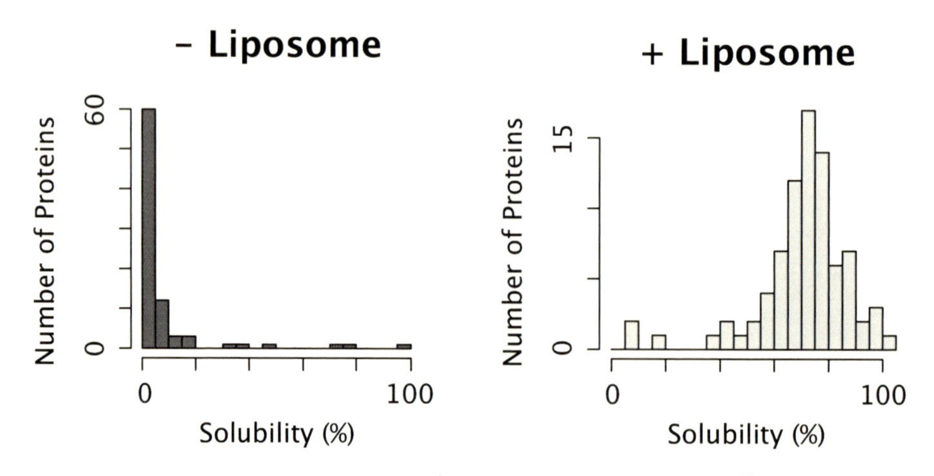

図３　大腸菌内膜タンパク質のリポソームによる可溶化効果[10)]
85 種類の内膜タンパク質について，リポソームを含まない条件と含んだ条件でそれぞれ可溶率を評価し，その分布をヒストグラムにとって比較したもの。

6　酵母細胞質タンパク質の凝集性の解析

ここまでは原核生物である大腸菌タンパク質についての解析結果について述べてきたが，では他の生物，特に真核生物でも同様の傾向は見られるのだろうか？　そこで次に真核生物のモデルの1つである出芽酵母について，同様の解析を行うことにした。

酵母を含め真核生物には細胞内小器官があるため，解析対象となるタンパク質として細胞質タンパク質から578種類のタンパク質を選抜し，解析を行った[11]。その結果，大腸菌と同様，約7割（447種類）について，PUREシステムでの翻訳および可溶率の定量を行うことができた。これらについて可溶率の分布を調べたところ，大腸菌のような明確な二峰性はみられなかったが，可溶率が低い部分から高い部分まで幅広く分布する様子が観察された（図4a)。また可溶率に対して分子量やアミノ酸組成との相関を調べてみたところ，大腸菌とほぼ同様の傾向を確認することができた（図4b，c)。この結果から，酵母細胞質タンパク質においても凝集形成に関わる物理化学的な性質は大腸菌タンパク質と共通していることが示唆された。

3節で述べた通り，大腸菌タンパク質ではSCOPデータベースによる立体構造情報と可溶率が関係していたが，酵母細胞質タンパク質についても傾向は弱いながら一部のSCOP foldを持つタンパク質で凝集性タンパク質の強い偏りが確認された（図4d)。しかしながら，大腸菌タンパク質で強い凝集傾向を示したa.4（DNA/RNA-binding 3-helical bundle）やc.37（P-loop containing nucleoside triphosphate hydrolases)，c.1（TIM barrel）といったfoldを持つ酵母タンパク質では明確な凝集傾向は確認できなかったことから，foldの情報そのものが直接凝集性やフォールディング能と関係しているというわけではないと考えられる。

7　天然変性領域と凝集性との関係

原核生物と真核生物のタンパク質を比較した際の大きな違いの1つとして，天然変性領域(intrinsically disordered regions：IDRs）の有無が挙げられる。大腸菌を含む原核生物タンパク質には長いIDRがほとんどみられないが，真核生物では約30%ものタンパク質が長いIDRを持つと言われている[12]。そこで長いIDRを持つものと持たないものに分類して可溶率分布を調べたところ，IDRを持たないものは可溶率が高く，IDRを持つものは可溶率が低い傾向にあることが確認された（図4e)。さらに，いくつかのIDRを持つタンパク質について，IDR領域を削った遺伝子を用いて同様の評価を行ったところ，評価に用いた全てのタンパク質でIDRを削ってもその凝集性は維持された。IDR自身は親水性の残基が多く，単独では強い凝集性を引き起こさないと考えられることも併せて考えると，IDRが凝集性を引き起こす主要因であるというよりは，IDR以外の構造領域の性質に凝集性を引き起こす要因があると考えられる。

さらに，酵母細胞質タンパク質の中で大腸菌タンパク質に機能的なホモログを持つものを抽出し，さらにIDRの有無で分けたものに対してホモログ間での可溶率の差異を調べたところ，

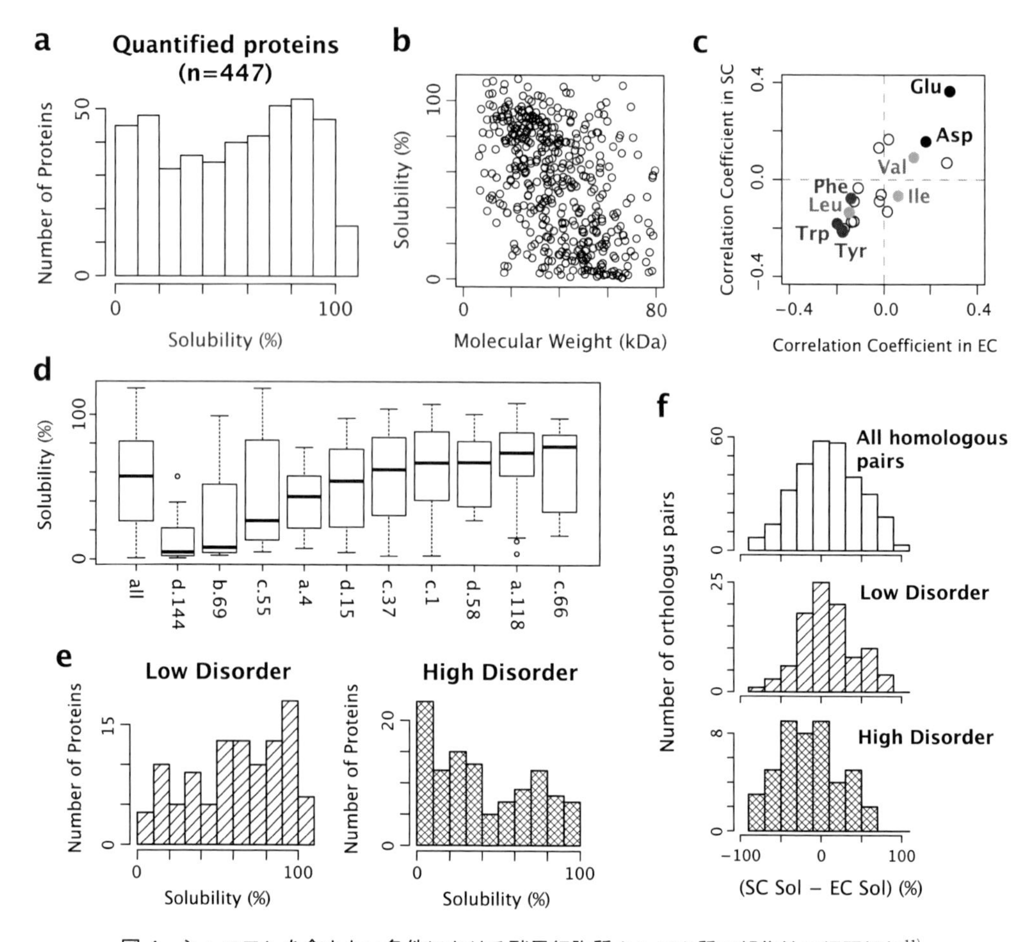

図4　シャペロンを含まない条件における酵母細胞質タンパク質の凝集性の網羅解析[11]
(a)定量できた447種類の酵母細胞質タンパク質の可溶率分布。(b)可溶率と分子量の二次元プロット。(c)大腸菌タンパク質（EC）の可溶率とアミノ酸組成，および酵母細胞質タンパク質（SC）の可溶率とアミノ酸組成について，それぞれの相関係数を算出し，それらの値を二次元プロットにしたもの。(d)タンパク質の立体構造グループ（SCOP fold）にそれぞれ含まれる凝集性，可溶性タンパク質の割合。(e)長い天然変性領域を持たないもの（Low Disorder）と，長い天然変性領域を持つもの（High Disorder）に分けてそれぞれ可溶率のヒストグラムをとったもの。(f)大腸菌に機能ホモログを持つものについて，ホモログ間での可溶率の差の分布をヒストグラムで表したもの。

IDRを持たないものでは酵母ホモログのほうが可溶率が高い傾向にあるのに対し，IDRを持つものでは大腸菌ホモログのほうが可溶率が高い傾向にあった（図4f）。この結果より，タンパク質の分子進化という観点から見たときに，「IDRを持つかどうか」がそのタンパク質のフォールディング能（凝集性）を左右する選択圧の1つとなりうる可能性が示唆された。

8　酵母細胞質タンパク質に対する分子シャペロンの凝集抑制効果

酵母細胞質タンパク質についても大腸菌と同様に，凝集性の高いものについて，シャペロンを加えることで凝集が抑制されるかどうかの評価を行った。酵母の細胞質に存在するシャペロンは，大腸菌 DnaK/DnaJ のホモログである Ssa1/Ydj1 をはじめとした複数の Hsp70/40 に加え，その上流で働くとされている ribosome-associated chaperone（RAC）や nascent polypeptide-associated chaperone（NAC），また Hsp70/40 の下流で働くとされている Hsp90，アクチンやチューブリンを主な基質とすると言われている CCT など，大腸菌と比べて複雑でその種類も多い。その一方，大腸菌 GroEL/ES の直接的なホモログ（原核生物型の Hsp60/10）は細胞質には存在しない。

実際に実験に用いたものとしては，大腸菌由来の DnaKJE，GroE に加え，酵母由来 Ssa1/Ydj1，およびヒト由来 CCT の4種類とした。124 種類の凝集性タンパク質（可溶率 30％以下のものを選抜）に対してこれらのシャペロンの凝集抑制効果の評価を行ったところ，CCT を除く3種のシャペロンでさまざまなタンパク質に対する凝集抑制効果がみられたが，その強さは大腸

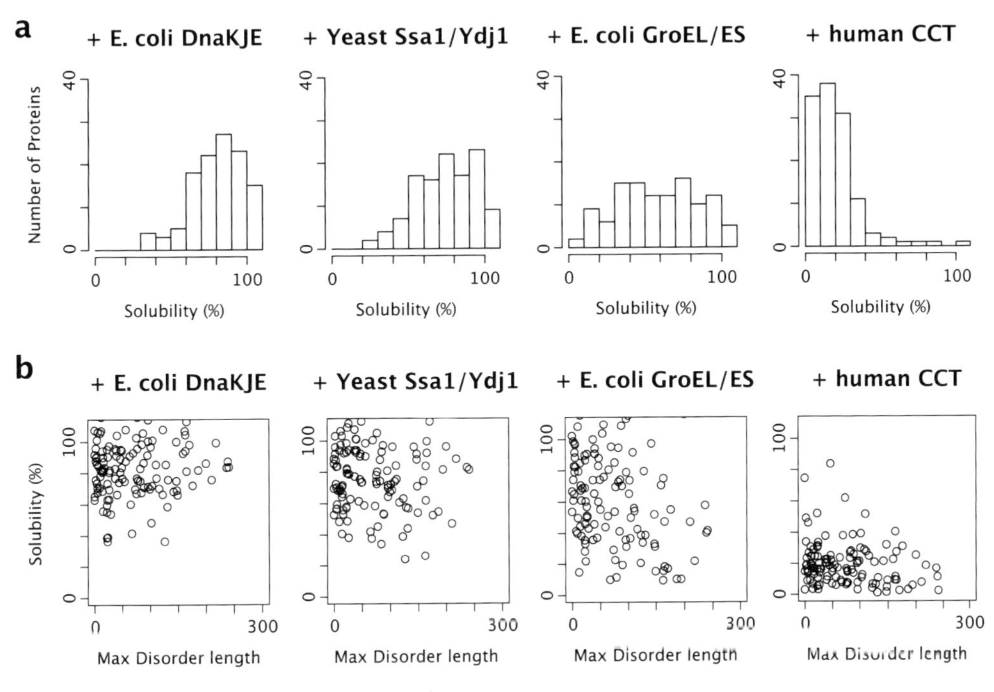

図5　凝集性の高い酵母細胞質タンパク質に対する，4種類のシャペロンによる凝集抑制効果の網羅解析[11)]

(a)124 種類の凝集性タンパク質に対して，各シャペロンを加えた条件で得られた可溶率の分布。(b)天然変性領域の長さに対して，シャペロンを加えたときの可溶率を二次元プロットにとったもの。

菌 DnaKJE，酵母 Ssa1/Ydj1，大腸菌 GroE，の順となり，シャペロンの種類による差が確認できた（図 5a）。さらに凝集抑制効果と IDR の関係について調べたところ，大腸菌 GroE では長い IDR を持つものを苦手とする傾向にあった（図 5b）。

9 まとめ：大腸菌と酵母タンパク質のフォールディングの分子進化

ここまでの結果を簡潔にまとめると，①大腸菌・酵母の細胞質タンパク質とも分子量やアミノ酸組成などの物理化学的性質がタンパク質の凝集性と関係する，②酵母においては天然変性領域（IDR）の有無が凝集性と関係する（しかし IDR 自体は凝集性の直接的な要因ではない可能性が高い），③大腸菌 DnaK/DnaJ/GrpE は大腸菌・酵母どちらのタンパク質に対しても強い凝集抑制効果を発揮するが，大腸菌 GroEL/ES は酵母タンパク質（特に長い IDR を含んだタンパク質）に対しては限定的な効果しか発揮しない，といった傾向を観察することができた。いずれもタンパク質のフォールディング不全や凝集形成のメカニズムなどについて本質的な要因等を見出すまでに至ることはできていないが，その一端を紐解くことはできたのではないかと考えている。特に大腸菌と酵母での違いについては，凝集形成に関わる物理化学的な性質は共通しているにも関わらず，① IDR の有無が凝集性の強弱と関係している点（特に IDR を持つものと持たないものでのホモログ間での凝集性の傾向が異なる点），②酵母細胞質に直接的なホモログを持たない大腸菌 GroEL が好む fold（TIM barrel）を持つタンパク質の凝集性が大きく異なる点，および③ GroEL が長い IDR を持つタンパク質を苦手とする点などから，原核生物である大腸菌と真核生物である酵母のタンパク質が，フォールディングという観点においてそれぞれ異なる細胞質環境（シャペロンセットの違いや IDR の有無など）の中で異なる選択圧を受けて進化してきたのではないかと考えることができるかもしれない。

いずれにしても，本研究のように多種類のタンパク質について一様に自発的な凝集形成（フォールディング）を網羅的に調べた例は他になく，これらのデータセットそのものが重要かつユニークなリソースとなりうると私たちは考えている。大腸菌タンパク質に対する網羅解析のデータセットはデータベース（http://www.tanpaku.org/tp-esol/）として公開されており，誰でも使えるようになっている。

文　献

1) C. M. Dobson, *Nature*, **426**, 884 (2003)
2) F. U. Hartl *et al.*, *Nature*, **475**, 324 (2011)
3) Y. Shimizu *et al.*, *Nat. Biotechnol.*, **19**, 751 (2001)

4) T. Niwa *et al.*, *Proc. Natl. Acad. Sci. U. S. A.*, **106**, 4201 (2009)
5) M. Kitagawa *et al.*, *DNA Res.*, **12**, 291 (2005)
6) A. G. Murzin *et al.*, *J. Mol. Biol.*, **247**, 536 (1995)
7) T. Niwa *et al.*, *Proc. Natl. Acad. Sci. U. S. A.*, **109**, 8937 (2012)
8) M. J. Kerner *et al.*, *Cell*, **122**, 209 (2005)
9) K. Fujiwara *et al.*, *EMBO J.*, **29**, 1552 (2010)
10) T. Niwa *et al.*, *Sci. Rep.*, **5**, 18025 (2015)
11) E. Uemura *et al.*, *Sci. Rep.*, **8**, 678 (2018)
12) V. N.Uversky, *FEBS J.*, **282**, 1182 (2015)

第Ⅲ編
制　御

第1章　タンパク質医薬品の凝集機構と凝集評価・抑制方法

伊豆津健一[*1]，津本浩平[*2]

1　はじめに

タンパク質の構造は化学薬品に比べて格段に複雑であり，製造工程から臨床までの各段階における各種の化学および物理変化が医薬品としての作用に影響を与える。特に高次構造の変化や分子の凝集は，単に薬理作用を低下させるだけでなく変化体が生体内で異物として認識されてさまざまな免疫反応を惹起する「免疫原性」をもたらすため，その抑制は安全性と有効性確保の観点から重要な課題となっている。本章ではタンパク質医薬品の凝集について，機構や評価法および抑制方法について概説する。

2　凝集と免疫原性

遺伝子組換えタンパク質医薬品の凝集に対する管理への注目は，2000年前後に欧州において発生したエリスロポエチン製剤による赤芽球ろう（PRCA）発生以降に大きく高まった。この問題では凝集が原因と明確に示されたわけではないものの，重篤な臨床影響が生じたことや，複数のメーカーがエリスロポエチン製剤を販売する中で問題の発生が特定の製剤における組成と投与経路の変更後に集中したことから，免疫原性についてそれまで主に検討されてきたタンパク質の一次構造だけでなく，凝集抑制をはじめとする製剤の管理が重視される原因となった[1)]。タンパク質医薬品の免疫原性には，製剤中に含まれる変化体の物理・化学的な特性や共存物質が大きな影響を与えることが明らかになっている[2)]。また，抗体の形成には投与部位と投与量，投与回数も影響し，このうち投与部位としては静脈注射に比べて皮下注射のリスクが高いとされる[3)]。

タンパク質医薬品に対する抗体形成の影響は，認識される抗原の種類と状態などにより大きく異なる。抗体製剤を含む複数のタンパク質医薬品に対して，その効果を失わせる中和抗体の形成が報告されており，薬物耐性として投与の中止が必要となる例は多い。また，エリスロポエチンのように生体内で産生される内因性タンパク質と同じものが医薬品として投与される場合には，医薬品に対して形成された抗体が内因性の分子に対しても作用するため影響が大きい。比較的分子量の低いペプチドではアミロイドなど構造上の均一性が高い凝集体を形成しやすいのに対し，

＊1　Ken-ichi Izutsu　国立医薬品食品衛生研究所　薬品部　部長

＊2　Kouhei Tsumoto　東京大学　大学院工学系研究科／医科学研究所　教授

抗体など複雑な構造を持つタンパク質はさまざまな環境条件により複数の種類の凝集体を形成する。

タンパク質医薬品の免疫原性を抑制するため，分子中で抗原として認識され抗体の結合部位となる領域（エピトープ）を低減するとともに，製剤中での構造変化と凝集をアミノ酸残基の改変と，環境となる溶液組成の最適化などを通して減らすことが重要となる[4,5]。免疫原性の抑制を求められるタンパク質医薬品とは逆に，タンパク質を抗原とするワクチン類では，抗原を認識させるための条件が以前より検討されてきた。抗原とともにワクチンに用いられるアジュバントの構造は，タンパク質の凝集体と共通点が多い。そのためワクチンの設計に関する情報の一部は，逆の視点から免疫原性を抑制するための重要な情報と考えられている。

3　タンパク質の製剤中における凝集

医薬品となるタンパク質分子の多くは水溶液中において，疎水性のアミノ酸を内部に持つnative状態の構造をとり，分子の会合は表面のアミノ酸残基の電荷による反発力により抑制されている。タンパク質の構造変化や溶液の環境変化は，分子間の反発力低下や親和性の増加を介して，複数の分子による安定な複合体である凝集の形成を促進する。この不定形凝集は核形成とその後の成長に分けられる。

タンパク質の高次構造変化による疎水性部位の露出は，分子間結合による凝集体形成の主な原因と考えられている。水溶液中のタンパク質の高次構造は微妙な熱力学的バランスによってnative状態に保持されるが，極端な高低温やpHへの暴露や分子の気液界面や容器表面との接触は高次構造を変化させる。これらの刺激ではタンパク質分子全体での構造（三次構造）が大きく変わる。この変化ではグアニジンなど化学変性剤の添加による高次構造の消失（ランダム構造）とは異なり，タンパク質分子中の二次構造がある程度保持されることが特徴となっている。また，native状態の分子内に埋め込まれた状態にある部分が露出する場合には，分子間の疎水的相互作用による凝集形成に進む。凝集部分はβシートを形成することが多い[6]。

一般にタンパク質医薬品の生産では，動物細胞または微生物により生産させた分子を高度に精製後に，主に単量体として得られるタンパク質が製剤化（ダウンストリーム）工程に用いられる。構造変化体による凝集は主な投与経路である注射後に起こる体内での希釈では容易に分離しない。すなわち二次構造の一部を残しつつ実質的に不可逆な凝集となることから[7]，免疫原性の視点から管理の必要性が高い。製剤の保存ではタンパク質分子間の化学結合（分子間のジスルフィド結合など）によっても凝集を生じる[8]。これらの化学結合を介した凝集体についても体内での分離が期待できず，タンパク質の構造改善または製剤設計を通した低減が求められる。凝集体の形成には，環境ストレスによる構造変化を介するものとともに，水溶液中でのタンパク質の構造ゆらぎも関与していると考えられるが，構造揺らぎと安定性の関係についての十分な情報は蓄積されていない[9]。

高濃度の抗体製剤など一部のタンパク質溶液では，等電点（pI）近傍での低溶解度や低温・低イオン強度の条件下における分子間反発力の低下により，タンパク質が明確な高次構造変化なしに沈殿またはコアセルベート形成を伴う相分離が起こる。また，溶液の組成や温度などの条件によっては，オリゴマーとモノマー間の平衡状態が働く場合や，オリゴマー形成から凝集が進まない場合がある。これらの変化は上記の構造変化を伴う凝集と異なり，投与後の希釈により溶解と分離に進む（可逆性が高い）ため，免疫原性への影響は少ないものと考えられている[10]。

各種の動物実験から，凝集したタンパク質は単体の分子に比べより強い免疫原性を持つことが明らかとなっており，これには生体の免疫機構にとって代表的な異物であるウイルスなどと同様なサブミクロンサイズの凝集体となることが影響すると考えられている[11]。凝集体に含まれるタンパク質分子ではnative状態と同様な二次構造を保持する領域とそれ以外の部分が共存し，どちらも抗原として認識される可能性がある。このうちnative状態の領域を認識する抗体の形成は，医薬品として投与される未変化体への結合により薬物動態などに影響を及ぼすことから，変化した部分に対する抗体よりも大きな影響を持つことが多い[12]。そのため免疫原性の強さは凝集体の大きさやnative状態と同様な構造を持つ部位の割合（エピトープの割合）の影響を受けるとされる。

4　測定法と管理指標の設定[13]

タンパク質医薬品の開発時における物理化学的特性のキャラクタリゼーションや承認後の管理を行う上で，適切な凝集の測定方法の選択や管理上の指標設定は不可欠となる[14,15]。凝集に対する関心が高まる以前は，サイズ排除カラム（SEC）を用いたHPLCによる会合体評価と，注射剤全体に適用される微粒子の試験が中心に行われていた。その後に免疫原性が比較的高い領域として，中間域にあたるサブビジブル領域（0.1～10 μm）評価の重要性が高まった。粒子サイズの評価法は，溶液の直接測定による動的光散乱（DLS）やフローイメージング[16]と，粒子のサイズにより分離するSECなど，その他の方法である分析超遠心（AUC）などに大別される。また，異なるサイズの粒子を含む溶液の測定では，分離とサイズ測定を組み合わす方法もとられる。タンパク質医薬品の凝集評価の特徴として，対象となる凝集体が主薬であるタンパク質に由来すること，凝集体の種類や量が製造後に受けるストレスの影響を強く受けること，開発初期に使用可能な試料量が限られることなどがあげられる。凝集体の評価には測定の目的と，測定可能な粒子サイズや感度，対象となる分子の物理化学的な特性にあわせた方法の選択が必要となる。

SECは100 nm以下の会合体や比較的小さな凝集体の標準的な評価法として広く用いられる。サブミクロン領域の凝集評価の方法には，以前から用いられてきたDLSやAUCと，比較的新しい方法であるフローイメージングなどの活用が報告されている。このうちDLSは高感度と広い測定可能範囲，ハイスループットなどの特徴を持ち，幅広いタンパク質の評価に用いられる。タンパク質の多くは不定形の凝集体を形成しやすいことから，固い球形粒子に比べて測定機器間でのデータの差異を生じやすいなどの難点が指摘されてきた。一方で近年活用が増加しているフローイメージングでの個別粒子の形状評価では，形状の差異が凝集の由来を把握するための情報となることが報告されている[17]。

より大型の粒子評価を目的として，光遮蔽粒子計測や顕微鏡法を用いた不溶性微粒子試験法が日本薬局方の一般試験法として注射剤に広く適用されている。従来の試験法は毛細血管の閉塞を防ぐ観点から輸液などを想定して大容量の溶液を用いる規定となっているため，タンパク質医薬品を対象に試験液量を減らした試験法がJP17第2追補で新たに収載される。凝集体の粒子径評価法には，タンパク質濃度の高い製剤の溶液をそのまま測定する方法と，準備段階または機器内の希釈により濃度が低下した状態で測定が行われる方法がある。凝集状態はタンパク質の濃度によっても変化するため，製剤中の凝集体が非共有結合による場合には，希釈による影響を考慮する必要がある。これらの粒子サイズ測定や示差走査熱量計（DSC）を用いた熱安定性の評価により得られる凝集体の形成機構に関する情報は，リスクを管理するための戦略構築に寄与する。開発過程において必要とされる凝集関連の情報の水準は高度化しており，評価に多くの時間とリソースの投入が必要となっている[18]。優れた評価法による迅速な特性把握が，優れた医薬品の合理的な開発に寄与することが期待される。

開発段階におけるタンパク質の特性把握には，製剤の最適化と妥当性を示す目的で詳しい情報が得られる複数の方法が用いられるのに対し，製品管理を目的とした評価法には比較的簡便な操作による頑健性の高い測定方法が選択される。保存中の凝集形成はタンパク質の構造により大きく異なるため，製品で管理すべき凝集の量についての画一的な規定は薬局方の不溶性微粒子試験のみとなっている。一方で不溶性微粒子は凝集が進行した段階のみで観察されるものであり，免疫原性抑制の観点からも前段階となるサブミクロンとそれ以下のサイズを持つ凝集体の管理指標の設定により，測定時点で問題がないことを確認するとともに，有効期間内の安定性を保証することが望まれる。

5　臨床使用までの各段階におけるタンパク質の凝集

タンパク質の凝集はさまざまな物理ストレスにより起こるため，生産から臨床使用までの各段階における凝集リスクの評価は，製剤開発と管理を合理的に進めるための有効な手段となる。バイアルを用いた一般的な溶液製剤では，精製以降の工程でタンパク質に直接負荷されるストレスはフィルターやチューブとの相互作用などに限られる。一方で精製後に構造変化体やその凝集体が溶液中に残る場合には，それが種となる凝集の進行が起こることに注意が必要とされる。検討が必要なストレスは想定される利用状況によっても異なる。専門的な医療機関でのみ使用される製剤では適切な保存や取り扱いが期待できるのに対し，各種のインスリン製剤など投与デバイスの使用により自己投与を可能とした製剤では，規定外の保管方法によって大きな問題が生じないことや，潤滑剤として使用されるシリコンオイルの影響などデバイスとの相互作用についての検討も必要となる。なお，多くの製剤では臨床使用時における凝集などの変化を避けるため，臨床での配合や混注を行わないように注意喚起がされている。

6　タンパク質の構造設計による凝集抑制

凝集の抑制には，分子間結合形成領域の低減や高次構造の安定化を進める観点から，タンパク質の構造改変によるアプローチと，タンパク質周囲の環境である溶液組成や製造工程を変える方法が用いられる。

一次構造の改変などタンパク質工学の技術活用は，製剤での凝集とそれに伴う免疫原性などの課題の解決に直接的な解決をもたらす方法となる。一方で医薬品としての作用や安全性にも影響を与える可能性があるため，環境の最適化とは異なり開発過程の比較的早い段階からの検討が不可欠となる。医薬品となるタンパク質分子の最適化では，構造形成や安定性に関する知見や *in silico* での安定性予測などを組み合わせて分子のデザインを進めるとともに，候補となるタンパク質を作製して各種ストレスへの暴露の影響を見るなどの *in vitro* 評価による選択を組み合わせることが基本となる[19]。タンパク質分子の最適化として，native 構造の安定化と分子間結合を起こしやすい領域の低減を中心に，該当する部分のアミノ酸配列の変更などが検討される。また，抗原として認知されやすい領域（エピトープ）の排除なども対象となる[20]。分子デザインの重要性は，構造と機能についての情報量が多い抗体を中心に高まっている。タンパク質の複雑な凝集機構に対応して，変異がどの段階で機能するのかを考慮したうえでの設計は，より合理的な凝集抑制につながることが期待される。

7　製剤処方の最適化による凝集抑制

タンパク質医薬品の保存や流通における凝集など各種の物理化学変化を防ぐため，タンパク質分子にとっての環境である溶液の pH や添加剤組成と容器選定など製剤の最適化が行われる。一般に水溶液の pH はタンパク質の物理的・化学的安定性への影響が最も大きい因子であるとともに，安定な pH 域はタンパク質により異なる。そのためタンパク質製剤の製剤設計では当該タンパク質の安定性と溶解性を確保できる pH を投与時の局所刺激が比較的小さい弱酸性～中性域から選択し，その緩衝液を基本として必要な他の添加剤を用いていく方法が有効とされる[21]。

各種の糖類や糖アルコール類および一部のアミノ酸類は，選択的水和と呼ばれる熱力学的機構により溶液中のタンパク質の高低温ストレスによる高次構造変化の抑制作用を持ち，広範な製剤で保存安定性の向上を目的に用いられる。タンパク質の容器吸着や流通過程の振とうで生じる気液界面での構造変化を原因とした凝集に対しては，微量のポリソルベートなど非イオン界面活性剤の添加が有効な場合が多い。非イオン性界面活性剤は気液界面へのタンパク質分子の露出を競合的に阻害，またはタンパク質分子の疎水表面に緩やかに結合することで安定性を向上させる。

逆にタンパク質と強い結合を作るSDSなどは，高次構造を壊す働きを持つ[22]。

医薬品となるサイトカイン類の多くが1 mg/mL以下の低濃度溶液として製剤化されるのに対し，抗体製剤の多くは数十mg/mL以上の高濃度製剤として用いられる。これらの製剤では注射剤としての投与を可能とするための低粘度の維持と，凝集抑制の観点からの分子間相互作用の制御が重視される[23]。分子間の相互作用を示す指標として，超遠心沈降平衡法により得られる第2ビリアル係数が主に用いられる。凝集の抑制にはアルギニンなどの添加が有効とされ[24]，タンパク質の高次構造に対する影響とのバランスを考慮した活用が求められる[25]。

8　凍結乾燥による凝集の抑制

タンパク質の凝集は水溶液の保存過程でも経時的に起こる。そのため凍結乾燥による水の除去とタンパク質分子の運動抑制は，溶液状態での保存が困難なタンパク質を中心に，化学反応や凝集を抑制するための有力な手段となっている。一方で凍結乾燥の工程における低温や氷晶との接触，および分子周辺の水の除去はnative状態の高次構造維持に必要な各種の分子内相互作用のバランスを変化させ，構造の一部を変化させる。一般にこの変化は部分的であり，多くは再溶解によりもとの水溶液中と同様な構造に戻る（リフォールディング）。しかし，複雑な構造を持つタンパク質では，再溶解による構造復帰に時間がかかることや，復帰に必要な折りたたみの経路から外れる（ミスフォールディング）などの理由により，分子表面に露出した領域間の疎水結合による凝集を起こし，薬理作用の低下に進みやすい。そのため多くの凍結乾燥製剤には，低温や凍結ストレスに対して水溶液中と同様な機構により高次構造を保持するとともに，乾燥に対して水分子の代替としてタンパク質の高次構造の保持機能を持つ固体を形成するショ糖やトレハロースなどが安定化剤として添加される。バイオ医薬品の製剤化にあたって溶液と凍結乾燥のどちらを選択するかの判断では，主薬の安定性とともに，疾患の特性や自己注射の可能性など使用形態，および供給対象地域におけるコールドチェーンなど流通整備状況が考慮される。

9　まとめ

タンパク質医薬品の製造工程や製剤中における凝集は，分子の物理化学的な特性とともに環境に大きく影響される。医薬品の凝集の機構についてのさらなる解明と予測に向けた情報の蓄積が，安全性と有効性の確保につながることが期待される。

文　　献

1) C. L. Bennett *et al., N. Engl. J. Med.*, **351**, 1403 (2004)
2) S. K. Singh, *J. Pharm. Sci.*, **100**, 354 (2011)
3) L. Hamuro *et al., J. Pharm. Sci.*, **106**, 2946 (2017)
4) W. Wang *et al., Int. J. Pharm.*, **431**, 1 (2012)
5) W. Jiskoot *et al., J. Pharm. Sci.*, **105**, 1567 (2016)
6) A. Ikai, *et al., J. Biochem.*, **93**, 121 (1983)
7) M. K. Joubert, *et al., J. Biol. Chem.*, **286**, 25118 (2011)
8) H. L. Zhao, *et al., Eur. J. Pharm. Biopharm.*, **72**, 405 (2009)
9) W. M. Berhanu & U. H. Hansmann, *PLoS One.* **7**, e41479 (2012)
10) M. K. Joubert, *et al., J. Biol. Chem.*, **286**, 25118 (2011)
11) G. Kijanka, *et al., J. Pharm. Sci.*, **107**, 2847 (2018)
12) C. Koch, *et al., APMIS.* **104**, 115 (1996)
13) 本書第Ⅱ編第1章
14) 抗体医薬品質評価のためのガイダンス，厚生労働省薬食審査発 1214 第1号（平成 24 年 12 月 14 日）
15) 長門石曉，津本浩平，製剤機械技術学会誌，**25** (4), 316 (2016)
16) D. C. Ripple & Z. DC, *Pharm. Res.*, **33**, 653 (2016)
17) S. N. Telikepalli, *et al., J. Pharm. Sci.*, **103**, 796 (2014)
18) FDA Guidance for Industry, Assay Development and Validation for Immunogenicity Testing of Therapeutic Protein Products (2016)
19) M. C. Manning, *et al., Adv. Protein. Chem. Struct. Biol.*, **112**, 1 (2018)
20) T. D. Jones, *et al., Methods Mol. Biol.*, **525**, 405 (2009)
21) T. J. Zbacnik, *et al., J. Pharm. Sci.*, **106**, 713 (2017)
22) 本書第Ⅲ編第5章
23) T. Hong, *et al., Curr. Protein Pept. Sci.*, **19**, 746 (2018)
24) 本書第Ⅰ編第2章
25) T. Arakawa *et al., Amino Acids*, **33**, 587 (2007)

第2章　プロリン異性化とタンパク質凝集制御

伊倉貞吉*

1　プロリン異性化

タンパク質を構成する個々のアミノ酸は，酸性や塩基性などの化学的に異なる性質を有するが，プロリンはアミノ酸固有の化学的性質よりもペプチド結合に及ぼす影響において特異的な性質を有する。ペプチド結合は，カルボニル基のπ軌道が隣接する窒素上の孤立電子対の軌道と平行に並んで重なっており，孤立電子対が非局在化している。それにより，窒素原子はsp2混成軌道をとるので，C-N結合は二重結合性を持ち，平面を形成する。このため，アミノ酸同士はペプチド結合を介してトランス型またはシス型の2種類の配置だけが許される。ただ，普通のアミノ酸では，主鎖と側鎖間の立体障害などがあるので，取り得る構造はほとんどがトランス型である（シス型は0.03～0.05%[1]）。ところが，プロリンだけは事情が異なる。プロリンがペプチド結合の後ろに位置する場合，すなわち，Xaa-Pro（Xaaは任意のアミノ酸）という配列の場合には，プロリンの環状構造のため立体障害が緩和されるのでシス型も許され，シス型とトランス型の2種類の構造を取り得る（図1）。

では，Xaa-Pro配列が2つの構造を取り得ることは，タンパク質の構造や機能にとってどのような意味を持つのであろうか。第一に，タンパク質の立体構造を多様化する効果がある。シス型とトランス型のどちらを取るかで，ペプチド結合を挟んでアミノ酸残基の主鎖方向が逆向きに

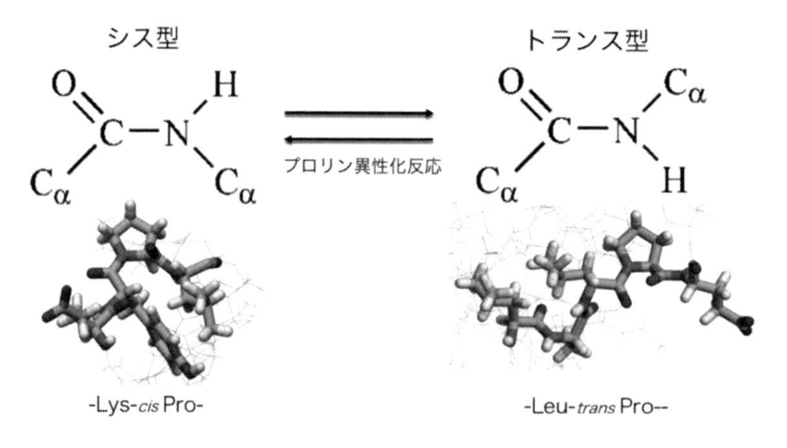

図1　Xaa-Pro配列のシス型とトランス型構造

＊ Teikichi Ikura　東京医科歯科大学　難治疾患研究所　分子構造情報学分野　准教授

なり，分子内でのアミノ酸残基間の相互作用に影響する。その結果，場合によっては，2種類の立体構造が存在することもある（図2）。図2は，モネリンという甘みを持つタンパク質の立体構造を示しているが，その天然状態（タンパク質が機能する時の構造状態）では，Arg39-Pro40がトランス型とシス型の両方をとることが知られている。トランス型の構造ではループなのに対して，シス型の構造ではβストランドが伸びている。タンパク質分子の全体構造の違いに比べて，Arg39-Pro40の近傍での構造の違いは顕著である。このように，シス型とトランス型の構造差は，どちらかというとXaa-Pro配列近傍の局所的な変化に留まるものと考えられる。

第二の意味としては，酵素反応における活性の違いにある。キモトリプシンのようなタンパク質分解酵素は，基質中のXaa-Pro配列がトランス型の場合だけペプチド結合を加水分解することができる。同様に，PP2Aのような脱リン酸化酵素は，リン酸化されたSerやThrの後ろがProとなる配列（pSer/pThr-Pro）の場合に，ペプチド結合がトランス型の時のみSerやThrを脱リン酸化できる。これらの例は，Xaa-Pro配列の構造が，酵素活性のオンとオフを制御する分子スイッチとして機能することを示している。

モネリンのように，天然状態において，シス型とトランス型の両方の構造が存在するタンパク質は極めてまれであり，ほとんどのXaa-Pro配列は，天然状態ではトランス型かシス型のどちらか一方の構造をとる。タンパク質立体構造データベース（PDB）を調べてみると，約95％のXaa-Pro配列はトランス型をとっており，シス型はわずか5％程度である[1]。一方，変性状態，あるいは，アンフォールディング状態でのXaa-Pro配列の構造は，プロリン残基の直前のアミノ酸に依存して10～40％はシス型をとることが報告されている[2]。このため，タンパク質がフォールディングして立体構造を形成する際には，プロリン異性化反応，すなわち，シス型からトランス型へ，あるいは，トランス型からシス型への構造変化を伴うことになる。逆に，タンパ

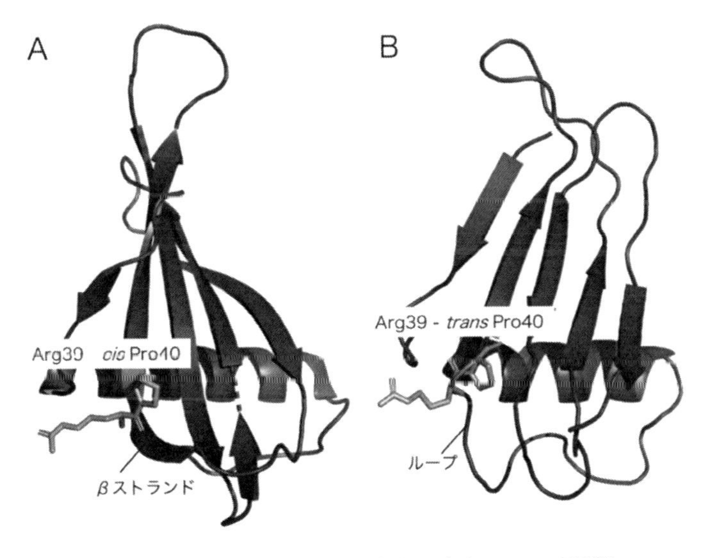

図2　モネリンの（A）シス型構造と（B）トランス型構造

ク質が変性する際には，アンフォールディングの後，プロリン異性化反応により構造変化をして，シス型とトランス型との平衡状態に至る。変性状態では，シス型の自由エネルギーは，トランス型よりもせいぜい 1 kcal/mol 高い程度にすぎないと見積もられている。

プロリン異性化反応は，自発的に進行する可逆的な反応であるが，20 kcal/mol 程度の遷移エネルギー[3]があるため，秒から時間のオーダーの極めて遅い反応である。生体内では，様々な分子が混み合った環境にあり，自発的なプロリン異性化反応にはもっと長い時間を要することが推定されるので，事実上，自発的な反応はほとんど起こらないと言ってよい。しかし，生体内には，「プロリン異性酵素」と呼ばれるプロリン異性化反応を触媒するタンパク質が存在しており[4]，この酵素により反応速度は 1,000 倍以上も加速する。したがって，生体内での実際のプロリン異性化反応は，プロリン異性化酵素によって担われていると言っても過言ではない。プロリン異性化酵素は，立体構造モチーフと基質特異性によってシクロフィリン型，FKBP 型，パルブリン型の 3 種類に分類される（図 3）。シクロフィリン型は，免疫抑制剤サイクロスポリン A により活性阻害を受けるファミリーであり，エイズウィルス HIV-1 の感染に関与するシクロフィリン A（CypA），心筋梗塞や脳梗塞に関与し，ネクローシスのスイッチとしても機能するシクロフィリン D（CypD）などがある。FKBP 型は，免疫抑制剤 FK506 やラパマイシンにより活性阻害を受けるファミリーであり，細胞増殖のシグナル伝達系などのスイッチとして機能する FKBP12，神経細胞内での微小管の伸長と短縮に関与する FKBP51 および FKBP52 などがある。一方，パ

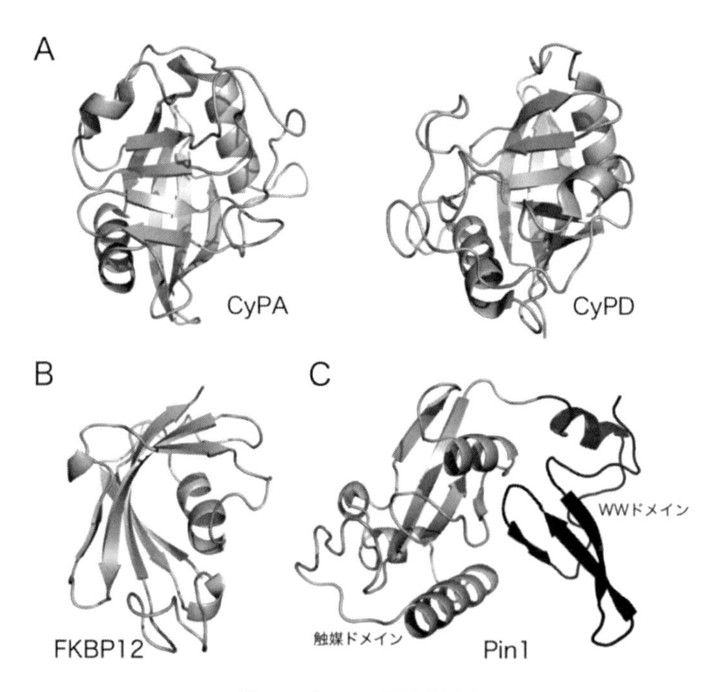

図 3　プロリン異性化酵素
（A）シクロフィリン型（CyPA，CyPD），（B）FKBP 型（FKBP12），（C）パルブリン型（Pin1）

ルブリン型には，リボソームのサブユニットの生合成に関与するPAR14や細胞周期のスイッチとして機能するPin1などがある。Pin1はpSer/pThr-Pro配列に対する特異性が高く，リン酸化シグナルと関係があるような転写，アポトーシス，タウタンパク質の凝集阻害，アミロイドβの産生調節などの多様な機能を有することが知られている。このように，生体内では，Xaa-Pro配列のシス型とトランス型の分子スイッチは，プロリン異性化酵素によって切り替えられている。

2　プロリン異性化によるタウオパチーの制御

アルツハイマー病は最も良く知られた認知症であり，その典型的な病変は神経細胞の変性消失とそれに伴う大脳萎縮，老人斑，神経原線維変化（NFT）である。老人斑とNFTはいずれもタンパク質の凝集体であり，老人斑はアミロイドβ（Aβ）から，また，NFTはタウタンパク質から構成されている（図4）。NFTは，アルツハイマー病だけに特異的な凝集ではなく，様々な認知障害を伴う疾病においても頻繁に検出されている。進行性核上性麻痺，ピック病，大脳皮質変性症などが，アルツハイマー病以外でNFT形成が見られる代表的な疾病として知られている。このように，NFTを原因とする神経変性疾患を総称して，「タウオパチー」と呼ぶ。

タウタンパク質は，中枢神経細胞に多く発現しており，通常は，微小管の主たる構成タンパク質であるαおよびβチューブリンに結合して微小管の重合や安定性を調節している。また，微小管以外の様々なタンパク質との相互作用により，生後の脳の成熟，軸策輸送とそのシグナル伝達の調節，熱ストレスに対する細胞応答，成体での神経発生など，脳神経系で起こるさまざまな現象に関与している。しかし，神経変性疾患時には，タウタンパク質は微小管から遊離し，凝集して，NFTを形成するとともに，微小管が不安定化され，その結果，神経細胞はアポトーシスにより死に至るとされている。個々のタウオパチーの発症機構は現在もなお解明されてはいないが，アルツハイマー病に関しては，かなり多くのことが明らかになってきた。それは，アミロイドβの凝集体による神経細胞へのストレスが，タウタンパク質の過剰リン酸化を引き起こすというものである（アミロイド・カスケード仮説；図5）。過剰リン酸化したタウタンパク質は，微小管結合能が弱まることによって遊離する。細胞内には，PP2Aなどの脱リン酸化酵素があるので，遊離したタウタンパク質は，脱リン酸化を受けることにより，再び微小管に結合する。しかし，PP2AはpSer/pThr-Pro配列がトランス型の場合にしか機能しないため，シス型のタウタンパク質は脱リン酸化を受けず，細胞質内に蓄積することになり，やがて凝集してNFTを形成

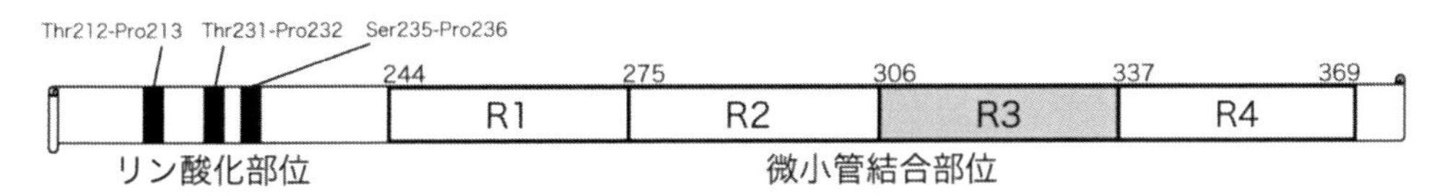

図4　タウタンパク質のドメイン構造

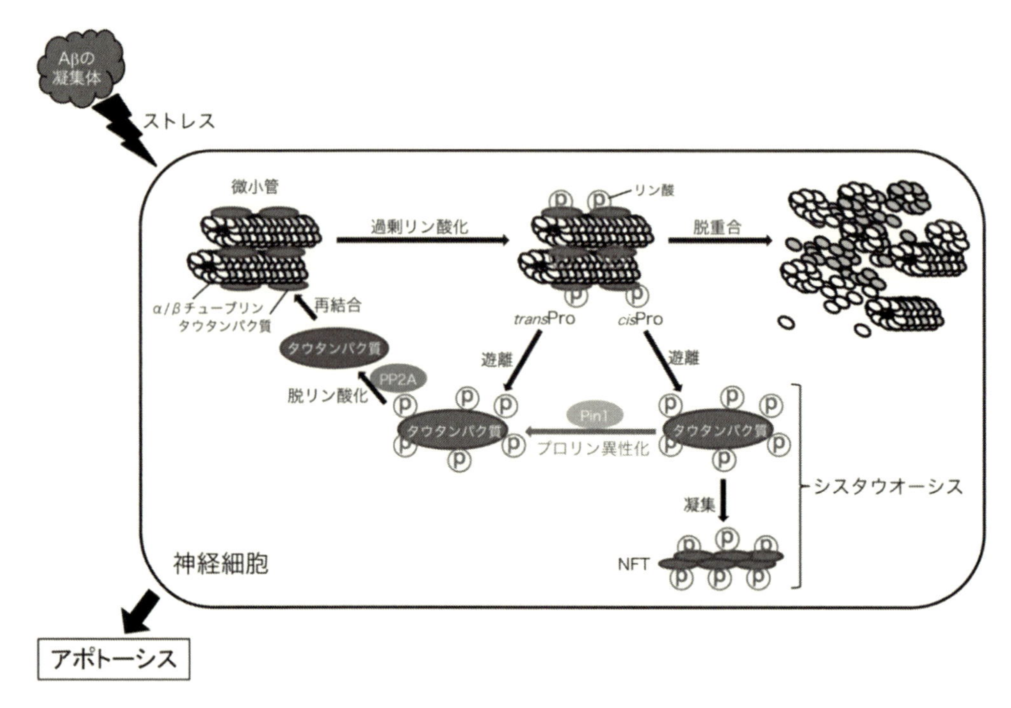

図5　アミロイド・カスケード仮説とシスタウオーシス仮説

すると考えられている。

この仮説は，タウタンパク質のXaa-Pro配列のシス型の方がトランス型よりも凝集しやすいということを主張するものであり，前節で触れたように，シス型とトランス型の立体構造の差と合わせて考慮すると興味深い。実際，NFTにおいては，タウタンパク質は分子間でβシートを形成しており，シス型がβストランドを形成しやすいという統計データと，極めて良い対応関係にある。この仮説は，「シスタウオーシス」（図5）とも呼ばれている。

シスタウオーシスがタウタンパク質の凝集原因であるという証拠のひとつは，Pin1欠損マウスにおいてNFTの蓄積が顕著であったという実験にある。前節で触れたように，Pin1はpSer/pThr-Pro配列特異的なプロリン異性化酵素であり，Pin1の存在はpSer/pThr-Pro配列のシス型からトランス型への変換を可能にすると考えられるので，Pin1の欠損によるNFTの増加は合理的に説明がつく。Pin1の発現が中枢神経で多いということもこの仮説を補強する。これらのことから，健康時においては，神経細胞の防御システムのひとつとして，Pin1が機能していることが推察されている。

その後の研究から，タウタンパク質の凝集化においてThr231のリン酸化の影響が大きいことが報告され，Pin1の重要な標的がpThr231-Pro232配列であると考えられるようになった。pThr231-Pro232配列のシス型とトランス型を見分ける抗体が作製され，これをプローブとする研究により，シス型構造の量と凝集とに正の相関があることが，実際に細胞内で確認されている[5]。しかし，最近の我々の研究から，pThr231-Pro232配列はトランス型の場合であっても高い凝集性を有すること，Pin1は確かにリン酸化タウタンパク質の凝集化を抑制するものの，その機能はプロリン異性化反応とは無関係で，トランス型構造に対するPin1のWWドメイン（図3）の選択的な結合によることなどが判明し[6]，pThr231-Pro232配列のシス型の凝集性が高いとする主張に対する疑問が呈されている。Pin1のプロリン異性化触媒活性が働くとすれば別の箇所である可能性が高く，現在までにThr212-Pro213配列やSer235-Pro236配列などが候補としてあがっている。

では，シスタウオーシスは間違っていたのであろうか？　NFTの形成に中心的な役割を演じているのは，リン酸化部位ではなく，微小管結合部位（図4）であることは以前から知られていた。タウタンパク質の微小管結合部位は，アイソフォームによって異なるものの3つまたは4つの微小管結合領域から構成されるが，3番目の領域（R3）がNFTのコア構造を形成する。これまでにも微小管結合部位のみ，あるいは，R3のみでも，線維状の凝集体を形成することが，様々な実験で示されていた。しかし，微小管結合部位にはSer/Thr-Pro配列がないので，NFTのコア構造の形成にはリン酸化もPin1も関与していないことは明らかだった。このことが謎のひとつとされていたが，10年ほど前に，アルツハイマー病患者の脳組織の切片からNFTに結合しているプロリン異性化酵素FKBP12（図3）が検出されたことにより事情が変わった[7]。NFTのコア形成にFKBP12が何らかの関与をしていることを示唆しているからである。当初の予想とは全く異なる部位ではあるが，もしかするとNFTのコア形成において，シスタウオーシスの仕組みが働いているのではないだろうか？　実際，R3を構成する31残基には，Lys311-Pro312という配列が存在しており，FKBP12の標的となりうる。そこで，我々は，R3の凝集とFKBP12との関係性を解析することにした[8]。図6は，FKBP12の存在下でのR3の凝集量の変化を示したものである。FKBP12が増えるにつれてR3の凝集量が減っていき，R3の5倍量のFKBP12があれば，もはやR3の凝集は検出されなくなった。

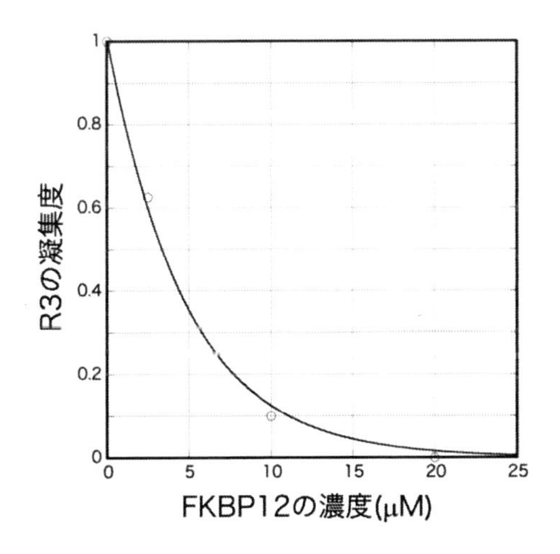

図6　タウペプチドR3の凝集におけるFKBP12の影響

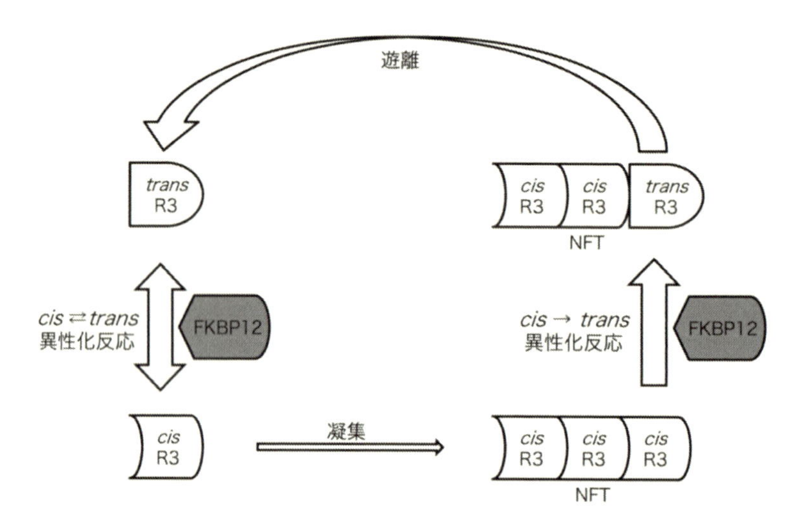

図7　FKBP12によるタウペプチドR3の凝集阻害の反応スキーム

次に，我々はFKBP12のプロリン異性化酵素活性を11倍上昇させる変異体と7倍減少させる変異体を作製し，同様の実験を行った。いずれの変異体もR3への結合は著しく弱くなったにも関わらず，活性を上げたものはR3と等量の添加で凝集が消え，活性を下げたものはR3の凝集に全く影響を及ぼさなかった。これらの結果は，FKBP12によるR3の凝集阻害能がプロリン異性化活性に由来することを明確に示している。このような実験結果を矛盾なく説明するための反応過程を構築すると図7の反応スキームに至った。このスキームから，FKBP12は，溶液中のR3のプロリン異性化反応を触媒するだけでなく，R3の凝集体に対してもプロリン異性化反応を触媒していることが読み取れる。凝集体を形成しているシス型構造のR3は，FKBP12によるプロリン異性化反応により，トランス型の構造に転換されて遊離することが解明された。

3　シクロフィリンDによるアミロイドβの凝集制御

前節で触れたようにAβの凝集体である老人斑は，神経細胞外に沈着するアルツハイマー病の典型的な病変として知られている。かつては，Aβはこのように細胞外でのみ凝集体を形成すると考えられていたが，最近では，Aβがエンドサイトーシスにより細胞内に取り込まれ，細胞内に蓄積し凝集体を形成することも報告されている。また，何らかの経路で，細胞内Aβの凝集体がミトコンドリア内に到達し，ミトコンドリアの機能障害を引き起こすことも報告されている。ミトコンドリア内では，Aβは多くのタンパク質と相互作用をするが，その中にCyPD（図3）がある。当初はAβがCyPDの機能不全を引き起こすと推定されていたが，最近になり，CyPDはAβの凝集体形成を阻害している可能性が報告されている[9)]。それによれば，CyPDの存在下でAβの凝集体が減少し，また，CyPDに対する阻害剤の添加でAβの凝集体が増加した。

NMRによる相互作用部位のマッピング解析では，CyPDのプロリン異性化触媒領域とAβのLys16-Glu22とに強い相互作用が観測され，さらに，この相互作用はCyPDの触媒活性と相関することが解明された。これらの実験結果はCyPDの触媒活性がAβの凝集を阻害することを示唆しており，タウタンパク質と同様にAβの凝集性もまたXaa-Pro配列のシス型とトランス型に依存している可能性を想起させる。しかし，Aβはプロリン残基をひとつも含んでいないので，Xaa-Pro配列の異性化が関わることはありえない。そこで，筆者らは，Xaa-Pro配列以外にもシス型構造が0.03%程度はあることを考慮し，Aβ中のどこかのペプチド結合が標準からずれることによる構造多型性と凝集性とが相関しているのではないかと推察している。このように，CyPDは，Aβの凝集の原因となる多型性をもったペプチド結合に作用している可能性がある。

4　プロリン異性化とタンパク質凝集制御

前節まではプロリン異性化酵素がタウタンパク質やAβの凝集を抑制するという例を紹介してきた。しかし，Xaa-Pro配列の構造異性化の結果が凝集抑制をもたらす保証はなく，プロリン異性化酵素によるXaa-Pro配列の構造異性化が，逆に，凝集を促進する可能性もありえる。実際に，パーキンソン病の原因タンパク質として知られているαシヌクレンも典型的な線維状の凝集体を形成するが，その凝集はFKBP12（図3）の存在下で促進されることが知られている[10]。同様に，血清中のタンパク質であるシスタチンBはCyPA（図3）の存在下で，凝集体が増加するとともに，線維の長さも伸長することが知られている[11]。このシスタチンBの凝集体形成の促進は，不活性型CyPAでは観測されないことから，プロリン異性化反応と相関すると考えられている。これら2つの例では，通常は凝集しにくい立体構造をとっているタンパク質を，プロリン異性化酵素が凝集しやすい構造に転換させてしまった可能性がある。

プロリン異性化反応がタンパク質の凝集に関与する事象は，現在知られている数よりも多い可能性は高い。現在，プロリン異性化反応を直接観測するための手段はNMRだけだが，NMRは凝集過程の観測を得意とはしていない。したがって，多くの研究ではプロリン異性化酵素などを用いた間接的な方法に頼らざるを得ないのが現状であり，それらの適用限界が，検出限界となっている。今後，革新的な方法が開発されれば，さらに多くの事例が発見され，その結果，Xaa-Pro配列の異性化状態とタンパク質凝集傾向との関係が解明されるとともに，タンパク質凝集を制御する新たな方法の開発へとつながることが期待される。

文　　献

1) D. Pahlke *et al.*, *Bioinformatics*, **21**, 685 (2005)
2) C. Grathwohl and K. Wüthrich, *Biopolymers*, **15**, 2043 (1976)
3) I. Z. Steinberg *et al.*, *J. Am. Chem. Soc.*, **82**, 5263 (1960)
4) 伊倉貞吉，キーワード：蛋白質の一生，p.999，共立出版（2008）
5) K. Nakamura *et al.*, *Cell*, **149**, 232 (2012)
6) T. Ikura *et al.*, *FEBS Lett.*, **592**, 3082 (2018)
7) H. Sugata *et al.*, *Neurosci. Lett.*, **459**, 96 (2009)
8) T. Ikura and N. Ito, *Protein Eng. Des. Sel.*, **26**, 539 (2013)
9) M. Villmow *et al.*, *Biochem. J.*, **473**, 1355 (2016)
10) A. Deleersnijder *et al.*, *J. Biol. Chem.*, **286**, 26687 (2011)
11) A. Smajlovic *et al.*, *FEBS Lett.*, **583**, 1114 (2009)

第3章　タンパク質のフォールディングと溶解性

池口雅道*

天然変性タンパク質のような例外を除けば「立体構造を形成した（フォールドした）タンパク質は溶けやすいが，立体構造を形成していない（アンフォールドした）タンパク質は溶けにくい」と言っても過言ではないであろう。したがってタンパク質の溶解度を考える時，フォールドしたタンパク質の溶解度や凝集の問題とアンフォールドしたタンパク質の溶解度や凝集の問題は別に考えた方が良い。

1　フォールドしたタンパク質の溶解度

フォールドしたタンパク質の溶解度はpHや塩濃度によって変化し，その性質は等電点沈殿や硫安沈殿のようなタンパク質精製法の原理となっているし，X線結晶構造解析のためにタンパク質を結晶化する際もフォールドしたタンパク質の溶解度を沈殿剤によって変化させるのが基本となっている。NMRやX線小角散乱といった構造解析手法では試料濃度が高いことが要求されるため，対象となるタンパク質の溶解度を高くしたいという要求は存在する。NMRは装置の高磁場化や極低温プローブの利用により，以前よりは低濃度での測定が可能となっているが，それでも数mg/mL程度の溶解度は必要である。X線小角散乱もしかりで，SPring-8の高輝度放射光を用いた場合でも0.5 mg/mLは必要である。フォールドしたタンパク質の溶解度を上げるために溶解度の高いタンパク質あるいはペプチドとの融合タンパク質とする方法がある[1,2]。また，部位特異的アミノ酸置換などによりフォールドしたタンパク質の溶解度を高めることも可能であろう。詳細は，参考文献あるいは本書の第Ⅲ編第4章を参照されたい。

2　ジスルフィド結合を持つタンパク質の大腸菌での発現

一方，アンフォールドしたタンパク質は基本的には溶解度が低く，フォールディングを許さない環境におけば，ほとんどの場合は会合する。フォールディングを許さない環境とは，例えばジスルフィド（S-S）結合が立体構造形成に必須のタンパク質を大腸菌で発現した場合，大腸菌の細胞質内は還元的な環境であり，S-S結合が形成されない。つまり，フォールディングが許されないわけで，会合して封入体を形成することが多い。著者の経験ではS-S結合を4本持つαラ

＊　Masamichi Ikeguchi　創価大学　理工学部　教授

クトアルブミン，2本持つβラクトグロブリンは大腸菌で組換え体を発現した際に不溶性画分に得られた[3,4]（表1）。ウマβラクトグロブリン（ELG）は162残基のタンパク質でCys66-Cys160，Cys106-Cys119の2本のS-S結合を持つ。部位特異的アミノ酸置換実験の結果，Cys66-Cys160は欠損させても立体構造を形成できるが，Cys106-Cys119を欠損させると立体構造を形成できないことがわかっている[4]。Cys66，Cys160をAlaに置換した変異体C66A/C160Aは*in vitro*でリフォールディングすれば立体構造を形成するが，大腸菌菌体内でCys106-Cys119を形成できず封入体として得られた。一方，Cys106とCys119をAlaやValに置換した変異体は封入体として発現され，*in vitro*でのリフォールディングにも成功していない。βラクトグロブリンの相同タンパク質であるヒト涙リポカリン（HTL）は分子内に1本のS-S結合Cys61-Cys153を持つ。このS-S結合はELGにおいて構造形成に必須ではないCys66-Cys160に相当する（図1）。ELGで構造維持に必須であったCys106-Cys119に相当するS-S結合はHTLには存在しない。このHTLを大腸菌で発現すると可溶性画分にフォールドした状態で得られる[5]。しかも精製した段階でS-S結合が形成されていることも確認された。部位特異的アミノ酸置換によりすべてのCysをAlaに置換した変異体も立体構造を形成できることも確認されている。つまり立体構造形成にS-S結合形成が必要なければフォールドして可溶性画分に得られるのである。封入体になるか，可溶性画分に得られるかは，S-S結合があるかないかではなく，S-S結合を形成せずにフォールドするかしないかに依っていることがわかる典型的な例と言えよう。

表1　大腸菌でのタンパク質発現の例

タンパク質	残基数	サブユニット数	S-S結合数	発現状態
ウシαラクトアルブミン[3]	142	1	4	不溶性画分
ウマβラクトグロブリン（ELG）[4]	162	1	2	不溶性画分
ELG変異体C66A/C160A[4]	162	1	1	不溶性画分
ヒト涙リポカリン（HTL）[5]	158	1	1	可溶性画分
ヒトフェリチンL鎖（HuFTL）	177	24	0	可溶性画分
HuFTL変異体A96T	177	24	0	不溶性画分

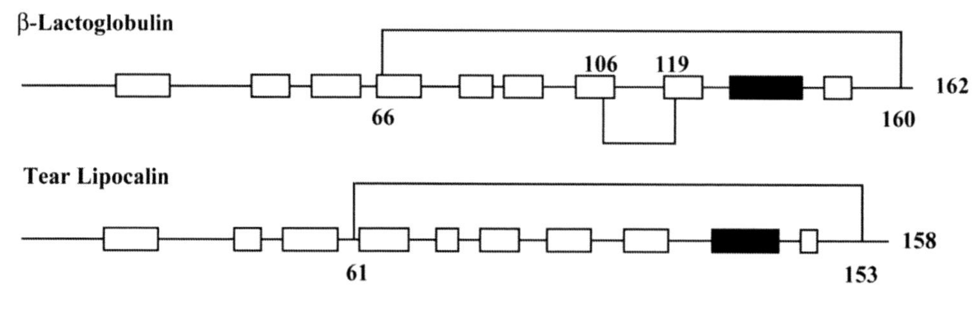

図1　相同タンパク質，βラクトグロブリンと涙リポカリンのS-S結合
白抜き，塗りつぶしの四角はそれぞれβストランドとαヘリックスの領域を示している。

3　封入体として得られたタンパク質のリフォールディング

大腸菌で発現したタンパク質が封入体となった場合，封入体を可溶化した後に *in vitro* でリフォールディングする。*in vitro* でのリフォールディング方法についてはさまざまな方法が提案されている[6~8]。簡単に分類すると，①希釈法，②透析法，③カラム法，④高圧法がある。希釈法はグアニジン塩酸塩，尿素，ドデシル硫酸ナトリウムのような変性剤で可溶化した封入体を適当な緩衝液で希釈するだけの最も簡単な方法である。透析法では変性剤で可溶化したタンパク質を透析チューブに詰め，適当な緩衝液で透析する。カラム法は変性剤で可溶化したタンパク質をイオン交換カラムやアフィニティーカラムにそのままロードして吸着させ，その後適当な緩衝液を流して吸着した状態でリフォールドさせる方法である。高圧法は 1.5～2.5 kbar の高圧下で封入体が可溶化する性質に基づいている。最終的には対象となるタンパク質毎に方法と条件探しが必要で，試行錯誤的な部分は避けられないが，著者の経験上，多くのタンパク質で成功している希釈法の例を紹介したい。著者は封入体の可溶化には尿素を好んで用いている。それはこの後述べるリフォールディング後の濃縮，精製を考慮してのことである。尿素で可溶化されたタンパク質は適当な緩衝液で希釈する。この時，大事な点は希釈後のタンパク質濃度を低く抑えることである。少なくとも 10 μM 以下にはした方が良い。分子量が2万のタンパク質であれば 0.2 mg/mL 以下ということになる。タンパク質のフォールディングと会合は競合反応である。単量体のタンパク質であれば，フォールディング反応は1次反応でありタンパク質濃度には依存しないが，会合反応は2次以上の高次反応で，タンパク質濃度の上昇に伴って加速する。ゆえにタンパク質濃度が低い方が会合，沈殿の形成を抑えることができる。図2はフェリチンという 24 量体タンパク質とその変異体 A98T について，精製した試料を一度グアニジン塩酸塩で変性させ，緩衝液で希釈した際のリフォールディング率がタンパク質濃度とともに減少する様を調べた結果である。フェリチンは 24 量体タンパク質であるが，フォールドしたサブユニットのアセンブリ（集合）は速く，サブユニットのリフォールディングが律速となるため，リフォールディングはタンパク質濃度に依存しない。よって低濃度の方がリフォールディング率は上がる。タンパク質濃度を下げた結果としてリフォールディング溶液は数百 mL から数 L になる。リフォールディング溶液はリフォールディングが完了するまで静置する。この段階で溶液の白濁が激しい時には遠心して沈殿を除くが，遠心しても落ちない程度の濁りであれば，そのままイオン交換カラムにロードする。カラムを汚す（不溶性物質がカラム上部に蓄積する）ことになるので，オープンカラムをお勧めする。ここで可溶化に尿素を用いていることが効果を発揮する。グアニジン塩酸塩だとカラムに吸着しない。緩衝液を流してよく洗った後に適当な塩濃度勾配をかけて溶出すると，この段階でかなり精製されたタンパク質を得ることができる。His-tag のような精製用のタグが付いている場合にはイオン交換カラムの代わりに IMAC（Immobilized metal ion adsorption chromatography）を用いても良く，この場合には可溶化にグアニジン塩酸塩を用いることができる。

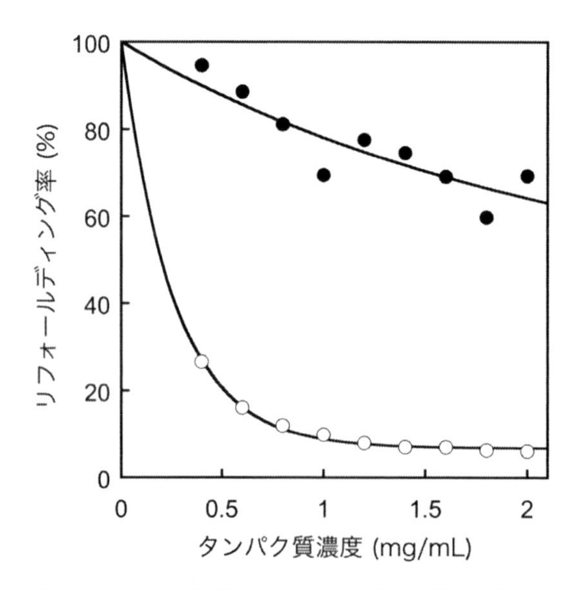

図2　フェリチンおよびその変異体のリフォールディング率のタンパク質濃度依存

4～20 mg/mL の濃度でフェリチン（●）およびその変異体 A96T（○）を 6 M のグアニジン塩酸塩で変性させた後に緩衝液で 10 倍に希釈した。遠心して沈殿を除き，上清のタンパク質濃度を定量し，上清のタンパク質濃度のリフォールディング溶液中のタンパク質濃度に対する比率をリフォールディング率とした。

S-S 結合を持つタンパク質の場合には，リフォールディング緩衝液にチオール化合物とそのジスルフィド化合物を加える必要がある。しばしば酸化型と還元型のグルタチオン（GSSG と GSH）が用いられるが，高価なので，我々は代わりにヒドロキシエチルジスルフィドとメルカプトエタノールを用いている。重要な点は還元型試薬を酸化型試薬の 5 倍から 10 倍程度の濃度にすることである。会合を防ぐには誤って形成された S-S 結合をできるだけ速く切断することが肝要だからである。正しい組み合わせの S-S 結合は安定であり，還元型試薬が過剰でも還元されることはない。S-S 結合を形成させる必要があるときにはリフォールディング溶液の pH を弱アルカリ性（pH 8 程度）にすることも大切である。

4　フォールディングと会合の競合

さて話をアンフォールドしたタンパク質の溶解度に戻そう。アンフォールドしたタンパク質は基本的に溶解度が低く会合しやすい。溶解度を上げる最善の方法は会合する前にフォールドさせることである。上で述べたように，タンパク質のフォールディングと会合は競合反応であるので，いかにフォールディングを速くするか，あるいは会合を遅くするかという問題に置き換えることができる。会合を遅くする一番簡単な方法は試験管内でのリフォールディングのところで述べたように，タンパク質濃度を下げることである。大腸菌での発現の場合にタンパク質濃度を下げるには基本的にはポリペプチド鎖合成の速度を下げると良い。具体的には①培養温度を下げる，②IPTG（isopropyl β-D-1-thiogalactopyranoside）などの発現誘導剤濃度を下げる，③活性の低いプロモータを用いるなどの方法がある[1,2]。ただし，これらの方法は発現量を減少させることになるため，多量にタンパク質試料が欲しい時には逆効果でもある。そこで温度を下げた時の発現タンパク質の可溶化と発現量の確保を両立させるためにコールド・ショック・タンパク質遺伝子（*cspA*）のプロモーターを用いた発現系も開発されている（タカラバイオ㈱が pCold の商品名で販売）[9]。さらに付け加えると発現タンパク質を可溶性画分に得るために分子シャペロンと共発現するベクターなども開発，販売されているが，詳細はメーカーの Web ページ等を参照していただくこととして，話をフォールディングと会合の競合に戻そう。図2に示したフェリチン変異体 A96T の例では，高発現ベクターとして知られる pET ベクターを用いて大腸菌で発現させるとタンパク質は封入体として得られた。野生型の場合には培養温度を 20℃に下げ，IPTG の濃度も下げることで可溶性画分に回収できたが，変異体 A96T の場合にはこの条件でも不溶性画分に得られた。不溶性画分に得られると，導入したアミノ酸置換が立体構造形成を阻害したものと判断して，それ以上研究を進めない場合がほとんどだが，この変異体の場合は先行研究から判断して必ず立体構造を形成するはずという確信があったため，封入体を尿素で可溶化し，リフォールディングを試みた。その結果，うまくリフォールディングしたタンパク質を精製することができ，精製されたタンパク質の立体構造は野生型と同様であることも明らかとなった。精製した A96T をグアニジン塩酸塩で変性させた後に緩衝液で希釈した際のリフォールディング率は図2に示すように野生型よりはるかに低く，大腸菌の菌体内で封入体を形成するという事実と合致する結果であった。おそらく A96T のフォールディング速度は野生型よりも遅く，その結果として会合し封入体を形成するものと考えられる。この事例が示すように，大腸菌発現時に封入体を形成したからといって試験管内のリフォールディングも不可能と判断するのは早急である。

ではフォールディング速度を速くする方法はどうであろうか。これは会合速度の制御に比べると少々難しい。小さな球状タンパク質であれば，フォールディング速度は相対的コンタクト・オーダー（RCO）と呼ばれる指標で表される立体構造のトポロジーに支配されていることが知られている[10]。RCO とはタンパク質中で相互作用している残基のペアが一次配列上でどれだけ離れているかの平均値である。比較的単純な（S-S 結合や cis プロリンを持たない）単一ドメインタンパク質では，RCO が大きいほどフォールディングが遅いという傾向がある。かといって発現しようとするタンパク質の RCO を変えるのは現実的ではないし，しばしば複数のドメインを持っていたり，S-S 結合を持っていたり，cis プロリンを持っていたりもする。さらに，個々のタンパク質のフォールディング速度は温度，pH などの条件で変化するし，先に述べたフェリチンの例などアミノ酸1残基の違いでフォールディング速度が変化する。よってフォールディングの速度を制御するための一般的な方法を述べるのは困難である。しかしながら個別のタンパク質について考える時，フォールディング速度を速め，会合速度を遅くするという戦略は一般的と言って良い。この点を念頭に置き，目的のタンパク質の特徴（S–S 結合の有無，金属イオンや補欠分子族の結合など）に応じて条件を検討することになる。

文　献

1) H. P. Sørensen & K. K. Mortensen, *Microb. Cell Fact.*, **4**, 1 (2005)
2) C. P. Papaneophytou & G. Kontopidis, *Protein Expr. Purif.*, **94**, 22 (2014)
3) N. Ishikawa *et al.*, *Protein Eng.*, **11**, 333 (1998)
4) Y. Yamada *et al.*, *Proteins*, **63**, 595 (2006)
5) S. Tsukamoto *et al.*, *J. Biochem.* (*Tokyo*), **146**, 343 (2009)
6) S. M. Singh & A. K. Panda, *J. Biosci. Bioeng.*, **99**, 303 (2005)
7) R. R. Burgess, *Methods Enzymol.*, **463**, 259 (2009)
8) A. Basu *et al.*, *Appl. Microbiol. Biotechnol.*, **92**, 241 (2011)
9) G. Qing *et al.*, *Nat. Biotechnol.*, **22**, 877 (2004)
10) D. Baker, *Nature*, **405**, 39 (2000)

第4章　短い溶解性向上ペプチドタグを用いたタンパク質の凝集の抑制

黒田　裕*

1　はじめに

本章では我々が開発した溶解性向上ペプチドタグ（Solubility Enhancement Peptide タグ：SEP タグ）を用いた可溶化および凝集の抑制について述べる。SEP タグは，組換えタンパク質を可溶化するための従来の融合タンパク質法とは異なり，数残基の非常に短いペプチド配列からなる可溶化タグである。そのため，SEP タグは，目的タンパク質の構造および活性を阻害することなく，溶解性のみを向上できる汎用的な可溶化法として注目され始めている。

2　溶解性向上ペプチドタグ（SEP タグ）

2.1　タンパク質融合による可溶化

溶解性の低い組換えタンパク質に，溶解性の高いタンパク質（以下，タンパク質タグ）を付加させる「融合タンパク質（fusion protein）」による可溶化法が古くから知られている（表1）。タンパク質タグには，maltose-binding protein（MBP）[1] や glutathione S-transferase（GST）[2] がよく使用されている。その場合，MBP や GST に対するアフィニティークロマトグラフィーを用いて目的タンパク質を容易に精製できるという利点がある。分子量の小さな可溶化タンパク質タグとして，GB1 ドメイン（6.3 kD）[3] や small ubiquitin-related modifier（SUMO；11 kD）[4] が挙

表1　代表的なタンパク質タグとその性質

Solubility fusion tag	Residues	Size (kDa)	末端[a]	pI	References
GB1 domain	56	6.3	N（C も可）	4.5	Zhou *et al.*, *J. Biomol. NMR*（2001）[3]
Ubiquitin	76	8.5	N	6.8	Pilon *et al.*, *Biotechnol. Prog.*, **12**, 331（1996）
SUMO	100	11.5	N	5.3	Marblestone *et al.*, *Protein Sci.*（2006）[4]
Thioredoxin	109	11.7	N	4.7	LaVallie *et al.*, *Biotechnology*（*N.Y.*），**11**, 187（1993）
FATT	130	14.0	N	3.2	Sangawa *et al.*, *Protein Sci.*, **22**, 840（2013）
GST	220	26.0	N	6	Smith and Johnson（1988）[2]
MBP	396	42.0	N	4.9	Guan *et al.*, *Gene*（1988）[1]

[a]タンパク質タグを付加した末端。

* Yutaka Kuroda　東京農工大学　大学院工学研究院　生命機能科学部門　教授

げられる（表1）。しかし，タンパク質タグが天然状態にないと融合タンパク質の溶解性が低下するため，使用可能な溶媒条件が限られる。また，付加するタンパク質タグの分子量が数 kDa〜数十 kDa と大きいため目的タンパク質の構造や機能を害することからタンパク質タグの除去が必要となることがある。

溶解性向上のために数残基の短いペプチドタグを目的タンパク質に付加することは，最近まであまり試みられていなかった（表2）。その理由に，配列が短いため可溶化効果が限られるだろうという先入観や，目的タンパク質の発現低下に対する懸念が挙げられる。初期の報告として，短い精製用タグに関する1990年代の論文が挙げられる[5)]。ペプチドタグがタンパク質の溶解性を向上できると認識され始めたのは2000年代であり，当初は20〜30残基のかなり長い配列が使用されていた[6)]。また，HIV-1 ウィルスの"u"タンパク質の膜貫通ドメインの26残基からなる α ヘリックスペプチドに4つのLysを付加して可溶化したペプチドのNMR測定が報告されている[7)]。しかし，NMR試料では，界面活性剤が使用されていたことから[7)]，Lysタグの可溶化効果は限定的であったとも考えられる。

表2　現在までに報告されている主なペプチドタグ

Solubility peptide tag	Size (kD)	Sequence	Term[a]	PI[b]	References
Anionic tag	0.6	Asp_5	N	3.2	Kim *et al.*, *Biotechnol. Bioeng.*, **112**, 346 (2015)
	0.8	Gly_2Glu_5	C	3.5	Islam *et al.*, *BBA* (2012)[14)]
	0.7	Gly_2Asp_5	C	3.2	Islam *et al.*, *BBA* (2012)[14)]
	0.5〜1.3	$Gly\text{-}(Gly\text{-}Asp_3)_{1-3}$	C	3.0-3.4	Rathnayaka *et al.*, *BBA* (2009)[20)]
	2.6	>6 Negative charge (T7 series)	N	4.3	Zhang *et al.*, *Protein Expr. Purif.* (2004)[6)]
Cationic tag	0.6〜1.7	$Gly\text{-}(Gly\text{-}Arg_3)_{1-3}$/ $(Arg_3Gly)_{1-3}Gly$	C/N	12.3〜12.9	Kalpana *et al.*, *BBA* (2018)[21)]
	0.8	Gly_2His_5	C	6.9	Islam *et al.*, *BBA* (2012)[14)]
	−	Poly (Arg)	N	−	Smith *et al.*, *Gene* (1984)[5)]
	1.7	Arg_{10}	N	13.0	Englebretsen & Robillard, *Tetrahedron*, **55**, 6623 (1999)
	0.6〜1.1	Gly_2Arg_{3-6}/ $Arg_{3-5}Gly_2$	N/C	12.3〜12.7	Kato *et al.*, *Biopolymers* (2007)[9)]
	0.4〜0.7	$(Lys)_{3-5}$	C	10.3〜10.6	Park *et al.*, *J. Mol. Biol.* (2003)[7)]
Polar tag	0.7	Gly_2Asn_5	C	−	Islam *et al.*, *BBA* (2012)[14)]
	0.8	Gly_2Gln_5	C	−	Islam *et al.*, *BBA* (2012)[14)]
	0.6	Gly_2Ser_5	C	−	Islam *et al.*, *BBA* (2012)[14)]

[a]タグを付加した末端，[b]タグ配列から計算した等電点。

2. 2　SEP タグの開発

最近，目的タンパク質の末端に付加することで，従来のタンパク質タグと同様またはそれ以上の可溶化効果を有する数残基のペプチドタグが注目されている（表2）[8]。我々も，ペプチドタグの開発初期に，数残基の Arg または Lys を目的タンパク質の末端に付加し，溶解性の低い NMR 試料の可溶化に成功した[9]。その後，我々は短いペプチドタグの可溶化効果を系統的に解析し，溶解性向上ペプチドタグ（SEP タグ）という汎用的な可溶化技術を開発した[10]。

NMR 実験のモデルタンパク質として，単純化 BPTI（bovine pancreatic trypsin inhibitor）変異体を用いた。単純化 BPTI 変異体は，タンパク質の折り畳み研究で開発された変異体で，その表面残基の3分の1以上が Ala に置換されており，溶解性が 0.25 mM 程度と低い変異体である[11]。BPTI 変異体は塩基性タンパク質であるため，Arg または Lys を末端に付加して正電荷の個数を増やすことで，分子間に静電的な反発が生じて溶解性が向上すると期待した。さらに，SEP タグを付加する末端および電荷の個数による溶解性向上効果を系統的に解析するために，Arg または Lys　1，3，5個を N 末端または C 末端に付加した BPTI 変異体を作製した（N 末端：RnGG と KnGG，C 末端：GGRn と GGKn，n＝1，3，5を用いた。G はグリシン，R はアルギニン，K はリジン）。その結果5個の Arg からなる SEP タグを C 末端に付加したときの可溶化効果が最大となり，溶解性は 4.8 倍向上した。さらに，可溶化効果が SEP タグ中の正電荷個数のおおよそ二乗に比例していた。このことから，溶解性向上が分子間の静電的な反発によるものと考えられる。また，SEP タグが BPTI 変異体の構造・熱安定性をほとんど変えないことを，円偏光二色性分光法を用いて示し，BPTI 変異体のトリプシン阻害活性も低下させないことを検証した[9]。

SEP タグは NMR スペクトルの改良および測定時間の短縮に有効であった。SEP タグを付加していない BPTI 変異体は 22 mg/mL の濃度で凝集してしまい，^{1}H-^{15}N HSQC ピークの形状は不均一で，スペクトルは解析不可能であった（図1A）。一方，SEP タグを付加した BPTI 変異体を 22 mg/mL（3.8 mM）の濃度で測定した ^{1}H-^{15}N HSQC ピーク形状は均一で，S/N 比も高かったことから BPTI は単量体で天然構造を維持していることが示され，短時間で高品質な HSQC スペクトルが測定できた（図1B）。また，SEP タグなしの BPTI 濃度を 250 μM まで下げることで，ピーク形状が均一で良質な ^{1}H-^{15}N HSQC スペクトルが得られたが，濃度が低いため SEP タグを付加したタンパク質のときの10倍近くの測定時間が必要であった。以上，SEP タグによる可溶化が NMR 試料の改良にも有効であることが示された[9]。当初，SEP タグを末端に付加した BPTI はミセルを形成し，NMR 測定の改良は望めないという否定的な意見もあったなか，上記の結果は SEP タグを汎用的な可溶化技術に発展させる上で大切な研究成果であった[12]。

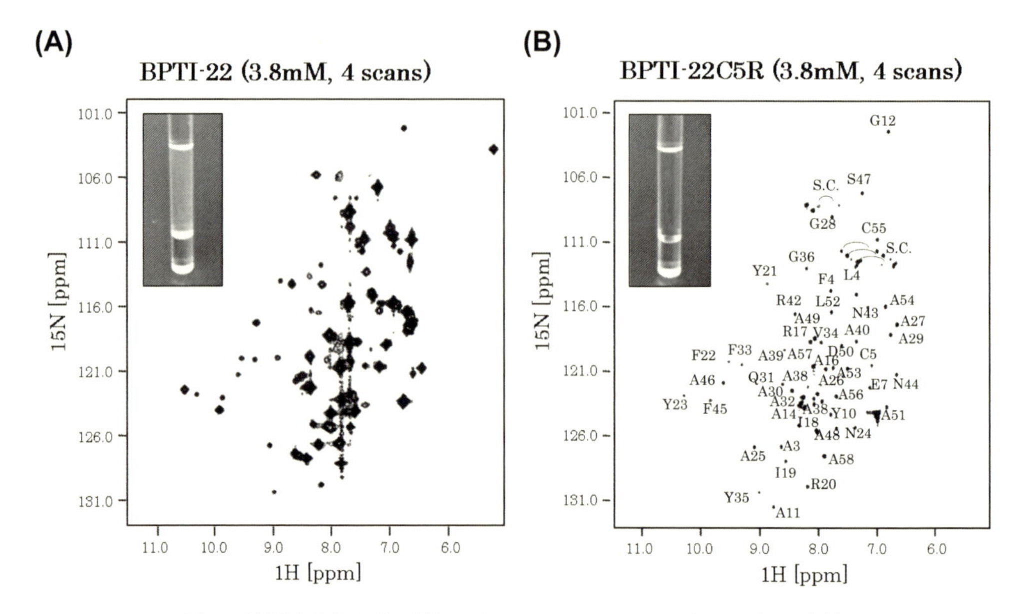

図１　溶解性向上タグの付加による NMR スペクトル（HSQC）の改善
（A）分子表面に 22 個の Ala を有する BPTI-22A（3.8 mM）の HSQC スペクトル。クロスピークの形が不均一でブロードのため解析不可能なスペクトルである。（B）BPTI-22A の C 末端に５つの Arg を付加した変異体 BPTI-22-C5R（3.8 mM）の HSQC スペクトル。両スペクトルの測定条件やデータ処理パラメータは全て同じである。写真はそれぞれの NMR サンプルを示す。（文献 10 より許可を得て転載）

2.3　SEP タグ付加によるアミノ酸の溶解性・凝集性の指標

変性状態のポリペプチドの溶解性は，そのアミノ酸組成から推定できると期待される。そのとき，個々のアミノ酸の溶解性・凝集性の指標が必要になる。アミノ酸やポリペプチドの溶解性を測定する上での課題は，その溶解性が，温度，pH，塩濃度など多くの因子（パラメータ）が複雑に関係して決まることと，溶解性を高濃度で正確かつ，再現性高く測定することである。ここでは，後者の課題に対して，SEP タグを用いてアミノ酸の相対的な溶解性（「アミノ酸の溶解傾向性」: solubility propensity）を測定した研究を紹介する[13,14]。

アミノ酸の溶解傾向性は，単純化 BPTI の C 末端に解析対象となるアミノ酸を５個付加することによる溶解性の変化から求めた（図 2）。単純化 BPTI の分子表面の大部分が Ala で被われていることから分子間相互作用が少ない球体と考えたためである。また，この方法を用いることによって，溶解傾向性を比較的低タンパク質濃度で測定できるため，測定の再現性が高いという利点がある。

これまで，我々は Arg，Ile，Lys，Ser，Asp，Asn，Gln，Glu，Pro，His の 10 種類の代表アミノ酸の溶解傾向性を，硫安 1.3 M の存在下で２つの pH（4.7 と 7.7）で測定した（図 3）。その結果，Glu と Asp の溶解傾向性は中性 pH では高いが酸性 pH では低く，逆に His の溶解傾向性は酸性 pH では高いが中性 pH では低いことが明らかとなった。また，正電荷を有する Arg と

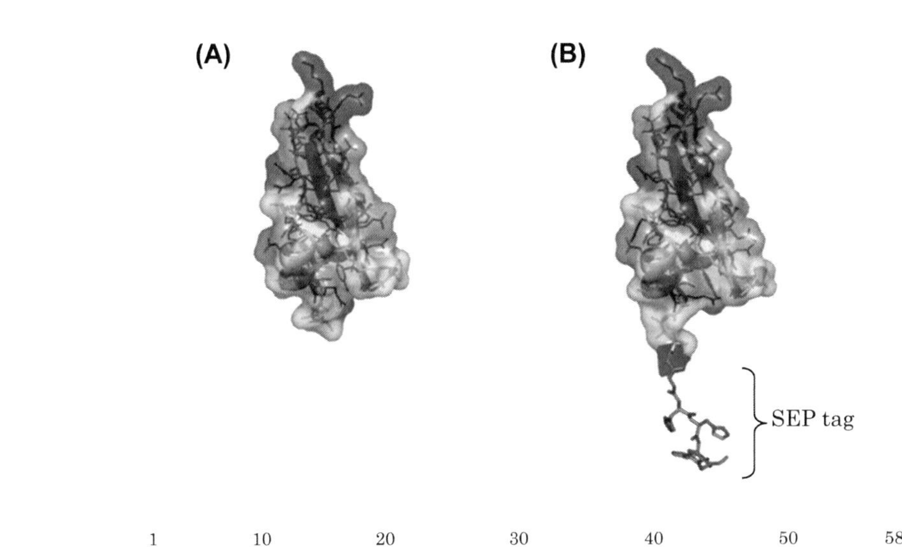

図 2　SEP タグの開発およびアミノ酸の溶解傾向性の測定に用いた BPTI-19A 変異体の X 線結晶構造

(A) Ala を 19 個含む BPTI-19A の結晶構造（PDBID：3CI7）。(B) BPTI-19A に 5 個の His からなる SEP タグを C 末端に付加した変異体の結晶構造（PDBID：3AUE）。SEP タグの最後の 2 つの His 残基の電子密度マップは観測できていない。赤が負電荷，青が正電荷，黄緑が疎水性アミノ酸を示す。下段に BPTI-19A のアミノ酸配列を示す。X は付加したアミノ酸。

※弊社 Web サイト内の本書籍紹介ページから，カラー版の図がご覧いただけます。
（https://www.cmcbooks.co.jp/user_data/colordata/T1097_colordata.pdf）

Lys の溶解傾向性は，この pH 範囲内での変化は見られなかった。なお，上記の電荷を有するアミノ酸の溶解傾向性は，その側鎖の解離状態からある程度推定できる。一方，極性アミノ酸であるが電荷を持たない Asn の溶解傾向性が Lys や Asp と同程度という結果は，意外であった[15]。以上，2 つの pH でアミノ酸の溶解傾向性を求めたことによって，ペプチドやタンパク質の溶解性の pH 依存性を推定することが可能になった。

アミノ酸の溶解傾向性を親水性・疎水性[16〜18]と比較すると，上述の pH 依存性の違いがある。しかし，全体的に親水性アミノ酸の溶解傾向性は高く，また，疎水性アミノ酸の溶解傾向性は低いことから両指標に相関があったといえる。同様に，単体アミノ酸の溶解性[19]と我々が計測した溶解傾向性の間にも相関があったが，例外もあった。一番目立つのは，単独 Pro の溶解性が 1,000 g/L と極めて高いにもかかわらず，我々が測定した溶解傾向性はタグなしのものとはとんど変わらなかったことである。

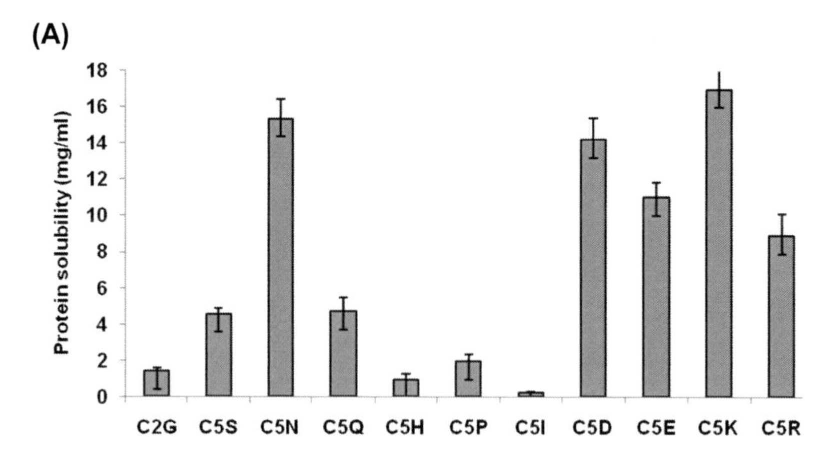

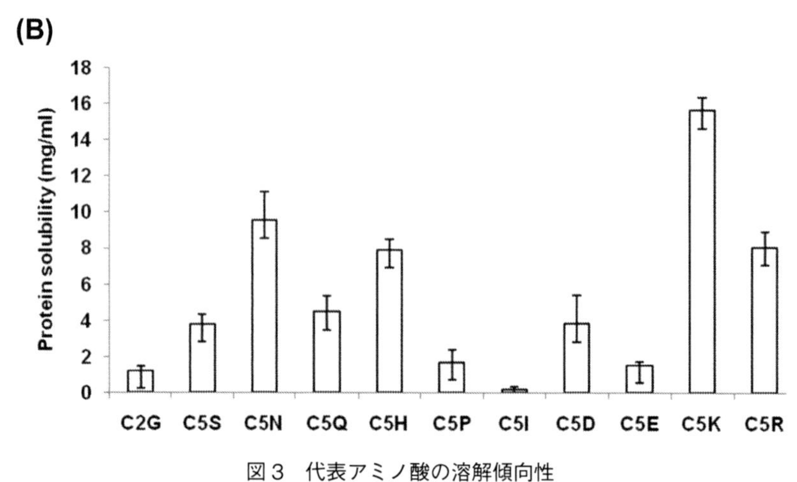

図３　代表アミノ酸の溶解傾向性

上段と下段に pH 7.7(A) と pH 4.7(B) の溶解傾向性を示す。単純化 BPTI の C 末端に該当アミノ酸を 5 個付加し，その溶解性を 25℃，1.3 M 硫安存在下で測定した。溶解性は白濁が少々見られる状態の試料を遠心し，その可溶性画分に残る単純化 BPTI の濃度と定義した。(文献 15 より許可を得て転載)

3　SEP タグを用いた溶解性制御の応用例

3.1　タンパク質の可溶化

我々が現在使用する SEP タグは，5～12 残基から成るペプチドタグである。BPTI 変異体の NMR スペクトルの改良に用いた SEP タグより少々大きいが，従来のタンパク質タグと比べれば，格段に小さい。そのため，我々は SEP タグが組換えタンパク質の生産における革新的な技術となる可能性を秘めていると考え，種々のタンパク質への応用を試みた。検証実験では，分子量 10～57 kD の 6 種類の目的タンパク質（CAD 1-86 C34S，GLuc，N-intein，GFP，VanX E181A，P57）の C 末端に，3 種類の長さの SEP タグを付加した（表 2，$G(GR_3)_n$ と $G(GD_3)_n$；

G はグリシン，R はアルギニン，D はアスパラギン酸，n は繰り返し回数で1から3とした)。SEP タグに含まれるアミノ酸の種類はタンパク質の等電点により決定し，塩基性タンパク質には Arg，酸性タンパク質には Asp からなる SEP タグを用いた。これらの変異体を大腸菌株 BL21(DE3)pLysS，JM109(DE3)pLysS を宿主として，25，30，37℃で発現し，可溶性画分と不溶性画分（封入体）の割合を SDS-PAGE およびその画像処理により定量化した。

タンパク質の種類や培養条件によって多少のばらつきがあったものの，全体を通して，SEP タグは全モデルタンパク質の不溶性画分での発現を抑制した。たとえば，N-intein（分子量：14.3 kDa，pI = 4.36）では Asp を含む SEP タグが非常に効果的であり，タグを付加することで全タンパク質が可溶性画分に発現した（図4，C0D（タグなし）は封入体で発現しているが，C9D を付加した N-intein は可溶性画分に発現していた)。SEP タグは，N-intein のような分子量2万以下のタンパク質で特に明確に効果を示した。さらに，SEP タグは，分子量 57 kD の p57 タンパク質の封入体形成を抑制した。タグなし（C0D）では全ての p57 タンパク質が不溶性画分に発現していたのに対して，C9D を付加すると約半分の p57 タンパク質が可溶性画分に発現した。

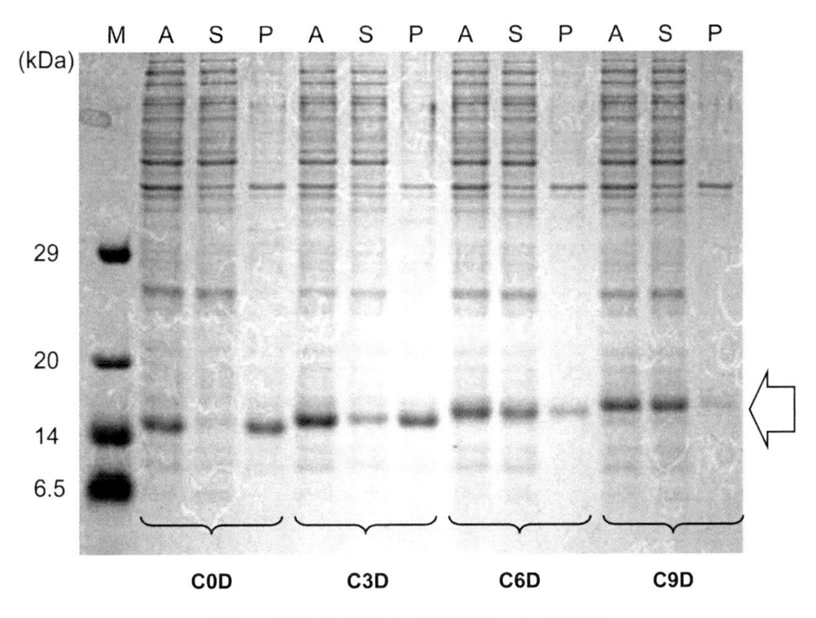

図4　SDS-PAGE による N-intein の発現

N-intein は，BL21（plyoS）を宿主に用いて 37℃で発現した。M，A，S，P はそれぞれ分子量マーカー，全菌体，可溶性画分，封入体画分を示す。C0D はタグなし，C3D，C6D，C9D はそれぞれ3，6，9個の Asp を含む SEP タグを付加した N-intein。矢印は N-intein のバンドを示す。SEP タグの付加によって分子量が最大で 1.2 kD 大きくなることが SDS-PAGE ページから確認できる。

3.2 SEPタグの実用化

最近，我々はSEPタグをバイオ産業的に重要な組換えタンパク質の可溶化に応用することを目指している。実用化において，タンパク質を単に可溶化させるのではなく，活性，発現量，収率，熱安定性や保存性などの性質を損なわずにSEPタグの配列を選択・設計することが求められる。その一例として，組換えタンパク質の精製ツールとして普及し始めているTEV（tobacco etch virus）プロテアーゼ酵素をArg 9個からなるSEPタグ（C9R）を使用して可溶化した研究を紹介する（図5A）[20]。TEVプロテアーゼの場合，発現温度が37℃ではSEPタグは機能せず，温度を25℃まで下げたところ，可溶化効果が確認された。さらにC末端にSEPタグを付加することでTEVプロテアーゼの発現量および精製後の収量が約2倍向上した。一方，同じSEPタグをN末端に付加したTEVプロテアーゼは全く発現しなかった。以上，TEVプロテアーゼにおいてSEPタグ付加の一番の利点は，可溶性画分での発現により精製後の収量が向上したことと，市販TEVプロテアーゼより広いpHおよび温度範囲で使用可能となったことである（図5B，C）[21]。

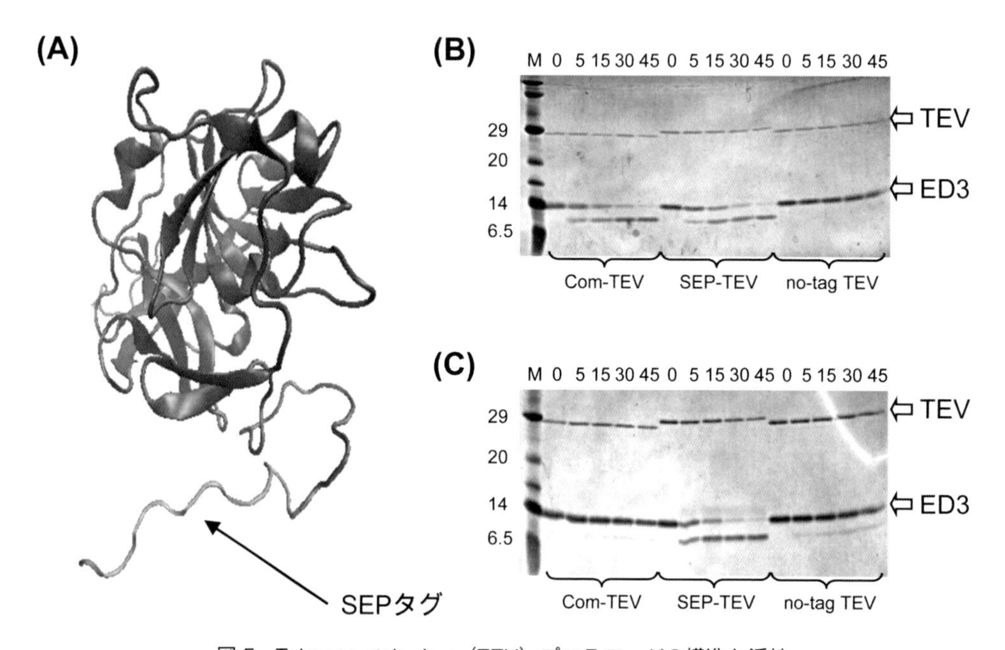

図5　Tobacco etch virus（TEV）プロテアーゼの構造と活性

(A)TEVプロテアーゼのリボンモデル（PDB-ID：1LVM）。C末端に付加したSEPタグ（$G(GR_3)_3$）の構造はMODELLERソフトウエア[25]によって作製した。(B)市販TEVプロテアーゼ（com-TEV），SEPタグを付加したTEVプロテアーゼ（SEP-TEV），本研究室で精製した組換えタグなしTEVプロテアーゼ（no-tag-TEV）の活性。37℃，50 mM Tris Hcl pH 8，0.5 mM EDTA，1 mM DTTの条件で0分から45分反応させた。基質には，Hisタグを付加した分子量12 kDaのデングウイルス由来のエンベロープタンパク質第3ドメイン（ED3）を使用した。(C)TEV変異体（0.5 mg/mL）を15分間60℃で静置したのちに測定した残存活性。反応条件は（B）と同じ。

最後に，抗がん剤として使用されている抗 EGFR 抗体（anti-epidermal growth factor receptor；製品名 Cetuximab）の抗体断片 scFv（抗 EGFR-scFv（single chain Fv））の可溶化実験に触れておく。抗 EGFR-ScFv は大腸菌で封入体に発現することが知られている。その問題に対して，SEP タグを付加した抗 EGFR-ScFv-C9R は可溶性画分に発現した。さらに，可溶性画分から精製した抗 EGFR-scFv-C9R は EGFR との結合活性を保持していた。

以上，SEP タグのバイオ産業的・創薬的利用は，従来の融合タンパク質と比べて 3 つの特長を有する。まず，SEP タグは分子量が小さいことから目的タンパク質の機能への影響が最小である。また，SEP タグは His タグと同様に変性状態で機能するため，広い温度，pH，塩濃度範囲で利用できる汎用的な技術である。最後に，SEP タグは目的タンパク質に合わせて配列を人工的に最適化することができ，C 末端に複数の Arg からなる SEP タグは溶解性向上のみならず，組換えタンパク質の収量を向上させることができる。

3. 3　SEP タグを用いた複数 SS 結合を形成する組換えタンパク質の発現と精製

複数の SS 結合を有する組換えタンパク質を大腸菌で発現させると，非天然型 SS 結合が架かってしまい，封入体を形成することが知られている。封入体からタンパク質を回収し，巻き戻すことは原理的には可能であるが[22,23]，実際は難しく，多くの時間と労力を必要とする作業であるため，大腸菌での発現を断念することが多い。

ここでは，SEP タグを用いることで，5 本の SS 結合を有するガウシア（海洋カイアシ類 *Gaussia princeps*；海洋プランクトンの一種）由来のルシフェラーゼ（以下，GLuc）を，大腸菌で発現した実験を紹介する[24]。生物発光するルシフェラーゼがバイオイメージングにおいて必須なツールとなっているなか，GLuc（169 残基）は最小のレポータータンパク質として注目されている。しかし，大腸菌で GLuc は封入体で発現するため，その構造及び物性研究はあまり進んでいなかった。そこで，我々は，等電点が 6.9 である GLuc の C 末端に 12 残基の SEP タグ（C9D タグ）を付加し，凝集しにくい GLuc-C9D を作製した。また，GLuc の Cys が天然型 SS 結合を形成するには，天然構造が形成し易い状態で SS 結合を架橋することが好ましいと考え，発現温度を 37℃から 25℃に下げ，上清画分に発現した GLuc のみを収集した。これらの工夫によって，SS 結合が出来ていない変性状態の GLuc-C9D は可溶性画分に留まることで天然構造に折り畳まれると同時に天然型 SS 結合が架かる時間が与えられると考えた[12]。

以上の手法で大腸菌を宿主として発現させた GLuc-C9D 変異体を His アフィニティカラムと逆相 HPLC カラムを用いて精製した。GLuc-C9D の末端に付加した His タグおよび C9D タグを Factor Xa によって切断した後，再度逆相 HPLC で精製した。その結果，LB 倍地 1 L 当たり 2 mg 以上の天然状態の高純度 GLuc（169 残基）が得られた。以上の手順で精製した GLuc の発光活性は強く，円偏光二色分光法によって測定した GLuc の変性温度は 60℃であり，GLuc がレポータータンパク質として広い温度範囲で利用可能であることを示した。さらに，この方法で $^{15}N/^{13}C$ 標識した GLuc-C9D を M9 倍地 1 L 当たり 2 mg 程度得ることができ，多核 NMR による構造解析を進めている。現在，GLuc 主鎖原子の 9 割以上の NMR シグナルを帰属しており，RMSD 2Åの精度（root mean square deviation：RMSD）の構造の精密化を行っている（Nan Wu, Toshio Yamazaki *et al.* 論文準備中）。

以上のように，SEP タグは，還元型の変性タンパク質を可溶化することによって，タンパク質を凝集させずに天然型 SS 結合の形成を促進する。GLuc の収量がまだ 2 mg/L であることは産業的な応用に向けて改良が望まれるが，SS 結合を 5 本も有するタンパク質を大腸菌で発現可能にする技術は，構造解析や物性解析のための試料調製法として十分実用的な手法であると言える。

4 おわりに

溶解性の向上および凝集形成の抑制は，タンパク質工学において重要な課題である。本稿では，目的タンパク質の構造や活性にほとんど影響を与えずに溶解性のみを著しく向上させる SEP タグの開発とその応用例を紹介した。また，SEP タグを用いたアミノ酸の「溶解傾向性」（アミノ酸の相対的な溶解性）の開発研究も紹介した。今後，SEP タグが，組換えタンパク質生産においてさらに広く応用されることを期待する。

文　献

1） C. di Guan *et al.*, *Gene*, **67**, 21 (1988)
2） D. B. Smith and K. S. Johnson, *Gene*, **67**, 31 (1988)
3） P. Zhou *et al.*, *J. Biomol. NMR*, **20**, 11 (2001)
4） J. G. Marblestone *et al.*, *Protein Sci.*, **15**, 182 (2006)
5） J. C. Smith *et al.*, *Gene*, **32**, 321 (1984)
6） Y. B. Zhang *et al.*, *Protein Expr. Purif.*, **36**, 207 (2004)
7） S. H. Park *et al.*, *J. Mol. Biol.*, **333**, 409 (2003)
8） V. Paraskevopoulou and F. H. Falcone, *Microorganisms*, **6** (2) (2018)
9） A. Kato *et al.*, *Biopolymers*, **85**, 12 (2007)
10） 加藤淳ほか，生物物理，**48**, 185 (2008)
11） M. M. Islam *et al.*, *Proc. Natl. Acad. Sci. USA*, **105**, 15334 (2008)
12） 黒田裕ほか，特許第 5273438 号，平成 25 年 5 月 24 日発行
13） M. A. Khan *et al.*, *Biochim. Biophys. Acta*, **1834**, 2107 (2013)
14） M. M. Islam *et al.*, *Biochim. Biophys. Acta*, **1824**, 1144 (2012)
15） 黒田裕，*BIO INDUSTRY*, **30** (7), 9 (2013)
16） Y. Nozaki and C. Tanford, *J. Biol. Chem.*, **246**, 2211 (1971)

17) J. Kyte and R. F. Doolittle, *J. Mol. Biol.*, **157**, 105 (1982)
18) R. Wolfenden *et al.*, *Biochemistry*, **20**, 849 (1981)
19) CRC Handbook of chemistry and physics (CD-ROMs), Chapman and Hall/CRCnetBASE, Boca Raton, FL (1999)
20) K. Nautiyal and Y. Kuroda, *N. Biotechnol.*, **42**, 77 (2018)
21) 黒田裕ほか，特許出願 2017-247019 号，平成 29 年 12 月 22 日出願
22) K. Tsumoto *et al.*, *Protein Expr. Purif.*, **28**, 1 (2003)
23) H. Lilie *et al.*, *Curr. Opin. Biotechnol.*, **9**, 497 (1998)
24) T. Rathnayaka *et al.*, *Biochim. Biophys. Acta*, **1814**, 1775 (2011)
25) B. Webb and A. Sali, *Methods Mol. Biol.*, **1137**, 1 (2014)

第5章　タンパク質の凝集抑制と凝集体除去

荒川　力[*1]，江島大輔[*2]

1　はじめに

これまでの章で詳しく述べられたように，タンパク質はさまざまな外的，内的因子によって会合，凝集[※1]を起こす。例えば，タンパク質の会合，凝集は，発現，精製，製剤化など，タンパク質試薬，あるいは医薬用タンパク質の生産に必要な，どの過程でも起こり得る。生産過程の初期段階での会合，凝集はその後の精製過程で除去可能であるが，後期段階または最終製品の過程で起これば，その除去が困難，最悪の場合不可能となる。後者の場合，会合，凝集を起こさせない条件が必須となる。仮に前者の場合でも，初期段階での会合，凝集を抑制できれば，精製過程での除去がより容易になることは明瞭である。

このような会合，凝集の機構はタンパク質製剤の生産方法によって大きく異なる。タンパク質を不溶性封入体として発現した場合，可溶化，天然状態を回復させるリフォールディング操作の過程において，凝集体が形成されることが多い。動物細胞を使って可溶発現をした場合でも，長期培養過程で変性や不純物との相互作用にもとづいて会合，凝集が起こり得る。クロマトグラフィーによる精製過程ではカラム担体への吸着変性，濃縮，溶出条件にもとづく会合，凝集が起こり得る。最終段階である限外ろ過や分注操作，長期保存などのストレスでも会合，凝集が起こる可能性がある。会合，凝集が起こる機構が異なっていれば，当然その抑制方法も異なってくることが考えられる。

上で述べたような会合，凝集体の量を減らすには，それを除去することと，もともと形成されないようにすることである。多くのタンパク質製剤の最後の精製には，不純物の一つとしての会合体の除去も可能にするクロマトグラフィーが使用されることが多い。カラムに目的のタンパク質を結合させる場合は，できる限り会合体が溶出後方に，あるいは溶出しないように条件が設定される。もう一つの方法は天然状態のタンパク質をカラムを素通りさせ，会合体のみを吸着させる方法である。このような選択的吸着は，会合体の方がカラムへの結合力が強いという事実にもとづいており，カラムの種類，pH，塩濃度，添加物などによって結合の度合いが制御されるが，中でもポリエチレングリコールの添加によって天然状態と会合体の結合選択性の違いが増強されることが報告されている[1)]。これはポリエチレングリコールがタンパク質とカラムとの結合を強めること，そして相対的に会合体の吸着をより高める，という原理にもとづいている。

＊1　Tsutomu Arakawa　Alliance Protein Laboratories

＊2　Daisuke Ejima　シスメックス㈱　技術開発本部　アドバンストアドバイザー

タンパク質分子間の相互作用を弱めたり，ポリエチレングリコールの効果とは逆にタンパク質とカラムとの結合を弱めることにより，会合，凝集を抑制することがよく用いられる。これもまたカラムの種類，溶媒の pH や塩濃度によって制御される。この場合，アルギニンなどタンパク質の会合抑制剤の適切な使用が重要である。本解説ではタンパク質製剤の生産過程で起る会合，凝集の機構，その除去と抑制について述べるとともに，会合体の形成が製造過程に与える影響についても触れる。

2　タンパク質生産過程での会合の機構

2.1　コロイド会合

高濃度による会合はコロイド会合とも呼ばれる。タンパク質濃度が上昇すると，図1に示すように本来存在する分子間相互作用が強まり，天然状態のタンパク質が会合を起こす場合がある。ゲルや沈殿を生じることもある。この会合はまた溶液の粘度を著しく高め，投与法の一つである皮下注射などを困難にする。通常この場合の会合は濃度を下げれば，遅かれ早かれ解離する場合が多い。高濃度での可逆会合を抑える物質として，多価イオンアルギニン，界面活性剤などが使用される。最近それ以外にもヒダントインやカフェインなども粘度を下げることが報告されている[2)]。これら低分子はタンパク質の構造に与える影響が少なく，天然状態のタンパク質表面に弱

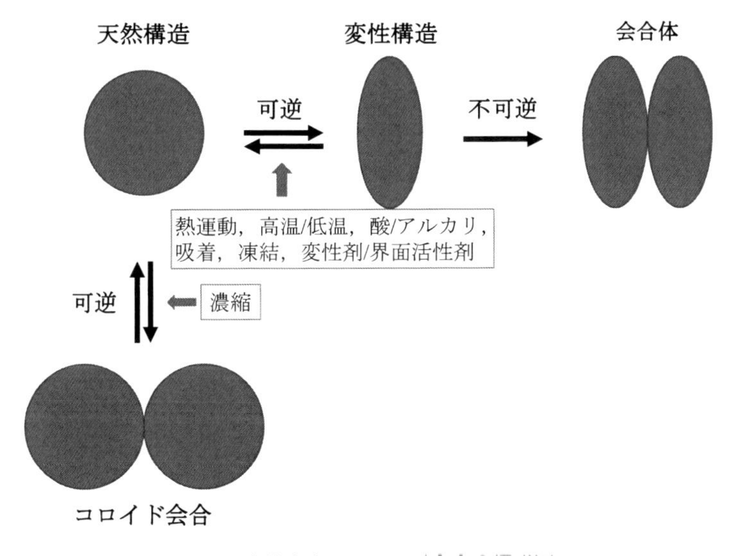

図1　変性会合とコロイド会合の模式図

※1　会合体，凝集体の定義：本稿では，比較的小さな会合度の分子を会合体と，大きな会合度の分子を凝集体と記述しているが，これらの分子集合体の会合度を厳密に区別しているわけではない。また，全て可溶性として扱っている。

く結合し，タンパク質分子間の相互作用を弱めるものと考えられている。

2.2 変性会合

会合体の形成は変性による会合と上記の高濃度による会合とに大別される。前者はタンパク質の構造が外的因子によって変化することに起因している。その例を図1に示す。タンパク質は図1に示すような各種の外的ストレスで可逆的な構造変化を起こす。変化した構造が天然状態にもどる場合もあるが（可逆変性），不可逆的に会合する場合もある。この場合，構造変化を抑制する安定化剤，あるいは表面吸着が変性の原因である場合は吸着抑制剤が有効である。変性構造の不可逆的な会合を抑えるには，会合を抑制する添加剤や，溶媒条件の設定が必要である。

2.3 変性の中間状態

タンパク質は上で述べたような変性過程，あるいは天然状態を回復させるリフォールディング過程で，凝集性の高い中間状態を一時的に形成する。この状態はしばしばモルテングロビュールと呼ばれる[3)]。この状態では，タンパク質の2次構造は天然状態に近いが，3次構造は崩れており，疎水性アミノ酸領域が動的に露出するために，モルテングロビュールの会合性は天然状態よりも高いと予想される。

3 高濃度タンパク質

3.1 クロマトグラフィーカラム中での濃縮

タンパク質分子間相互作用は濃度が高いほど起こりやすいのは当然のことである。よって低濃度で操作するのが望ましいが，現実には高濃度状態が起こってしまうことが多い。高濃度タンパク質状態に遭遇する典型的な例は，タンパク質のクロマトグラフィーカラム精製と限外ろ過である。カラムの場合，タンパク質溶液を一方向から注入すると，カラムとの親和性が強いほど先端から結合サイトが飽和されていく。すなわち担体に吸着した状態で高濃度状態が出現する可能性がある。溶液と違い分子の動きや揺らぎが小さいと考えられるが，それでもコロイド会合や吸着変性による会合を起こす可能性はある。意図的にタンパク質を担体上でコロイド会合させるクロマトグラフィーが開発された[4)]。Steric exclusion chromatographyと呼ばれている。小さなタンパク質には応用例がないが，抗体やウイルスなどの溶液にポリエチレングリコールを添加して無修飾担体のカラムにかけると，図2に示すように担体上にこれらの会合体が結晶のように蓄積する。不思議なことに，あまり会合しないことが報告されている。いずれのカラム精製でも飽和状態のカラムからタンパク質を強い条件で溶出すると，一時的にでも高濃度タンパク質溶液状態が発生する。実際，溶出液が白濁することもある。コロイド的な会合は，通常ほぼ可逆的で，希釈すれば白濁が消失する場合が多い。このことは天然状態のタンパク質が高濃度で可逆的に会合することを示している。可逆的な会合なので問題はないかもしれないが，そうでない場合もある。

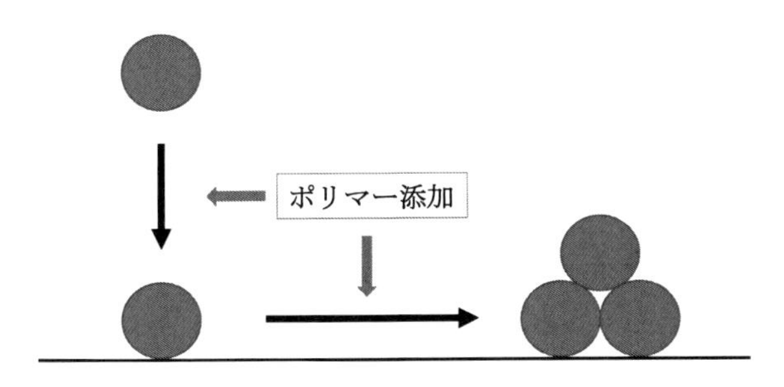

図２　Steric exclusion chromatography の原理

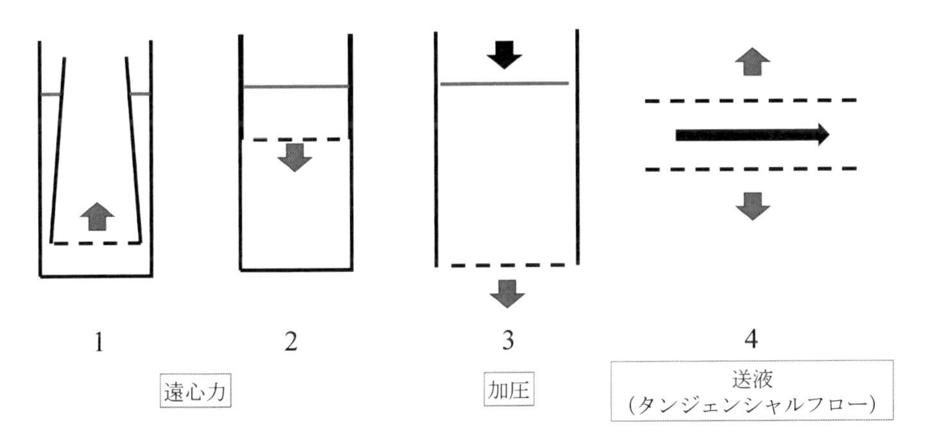

図３　限外ろ過の様式

会合がタンパク質の構造変化の引き金となり，不可逆会合となる可能性がある。また会合体の解離が遅く，解離しない状態で次のステップに進み，さらに会合を促進する可能性もあり，操作には注意を要する。

3.2　限外ろ過中の会合

限外ろ過とは，基本的に半透膜を通して水，その他の低分子成分を押し出し，半透膜を透過できない溶液中の高分子を保持して，その濃度を上昇させる方法である。押し出す方法として，図3の1と2に示す遠心力，3に示す圧力，4に示す流圧が主に上げられる。この中で医薬品の生産に使われるのは4のみで，1～3は小，中規模でのタンパク質精製に使われる。いずれの方法でも水が押し出されるにつれてタンパク質濃度が上昇するが，濃度上昇が溶液全体に均一に起こるのではなく，膜近傍のタンパク質濃度がより高くなる。特に物理的に攪拌できない遠心型の1と2では，よりその傾向が強くなる。タンパク質によっては高濃度が原因で沈殿を起こす場合があるが，濃縮操作を停止し，溶液を均一化することで局所の高濃度状態が解消され，沈殿が解消される場合も多い。限外ろ過中での会合を避ける方法として，一つは局所的な高濃度が起こらないようにすることである。遠心の場合は時々遠心を停止し，その都度溶液を攪拌し濃度を均一にすること，3，4の場合は濃縮速度を下げて，常に均一に近い状態に保つことである。もう一つはアルギニンのような低分子の会合抑制剤をあらかじめ添加しておくことである。この場合，添加物は初期濃度を維持した状態で最終産物にまで残ることになる。ただし，界面活性剤を使用すると，臨界ミセル濃度以上だとミセルは膜を通過しないので，タンパク質とともに濃縮されることになり，注意を要する。

4 発現中での会合

大腸菌による発現は，天然状態の構造を持つタンパク質の可溶性発現と，変性状態の不溶性封入体発現との2つに大別される。封入体として発現した場合，先の章で述べられるようにリフォールディング操作が必要である。封入体からのタンパク質の抽出可溶化に用いる変性剤の種類，変性状態から天然状態への構造形成の方法，ジスルフィド結合形成，変性剤の除去，などの操作条件が不適切な場合，タンパク質が会合，凝集してしまうことがある。可溶性発現の場合，可溶画分と沈殿画分の両方に分布することが場合によっておこる。その原因として大量のタンパク質が急に合成されると，大腸菌のフォールディング機構が追いつかないこと，またフォールディング過程への大腸菌内環境の影響などが考えられる。

可溶性発現の場合，細胞内での進行なので，できることは限られている。通常よく使われる方法は次のようなものである。

① 培養温度を下げることでタンパク質の合成速度を遅くする。合成されるタンパク質の量が少ないので，会合を起こす前にフォールディングが進む可能性をもたせることになる。低温ではフォールディングが十分進まず，かえって会合体が形成される場合もある[5)]。

② シャペロンのようなフォールディングを促進するタンパク質の遺伝子を導入する。

③ *In vitro* でタンパク質の会合を抑制したり，逆に促進するような低分子物質は数多く存在するが，通常そのような効果を得るにはかなりの高濃度が必要とされ，それらを細胞内に必要量浸透させることは困難である。それに比べて金属イオンは低濃度でも効果を発揮することが多いので，フォールディングがそれによって促進される場合，あるいは天然状態の構造保持に金属が必要な場合には有効な方法である。

④ 生物学的な方法で最もよく使われるのが，発現タンパク質の溶解度を上げるタグを付加することである。GST タグ，BLA タグ，NusA タグなど多くのタンパク質性，ペプチド性タグが考案されてきた。これらのタグは発現以外にも，精製や検出にも使われる。

5 リフォールディングにおける会合

タンパク質の天然状態を再構成する操作（リフォールディング）については，原理的な研究から実用的な手法解説まで，多くの論文，総説があるので，参照してほしい。リフォールディングの過程はおおむね次のように記述される。

変性状態　↔　中間状態　↔　天然状態　　(1)

上記したように中間状態は不安定で会合，凝集を起こしやすく，それをいかに抑制し，天然状態へと導くかが鍵となる。構造形成の促進を損なわず，凝集抑制のためにアルギニンが汎用される。ここでは3つの例を紹介する。

5.1　アクチビンA

アクチビンAはタンパク質構造に必要な成熟配列の3倍にも及ぶプロ配列を持ち，その成熟配列のみでリフォールディングすることは原理的に不可能だと一時はみなされていた[6]。すなわち，変性状態の成熟配列を天然状態へと直接誘導することはできない，と思われた。しかし，もし何らかの方法で安定な中間状態を形成できれば，それが可能となることも考えられる。我々はそこでβ-ラクトグロブリンのリフォールディング実験[7]に着目した。変性β-ラクトグロブリンを再構成溶液に希釈すると，一過性にαヘリックス構造が形成され，それが時間とともに天然状態であるβシート構造へと転移することが見出された。一方，逆方向の反応も知られていた。すなわち天然状態のβ-ラクトグロブリンにトリフルオロエタノールなどのアルコール類を添加すると，βシートからαヘリックス構造への転移が認められた。つまり，式(1)の変性状態からの構造形成過程で一過性に形成される中間状態と思われる2次構造が，天然状態からも誘導され得ることになる。誘導された構造の安定性を高める工夫をして，会合，凝集を抑制すれば，結果的にリフォールディングが促進されるかもしれない。そこでアクチビンにこの考えを適用してみた[8]。天然状態のアクチビン溶液に1.5 Mの尿素，0.2 mM DTTを添加し，室温で放置しておくとアクチビンは徐々に還元され，12時間後には60%以上のアクチビンが消失した。部分変性した中間状態のアクチビンの高い凝集性によるものと解釈された。そこで，この中間状態の凝集を抑える添加物の検索を行ったところ，複数種の化合物が有効とわかった。特に0.53%のタウロデオキシコール酸が有効であった。実際にこれら添加物を用いてリフォールディングを実施したところ，表1のとおり，添加物のリフォールディング促進効果は中間状態の安定化効果と相関することが

表1　中間状態の安定化効果とリフォールディング促進効果との関係

添加剤	添加濃度（%）	HPLCアッセイでの回収率（%）	リフォールディング回収率（%）
ジギトニン	0.12	−	5
CHAPS	2.00	13	4
CHAPSO	2.10	12	8
コール酸ナトリウム	2.50	12	4
デオキシコール酸ナトリウム	0.90	−	1
タウロデオキシコール酸ナトリウム	0.53	32	18
タウロコール酸ナトリウム	1.60	15	4

（文献3のtable 3を参考に作成）

表2　rhIL-6のモノマー含量（%）と緩衝液条件との関係

塩種	pH									
	3.1	3.3	3.5	3.8	4.1	4.3	4.7	5.0	5.3	6.0
酢酸	88	90	−	70	63	64	−	92	−	−
ギ酸	63	−	55	48	63	47	50	−	73	−
クエン酸	20	16	−	12	−	21	41	−	87	96

15%アセトニトリルと各ナトリウム塩（20 mM）を含む緩衝液中で23℃，1時間保持後に，イオン交換HPLCでモノマー含量（%）を調べた。

わかった。実際，中間状態の会合を抑え，かつ，遅くても次の段階へと進むような条件が，リフォールディングに適しているかもしれない。

5.2　リフォールディング過程での2量体形成

Simpsonらは，酸性pH下でIL-6を凍結乾燥し，中性緩衝液で再溶解すると，生物活性のない安定な2量体が形成されることを見出した[9]。我々もまたリフォールディングしたIL-6を逆相クロマトグラフィーで精製する過程で同様の2量体形成を認めた[10]。すなわち，逆相カラムからの溶出に用いた有機溶媒を，ゲルろ過クロマトグラフィーでpH 4.5の5 mM酢酸に置換したところ，50%ほどの2量体が形成された。この2量体は天然状態の単量体と交換性があり，表2に示すようにpHや酸の種類に依存している。この挙動は3Dドメインスワッピング説によって説明が可能である[11]。pH 4と有機溶媒によって単量体構造の一部が緩み，その緩んだ部分を分子間で交換し合って2量体構造が安定化される，というものである。なおIL-6のリフォールディングに変性剤として尿素を用いると，その除去過程でも2量体が形成される。尿素を塩酸グアニジンに代えると2量体が検出されない。これも3Dドメインスワッピングと似た経過を辿っているのかもしれない。またこのことは変性剤である尿素と塩酸グアニジンの性質が異なっていることを示唆している。その一因として塩酸グアニジンは尿素と違い，イオン性であることと関係している可能性がある。

5.3　抗体

我々は，抗体をリン酸ナトリウム緩衝液中で凍結し，輸送途上で意図せずに融解と再凍結を繰り返してしまった結果，抗体の激しい会合凝集を観察した。これは，中性pHのリン酸ナトリウム緩衝液中のリン酸2ナトリウム塩とリン酸1ナトリウム塩のモル比が，両塩の共融点での組成と大きく異なるために，抗体溶液が完全に凍結する前にリン酸2ナトリウム塩が析出してしまい，pHが低下してしまったことに因る[12]。実際，リン酸ナトリウム緩衝液では，凍結の過程でpH 3.6付近まで低下することが知られている。すなわち，ここでは凍結過程で抗体がいわば酸変性したわけである。この問題は，リン酸ナトリウムに代えて，共融点での組成が常温の中性pHでのモル比と近いリン酸カリウム塩を使うことにより解決できることが分かっている[12]。

抗体の酸性pHによる会合凝集は，酸性pHで緩んだFc部分の構造が中性pHに戻した時に，隣接する他分子のFc部分と誤ってドメインを交換してしまう可能性が提案された。我々は，CDスペクトル分析で抗体の酸性構造が天然状態のものとは違うものの，変性状態ではないこと[13]，かつその中間状態の構造が長期に安定[14]であることを観察した。これはリフォールディング過程で見られる不安定な中間状態とは異なる。この抗体については，酸性pH下では会合凝集することはなく，中性pHへ戻す過程で，酸性で緩んだ構造が他分子とドメインスワッピングしたために会合したと考えられた。

6　クロマトグラフィー精製中での会合

クロマトグラフィー中で会合が起こる原因として，カラム内での濃縮，担体との結合による構造変化，溶媒添加物や溶媒pHの影響などが考えられる。下にいくつかの例を記述する。

6.1　プロテインA

抗体や抗体のFc領域を持つ融合分子の精製はプロテインAを使って容易になされる。このカラムの一番の問題は，カラムに強く結合したタンパク質をいかにして解離，溶出させるかである。これには通常，酸性溶媒が使われる。しかし酸性下では抗体が変性を起こすことはよく知られている。酸変性を起こすpHは溶出に必要な酸性溶媒のpHとほぼ対応している。CDスペクトルによる実例を図4に示す[13]。抗体溶液のpHが4以下では，構造変化はpHが下がれば下がるほど大きくなるが，それにつれてプロテインAからの溶出量も増える。抗体によっては酸性構造自身が会合体を形成する場合もある。また酸性では会合しなくても，構造変化の影響が残り，中性pHに戻すと会合することもある。酸性溶出した抗体はその後の精製過程で中性付近のpHに

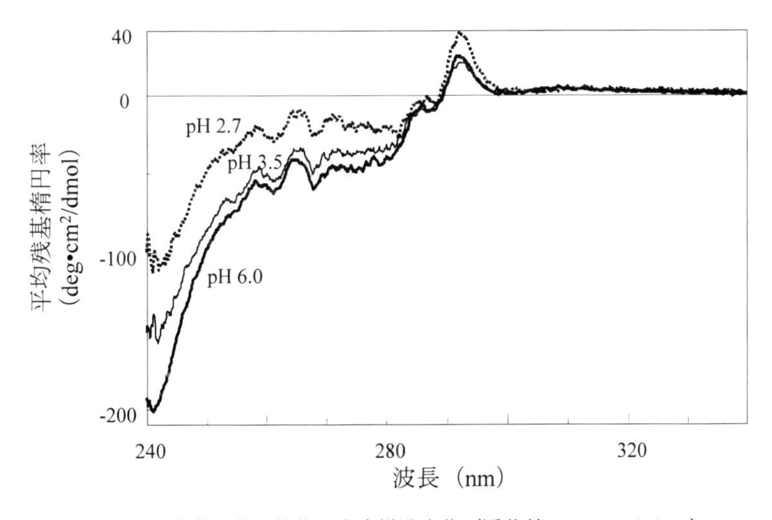

図4　pH変化に伴う抗体の高次構造変化（近紫外CDスペクトル）
（文献12のFig.1-Aを参考に作成）

戻されるが，その折に酸性構造の名残が会合体形成の種となることがある[13]。いずれにしても，強い酸性の溶媒を溶出に使うと会合の可能性が高まることになる。その一つの解決方法として考えられたのは，改変型プロテインAである。すなわち抗体との結合親和性を弱めたプロテインAや全く人工的な抗体親和性カラムである。それに対して我々は，同じ問題を溶媒で解決しようと考えた。

一般的なプロテインAについては，酢酸やクエン酸のような酸だけではpHを3.5付近まで下げないと抗体の溶出は難しい。ところがアルギニンの酸性溶液は抗体の溶出を著しく亢進する[15]。例えば1Mアルギニン溶液を使うとpH 4でもほぼ定量的に抗体を回収でき，それを中性pHに戻してもほとんど会合体を形成しなかった（図5（A））。例えば，0.1Mのクエン酸では

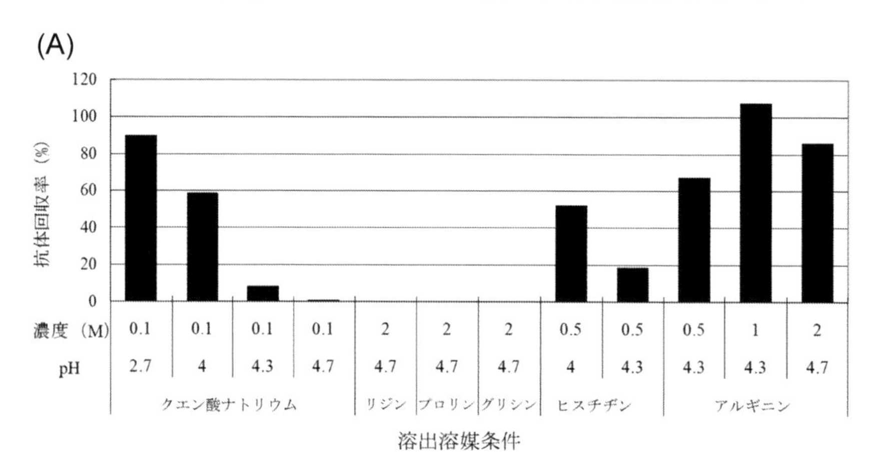

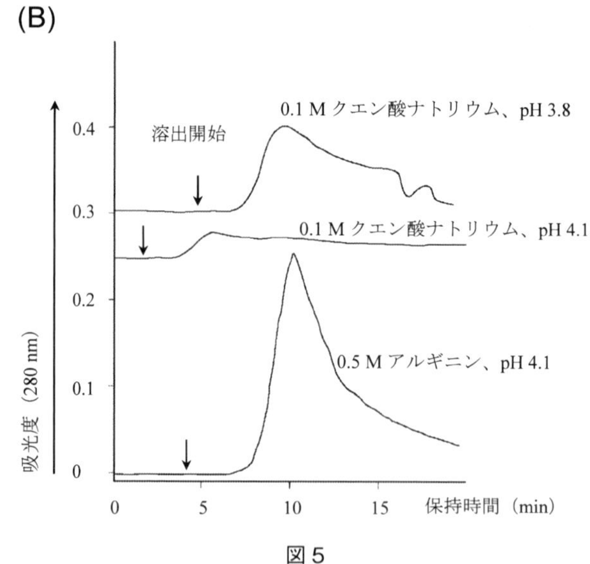

図5
（A）各溶出溶媒を用いたProtein Aカラムからの抗体回収率比較（文献14のFig.11を参考に作成）。（B）矢印の位置で，図中の溶媒で抗体溶出を開始した（文献15のFig.1を参考に作成）。

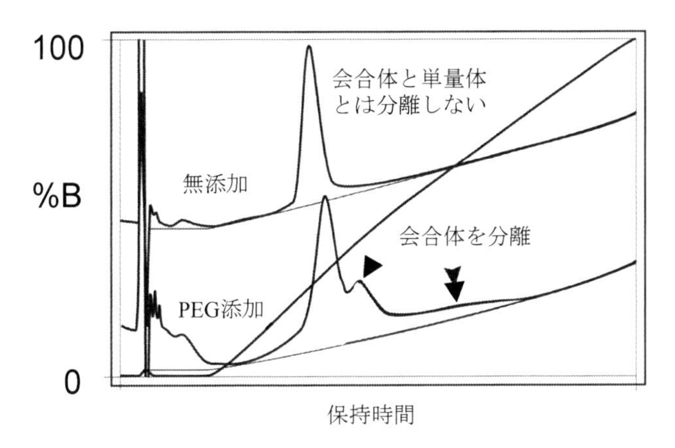

図6　ポリエチレングリコール（PEG）による会合体の分離

pH 4.1だと60％しか回収できないが，1 M アルギニンを使えばpH 4.3でも100％の回収率が得られる。抗体回収率はアルギニン濃度が高いほど増える。アルギニン以外のアミノ酸ではこのような効果は見られない。抗体によっては0.3〜2 M のアルギニンを使って，より緩和な条件での溶出が可能となる。図5（B）に溶出プロファイルを示す。pH 4.1のクエン酸ではほとんど解離溶出しない抗体が0.5 M のアルギニンで効率よく溶出された[16]。

6.2　会合体除去クロマトグラフィー

タンパク質精製に使われる多くのカラムが会合体除去にも使用される。会合体は分子サイズが大きいので当然ゲルろ過カラムの使用が合理的であるが，大きなカラムが必要となり，それだけ大量の溶媒もいるので経済的ではない。図6に示すように，タンパク質を結合させる各種カラムでは，会合体の方が結合が強いので天然のものと分離されることが多い。さらに分離を上げるために，展開（溶出）溶媒にPEGを添加することがある[17]。PEGの添加は一般にタンパク質のカラムへの結合を強めるが，PEGの影響は分子サイズが大きいものほど大きくなる。よって会合体はより強くカラムに結合するようになり，より溶出が遅れることになる。

7　会合体の影響

タンパク質医薬において会合体が問題になることは他章でも述べられているが，生産過程にも影響を及ぼすことがある。最も大きな問題はクロマトグラフィーにおけるカラム，限外ろ過における半透膜などの目詰まりである。また，先にも述べたように，コロイド会合体はタンパク質濃度と相関して生成可能性が高まるが，下に述べるような分離検出方法以外に，会合体を測定する方法がない。会合体の検出には最適とされる分析用超遠心や動的光散乱法が使えない。そのような高濃度タンパク質溶液では分子運動が抑制されるので，分子の動きから大きさを測定する方法は原理的に無効である。

8　会合体の検出

上記のことから凝集体の正確な定量法が必須であることは明白である。これには通常ゲルろ過クロマトグラフィーが用いられる。市販の分析用クロマトグラフィーとHPLC装置，10μg程度の試料があれば，30分間程度で凝集体の定量が可能である。最近は超高圧HPLCの普及により，分析時間が大幅に短縮されるようになった。しかし目的タンパク質や凝集体が分析カラムのフィルターや担体そのものに結合して失われることが頻繁に起こる。また，展開溶媒によってはクロマトグラフィー中に変性したり，凝集体が解離することもある。我々は，抗体サンプルをPBSを用いたゲルろ過クロマトグラフィーで分析したところ，電気泳動やUV吸収で認められる抗体濃度の半分程度しか検出できなかった。そこで，アルギニンを展開溶媒に加えると，抗体回収量が劇的に改善されることを見出した。我々の報告以来，アルギニンをクロマトグラフィー溶媒に添加した研究が多数報告されている。ここでは2つの例を紹介する。

8.1　抗体

我々は，展開溶媒へのアルギニン添加を試みたところ，図7に示すとおり，測定された凝集体の量が顕著に増加することを認めた[18]。別の実験で，マウス抗体の加熱後の凝集体量を複数の手法で定量したところ（表3），超遠心分析による定量結果（50%）と0.2 Mアルギニン添加のゲルろ過HPLCによる結果（43.5%）とは比較的近く，アルギニン無添加の測定値（23.5%）はそれらよりかなり低いことが分かった。このことから，0.2 Mアルギニン添加で凝集体が生じたのではなく，サンプル中に確かに存在していたことがわかる。第Ⅱ編第2章で詳しく説明されているように超遠心分析のように，分離担体を必要としない分析法は，原理的により優れた凝集体測定法であるが，一般的な実験室や抗体生産プラントで常態的に超遠心実験を行うことはほぼ不可能と言える。なお，アルギニンの添加は，未使用のHPLCカラムの慣らし運転にも有効である。たとえ非特異的吸着が少ないと言われるゲルろ過カラムでも，未使用段階のカラムはその影響を受けやすい。展開溶媒にアルギニンを添加すれば，未使用カラムへのタンパク質の非特異的吸着を顕著に抑制できる[19]。

さらに疎水性の高い薬剤を結合させた抗体薬剤複合体（ADC）のゲルろ過クロマトグラフィーにもアルギニンが有効であると思われる。最近，FDAのWangらは，アルギニンに替えて過塩素酸ナトリウムを添加する新たな展開溶媒を報告した[20]。過塩素酸ナトリウムは，アルギニンよりもカラム背圧上昇が小さく，抗体の保持時間もわずかではあるが短縮されたことから，抗体のカラムへの非特異的な相互作用がアルギニンよりも効果的に抑制されたとして，溶媒添加物の新たな選択肢として提案された。過塩素酸ナトリウムは，1970年代以降に疎水性ペプチドのイオン交換HPLCや逆相HPLCに盛んに利用され，我々も，疎水性タンパク質のイオン交換クロマトグラフィーに利用可能なことを見出したが[21]，酸化作用があり，消防法の危険第一類に指定されていることから，その使用には注意を要する。ごく最近，我々はアルギニン溶液にさらに尿素

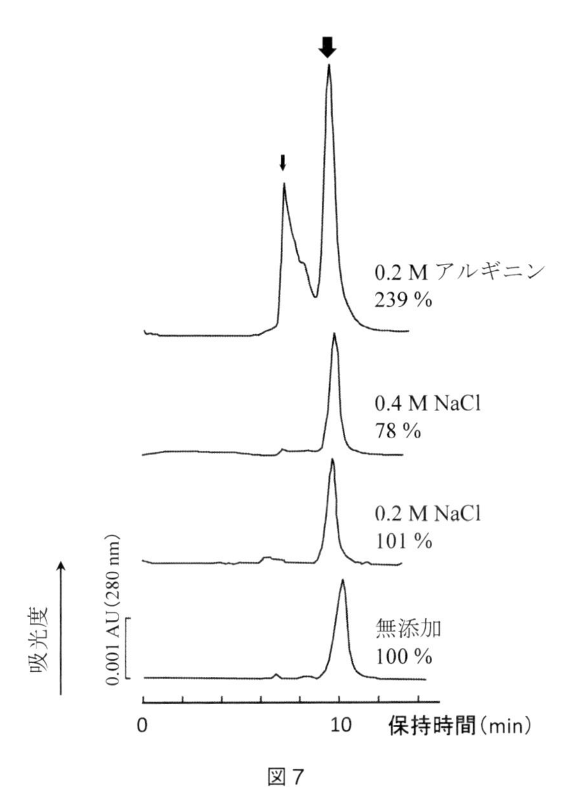

図7
太い矢印がマウス抗体，細い矢印は凝集体。0.2 M アルギニン添加では，抗体と凝集体の双方の回収性が高まった。図中の数字は無添加での抗体ピーク量に対する，それぞれの溶媒での抗体の相対回収率。0.2 M アルギニン添加の抗体回収率が239％と上昇したのは，その他の条件では抗体と凝集体との相互作用によってカラムからの回収率の下がったことが原因と想像されるが，詳細は不明。
（文献17のFig.2を参考に作成）

表3　分析方法による抗体凝集体含量の違い

ゲルろ過 HPLC（アルギニン無添加）	ゲルろ過 HPLC（0.2 M アルギニン）	超遠心分析
26.5％	43.4％	50.0％

を添加することで，一段と性能が高まることを認めた。図8に示すように，尿素濃度を一定に保ち，アルギニンの添加量を変えることで，それぞれ特徴的なゲルろ過クロマトグラフィーが可能となった。この展開溶媒は調製済みの試薬として市販されている[22]。

8.2　疎水性タンパク質

抗体の凝集体と同様に，疎水性の高いタンパク質やペプチドのゲルろ過クロマトグラフィーにも課題のあることが多い。アクチビンAがそのよい例である。アクチビンAの保持時間を指標に，アルギニンの添加効果を検討したところ，図9右に示すように添加濃度に依存して，溶出能

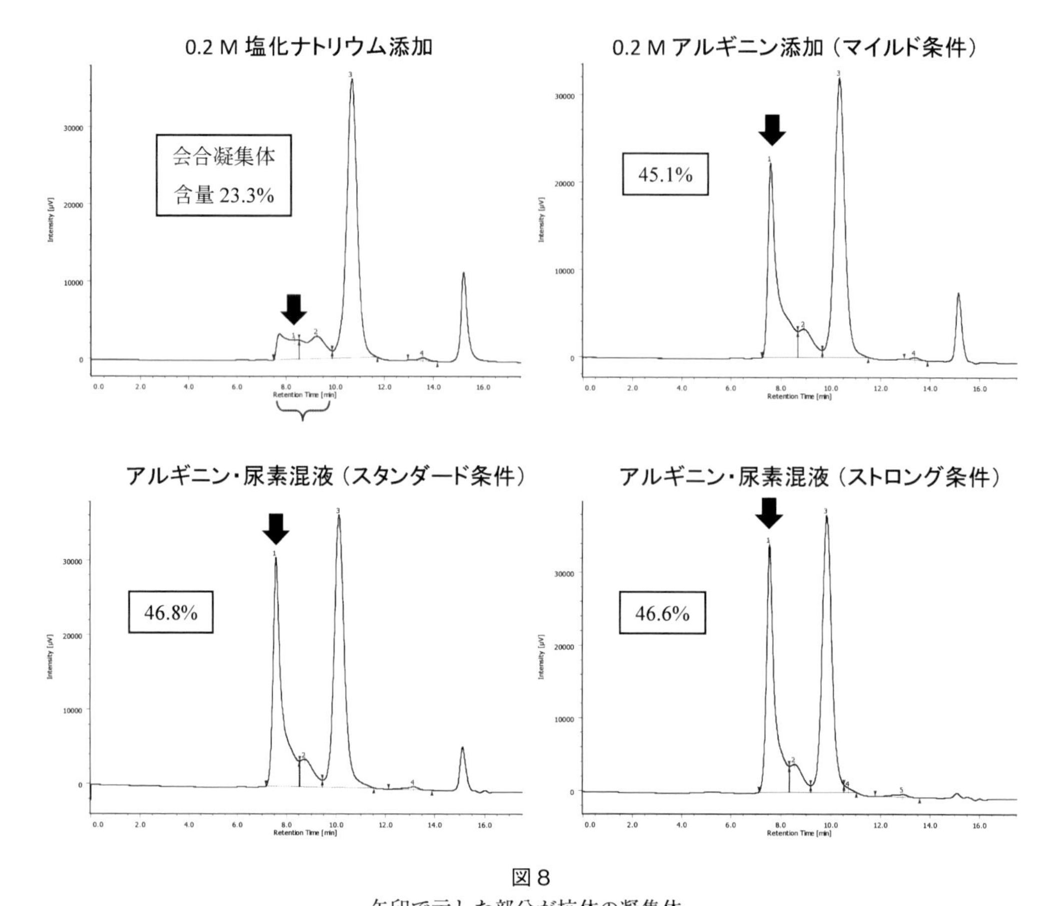

図８
矢印で示した部分が抗体の凝集体。
（ナカライテスク株式会社様のご厚意により転載，https://www.nacalai.co.jp/cosmosil/related/03_07.html）

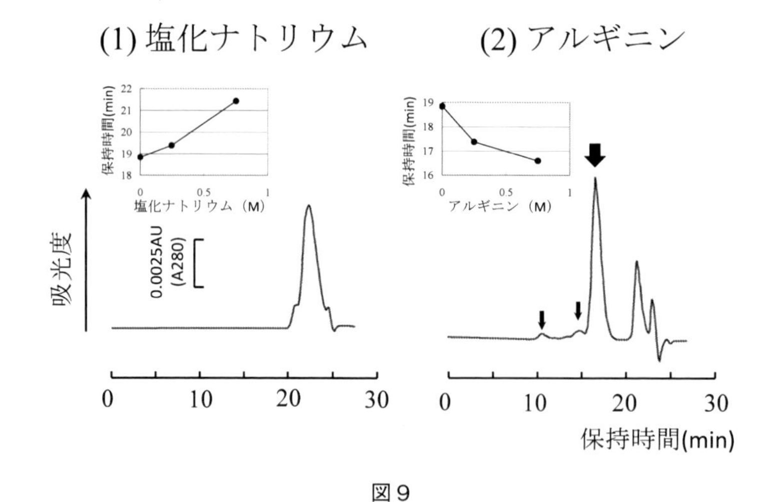

図９
太い矢印がアクチビン，細い矢印は凝集体。塩化ナトリウムでは，
全てのタンパク質が塩と分離されず，なにも検出されなかった。
（文献 17 の Fig.3 を参考に作成）

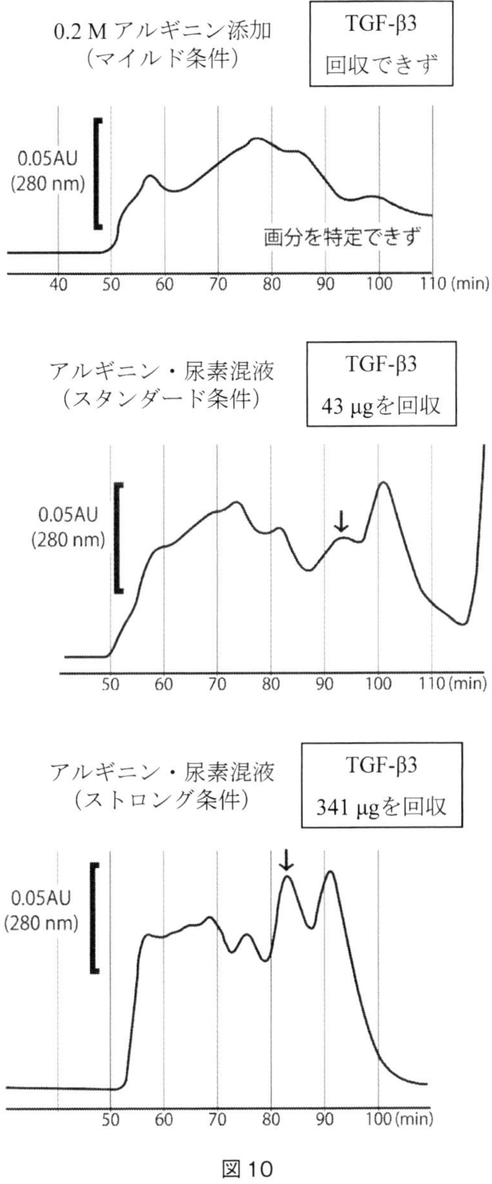

図10
矢印で示した部分がTGF- β3 ピーク。
（ナカライテスク株式会社様のご厚意により転載,
https://www.nacalai.co.jp/cosmosil/related/03_07.html）

率が向上した。逆にNaClは図9左に示すように一層溶出を悪くした。アルギニンの効果は静電相互作用以外の，おそらくはタンパク質とカラム担体との余計な疎水性相互作用を抑制したものと考えられる。疎水性ペプチドやタンパク質のゲルろ過クロマトグラフィーが困難なために，それらの構造特性を十分に検討できないことが多い。例えば，インスリン6量体の活性成分である2量体，あるいは単量体への解離過程をゲルろ過クロマトグラフィーで追跡することは困難である。インスリンのカラムへの非特異的相互作用を抑制するために有機溶媒が用いられるが，それでは分子間の非共有結合が壊され，検出できるのは鎖間のジスルフィド結合による共有結合２量体と単量体のみである。また，TGF-βスーパーファミリーのメンバータンパク質は一様に高疎水性を示し，ゲルろ過クロマトグラフィーは極めて困難とされている。そこで，TGF-β3のゲルろ過クロマトグラフィーにアルギニンを添加したところ，その添加量に応じた分離性の向上を認めた[22]。すなわち図10に示すように，0.2 M アルギニンではTGF-β3はほとんど回収されず，0.75 M 程度の添加を必要としたアクチビン A（TGF-βスーパーファミリーメンバー；図9）の場合と整合した[18]。ところが尿素との混液にすると0.2 M アルギニンでもTGF-β3溶出能は劇的に改善された。特に市販されている中のストロング条件溶媒は著しい改善を示した。

文　献

1) P. Gagnon, *J. Immunol. Methods*, **336**, 222 (2008)
2) S. Nishinami & K. Shiraki, unpublishied data
3) M. Ohgushi & A. Wada, *FEBS Lett.*, **164**, 21 (1983)
4) T. Arakawa & P. Gagnon, *J. Pharm. Sci.*,**107**, 2297 (2018)
5) N. Gomez *et al.*, *Biotechnol. Bioeng.*, **115**, 2930 (2018)
6) A. M. Gray, *Science*, **247**, 1328 (1990)
7) K. Shiraki *et al.*, *J. Mol. Biol.*, **245**, 180 (1995)
8) D. Ejima *et al.*, *Protein Expr. Purif.*, **47**, 45 (2006)
9) L. D. Ward *et al.*, *J. Biol. Chem.*, **271**, 20138 (1996)
10) D. Ejima *et al.*, *Biotechnol. Bioeng.*, **62**, 301 (1999)
11) M. J. Benneth *et al.*, *Proc. Natl. Acad. Sci. USA*, **91**, 3127 (1994)
12) フェリックス・フランクス編，プロテインバイオテクノロジー　単離／キャラクタリゼーション／安定化，p.350，培風館 (1996)
13) D. Ejima *et al.*, *Proteins*, **66**, 954 (2007)
14) H. Fukada *et al.*, *J. Pharm. Sci.*, **107**, 2965 (2018)
15) T. Arakawa *et al.*, *Amino Acids*, **33**, 587 (2007)
16) T. Arakawa *et al.*, *Protein Expr. Purif.*, **36**, 244 (2004)
17) N. Yoshimoto *et al.*, *Biotechnol. J.*, **10**, 1929 (2015)
18) D. Ejima *et al.*, *J. Chromatogr. A*, **1094**, 49 (2005)
19) R. Yumioka *et al.*, *J. Pharm. Sci.*, **99**, 618 (2010)
20) H. Wang *et al.*, *J. Pharm. Biomed. Anal.*, **138**, 330 (2017)
21) 精製ヒトアクチビン及びその製造方法，特開平 11-335395
22) ナカライテスク㈱，https://www.nacalai.co.jp/cosmosil/related/03_07.html

第6章　巻き戻し法を用いた低分子抗体の調製

浅野竜太郎*

1　はじめに

抗体分子は，高い親和性と特異性を有するため古くから生化学分野における検出プローブとして，さらには医薬品としても利用されてきた。特に2014年以降，米国食品医薬品局（FDA）での認可数は急増しているが，以前から問題となっていた薬価の高さは未解決のままである。タンパク質を主とする生物製剤は，抗体に限らず低分子医薬品と比べて構造が複雑であるために，探索研究から最終的な製造バリデーションに至るまで相当の年月を要する。また抗体は比較的分子量が大きくかつ糖タンパク質であるために通常は培地が高価な動物細胞発現系に頼らざるを得ず，これらが高薬価の要因となっている。大腸菌をはじめとする安価な微生物発現系を用いるためには，IgGの調製例もあるものの，高発現に向けては通常は抗体を低分子化させる必要がある。しかしながら，特にがん治療を適応とする抗体医薬の主な作用機序とされるエフェクター機能の発揮に関与する糖鎖修飾が生じないため，高い治療効果を引き出すためには，低分子抗体のデザインを一工夫する必要がある。実際，Fab以外の低分子抗体としてFDAで唯一認可されているBlinatumomabは低分子二重特異性抗体であり，がん細胞とT細胞を強制的に架橋することで誘導される強力な抗腫瘍効果を作用機序としている。一方，大腸菌を用いて組換えタンパク質の調製を試みても，多量の不溶性の沈殿が生成してしまい，低分子抗体であっても期待したほど可溶性分子が得られないことが多々ある。巻き戻し法を用いた再活性化操作は，現状製造プロセスという観点からは実用的とはいえず，結局Blinatumomabは低分子抗体でありながら動物細胞で調製されており，その極めて高い薬価の一因となっている。また，現在までにFab以外で微生物を製造宿主とする抗体医薬は上市されていない。本項では，大腸菌内で生成された不溶性の沈殿からの巻き戻し法を用いた低分子抗体の調製法を概説するとともに，その活用を我々の取り組みを例に紹介する。

2　一本鎖抗体（scFv）と巻き戻し法を用いた調製

抗体の抗原結合ドメインであるFvを構成するVHとVL間には共有結合性の相互作用がないため解離が問題となる場合がある。両ドメインを人工のポリペプチドリンカーで連結させた一本鎖抗体（scFv，図1a）は，1988年に2つの研究グループにより設計され，大腸菌発現系を用い

* Ryutaro Asano　東京農工大学　大学院工学研究院　生命機能科学部門　准教授

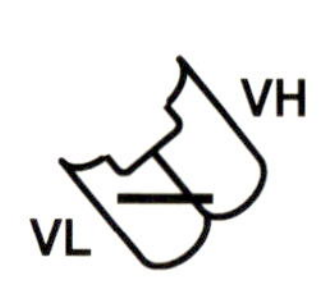

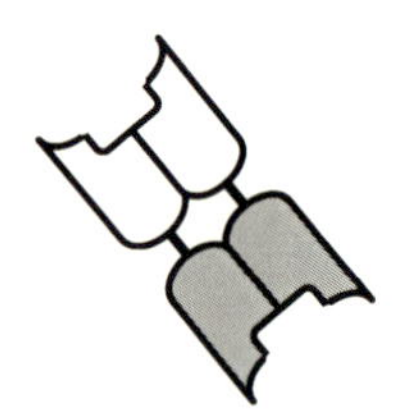

b) diabody型
二重特異性抗体

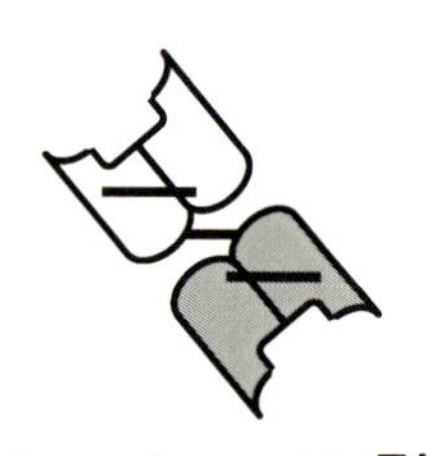

c) tandem scFv型
二重特異性抗体

図1　低分子抗体の模式図
抗体を構成するすべてのドメインはイムノグロブリンフォールドであり，ドメイン内に1対のジスルフィド結合を含む。

て調製された[1,2]。Bird らは，データベースとモデリングに基づき18アミノ酸残基のリンカーを採用し[1]，Huston らは，結晶構造解析に基づきリンカー長は15アミノ酸残基とし，二次構造をとらず，またドメインの折りたたみを阻害しにくい配列としてGGGGSを3回繰り返した配列を用いた[2]。その後，進化工学的手法も含めて様々な配列が検討されたが，この配列は柔軟性と親水性を兼ね備えているため現在でも主として利用されている。既存のIgG抗体等の配列を基に1本のポリペプチド鎖として調製可能なscFvは，低分子抗体の中で最も汎用されており，ファージ提示法を用いたスクリーニングや，近年ではセンシングを志向した研究でも多用されている。抗体は，免疫分子の多くにみられるイムノグロブリンフォールドと呼ばれる，分子内の一対のジスルフィド結合で安定化された強固なβバレル構造のドメインで構成される。このため巻き戻し法による調製の際には，このジスルフィド結合の適切な誘導が鍵となる。scFvを最初に報告した両グループはともに不溶性の沈殿から巻き戻し法を用いて調製している。変性剤である尿素と還元剤であるβ-メルカプトエタノール（β-Me）で可溶化後，希釈あるいは透析により巻き戻しを促している。特にBird らは，大腸菌で発現させたIgGの巻き戻し法を用いた再活性化の報告に準拠し[3]，正しいジスルフィド結合の誘導に向けて，酸化型グルタチオン（GSSG）と還元型グルタチオン（GSH）の両者を添加している。scFvの巻き戻しに寄与する残る役者はL-アルギニン（L-Arg）である。詳細な分子メカニズムは他の項をご参照頂きたいが，タンパク質に対し弱い変性剤様の効果を示し，好ましくない疎水性相互作用の軽減等により巻き戻し効率を向上させることは比較的古くから知られている[4,5]。

3　巻き戻し法を用いたscFvの調製最適化

大腸菌内で生成された不溶性の沈殿を変性剤と還元剤で可溶化後，時に酸化還元剤を添加し，透析等でこれらを除去すれば，多くの場合ある一定の割合で正しく巻き戻されるが，操作の煩雑さや巻き戻し効率の観点からは，満足のいくものではなかった。Tsumoto らは，抗ニワトリ卵白リゾチームscFvをモデルに，段階透析法を用いた巻き戻し工程において，GSSGとL-Argの

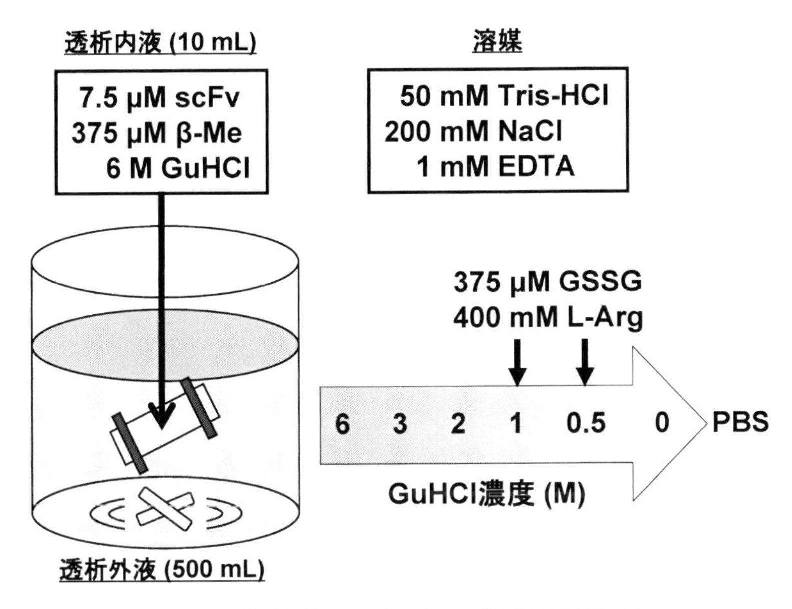

図2　段階透析法による巻き戻し（酸化還元行程有）

適切な導入時期を丁寧に調べることで，極めて効率的な手法を開発した[6]。多少の改変が施された概要を図2に示すが，まず封入体として大量発現させたscFvをβ-Meと塩酸グアニジン（GuHCl）を用いて還元変性させ，透析により段階的に変性剤を除去することで巻き戻しを促す。天然の構造を形成し始める時期と考えられた，GuHCl濃度が1 Mおよび0.5 Mの時に，ジスルフィド結合の形成を促進するGSSGと疎水性相互作用を軽減するL-Argを添加することで，95％以上の巻き戻し効率と活性回復率を達成している。その後，Umetsuらにより分光学的な解析，具体的には巻き戻し過程の各段階における円偏光二色性，トリプトファン蛍光，bis-ANS蛍光プローブをそれぞれ用いた解析と，Ellman法によるチオール基の定量が行われた[7]。結果，それぞれの添加剤を各透析段階で添加することの意義が明確に示された。すなわち，巻き戻し過程において，GSSGが最初に作用して，ジスルフィド結合駆動による二次構造形成が生じ，その後の不適切な疎水性相互作用をL-Argが抑制することで効率的に巻き戻しが促される。現在までに，GuHClの代替試薬や分子シャペロンの利用，カラム内巻き戻し等，引き続き検討は進められてはいるものの，scFvの巻き戻し法としてひとつの完成をみたといえる。

4　巻き戻し法を用いた低分子二重特異性抗体の調製

大腸菌発現系において，pel-Bなどのシグナルペプチドを付加して分泌発現を狙ったものの，結果として菌体内不溶性画分に局在した組換えタンパク質は，封入体とは素性が異なるとされる。これらはペリプラズム画分へ輸送され，適切にフォールドはされたものの，何らかの要因で留まったとされ，破砕後，膜成分と共沈するため菌体内膜画分とも呼ばれる。これらのジスルフィド結合は正しく架橋されていると予想されるため図3に示す，酸化還元工程のない簡略化した巻き戻し法が用いられる[8]。我々はがん治療を目指した低分子二重特異性抗体の調製に本手法を活用してきた。異なる2種の抗原に結合するように人工設計された二重特異性抗体は，がん治療に限っても様々なデザインが可能であるが，上市されているBlinatumomabがそうであるように，がん細胞と免疫細胞，特にT細胞との架橋を目指したデザインが開発の中心である。歴史的には1993年にHolligerらが，diabody型二重特異性抗体（図1b）を[9]，その後1994年に，2つの研究グループが2種のscFvを縦列に連結したtandem scFv型二重特異性抗体（図1c）を報告したのが最初である[10,11]。これらはいずれも低分子型の二重特異性抗体であり，その形態は現在では極めて多岐にわたっているが，diabody型とtandem scFv型が最も汎用されており，実際Blinatumomabは後者である。一般的には，前者は大腸菌で分泌されやすいのに対し，後者は不溶性の沈殿が生成されやすいとされているが，我々は前者，すなわちdiabody型二重特異性抗体の巻き戻し法を用いた調製に取り組んだ。やはり不溶性画分での発現量が一番多かったこと，およびヘテロ二量体タンパク質であるため，共発現ベクターを用いると，両鎖の発現バランスを整えることが困難であったことが理由である。両鎖をそれぞれ個別のベクターを用いて発現させ，GuHClで変性させた後，金属キレートアフィニティー精製を行い，等mol混合させた後，図3の方法で巻き戻した。得られた分子は，濃度依存的ながん細胞傷害活性を示し，また動物細胞を用いて調製した同分子と比較しても，その機能に遜色はみられなかった[12,13]。一方，巻き戻し効率は最大数十%程度で，図2に示すscFvに最適化された巻き戻し法に比べると遠く及ばない。分泌発現系での菌体内不溶性画分にもジスルフィド結合を掛け違えた分子が存在していることに一因があると考えているが，二重特異性抗体は極めて低用量で奏功がみられるため，開発初期段階の検討には十分であった。

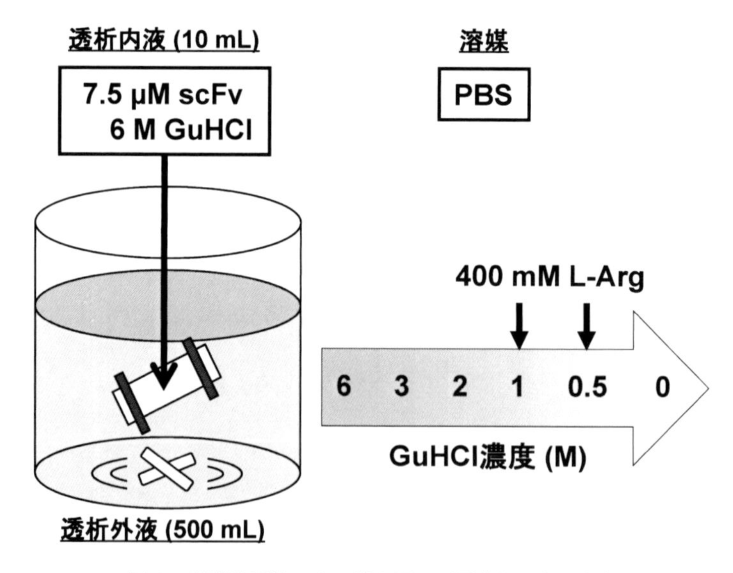

図3　段階透析法による巻き戻し（酸化還元行程無）

5　巻き戻し法を用いた低分子二重特異性抗体の最適化

前述の巻き戻し法を用いて効率的にdiabody型二重特異性抗体を最適化させた例を紹介する。現在では，ヒト抗体自体を直接取得する技術も一般化されつつあるが，未だマウス由来の抗体をキメラ化，あるいはヒト型化した抗体が，上市されている抗体医薬のおよそ半数を占めている。ヒト型化において，CDR-graftingという手法がしばしば用いられる。これは，抗原への結合に直接関与するマウス由来の相補性決定領域（CDR）のみをヒト抗体に移植する方法で，立体構造の大枠は保存されることが多いが，微小な構造変化がしばしば大幅な活性低下をもたらす。このような場合，バーニアゾーンと呼ばれるCDRを支える領域への変異導入が有効であるが[14]，時として多くの変異体を作製する必要がある。たとえば，ヒト上皮増殖因子受容体（EGFR）とNK細胞上のCD16を標的としたヒト型化させたdiabody型二重特異性抗体の活性回復の際には，両鎖それぞれ最大2箇所の変異導入を候補としたが，単変異を含むすべての組み合わせを評価するためには，共発現ベクターの場合，野生型も含めると4 × 4 = 16種類作製する必要があり，また同数の培養，精製が必要となる。一方で，各々の鎖の単発現ベクターを用いた場合，4 + 4 = 8種類の発現ベクターを用いて調製後，巻き戻しの際にそれぞれを組み合わせることで16種類のdiabody型二重特異性抗体を調製することができる（図4）[15]。変異導入候補がさらに増えれば，より威力を発揮する手法といえ，実際ヒト型化により低下した親和性の回復にはより多くの変異体解析を必要とすることが多い。

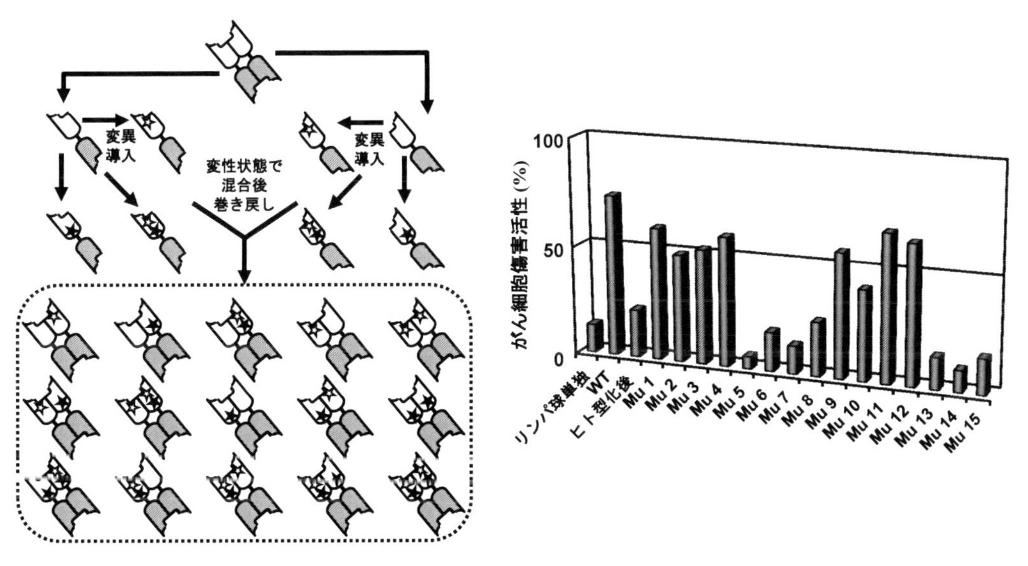

図4　巻き戻し法を用いたヒト型化diabody型二重特異性抗体の最適化
変異体調製の模式図（左）と各変異体のがん細胞傷害活性（右）

6 巻き戻し法を用いたサイトカイン融合低分子抗体の調製

がん治療薬化を目指したイムノサイトカインと称されるサイトカインとの融合抗体の巻き戻し法を用いた調製例を紹介する。インターロイキン-12（IL-12）は，p35とp40と呼ばれるドメインが分子間ジスルフィド結合で会合した抗腫瘍性のサイトカインである。腫瘍近傍のリンパ球の局所的な活性化を目指して，IL-12とがん胎児性抗原（CEA）を標的とする抗体のFvとの融合を行ったが，この際，p35にはVHを，p40にはVLのみをそれぞれ融合させた発現ベクターを構築した（図5）。大腸菌を用いて個々に発現させ不溶性画分から精製後，等mol混合し，図2に示す巻き戻し法に従って，また適切な分子間ジスルフィド結合を促すためGSSGを添加する際に，その10倍量のGSHも添加した。結果，分子間ジスルフィド結合で会合したイムノサイトカインIL-12-Fvの調製に成功し，IL-12単独に対する効果の向上が観察された[16]。大腸菌で極力発現しやすいサイズに切り分け，個々に調製した後，巻き戻し操作を行うことで，通常は調製が困難なより高分子量の，かつヘテロ二量体タンパク質の調製に成功した。

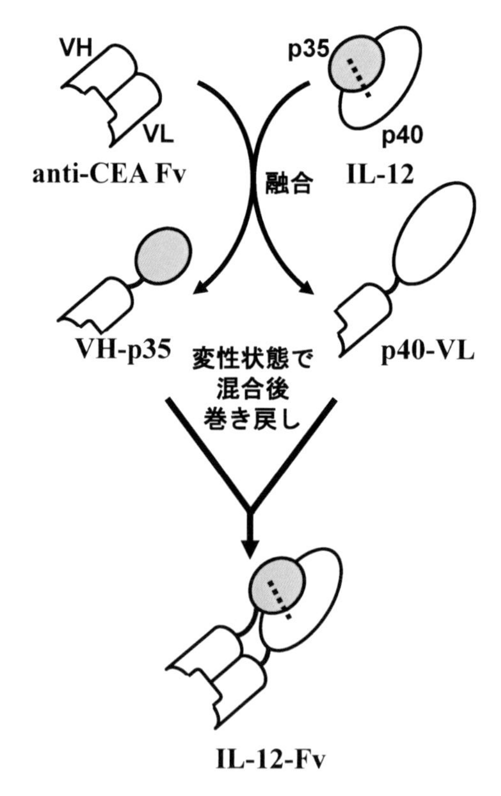

図5 巻き戻し法を用いたイムノサイトカインの調製
点線は分子間ジスルフィド結合を表す。

7　おわりに

巻き戻しにより調製した低分子抗体を実際に臨床応用するとなると，その製造プロセスにおいて解決すべき問題は多い。たとえば，透析膜を用いた段階透析は，作業の再現性の観点からGMP製造に準拠させるための文書化が困難である。可能性としては，大規模な希釈法による巻き戻しと高効率な濃縮工程の組み合わせ，あるいはフロー系での巻き戻しが考えられるが，いずれも各種パラメーター，特に適切なタイミングでの添加剤の投入と変性剤の除去を厳密に制御可能なクロスフローシステム等の導入が必要不可欠である。巻き戻し法を用いた抗体医薬の調製には，まだ時間がかかりそうだが，一方で，我々は前述のdiabody型二重特異性抗体等の低分子抗体を基盤に，ドメインの組換えや，機能性タンパク質やヒトFc領域との融合等のビルドアップによる高機能化を進めてきた[17,18]。最終的な医薬品候補シーズは，分子量やその他の理由から動物細胞発現系による調製を想定している分子もあるが，前述の通り，構成主要素である低分子抗体のスクリーニングや最適化に大腸菌発現系および巻き戻し法を用いることで，検討が大きく進んだ経緯がある。センシング分野においても，近年scFvやFabをはじめとする組換え抗体の利用がいっそう進んでおり，巻き戻し法により調製した低分子抗体の産業応用が今後加速することが期待される。

文　　献

1)　R. E. Bird *et al., Science*, **242**, 423 (1988)
2)　J. S. Huston *et al., Proc. Natl. Acad. Sci. U. S. A.*, **85**, 5879 (1988)
3)　M. A. Boss *et al., Nucleic Acids Res.*, **12**, 3791 (1984)
4)　G. Orsini *et al., J. Biol. Chem.*, **253**, 3453 (1978)
5)　J. Buchner *et al., Biotechnology*, **9**, 157 (1991)
6)　K. Tsumoto *et al., J. Immunol. Methods*, **219**, 119 (1998)
7)　M. Umetsu *et al., J. Biol. Chem.*, **278**, 8979 (2003)
8)　R. Verma *et al., J. Immunol. Methods*, **216**, 165 (1998)
9)　P. Holliger *et al., Proc. Natl. Acad. Sci. U. S. A.*, **90**, 6444 (1993)
10)　W. D. Mallender *et al., J. Biol. Chem.*, **269**, 199 (1994)
11)　M. Gruber *et al., J. Immunol.*, **152**, 5368 (1994)
12)　R. Asano *et al., Clin. Cancer Res.*, **12**, 4036 (2006)
13)　R. Asano *et al., Protein Eng. Des. Sel.*, **21**, 597 (2008)
14)　J. Foote *et al., J. Mol. Biol.*, **224**, 487 (1992)
15)　R. Asano *et al., FEBS J.*, **279**, 223 (2012)
16)　K. Makabe *et al., Biochem. Biophys. Res. Commun.*, **328**, 98 (2005)

17) R. Asano *et al.*, *Protein Eng. Des. Sel.*, **26**, 359 (2013)
18) R. Asano *et al.*, *MAbs*, **6**, 1243 (2014)

第7章　抗体タンパク質の溶解性と変性状態からの可逆性

赤澤陽子[*1]，萩原義久[*2]

1　はじめに

抗体は脊椎動物において異分子（病原体や食品，花粉，ハウスダストなど）を認識し，免疫応答を引き起こすタンパク質であり，近年の医薬開発には必要不可欠な存在となっている。弱毒化または不活化した病原体の接種によって，生体内での抗体産生を促すワクチン医療技術の発展と普及が進む一方で，モノクローナル抗体作製技術とタンパク質工学・産生技術の確立に伴い，キメラ抗体，ヒト化抗体，ヒト抗体が抗体医薬品として登場した。さらに，タンパク質工学技術やリンカー設計技術，分子設計技術の劇的な進化により，低分子抗体，抗体薬物複合体，二重特異性抗体，PEG 化抗体などが開発され，抗体医薬品は多様化している。このような抗体製品の開発において重要である「安定性」は使用目的に応じて求められる性能が異なる。例えば，体内医薬品としての抗体開発では，抗体機能の他に高濃度の使用や保管における安定性が重要になる。一方，体外診断薬や材料として抗体を使用する（例えば精製担体や酵素結合免疫吸着アッセイ（enzyme-linked immune sorbent assay：ELISA）などの診断キット）場合は，変性状態から活性状態への「可逆性」や変性状態での「可溶性」といった，タンパク質としての素性の良さ（フォールディング能力や濁りにくさ）が製品化において必須となる。

本章では，抗体を構成するタンパク質の熱に対する影響と，我々が行っているシングルドメイン抗体の熱変性に対する可逆性の改善について紹介する。

2　抗体タンパク質の溶解性

2.1　抗体の種類とドメイン構成について

哺乳動物の抗体タンパク質は2本の重鎖と2本の軽鎖がジスルフィド結合により共有結合することで1分子を形成し，1分子あたり12～14個のドメインの集合体である。重鎖遺伝子の違いによりIgG，IgM，IgA，IgD，IgEの5種類のアイソタイプの免疫グロブリン（Ig）が形成される。生体内で最も多いIgGは単量体で存在するが，IgMとIgAはそれぞれ5量体および2量

＊1　Yoko Akazawa　産業技術総合研究所　バイオメディカル研究部門
細胞・生体医工学研究グループ　主任研究員
＊2　Yoshihisa Hagihara　産業技術総合研究所　創薬基盤研究部門　副研究部門長

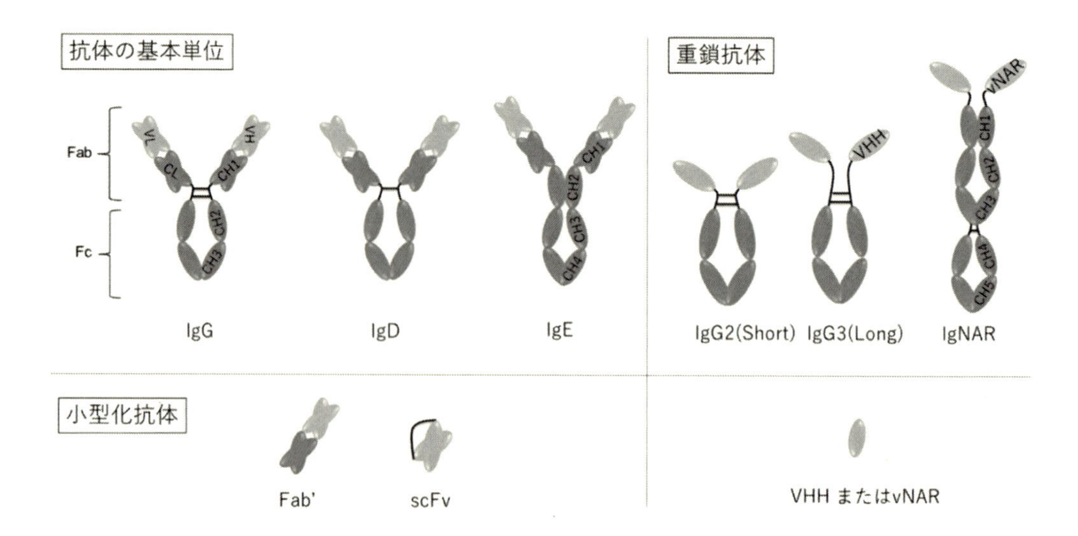

図1　抗体タンパク質の基本構造

薄灰色は抗原認識ドメインを示す。濃灰色は定常領域を示す。重鎖抗体は現在，ラクダ科動物とサメ科において存在が認められている。小型化抗体はさまざまな構造が開発されているが，本図では天然由来の小型化に絞った。

体で存在することが明らかとなっている。先端の可変領域である重鎖の可変領域（variable region of the heavy chain：VH）および軽鎖の可変領域（variable region of the light chain：VL）の相補性決定領域（complementarity-determining region：CDR）が抗原結合に関わる。IgG 由来の小型化抗体は VH および VL ドメインを含む fragment antigen binding（Fab）および single chain Fv（scFv）抗体がある。一方，ラクダ科動物には上記 Ig のほかに，軽鎖と重鎖の定常領域（constant region：CH1）ドメインが自然欠落した重鎖のみの重鎖抗体が存在している。重鎖抗体の VH ドメインは variable domain of heavy chain of heavy chain antibody（VHH）と称され，単ドメインで抗原を認識できる[1)]。サメ類も類似した重鎖抗体（IgNAR）を保有しており，VH に該当するドメインは IgNAR variable domain（vNAR）と称され，VHH と同様に単ドメインで抗原を認識できる（図 1）。

抗体を利用した製品開発において，一般的に使用されるのは IgG 抗体であるが，最終製品に求める機能によっては抗体タンパク質の単純化（小型化）は有効な戦略となる。Fab 抗体や scFv 抗体，シングルドメイン抗体 VHH や vNAR を利用した抗体製品は今後増加すると見込まれる。小型化によって設計自由度が増し，かつ抗体分子の複雑化が軽減されるため，変性状態からの可逆性や凝集の低下により安定化の向上への寄与が期待できる。

2.2　抗体タンパク質に求められる溶解性および安定性の評価法

抗体タンパク質の「溶解性」を一義的に評価できる指標はなく，使用目的にできるだけ近い条件においての評価が必要となる。また，「安定性」には多くの意味が含まれており，例えば，生体内での安定性，プロテアーゼ耐性，医薬品として保管の為の有効期間，過酷な条件における理学的安定性などが考えられる。一般的には円偏光二色性（circular dichroism：CD）や示差走査熱量計（differential scanning calorimetry：DSC），動的光散乱法（dynamic light scattering：DLS），表面プラズモン共鳴（surface plasmon resonance：SPR）などを使用し，抗体濃度や温度，pH，塩濃度などの因子に対して抗体タンパク質の構造や凝集，変性状態からの可逆性，抗原結合活性への影響について評価し，さらに体内動態を調べることで抗体タンパク質の溶解性および安定性の指標としている場合が多い。

2.3　IgG抗体由来ドメインの熱による影響

抗体のアイソタイプによって熱に対する変性・失活のしやすさは異なる。抗体の熱変性に関する研究は古くから行われており，多くのIgGは65℃以上の熱処理により非可逆的に変性し失活する[2]。また，IgEおよび多量体を形成するIgAやIgMはIgGと比べさらに熱への影響を受けやすい[3]。抗体タンパク質の熱に対する変性の評価はDSCやCDによって評価されており，ほとんどの場合において非可逆的な変性・凝集である。

IgG抗体のDSC解析では，2～3つの熱吸収ピークが観測される。それぞれの熱吸収ピークはFabとFc由来であり，非可逆的な変性である。さらに，FcはCH2とCH3により構成されるが，熱変性は独立して起こり，前述したDSCによる3つのピークは低温から高温に向かってCH2，FabそしてCH3が由来であると知られている[4]。IgGのDSC解析において，CH2のTmでは凝集が観測されず，さらなる昇温によって凝集が報告されている[5]。熱処理によるCH2の構造変化はわずかであるが，疎水表面の露出がその後のFabやCH3の変性や凝集形成に大きく関わることが示唆される。短時間の熱処理の場合，単離したCL，CH2，CH3の熱変性は可逆的である[6]。一方で，VHとVLの熱変性は一般的に不可逆的である。このような現象から各IgGの熱安定性の違いはCH2の安定性の違いに起因すると考えられる。なお，CH1はCLとの複合体として単離可能であるが，単ドメインでの構造形成は困難である。単ドメインであれば抗体タンパク質の熱変性は可逆的な場合が多い。そのため，IgG抗体の熱変性が不可逆的であるのは抗体分子の複雑さに起因しているのは明らかである。

3　VHH抗体の溶解性と安定性

3.1　VHH抗体の構造安定性

重鎖抗体は生物進化の過程において自然発生的にできた形態であり，VHHはシングルドメインでの安定性を高めるために，特有の構造的特徴を有している。VH単体では溶液中で構造を保てず凝集する場合が多い一方で，VHHは単体で構造を保つことができ，その理由としてフレームワーク領域2の特徴的な配列（ホールマーク配列）の関与が知られている。基本的にVHHのフレームワーク領域のアミノ酸配列はヒトやマウスのVHと相同性が高いものが多いが，VHH

```
Human VH(AB004303)    QVQLQESGGGLVQPGGSLRLSCAAS__CDR1__WVRQAPGKGLEWVS__CDR2__
Mouse VH(4K9E)        EVQLVESGGGLVQPGGSLRLSCAAS__CDR1__WVRQAPGKGLEWVA__CDR2__
Alpaca VHH(VH type)   QVQLVESGGGSVQPGASLRLSCVAS__CDR1__WVRQTPGKGLEWVS__CDR2__
Llama VHH(1G9E)       QVQLQESGGGLVQAGGSLRLSCAAS__CDR1__WFRQAPGKERESVA__CDR2__

Human VH(AB004303)    RFTISRDISKNTLYLQMNSLRPEDTALYYCAT__CDR3__WGQGTLVTVSS
Mouse VH(4K9E)        RFTISADTSKNTAYLQMNSLRAEDTAVYYCAR__CDR3__WGQGTLVTVSS  (89%)
Alpaca VHH(VH type)   RFTVSRDNPENTLYLQMNNLKPEDTAVYYCTK__CDR3__RGQGTQVTVSS  (81.7%)
Llama VHH(1G9E)       RFTISRDNAKKTVYLQMNSLKPEDTAVYTCGA__CDR3__WGQGTQVTVSS  (80.4%)
```

図２　VH および VHH のフレームワーク領域

ヒト VH ドメインとの配列比較を示した。VHH のホールマーク配列は下線で，網掛けはヒト VH と異なるアミノ酸を示す。ヒトのフレームワーク領域のアミノ酸配列と比較して，マウス VH とラマおよびアルパカの VHH のフレームワーク領域の相同性は，マウス VH は 89%，アルパカ（VH 様 VHH）81.7%，ラマ（VHH）80.4%である。

のフレームワーク領域２には親水性の高いアミノ酸が多く含まれ，その結果として可溶性が高くなると考えられている[7]。この部分は VH の VL の相互作用部位に位置し VH 単体では疎水的部分の露出により凝集すると考えられている。一般的には上記理由により VHH 抗体の安定性が報告されているが，中には上記に当てはまらない VHH がある。筆者らがラクダ科動物であるアルパカから VHH 抗体を取得した場合，フレームワーク領域２に VH 様のホールマーク配列を有する VHH を得ることが頻繁にある。しかしながら VH 様の VHH が特に凝集しやすい傾向は認められず，多くの場合は溶液中での可溶性に問題はない。また，天然にまれに存在する VH 単ドメインは溶液中で凝集しないことが知られている。このようなことから，溶液中での溶解性はフレームワーク領域の親水性に加え CDR 領域のアミノ酸配列の寄与も大きいと考えている（図2）。

3.2　VHH 抗体の熱耐性の改善

筆者らはヒト絨毛性ゴナドトロピン（human chorionic gonadotropin：hCG）に結合するマウス IgG，Fab，scFv および VHH の高熱処理後の抗原結合活性を指標に熱安定性の評価を行った。それぞれのタンパク質を 90℃の持続的な処理もしくは「90℃5 分-20℃5 分」を１サイクルとして最大 160 回繰り返しの熱処理を行い，20℃での残活性を SPR 解析により測定した。IgG および Fab は 90℃5 分の熱処理後の 20℃での活性は，熱処理なしと比較して 10～20%へ低下する。一方で scFv 抗体は IgG や Fab に比べて熱処理後の残活性は高く，90℃5 分処理では 40%の活性が認められた。これらに比べ，VHH の熱耐性は高く，90℃200 分または 40 サイクルの熱処理により 50%の残活性となる（図 3）。scFv と VHH は持続的な熱処理とサイクルによる熱処理における残活性の差は認められなかったことから，失活の要因はリフォールディング過程でないといえる。一方，scFv の熱失活には明らかな濃度依存性が認められたため，失活は熱変性状態の会合によると考えられた。VHH の場合，弱い温度依存性が認められたが，高濃度（0.2～1 mg/mL）

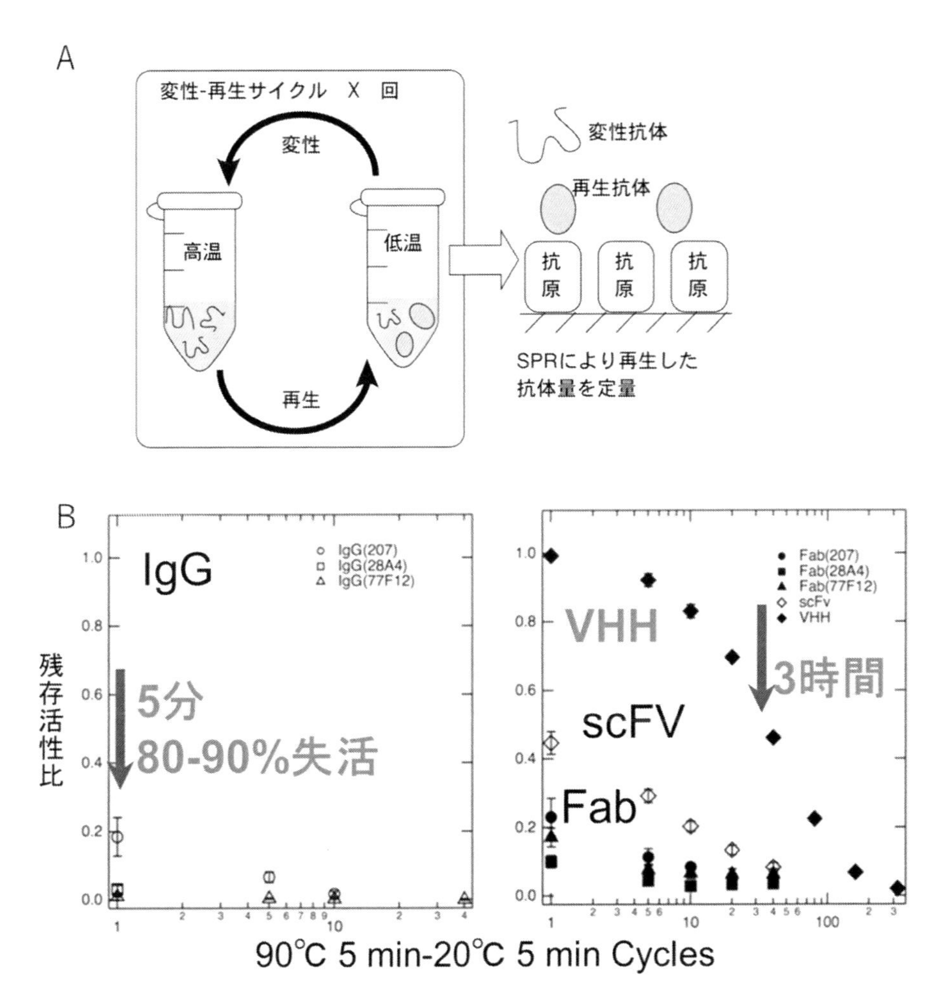

図3　IgG, Fab, scFv, VHH の熱処理後の活性比較法と熱変性後の室温における抗原結合活性

A：抗体タンパク質を pH 7.4 の溶液中で熱処理（持続的な 90℃による変性処理後に一度のみ 20℃に再生，または「90℃5分-20℃5分」による「変性-再生サイクル処理」を行い，20℃における残活性を SPR により定量した。B：A の方法により残存活性を測定した結果を示す。IgG と Fab の熱による活性影響はほぼ同等であり，90℃5分の処理で 80～90％が失活する。一方で，scFv では 90℃5分処理後において約 40％の活性が認められた。これらの抗体と比べて，VHH 抗体の熱変性に対する可逆性は驚異的であり，残存活性が 50％になるために 40 サイクルもしくは 200 分の 90℃熱処理が必要であった。

で定常状態になったことから，熱変性状態の会合以外にも失活要因があると予測された。CD や DSC の結果，熱処理後のフォールディング状態の減少と活性の減少は一致せず，失活は熱による構造変化の蓄積，すなわちアミノ酸の化学修飾の蓄積が失活の要因となると考えた。

完全に失活する 90℃1,600 分の熱処理後に MALDI-TOF-MS 解析を実施するとアスパラギンおよびシステインで断片化が認められた。アスパラギンは熱により脱アミノ化やラセミ化を受ける。本検討で使用したVHHは3つアスパラギン（Asn52，Asn74，Asn84）を含み，3つのアスパラギン変異体（Asn52Ser，Asn74Ser，Asn84Thr）を作製した。アスパラギン変異体の抗原結合能は天然型と同程度であったが，熱処理後の活性は約1.5倍の改善を認めた。一方，システイン（Cys49とCys69）においても熱処理による化学構造の変化が起こり，アンフォールディングや2量体形成および断片化の要因となる。システイン欠失（Cys49Trp-Cys69AlaやCys49Ala-Cys69Ile）は上記失活リスクの減少により，天然型と比較して熱処理後の活性が1.5倍の改善を認めた（図4）[8]。

熱処理によるVHHへの影響はアミノ酸配列によって異なるため，決まったルールはなく，個々のタンパク質の変性メカニズムから抗体機能や構造への影響を見極めつつ改変を行う必要がある。フレームワーク領域のアミノ酸配列の相動性は高いものの，変異挿入による構造および活性影響はさまざまである。

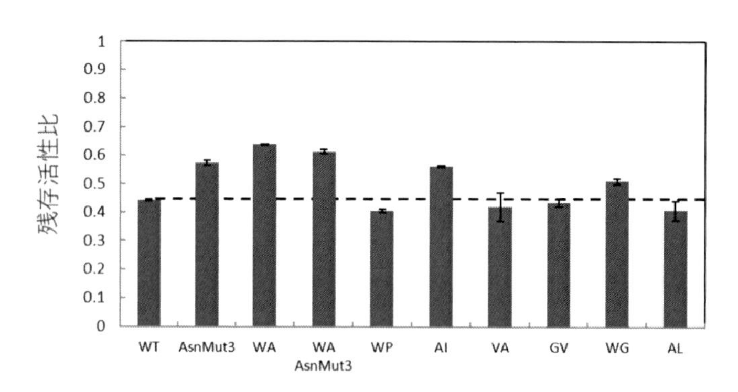

図4　アミノ酸変異による熱変性の可逆性の改善

抗hCG-VHH抗体のアミノ酸配列（灰色部分はCDR）および変異部位と各変異体VHH抗体の90℃200分処理後に室温状態での残存活性を示す。天然型：WT，AsnMut3：アスパラギン変異体，WA AsnMut3：システイン欠失体かつアスパラギン変異体，WA, WP, AI, VA, GV, WG, AL：各システイン変異体。なお，システインかつアスパラギン変異による相加的な効果は得られなかった。

3.3　ジスルフィド結合と安定性

ジスルフィド結合はタンパク質の機能的立体構造と密接に関わる。システインへの変異によりドメイン内ジスルフィド結合を1本から2本へ増やすことで，熱に対する構造安定性を高めることが可能である。多くのVHHにおいて，Kabat配列番号49番目と69番目のアミノ酸をシステインに変異することで，人工的な2本目のジスルフィド結合が挿入できる[9]。変異したシステインはフレームワーク2と3のβ-シート間でジスルフィド結合を形成し，Tm値は10℃上昇するが抗原結合能にはほとんど影響がない。しかしながら，ジスルフィド結合の増加は熱変性後の可逆性の損失につながる。抗hCG-VHH抗体の49Cys，69Cys変異により2本のジスルフィド結合を有する2SS-VHH抗体は，90℃の熱処理により分子内または分子間のジスルフィド結合シャッフリングが起こり，リフォールディング効率が低下し失活する。反対に，システインの欠失はジスルフィド結合のシャッフリング要因がなくなり，熱変性後の可逆性は高くなる一方で，Tm値は約20℃低下し構造安定性の低下は避けられない。抗体の使用温度や再生の必要性によって，ジスルフィド結合の挿入または欠失は安定性の改良に役立つ[10]。

また，ジスルフィド結合の挿入による構造安定性の向上はアルカリ耐性の改善にも効果を認める（図5）。上記，抗hCG-VHH抗体の49Cys，69Cys変異体に0～500 mM NaOHを1時間暴露後に中性に戻した時の抗原結合能をSPR解析により検討した結果，ジスルフィド結合を2本にすることで天然型（ジスルフィド結合1本）の2倍のアルカリ耐性の改善を認めた。さらに，0.15 M NaCLの添加はアルカリ耐性の改善効果を認めている。

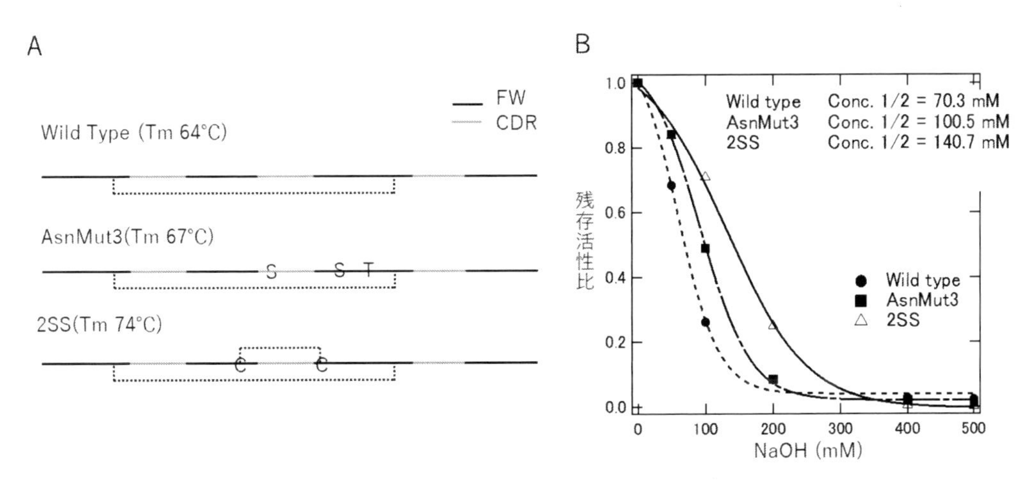

図5　アスパラギン変異体またはシステイン挿入体によるアルカリ耐性
1 μM 抗hCG-VHH抗体を0～500 mM NaOH，0.15 M NaCL溶液の暴露により1時間変性後，pH 7.4に戻した時の残存活性をSPR解析により評価した。Aは使用した3種の抗hCG-VHH抗体を示す。点線はジスルフィド結合を示した。Bは3種のVHH抗体についてNaOH処理1時間後のpH 7.4における抗原結合能である。活性が半分になるNaOHの濃度をConc. 1/2として示した。天然型と比べ，アスパラギン変異およびジスルフィド結合挿入により残存活性比が上昇し，アルカリ耐性の改善を認めた。

4 まとめ

抗体タンパク質の構造や機能は，さまざまな観点で研究が進められており，近年では人工的な設計が加えられ天然では存在しない抗体分子が多数開発されている。一方で，安定性や溶解性の改良といった点では，個々のタンパク質のアミノ酸配列やその組み合わせによって大きく異なることから一定のルールが当てはまらない場合が多い。

ラクダ科 VHH の最大の特徴は，変性状態での凝集のしにくさと高いリフォールディング効率にあると著者は考えている。生物が進化の過程で獲得したであろう戦略を最大限に利用そして理解し，今後の抗体タンパク質の安定性向上に役立てたい。

文　献

1) C. Hamers-Casterman *et al.*, *Nature*, **363**, 446 (1993)
2) H. E. Indyk *et al.*, *Int. Daity. J.*, **18**, 359 (2008)
3) G. ainer *et al.*, *Food Sci.*, **62**, 1034 (1997)
4) M. L. Brader *et al.*, *Mol. Pharmaceutics*, **12**, 1005 (2015)
5) M. J. Feige *et al.*, *J. Mol. Biol.*, **344**, 107 (2004)
6) Y. Haginara *et al.*, *J. Biol. Chem.*, **277**, 51043 (2002)
7) S. Muyldermans *et al.*, *Protein Eng.*, **7**, 1129 (1994)
8) Y. Akazawa-Ogawa *et al.*, *J. Biol. Chem.*, **289**, 15666 (2014)
9) Y. Hagihara *et al.*, *J. Biol. Chem.*, **282**, 36489 (2007)
10) Y. Akazawa-Ogawa *et al.*, *J. Biochem.*, **159**, 111 (2016)

第Ⅳ編
病態解明・産業応用

第1章　ポリグルタミンタンパク質の凝集・伝播と細胞毒性

小澤大作*1，武内敏秀*2，永井義隆*3

1　神経変性疾患とタンパク質凝集

アルツハイマー病やプリオン病，ポリグルタミン病など多くの神経変性疾患において，一部のタンパク質がしばしば天然構造から異常構造へ変化し，アミロイド線維と呼ばれる繊維状に連なった異常なタンパク質凝集体を細胞内外で形成することで，神経変性を引き起こすという共通の発症分子機序が存在することが示され，コンフォメーション病と総称されるようになった[1)]。アミロイド線維は，神経変性疾患のみならず全身性アミロイドーシスなど30種以上の重篤な疾病に関与しており，それぞれの疾病でアミロイド線維を形成するタンパク質は異なる。アミノ酸配列や機能のまったく異なるタンパク質であるにも関わらず，最終的には共通の特徴を持つβシート構造に富んだアミロイド線維へと変化する。そのため，近年，アミロイド線維形成は，タンパク質に備わっている普遍的性質であると考えられている[2)]。これら疾病の治療・予防法の開発のためには，天然構造を持つタンパク質がどのように次々と異常構造へと変化し，アミロイド線維へと凝集していくのか共通の分子機構を解明することが極めて重要である。著者らは，神経変性疾患のなかで，環境要因の影響よりも遺伝的要因の影響が大きいポリグルタミン病をモデル疾患として選び，病態解明および治療法開発を目指している。本稿では，原因タンパク質であるポリグルタミンタンパク質の凝集，また凝集の根幹に関わることが予想されるタンパク質分子間での異常構造の伝播，さらには異常構造を獲得したポリグルタミンタンパク質の細胞毒性について，著者らの研究を交えて概説する。

2　ポリグルタミン病

ポリグルタミン病は，さまざまな原因遺伝子内で，グルタミンをコードするCAGリピートが

＊1　Daisaku Ozawa　大阪大学　大学院医学系研究科　神経難病認知症探索治療学寄附講座　特任助教

＊2　Toshihide Takeuchi　大阪大学　大学院医学系研究科　神経難病認知症探索治療学寄附講座　講師

＊3　Yoshitaka Nagai　大阪大学　大学院医学系研究科　神経難病認知症探索治療学寄附講座　教授

表1　ポリグルタミン病の原因遺伝子と疾患発症の CAG リピート数

ポリグルタミン病	原因遺伝子	CAG リピート 正常	CAG リピート 疾患
球脊髄性筋萎縮症／ケネディー病	androgen receptor	9-36	38-65
ハンチントン病	huntingting	6-35	36-180
脊髄小脳失調症1型	ataxin-1	6-44	39-83
脊髄小脳失調症2型	ataxin-2	15-31	36-63
脊髄小脳失調症3型／マシャド・ジョセフ病	ataxin-3	12-41	55-84
脊髄小脳失調症6型	α1A calcium channel	4-18	21-33
脊髄小脳失調症7型	ataxin-7	4-35	37-306
脊髄小脳失調症17型	TATA box-binding protein	25-44	46-63
歯状核赤核淡蒼球ルイ体萎縮症	atophin-1	6-36	49-88

異常に伸長する共通の遺伝子異常を伴う遺伝性の神経変性疾患の総称であり，これまでに，ハンチントン病，脊髄小脳失調症1，2，3，6，7，17型，歯状核赤核淡蒼球ルイ体萎縮症，球脊髄性筋萎縮症の9つの疾患が知られている（表1）[3,4]。これらの疾患の原因タンパク質は互いに異なるタンパク質である。しかし，遺伝子内の異常伸長したCAGリピートのために，グルタミンが健常者の閾値を超え異常に連なったポリグルタミン鎖を持つタンパク質（ポリグルタミンタンパク質）が生み出され，それが神経細胞内でアミロイド線維を形成し封入体として蓄積する過程で，神経変性を引き起こすと考えられている。ポリグルタミン鎖の長さと発症年齢・重症度は相関することが知られていることから，異常伸長ポリグルタミン鎖自体が，本来のタンパク質の機能とは無関係に毒性を獲得することで，ポリグルタミン病を発症するものと考えられている。

3　ポリグルタミンタンパク質のアミロイド線維形成

神経変性疾患とアミロイド線維形成は密接に関係している。一般的に，アミロイド原性タンパク質のアミロイド線維形成は，アミロイド線維を作り出すきっかけとなる核の形成（核形成）とその核が成長していく過程（線維伸長）の2過程からなる[5]。核形成過程はエネルギー障壁が高く，アミロイド線維形成における律速段階であり，線維形成の最も重要な過程である。一旦，核が形成されるとモノマータンパク質が次々と核の断端に結合し，アミロイド線維は急速に伸長する。線維伸長は，アミロイド線維の断片（シード）をモノマータンパク質溶液に添加することで，試験管内で容易に観測できる。一方，核形成は，一過性のタンパク質の異常構造変化や分子間相互作用が関与しているため，実態を捉えることが非常に困難であり，アミロイド線維形成機構解明の妨げとなっている。

1994年，Perutzらは，円偏光二色性測定により，合成したポリグルタミンペプチドが溶液中でβシート構造を形成することを明らかにし，ポリグルタミン鎖間で水素結合を形成し，逆並行βシート構造をとるpolar zipperモデルを提唱した[6]。その後，1997年，Wankerらは，ハンチントン病の原因タンパク質であるハンチンチンタンパク質が，*in vitro*でポリグルタミン鎖の異常伸長に伴って線維状のアミロイド様凝集体を形成することを明らかにし，ハンチントン病モデルマウスの脳内でも同様の線維状凝集体を形成することを示した[7]。2002年，Chenらは，グルタミンを42残基持つ合成ペプチドを用いて，ポリグルタミンペプチドのアミロイド線維形成のキネティクスを，円偏光二色性測定や光散乱測定，チオフラビンT蛍光測定により解析した[8,9]。溶解した直後のポリグルタミンペプチドはランダムコイル構造をとるが，37℃でインキュベートすると，1～2日間の凝集が検出されない停滞期（ラグタイム）の後に，βシート構造をとるアミロイド線維へと変化することが分かった。また，線維の断片であるシードを添加することでラグタイムが短縮し速やかにアミロイド線維を形成することが示された。さらに，線維形成速度と濃度の関係式から，アミロイド線維形成の核が何分子から構成されるか，核の最小単位（臨界核）を見積もると，驚くべきことにモノマータンパク質単独で，核となりうることが算出された[9]。最近，分子動力学計算からも，ポリグルタミン鎖が長くなるにつれて，アミロイド線維形成の臨界核の分子数がテトラマーからダイマー，モノマーへと減少していくことが示され，また，モノマータンパク質分子内でβヘアピン構造を形成することが示されており[10]，これによりモノマータンパク質はアミロイド線維の核となりうるのではないかと考えられる。

著者らは，難溶性のポリグルタミン鎖の溶解度を改善するために，チオレドキシンを融合したモデルポリグルタミンタンパク質（Thio-polyQ）を作製し，ポリグルタミンタンパク質がアミロイド線維を形成する際に起こる構造変化の詳細を解明することを目指した[11]。円偏光二色性測定や濁度測定，電子顕微鏡観察により解析したところ，大腸菌から精製したThio-polyQタンパク質は，経時的，濃度依存的，ポリグルタミン鎖長依存的にアミロイド線維を形成することが示された。非常に興味深いことに，超遠心分析と円偏光二色性測定の結果から，62残基のグルタミンを持つThio-polyQタンパク質は，モノマーの状態でαヘリックス構造からβシート構造へ変化することが明らかになった。著者らは，世界に先駆けて，異常伸長ポリグルタミンタンパク質が，凝集前のモノマーの段階で異常構造転移を引き起こし，その後，オリゴマー，アミロイド線維へと凝集していくことを明らかにした（図1）。また，蛍光相関分光法を用いて，細胞内でのポリグルタミンタンパク質の凝集の経時変化を解析したところ，ポリグルタミンタンパク質の拡散速度が徐々に低下し，粒子あたりの蛍光強度が増大することから，異常伸長ポリグルタミンタンパク質は細胞内でもモノマーからオリゴマーへと凝集していくことを示した[12]。

上記のように，異常伸長したポリグルタミン鎖自体が，βシート構造へと変化し，アミロイド線維の骨格になることは明らかであるが，ポリグルタミンタンパク質のポリグルタミン鎖以外の領域もまた，アミロイド線維形成に関与していることが示唆されている。Wetzelらのグループは，ハンチンチンタンパク質のハンチンチンのエキソン1領域同士が，まず初めに相互作用し合うことでオリゴマーを形成し，これによりポリグルタミン鎖同士の距離が縮まり，ポリグルタミン鎖同士が相互作用することで核形成が起き，最終的にポリグルタミン鎖がアミロイド線維を形成するモデルを提唱している[13,14]。*In vitro*におけるポリグルタミンタンパク質のアミロイド線維形成機序は明らかになりつつあるが，実際，生体内でポリグルタミンタンパク質がどのような

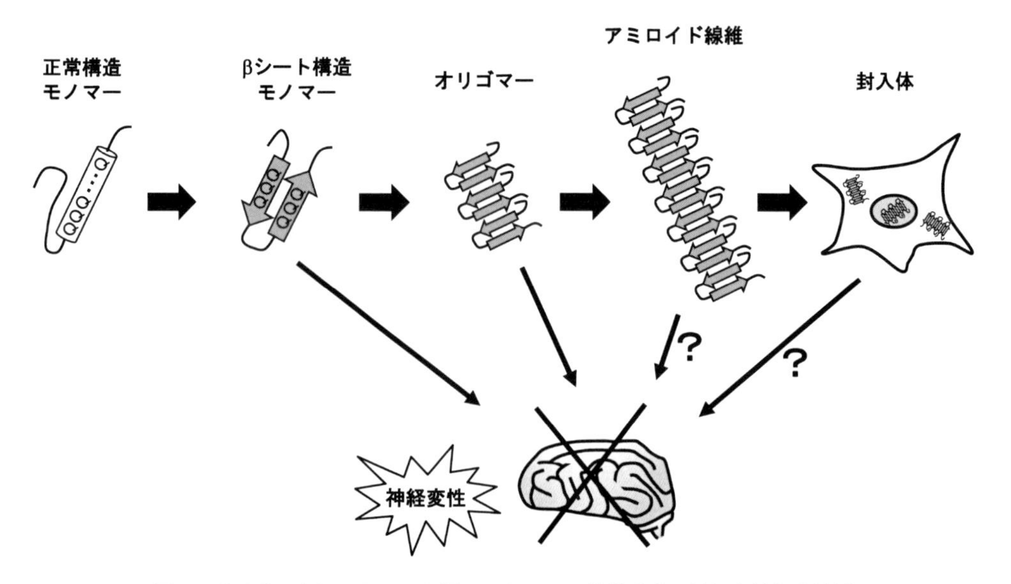

図1　ポリグルタミンタンパク質のアミロイド線維形成と神経変性発症機構

分子機序で異常構造を獲得し，アミロイド線維を形成していくのか，生体内でもモノマー状態で異常構造に変化するのかはさらなる研究が必要である。

4　ポリグルタミンタンパク質の細胞毒性

神経変性疾患におけるタンパク質の細胞毒性は，アミロイド線維によるもので，特にアミロイド線維が細胞膜を障害することで毒性を発揮しているのではないかと考えられてきた。しかし，近年，アミロイド線維よりもオリゴマーが毒性の本体であると考えられており，アミロイド線維形成はむしろ細胞毒性を弱めるために防御的に働いているのではないかと推測されているが，いまだ意見が分かれる。最近，Bäuerlein らは，クライオ電子トモグラフィーを用いて，神経細胞内でのポリグルタミンタンパク質の封入体の構造とその局所の観察を行った[15]。神経細胞内のポリグルタミンタンパク質の封入体は，アミロイド様線維から形成されており，小胞体膜と相互作用し膜を破壊し，また膜のダイナミクスを変化させる観察像を得た。これもまたアミロイド線維による細胞毒性を示唆し，オリゴマーのみならずアミロイド線維も毒性を獲得したポリグルタミンタンパク質の構造状態であるように思われる。一方，ハンチントン病の酵母モデルを用いた研究では，ハンチンチンタンパク質オリゴマーと細胞毒性に相関があることが示されており[16]，球脊髄性筋萎縮症のマウスモデルでも，オリゴマー形成と神経変性に相関があることが示されている[17]。これらの研究は，他の神経変性疾患関連タンパク質で提唱されてきたオリゴマーによる細胞毒性と一致し，オリゴマーが細胞毒性の中心的な役割を担っていることを示唆している。

著者らは，ポリグルタミンタンパク質の毒性構造体を明らかにするために，あらかじめ *in*

vitro で作製したThio-polyQタンパク質のβシート構造のモノマーやオリゴマー，線維をマイクロインジェクションにより培養細胞に導入し，それぞれの細胞毒性を評価した[11]。その結果，線維やオリゴマーのみならず，驚くべきことにβシート構造へと異常構造転移したモノマーもまた有意に細胞毒性を発揮することを明らかにした。異常伸長ポリグルタミンタンパク質は，βシート構造を獲得することで，細胞毒性を発揮することが明らかになった。また，生細胞内で形成されるポリグルタミンタンパク質のオリゴマーが封入体よりも細胞毒性が強いことを明らかにしている[18]。

5　ポリグルタミンタンパク質のプリオン様伝播

5.1　ポリグルタミンタンパク質の異常構造の分子間伝播

神経変性疾患のアミロイド原性タンパク質は，それ自身の構造を伝える能力の高い，伝播性の高い異常構造へと変化すると，正常構造タンパク質に作用し，その異常構造を伝播することで，次々と異常構造タンパク質を増殖させて凝集し，神経変性を引き起こすと考えられている。その最も代表的な疾患の1つがプリオン病である。プリオン病は，感染性を有する異常型タンパク質が脳内に沈着し，脳神経細胞の機能が障害されていく致死性の疾患である。プリオン病関連の研究では，2つのノーベル生理学・医学賞が授与されている。1つは，Gajdusek博士によるフォレ族に蔓延していたクールー病の研究であり，Gajdusek博士はクールー病患者脳組織を投与することでチンパンジーへの感染も可能なことを実証し[19]，1976年にノーベル生理学・医学賞を受賞している。しかし，この当時は感染因子の正体は不明であった。この大きな問いに答えたのが，1982年にノーベル生理学・医学賞を受賞したPrusiner博士によって提唱された，Proteinaceous infectious particle（prion），プリオンというタンパク質が感染の源であるという研究である[20]。細菌やウイルスが感染の因子だと考えられていた時代に，タンパク質が感染性因子の正体であると発表されたときは，多くの研究者は懐疑的であったに違いない。しかしながら，現在ではタンパク質が感染性因子であるとするこのプリオン仮説は浸透し，タンパク質がプリオン病の伝播を担っていることが支持されている。一方，どのような構造状態のタンパク質が伝播性を持つのか，タンパク質はどのように分子間で異常構造を伝播するのか，その詳細は数十年経った今でも未解明のままである。

プリオン病では，異常構造を持つプリオンタンパク質（PrP^{SC}）モノマーが，近傍にある正常構造のプリオンタンパク質（PrP^{C}）モノマーの構造変化を誘発するプリオン仮説が提唱されており，異常構造プリオンタンパク質PrP^{SC}による異常構造伝播が起き，感染が広がると推測されているが実験的には実証されていない（図2）[21]。図2のプリオン仮説では，プリオンタンパク質モノマー間で異常構造の伝播が起きると考えられており，伝播により異常構造化したプリオンタンパク質はすぐに重合するわけではなく，異常構造を持つモノマーの状態で，次の正常構造モノマーに作用する。これは，従来のアミロイド線維の断端にモノマータンパク質が相互作用し，

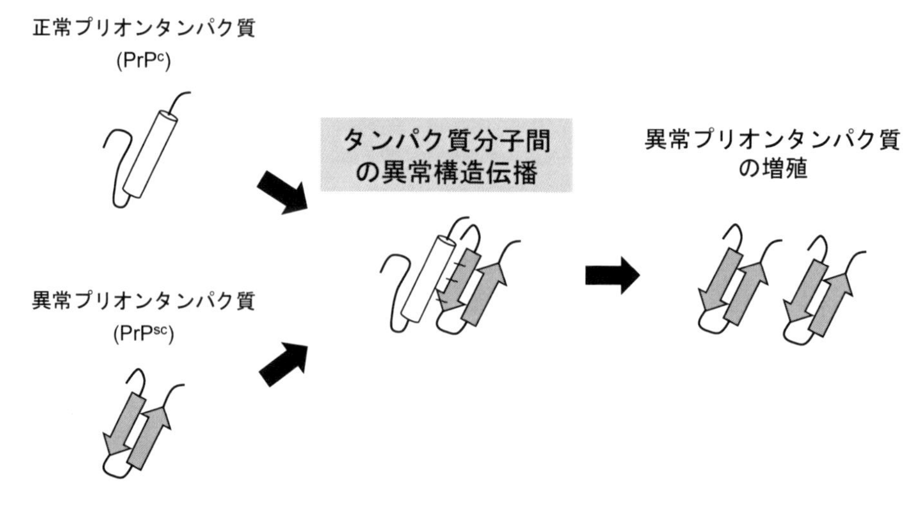

図2　プリオンタンパク質の異常構造伝播の仮説

線維に取り込まれて重合する機構とは異なる。このようなタンパク質モノマー間での異常構造伝播は，未だ仮説のままであり，神経変性疾患における異常構造タンパク質の増殖に関与するかは不明である。しかし，2011年にEichnerらは，透析アミロイドーシスの原因タンパク質であるβ_2-ミクログロブリンのC末端が6残基欠損したΔN6 β_2-ミクログロブリンのアミロイド線維形成中間体のモノマーが，野生型β_2-ミクログロブリンモノマーのN末端領域に作用し，野生型β_2-ミクログロブリンの構造変化を誘導することで，アミロイド線維形成を促進することを示した[22]。これは，プリオン仮説に基づいた異常構造を持つモノマータンパク質による異常構造の伝播を示唆する。著者らは，βシート構造に転移したポリグルタミンタンパク質モノマーを用いて，正常構造モノマーへの異常構造伝播機構の解明に迫り，現在プリオン様伝播が示唆される興味深いデータを得ている（未発表）。異常構造タンパク質によるプリオン様伝播は，アミロイド原性タンパク質に共通する性質なのかもしれない。

5.2　異常タンパク質凝集体の細胞間伝播

神経変性疾患における異常なタンパク質の凝集体は，病初期には脳内の限定された部位で始まり，徐々に脳内広範囲へと伝播し，病態が進行すると考えられている。これは，タンパク質凝集体の細胞間伝播を示唆しており，上記で述べたタンパク質分子間による異常構造伝播とは異なる。ハンチントン病患者内でのポリグルタミンタンパク質の凝集体は，初めに大脳基底核領域の被殻や尾状核中に現れ，その後，運動皮質や前頭皮質を含む大脳皮質へと広がっていくと考えられている[23]。Renらは，培養細胞にポリグルタミンペプチドの凝集体を添加し，細胞への影響を検討した[24]。興味深いことに，*in vitro*で形成されたポリグルタミンペプチド凝集体は，培養細胞内へ伝播し，毒性を発揮することが明らかになっている。Kimらは，ハンチンチンタンパク質を発現する線虫モデルを用いて，異常伸長ポリグルタミンタンパク質が効率的に伝播されて，封入体を形成することを明らかにしている[25]。凝集体の伝播が起きた線虫は，神経変性を引き起こし，寿命が短くなる。生体内でポリグルタミンタンパク質凝集体の細胞間伝播が起こりうるかは不明であるが，神経変性疾患における異常タンパク質凝集体の細胞間伝播機序の解明は今後の課題の１つである。

6　おわりに

最近，最もホットな話題の１つに，タンパク質の液–液相分離という物理化学現象があり，これが，神経変性疾患のタンパク質の異常凝集と関係することが示されつつある。タンパク質の液–液相分離は細胞内で起き，過渡的にタンパク質が密に集まった液滴（liquid droplet）が形成される。形成された液滴は通常は可逆的であるが，なんらかの影響により液滴内でアミロイド線維の核が形成された場合は，液滴は不可逆なアミロイド凝集体に変換し，細胞内に沈着する。実際，ポリグルタミンタンパク質においても *in vitro* や *in vivo* での液–液相分離による液滴の形成が観察されており，液滴がさらにアミロイド様線維に転移することが確認されている[26]。タウタンパク質もまた液滴からのアミロイド線維形成が確認されている[27,28]。また，タンパク質の液–液相分離は，遺伝子の発現や微小管の形成などの細胞内の多くの生命現象とも密接に関係することが一斉に報告され始めており[29]，液–液相分離による液滴形成もまた，タンパク質の普遍的性質であるように思われる。このようなタンパク質の共通の性質を理解することは，神経変性疾患の異常タンパク質凝集の解明につながると考えられることから，液–液相分離の研究はこれからますます盛んに進められることが予想される。このように，*in vitro* や *in vivo* の多くの研究から神経変性疾患におけるタンパク質の凝集や伝播，細胞毒性の分子機序が明らかにされつつある。今後，これらの分子機序をターゲットにした治療法開発が進み，神経変性疾患が根治されることを願う。

文　　献

1）R. W. Carrell *et al.*, *Lancet*, **350**, 134 (1997)
2）C. M. Dobson, *Nature*, **426**, 884 (2003)
3）H. T. Orr *et al.*, *Annu. Rev. Neurosci.*, **30**, 575 (2007)
4）T. Takeuchi *et al.*, *Brain Sci.*, **7**, 128 (2017)
5）L. C. Serpell, *Biochim. Biophys. Acta*, **1502**, 16 (2000)
6）M. F. Perutz *et al.*, *Proc. Natl. Acad. Sci. USA*, **91**, 5355 (1994)
7）E. Scherzinger *et al.*, *Cell*, **90**, 549 (1997)

8) S. Chen *et al.*, *Biochemistry*, **41**, 7391 (2002)
9) S. Chen *et al.*, *Proc. Natl. Acad. Sci. USA*, **99**, 11884 (2002)
10) M. Chen *et al.*, *J. Am. Chem. Soc.*, **138**, 15197 (2016)
11) Y. Nagai *et al.*, *Nat. Struct. Mol. Biol.*, **14**, 332 (2007)
12) Y. Takahashi *et al.*, *J. Biol. Chem.*, **282**, 24039 (2007)
13) A. K. Thakur *et al.*, *Nat. Struct. Mol. Biol.*, **16**, 380 (2009)
14) M. Jayaraman *et al.*, *J. Mol. Biol.*, **415**, 881 (2012)
15) F. J. B. Bäuerlein *et al.*, *Cell*, **171**, 179 (2017)
16) C. Behrends *et al.*, *Mol. Cell*, **23**, 887 (2006)
17) M. Li *et al.*, *J. Biol. Chem.*, **282**, 3157 (2007)
18) T. Takahashi *et al.*, *Hum. Mol. Genet.*, **17**, 345 (2008)
19) D. C. Gajdusek *et al.*, *Nature*, **209**, 794 (1966)
20) S. B. Prusiner, *Science*, **216**, 136 (1982)
21) S. B. Prusiner, *Science*, **252**, 1515 (1991)
22) T. Eichner, *et al.*, *Mol. Cell*, **41**, 161 (2011)
23) P. Brundin *et al.*, *Nat. Rev. Mol. Cell Biol.*, **11**, 301 (2010)
24) P. H. Ren *et al.*, *Nat. Cell Biol.*, **11**, 219 (2009)
25) D. K. Kim *et al.*, *Exp. Neurobiol.*, **26**, 321 (2017)
26) T. R. Peskett *et al.*, *Mol. Cell*, **70**, 588 (2018)
27) S. Ambadipudi *et al.*, *Nat. Commun.*, **8**, 275 (2017)
28) S. Wegmann *et al.*, *EMBO J.*, **37**, e98049 (2018)
29) A. A. Hyman *et al.*, *Annu. Rev. Cell Dev. Biol.*, **30**, 39 (2014)

第2章　筋萎縮性側索硬化症における，タンパク質凝集および核内構造体の異常と疾病

安藤昭一朗[*1]，石原智彦[*2]，小野寺　理[*3]

1　はじめに

筋萎縮性側索硬化症（amyotrophic lateral sclerosis：ALS）を含む神経変性疾患は，脳や脊髄などの特定の神経組織が選択的かつ進行性に障害される疾患の総称である。この神経変性疾患では，残存神経細胞や周辺組織に封入体と呼ばれる異常なタンパク質凝集を認めることが病理学的な特徴である[1)]。

近年，これらのタンパク質凝集と液相分離（liquid-liquid phase separation：LLPS）の関連が注目されている[2)]。細胞内は様々な生体高分子が高密度で充満し（分子クラウディング），活発な生化学的反応が生じている。RNA結合タンパク質などの凝集性の高いタンパク質が一定濃度以上集合すると，周囲の液相から分離された膜構造を有さない凝集相を形成する。この反応をLLPSと呼ぶ。LLPSにより生じた構造体内部では，タンパク質，RNAが高密度に集まり，活発な生化学反応が行われる。核内ではLLPSにより非膜性小器官，核内構造体が盛んに形成されている。通常，液相・凝集相は可逆的な関係にあるが，RNA結合タンパク質などの異常な会合を契機に不可逆的な凝集体が形成される。これが病的な封入体形成機序として注目されている[2)]。本章では，まずALSについて概説し，さらにALSを中心に凝集タンパク質とLLPSの関係について，またLLPSで形成される核内構造体について，想定されるALSの病態との関連を交えて述べる。

2　筋萎縮性側索硬化症と関連タンパク質

筋萎縮性側索硬化症（ALS）は上位および下位運動神経細胞が選択的に，かつ進行性に変性脱落し，全身の筋力低下が進行する。一部の症例では認知症の合併がみられる。しかし，眼球運動，排尿に関わる運動神経は障害されにくい。発症様式や進行速度は症例によりさまざまであるが，最終的には嚥下関連筋，呼吸筋の筋力低下に至り，発症から2～5年で呼吸不全に至る。進行を抑止可能な治療法は存在しておらず，薬物療法による対症療法，リハビリテーション，経管栄養，

＊1　Shoichiro Ando　新潟大学脳研究所　神経内科

＊2　Tomohiko Ishihara　新潟大学脳研究所　分子神経疾患資源解析学分野　助教

＊3　Osamu Onodera　新潟大学脳研究所　神経内科／分子神経疾患資源解析学分野　教授

呼吸補助療法などが治療の中心となっている。根治的な治療法開発に向けて，病態機序解析研究が進められている。

ALSの約90%は孤発性（sporadic ALS：SALS）で，約10%は家族性（familial ALS：FALS）である[3)]。まず1993年にFALSの原因遺伝子として，*Cu/Zn superoxide dismutase*（*SOD1*）遺伝子が同定された[4)]。*SOD1*遺伝子変異に伴うALS（ALS1）はFALSの約20%でみられ，病理学的にはSOD1陽性の封入体を認める。また動物モデルでも変異*SOD1*発現マウスはALS類似の症候を呈す[5)]。これはALSの研究において画期的な発見であった。しかしALS1では脊髄後索の変性が生じ，病理学的にBunina小体を認めないなど，大多数のALSと異なる特徴を有しており，ALSの一般的なモデルとするには問題もあった。

2006年にSALSで認められる細胞質内封入体の主要構成成分が，核局在性のRNA結合タンパク質TDP-43であることが判明した[6, 7)]。さらに2008年にはTDP-43をコードする*TARDBP*遺伝子変異によるFALS（ALS10）家系が相次いで報告された[8, 9)]。FALSの原因遺伝子は*FUS*, *c9orf72*, *TBK1*, *hnRNPA1*など40以上が報告されている[10)]。FALSとSALSを併せた全ALS中で*TARDBP*遺伝子変異の占める割合は1～2%に過ぎないが[11)]，TDP-43の核からの消失と，TDP-43陽性細胞質内封入体は97%の症例で認める[12)]。原因遺伝子の異なる多様な遺伝性ALSにおいても，TDP-43陽性封入体がみられることは，ALSにおけるTDP-43の重要性を示す。

SOD1，TDP-43以外のALS関連タンパク質として特に重要なものに，FUS，c9orf72がある。*FUS*遺伝子変異によるFALS（ALS6）はヨーロッパ系FALS患者の2.8%，アジア系の6.4%で見られる[3)]。ALS6ではTDP-43陽性封入体でなくFUS陽性封入体がみられる。FUSタンパク質はRNA結合タンパク質としてTDP-43と類似した構造，性質をもち，ALS病態生理解明に重要である。ただし，FUS封入体陽性細胞では，しばしば核のFUSが保たれていること，封入体内の翻訳後修飾に乏しいことなど，TDP-43との相違点も存在する[11)]。*C9orf72*遺伝子変異は世界的にはALSでは最も多く見られる変異である。ヨーロッパ系患者では，FALSの33.7%，SALSの5.1%で同変異を認める[13, 14)]。一方で本邦では同変異は極めてまれであり[15)]，大きな地域差を認めることが特徴である。病理学的にはTDP-43の蓄積を認める[13, 14)]。

3　液相分離，LLPSとALS関連タンパク質

ALS罹患細胞で見られる，FUS，TDP-43陽性封入体の形成機序は，ALSの分子病態機序を考える上で重要であるが，その詳細は不明であった。多くのALS関連タンパク質はRNA結合タンパク質であり，low complexity domain（LCD）を有している。LCDとは数種類のアミノ酸のみにより構成されるタンパク質のドメインであり，αヘリックス構造やβシート構造といった一般的なタンパク質二次構造をとらず，その機能は不明であった。近年になりALS関連タンパク質の有するLCDとLLPSとの関わりが明らかとなり，封入体形成機序として注目されてい

る[16]。ここではALS関連タンパク質のうち，FUS，TDP-43，C9ORF72についての最新の知見を述べる。

3.1　FUS

2012年にLLPSとLCDとの関連がFUSタンパク質において初めに報告された[16]。FUSはC末側にRNA結合部位を持ち，N末端側にはチロシンやグルタミン酸に富むLCDを持つ。このLCDが濃度依存的に結合し重合体を形成することにより可逆性の非膜性構造体を形成する。すなわちLLPSを生じることが示された[16]。*FUS*遺伝子LCD内にはALS6の責任変異が多く同定されているが，そのうちのG156E変異タンパク質解析ではLLPSの異常に伴う，凝集性増強が示されている[17]。またLCD以外の部位，たとえばC末端側のアルギニン-グリシン-グリシン繰り返し配列もLLPSの効率に影響する[17]。FUSの翻訳後修飾も重要である。FUSに限らずタンパク質の一部は翻訳後にメチル化などの修飾を受けるがFUSタンパク質中のアルギニンのメチル化効率の低下は凝集体性を促進することが報告されている[18]。

3.2　TDP-43

TDP-43は，C末端側に2か所のRNA結合ドメインを持つ43 kDaの核タンパク質である。TDP-43でもN末端側にLCDを認めるが，LLPSで重要とされるフェニルアラニンやチロシンの含有が少ない。そのため，TDP-43におけるLLPSの制御は，他のRNA結合タンパク質とは異なる機序が想定されている[19]。すなわち，アミノ酸残基の321～340番に相当するαヘリックス構造[20]や，LCD内に存在する3つのトリプトファン[19]のみの欠損によるLLPSの効率低下が示されており，これらのより限局したアミノ酸配列でのLLPSの制御が示唆される。

3.3　C9orf72

C9orf72タンパク質は，TDP-43，FUSなどのRNA結合タンパク質ではなく，その生理機能については不明な点が多い。さらに多くのALS責任遺伝子変異はアミノ酸置換を伴う点変異であるのに対し，*C9orf72*遺伝子変異は第一イントロン内のGGGGCCリピートの伸長である。この非翻訳領域のリピート伸長がALS発症を来す機序については，主に2つの機序が想定されている。1つ目は，伸長したGGGGCCリピートのグアニンが結合して，G-quadruplex（グアニン四重鎖）と呼ばれる高次構造を取り，RNA結合タンパク質との凝集体を形成して，その機能を阻害するというものである[21]。2つ目は，repeat-associated non-ATG translation（RAN translation）によるdipeptide repeat（DPR）タンパク質毒性モデルである[22,23]。通常のタンパク質は，mRNAの開始コドン（AUG）から翻訳が開始される。しかし，GGGGCCリピートでは任意の部位から双方向性に翻訳が開始され（RAN translation），6種類のDPRが生じる。その中でも，アルギニンを含むDPRがRNA結合タンパク質のLCDと架橋を形成することによりLLPSの可逆性を阻害し，凝集体形成を促進することが報告されている[24]。すなわち，C9orf72

はRNA結合部位やLCDを持たないが，LLPSの異常とそれに伴う凝集体形成という点でTDP-43やFUSと病態機序を共有している可能性がある。

4　ALSと核内構造体

核内構造体は，一般的な細胞内小器官と異なり，膜構造を持たない非膜性小器官である。哺乳類細胞核では核小体，PML小体，パラスペックル，Cajal小体とGEMなど10種類以上が存在する[25]。核内構造体は核内のタンパク質と特異的なRNA分子とのLLPSで形成される。ここでいうRNAはタンパク質の設計図であるmessenger RNA（mRNA）以外の，非翻訳性RNA（non-coding RNA）が多数含まれる。タンパク質，RNAの組み合わせに応じてRNAプロセシング，ストレス応答，ゲノム構造の形成・維持などの機能を有している[25]。

我々は核内構造体のうちGEMとALSとの関連を報告している。GEM小体は，survival motor neuron（SMN）タンパク質をマーカーとする核内構造体としてLiuらによって同定された[26]。GEM小体は，spliceosomeの形成を通じて，mRNAのスプライシングに関与する[27, 28]。Spliceosomeはスプライシング反応を司る高分子複合体であり，機能性RNAの一種であるU small nuclear RNA（U snRNA）と複数の特異的タンパク質より構成される[29]。GEM小体の主要構成タンパク質であるSMNタンパク質複合体はU snRNAとspliceosome関連タンパク質の結合を促進する[30]。GEM小体の減少により複数のU snRNAの発現が低下することが，当教室からのものを含めて報告されている[31, 32]。

TDP-43はGEM小体と核内で共局在しており[33]，TDP-43の発現量がGEM小体の数に影響する[34, 35]。我々は実際のALS症例由来神経組織において対照群と比較して1細胞あたりのGEM数が有意に低下していることを見出した[32]。さらにTDP-43の病理学的変化を伴わない*SOD1*遺伝子変異のALS例では，GEM小体数の低下は認めなかった。ALSにおける核内構造体，GEMの発現低下は神経細胞変性の結果として生じる二次性の変化ではなく，TDP-43の機能低下によるものと想定される[32]。このことは，GEMの機能であるU snRNAの合成，成熟を通じても確認できた。すなわち定量PCR法による解析で，TDP-43封入体を認める脊髄，運動皮質，被殻ではU snRNA低下がみられ，非罹患組織の小脳，筋，肝臓では変化を認めなかった。ALSの病態生理の一つとして，TDP-43機能低下を通じた核内構造体の形成，機能低下が想定される[32, 35]。

FUSタンパク質とGEM，spliceosomeの関連も報告されている。FUSは細胞内でU snRNA，SMN，SMN複合体と結合する。また，FUSのノックダウンによりGEMが減少し，ALS6由来の線維芽細胞でも，TDP-43と同様にGEM小体数が有意に低下する[36]。FUSにおけるGEM小体減少については，SMNタンパク質の減少は伴わず，FUSのNLS（nuclear localization signal：核局在シグナル）の変異でGEM小体数の低下を認めており，FUSの核内局在の変化がGEM小体形成に重要な可能性がある。

上述のGEM小体が病態生理に関与する疾患として，ALSと同じ運動ニューロン疾患の脊髄性筋萎縮症（spinal muscular atrophy：SMA）がある。SMAは*SMN1*遺伝子の欠損によりSMNの発現量が著減し，同タンパク質の機能喪失に至ることにより発症する。前述の通り，SMNは核内でGEM小体を構成しており，SMAではGEM小体の低下が病態生理に重要である。SMA患者の組織やSMAモデルマウスでは，GEM小体数が有意に低下している。そして，GEMの減少を通じて，spliceosome発現低下，次いでスプライシング異常を生じ，運動ニューロン疾患SMAの原因となると想定されている[37]。このことからは，運動ニューロン疾患に共通する病態機序として，核内構造体GEM小体の低下が想定される。

5　まとめ

本章では，ALSで認める凝集タンパク質とLLPS，核内構造体の関係を中心に概説した。これらの新しい知見が，各病態機序の解明，ひいては新規治療法の開発につながることを期待したい。

文　　献

1） C. A. Ross and M. A. Poirier, *Nat. Med.*, **10**, S10 (2004)
2） A. Molliex *et al.*, *Cell*, **163**, 123 (2015)
3） S. Byrne *et al.*, *J. Neurol. Neurosurg. Psychiatry*, **82**, 623 (2011)
4） D. R. Rosen *et al.*, *Nature*, **362**, 59 (1993)
5） M. E. Gurney *et al.*, *Science*, **264**, 1772 (1994)
6） T. Arai *et al.*, *Biochem. Biophys. Res. Commun.*, **351**, 602 (2006)
7） M. Neumann *et al.*, *Science*, **314**, 130 (2006)
8） E. Kabashi *et al.*, *Nat. Genet.*, **40**, 572 (2008)
9） A. Yokoseki *et al.*, *Ann. Neurol.*, **63**, 538 (2008)
10） A. Al-Chalabi *et al.*, *Nat. Rev. Neurol.*, **13**, 96 (2017)
11） E. T. Cirulli *et al.*, *Science*, **347**, 1436 (2015)
12） S.-C. Ling *et al.*, *Neuron*, **79**, 416 (2013)
13） M. DeJesus-Hernandez *et al.*, *Neuron*, **72**, 245 (2011)
14） A. E. Renton *et al.*, *Neuron*, **72**, 257 (2011)
15） T. Konno *et al.*, *J. Neurol. Neurosurg. Psychiatry*, **84**, 398 (2013)
16） M. Kato *et al.*, *Cell*, **149**, 753 (2012)
17） A. Patel *et al.*, *Cell*, **162**, 1066 (2015)
18） S. Qamar *et al.*, *Cell*, **173**, 720 (2018)
19） H.-R. Li *et al.*, *J. Biol. Chem.*, **293**, 6090 (2018)

20) A. E. Conicella *et al.*, *Structure*, **24**, 1537 (2016)
21) K. Zhang *et al.*, *Nature*, **525**, 56 (2015)
22) K. Mori *et al.*, *Science*, **339**, 1335 (2013)
23) T. F. Gendron *et al.*, *Acta Neuropathol.*, **126**, 829 (2013)
24) K. H. Lee *et al.*, *Cell*, **167**, 774 (2016)
25) M. Morimoto and C. F. Boerkoel, *Biology*, **2**, 976 (2013)
26) Q. Liu and G. Dreyfuss, *EMBO J.*, **15**, 3555 (1996)
27) D. Staněk and K. M. Neugebauer, *Chromosoma*, **115**, 343 (2006)
28) K. M. Neugebauer, *RNA Biol.*, **14**, 669 (2017)
29) C. L. Will and R. Lührmann, *Cold Spring Harb. Perspect. Biol.*, **3** (7), pii: a003707 (2010)
30) L. Pellizzoni, *EMBO Rep.*, **8**, 340 (2007)
31) Q. Wang *et al.*, *Nat. Commun.*, **7**, 10966 (2016)
32) T. Ishihara *et al.*, *Hum. Mol. Genet.*, **22**, 4136 (2013)
33) I. F. Wang *et al.*, *Proc. Natl. Acad. Sci. USA*, **99**, 13583 (2002)
34) X. Shan *et al.*, *Proc. Natl. Acad. Sci. USA*, **107**, 16325 (2010)
35) H. Tsuiji *et al.*, *EMBO Mol. Med.*, **5**, 221 (2013)
36) T. Yamazaki *et al.*, *Cell Rep.*, **2**, 799 (2012)
37) S. Lefebvre *et al.*, *Cell*, **80**, 155 (1995)

第3章　細胞内凝集とMembrane-less organelles

加藤昌人*

1　RNA顆粒：膜を持たない細胞内構造体

細胞内では，核酸やタンパク質がひしめき合って存在しており，細胞質の総タンパク質濃度は300～400 mg/mLにも達すると考えられている[1]。そのような分子夾雑環境の細胞内で，核，ミトコンドリア，小胞体，ゴルジ体などのオルガネラは，それぞれの機能を効率よく果たすため，外界からオルガネラ内部を隔離するための脂質二重膜を持っている。一方，これらの膜で仕切られたオルガネラ以外に，真核細胞内には膜を持たない構造体も多数存在している。代表的なものは，細胞質で形成されRNA顆粒と呼ばれる，RNAとRNA結合タンパク質の凝集体である。大きさは，0.1～2 μmほどで，光学顕微鏡で十分観察できるサイズである（図1）。RNA顆粒には，生殖細胞に見られるgerm granules，神経細胞の軸索を移動するneuronal granules，体細胞に見られるstress granulesやprocessing body（P-body）などがある[2]。また，核内にも，核小体，カハール体，核スペックル，パラスペックルなどの膜を持たない構造体が存在する[3]。これらの構造体の機能は，それぞれの構造体に含まれるタンパク質の種類から，RNA顆粒は，mRNAの輸送（germ granules and neuronal granules），貯蔵（stress granules），分解（P-body）を司ると考えられている[2]。また，核内の核小体はリボソームRNAの合成[4]，核スペックルは

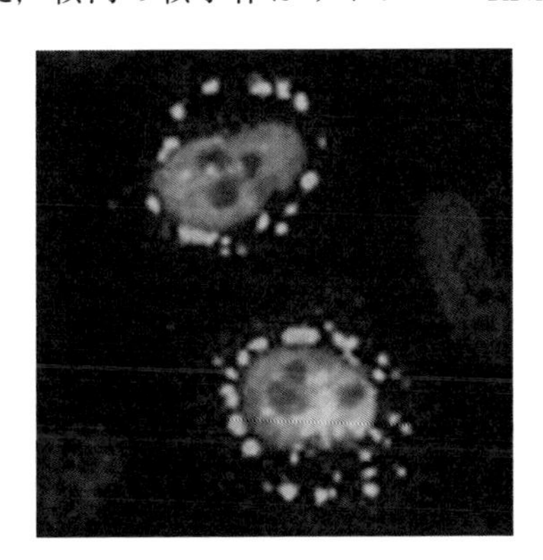

図1　細胞内のstress granule
中央の部分は核で，その周りの細胞質部分にサテライト状に散らばっている多数の塊がstress granuleである。
（M. Kato *et al.*, 2012より転載）

*　Masato Kato　Associate Professor, Department of Biochemistry, University of Texas Southwestern Medical Center

mRNAのスプライシングが行われる場所として知られている[5]。つまり，これらの構造体は，それぞれの役割を担うタンパク質を構造内部に高濃度に（凝集させて）取り込み，RNAの合成と転写，および転写後の翻訳調節を効率よく行う場所として形成されていると考えられる。また，外界と“仕切る”膜を持たないため，これらの構造体を構成するタンパク質やRNAは，構造体の表面で内外を迅速に行き来している。また，構造体自体も，短時間に出現，消失したり，同じ構造体同士で融合したりできることから[6]，とてもダイナミックな凝集体であることが分かっている。しかし，違う構造体同士ではくっつきあうことはあるが完全に混ざってしまうことはない。つまり，それぞれの構造体にはそれぞれの機能に応じて内部構造にも特異性があると考えられている。これらのことから，RNA顆粒は，不可逆的な“悪い”凝集体ではなく，適切に制御された可逆的な“良い”凝集体と言える。前述したように，細胞質はすでに実験系では再現できないくらいの高濃度の総タンパク質濃度に達している。そのような状態の中で，RNA顆粒が“仕切り”もなしに物理化学的にどのように形成維持されているのかは，古くからの生物学の謎であった。

2　Low-complexity配列の相転移

2012年，我々は，タンパク質のlow-complexity（LC）配列／ドメインとよばれる領域が，RNA顆粒の形成に関係していることを発見した[7,8]。LCドメインは，遺伝子解析の技術の進歩とともに，真核生物のDNA結合タンパク質やRNA結合タンパク質などの多くの制御タンパク質に見つかってきたアミノ酸領域で，20種類のアミノ酸のうち1種類から数種類のアミノ酸を極端に多く含むことが，その名前の由来である。代表的なものとして，ほぼ全ての転写活性化因子の活性化ドメインが，LCドメインであることが知られている。転写因子が，このLC配列である活性化ドメインを欠損すると，転写活性化機能を失うことから，LCドメインには機能があることは知られていた[9]。しかし，配列特性上LCドメインは，特定の構造を持たない(intrinsically disordered）ドメインとして認識されてきため，通常の生化学的，構造生物学的な手法では研究できず，これまでどのようにその機能を発揮するのかほとんど明らかにされてこなかった。

我々は，biotinylated-isoxazole（b-isox）という有機化合物をマウスの細胞抽出液に混ぜると，偶然にも，LC配列を含む多くのRNA結合タンパク質が特異的に沈殿してくることを見出した[8]。詳しく解析してみると，b-isoxは抽出液に加えられた途端，微結晶を生成し，この微結晶の表面にLCドメインを特異的に結合させることが分かった。これらのRNA結合タンパク質の大半が，それまでに分かっていたRNA顆粒に含まれるタンパク質と一致したことから，b-isoxは，RNA顆粒を形成するRNA結合タンパク質のLC配列に特異的に結合して沈殿させてくると結論づけた。

そこで，LCドメインがRNA顆粒の形成に関係しているのではないかと考え，b-isoxによって沈殿してくるRNA結合タンパク質であり，またRNA顆粒にも含まれる，FUS（fused in sarcoma）やhnRNPA2（heterogeneous nuclear ribonucleoprotein A2）のLCドメインを単離精製してみた。すると，これらのLCドメインの水溶液が，b-isoxを加えなくても，濃度依存的に溶液状態から固体のハイドロジェル（hydrogel）状態に“相転移”することを発見した（図2）[8]。これらのハイドロジェルを，RNA顆粒に含まれる他のタンパク質のLCドメインの溶液に浸すと，あたかも細胞内のRNA顆粒のように，そのLCドメインを特異的かつ可逆的に結合することを見出した。そこで我々は，これらのハイドロジェルがRNA顆粒を模倣していると考え，まずはハイドロジェルが何からできているのか解析するために，電子顕微鏡で観察してみた。すると驚いたことに，ハイドロジェルは無数のアミロイド様線維がより集まってできていることが分かった[8]。アミロイド線維は，アルツハイマー病のAβ線維やパーキンソン病のα-synuclein線維に代表されるように，神経細胞内に蓄積する病原性の線維凝集体として研究されてきた。アミロイド線維の顕著な特徴は，2%のSDS（界面活性剤）で処理してもほとんど解離せず，事実上不可逆的とも言える安定性である。もし，LCドメインのアミロイド様線維（以後LCドメインポリマーと呼ぶ）も不可逆的であるならば，ダイナミックな性質のRNA顆粒とは相容れない。ところが，FUSやhnRNPA2のLCドメインポリマーは，37℃で希釈したり，0.1%程度の低濃度のSDSで処理するだけで解離することが明らかになった[8]。また，これまで我々が見出した全てのLCドメインポリマー（20種類以上）が同様に不安定であった[10]。つまり，LCドメインポリマーは可逆的であり，ダイナミックなRNA顆粒の構成要素として考えるのに問題ないことが分かった。

FUSやhnRNPA2のLC配列には，芳香環を含んだ側鎖を持つチロシンとフェニルアラニンが繰り返し出現する。FUSには，27個のチロシン（Y）があり，ほとんどのチロシンがグリシ

図2　FUSのLCドメインのハイドロジェル
溶液状態からプリンのようにハイドロジェルになったFUSのLCドメイン。
(M. Kato *et al.*, 2012より転載)

ン（G）かセリン（S）によって挟まれた［G/S］Y［G/S］というモチーフを持っている。我々は，これらのチロシンがポリマー形成に重要なのではないかと考え，5個，9個，15個，27個すべてと異なる数のチロシンをセリンに置換した変異体を作製した[8]。野生体とは対照的に，全ての変異体が濃縮してもポリマーおよびハイドロジェルを形成しなかった。また，FUSのハイドロジェルに対する結合能を調べてみると，変異の数が増えるにつれ蓄積度は下がっていき，15個あるいは27個すべてのチロシンを置換した変異体はハイドロジェルにまったく蓄積しなかった。次に，同じ変異をもつFUSをU2OS細胞にトランスフェクションし，これらの変異体がstress granuleに蓄積するかどうかを調べた。ハイドロジェルの結合実験と同様に，変異の数が増えるにしたがいstress granuleへの蓄積度は下がり，15個あるいは27個すべてのチロシン変異体はstress granuleにまったく蓄積しなかった（図3）。これらの結果は，チロシンがFUSのLCドメインポリマー形成に重要であること，また，RNA顆粒がLCドメインポリマーでできたハイドロジェルと同様の性質をもっていることを示している。

FUSのLCドメインのハイドロジェルをマウスブレインの細胞抽出液に浸して静置したあと，ハイドロジェルを取り出して洗浄，融解し，結合していたRNAをRNAseq法により同定した[7]。細胞内のRNAのプールと比べると，ハイドロジェルに蓄積するRNAもあれば逆に結合しないRNAもあった。興味深いことに，蓄積されたRNAの中には，これまでneuronal granuleに蓄積することが確認された11のmRNAがすべて含まれていた。ハイドロジェルはFUSのLCドメインのみから形成されており，RNA結合ドメインは含まれていない。よって，これらのmRNAは他のRNA結合タンパク質に結合しており，そのRNA結合タンパク質が持つLCドメインが，ハイドロジェルに結合したと考えられる。11のmRNAすべてが蓄積されたことは，neuronal granuleにおいても同様のメカニズム（LCドメインポリマーのハイドロジェルに結合すること）が働いていることが示唆された。

脂肪族アルコールである1,6-hexanediol（1,6-HD）を数%の濃度で細胞培養液に加えると，細胞内のRNA顆粒が溶けることが知られていた[11]。そこで我々は，RNA顆粒や他の膜を持たない細胞内構造体が，1,6-HDと他の類似アルコール（2,5-hexanediol（2,5-HD），1,5-pentanediol

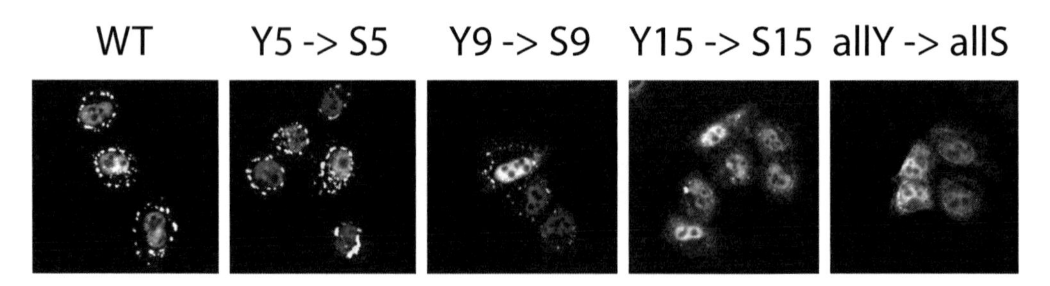

図3　変異体FUSのLCドメインのstress granuleへの蓄積実験
チロシン(Y)をセリン(S)に変換したFUSのLCドメインは，変異の数が増えるにつれ，stress granuleに蓄積できないようになる。
（M. Kato *et al.*, 2012より転載）

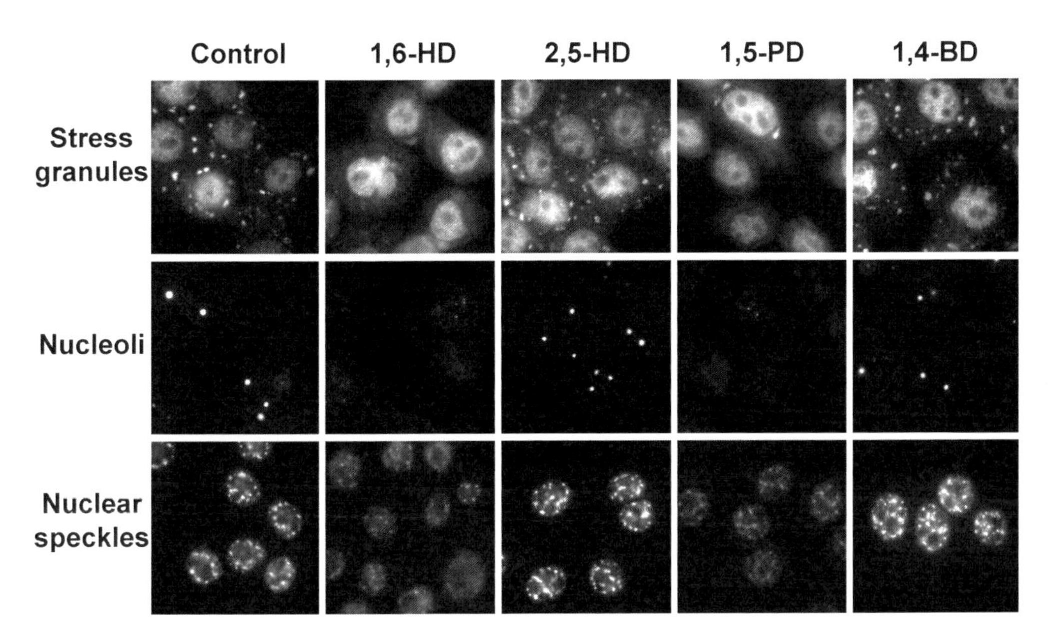

図 4　脂肪族アルコールによって溶ける膜を持たない細胞内構造体
6〜8%のアルコールを細胞培養液に加えた。1,6-HD と 1,5-PD はこれらの構造体を特異的に溶解する。HD：ヘキサンジオール，PD：ペンタンジオール，BD：ブタンジオール。
（Y. Lin *et al.*, 2016 より転載）

(1,5-PD)，1,4-butanediol（1,4-BD)）で溶けるのかどうか，網羅的に試してみた[12]。すると，1,6-HD と 1,5-PD は，RNA 顆粒，カハール体，核スペックルなどを溶かすことがわかった（図 4)。しかし，1,6-HD と同じ化学組成の 2,5-HD，および 1,4-BD は同じ濃度加えてもそれらを溶かすことができなかった。次に，LC ドメインポリマーでできたハイドロジェルも試してみたところ，同様に 1,6-HD と 1,5-PD で溶け，2,5-HD と 1,4-BD では溶けないことがわかった[12,13]。4 つのアルコールの疎水性は 1,6-HD＞2,5-HD＞1,5-PD＞1,4-BD であり，2,5-HD より疎水性の低い 1,5-PD で溶けることから，単純に疎水性相互作用だけで RNA 顆粒や LC ドメインポリマーが溶けているわけではなく，アルコールと“溶かされる物質”との間に構造的な特異性があると考えられる。よって，細胞内の RNA 顆粒や核スペックルが，試験管内の LC ドメインポリマーと同じアルコールの種類のパターンで溶けることは，これらの細胞内構造体が LC ドメインポリマーを重要な構造形成要素として含んでいることを示唆している。

3　LC ドメインの液-液相分離

2012 年の我々の報告を契機に LC 配列の研究が盛んになり，2015 年，FUS などの RNA 結合タンパク質の LC ドメインによる試験管内での液-液相分離が，膜を持たない細胞内構造体の形成機構である可能性として，いくつかのグループから報告された[14〜18]。液-液相分離とは，水と油のような性質の異なる液体が，混ざった状態から次第にそれぞれの液体相に分離していく物理現象のことである。これらの報告では，水溶液中に分散しているLCドメイン分子が会合して次第に大きな塊となって水溶液から分離してくる際，一般的な固体の凝集体沈殿物としてではなく，液滴（liquid-like droplet）として相分離してくることが示された。この液滴は，外部よりも高濃度になったLCドメインのやわらかな凝集体であり，液滴同士で融合してさらに大きな液滴となったり，LCドメイン分子が液滴内部と外部との間ですばやく行き来していたり，また，異なるLCドメインやRNAを内部に蓄積することができ，その振る舞いが細胞内のダイナミックなRNA顆粒の振る舞いと酷似することから，LCドメインの液-液相分離が膜を持たない細胞内構造体の形成機構であると提唱された。その後，現在（2018年）に至る数年で，LCドメインによるRNA顆粒の形成のみならず，RNAや構造を持ったタンパク質による（すべて引用しきれないほど）数多くの相分離現象が，いろいろな生命機能に寄与しているかもしれないという報告がなされ[19~21]，生命科学の分野は一大“相分離”ブームの状態となっている。ここに最近のレビューを引用しておくので参照させていただきたい[22~25]。

では，この液滴の内部は分子レベルではどういう状態であるのかということについては，現在の主流な考えでは，ランダム構造（構造を持たない）のフレキシブルなLCドメインが弱く相互作用することによってゆるい網目状ネットワークを作っているというものである[14~18]。そして，試験管内でできた液滴が真に液体状態の振る舞いをすることから，細胞内のRNA顆粒も液体であって，我々が主張しているジェル状態のものではないというものである。しかし，最近になって，蛍光ラベルしたタンパク質のRNA顆粒内の動きを1分子でトレースする実験から，実際の細胞内のRNA顆粒には，ジェル状のコア部分がありその周りに液体状の部分が覆っているという報告や[26]，蛍光退色のリカバリー実験から，多くの膜を持たない細胞内構造体が完全に蛍光をリカバリーしない，つまり部分的に動きが固定された（ジェル状）ところがあるという報告がされてきた[27]。また，最近の我々の酵母のPbp1のLCドメインの実験結果からは，変異を導入して細胞内での機能を失わせたLCドメインでも相分離を起こして液滴になることが分かった（論文投稿中）。そして，野生体の液滴は上記の報告と同様に蛍光退色が半分程度にしかリカバリーしないのに，変異体の液滴はほぼ100％リカバリーした。つまり，細胞内で機能する野生体の液滴はジェル状であり，細胞内で機能しない変異体の液滴は，真に液体状であることが分かった。これらのことから，LCドメインの相分離による液滴形成自体は実はあまり生物学的には意味をなさず，相分離後または相分離に伴うジェル状態への相転移が重要なのではないかと考えられようになってきた。

4　相分離とジェル化の原理

試験管内での精製タンパク質の物理化学的研究から，タンパク質が相分離や相転移を起こすことは実は古くから知られていた[28]。X線結晶構造解析の分野では，タンパク質を結晶化するための結晶化ドロップ内で，タンパク質がオイル状に相分離したり，ジェル状に沈殿する現象が日常的に観察される。一方，合成高分子（ポリマー分子）が相分離やジェル化することも，ポリマー化学の分野で古くから研究されている。工業的応用もあって，ポリマー分子の相分離の原理はよく理解が進んでいる。天然高分子のタンパク質や合成高分子のポリマーの相分離は，実は水と油の動きが早い低分子同士の相分離の原理とは多少異なっており，粘弾性相分離という原理が適用される[29]。概略すれば，動きの早い水分子と動きの非常に遅い高分子ポリマーが混ざっている状態では，ポリマー分子の自己相互作用により次第にお互いに絡み合い，3次元の網目状ネットワークを作っていく。ポリマー分子は，このネットワーク内でお互いに引っ張り合い，次第にネットワークの体積を収縮させ，水分子を吐き出していく。その過程で，過渡的なジェル状態が登場すると考えられている。その後，相分離のスピードが遅くなると，動きの遅いポリマー分子でもその変化についていくことができるようになり，ネットワーク構造と水分子相の境界での界面張力を低下させるために丸い液滴になる，というものである。ここで，最も重要な要素となるのは，ポリマー分子の自己相互作用の強さである。相互作用が弱いと過渡的ジェル状態を通過して液滴となるが，強過ぎるとジェル状態でトラップされジェルとなる。つまり，粘弾性相分離では液滴形成とジェル形成は同じ原理に基づく紙一重の現象なのである。細胞内の RNA 顆粒がジェル状のコアを持ち，周りに液体状の部分があるという上述した報告を顧みれば，実際の細胞内の LC ドメインの相分離の原理がこの粘弾性相分離であると合点がいくであろう。

LC ドメインが相分離するときの相互作用様式として現在示されているのは，チロシンやフェニルアラニンの側鎖の芳香環同士の相互作用（π-π stacking）や，同じくこれらのアミノ酸の芳香環とアルギニン側鎖の正電荷間で起こる相互作用（cation-π interaction）である。前述したように，FUS や hnRNPA2 の LC ドメインにはチロシンやフェニルアラニンが繰り返し出現する。また，全長の FUS の C 末端側には（LC ドメインは N 末端側にある），アルギニン-グリシン-グリシン配列が繰り返し出現する RGG 領域が存在する。1分子上のこれらの側鎖が，複数の別の分子の側鎖と多価相互作用することによって，ネットワーク構造が成長して相分離が始まっていくと考えられている。実際最近の研究で，アルギニンの数を変化させたり，チロシンやフェニルアラニンの数を変化させた変異体の実験から，これらの相互作用が液滴形成をコントロールしていることが実証された[30〜32]。また，LC ドメインの中には負電荷の側鎖を持つアスパラギン酸やグルタミン酸と正電荷のアルギニンの両方を多く持つものもあり，電荷相互作用（charge-charge interaction）による相分離も報告されている[33]。

これらの相互作用は，アミノ酸の側鎖によるものばかりであり，現在のところ主鎖による相互作用は全く議論されていない。タンパク質は，アミノ酸のペプチド結合による重合体（ポリマー）であり，すべてのアミノ酸残基の間にペプチド結合が存在する。このペプチド結合は他のペプチド結合と相互作用（水素結合）することができ，タンパク質の二次構造の α ヘリックスや β ストランドの形成維持，およびタンパク質の最終的な立体構造の形成維持にも重要な役割を果たす。LC ドメインの粘弾性相分離の際，最初は側鎖だけの相互作用で始まるかもしれないが，構築されたネットワークは収縮しタンパク質濃度は増大していく。そうなれば，主鎖同士も接近するのは当然で，主鎖同士の相互作用も相分離の際の相互作用として考慮しなければならないはずである。そうすると，LC ドメインの相分離には，我々が先に見出したLC ドメインポリマー形成が伴ってもおかしくなくなってくる。

1962 年，Anfinsen はタンパク質のアミノ酸配列に，そのタンパク質の立体構造を決めるすべての情報が書き込まれていることを証明した（Anfinsen dogma）[34]。しかし，その過程を詳しく理解することはとても困難で，そのため，タンパク質のフォールディングの研究は長い歴史を持つ。そして，病原性アミロイド線維形成もフォールディングの一分野として現在とても活発に研究されている。真核生物は，タンパク質の配列上の一部分のアミノ酸の種類を減らすことで，Anfinsen dogma に反して普段は構造を持たない領域を発達させてきた。それがLC ドメインである。しかし，LC ドメインの中には，我々が見出したように，濃度が高まれば自己相互作用を開始して，LC ドメインポリマー（アミロイド様線維）を形成するものがあることが分かった[8]。病気を引き起こすアミロイド線維も，可逆性のLC ドメインポリマーも，クロスβ構造という共通の構造ユニットからできている[35,36]。このクロスβ構造を持つポリマー線維では，1 分子内のβストランドが隣の分子のβストランドと主鎖の水素結合で相互作用し，線維の伸長方向にβストランドが連なった長大なβシートを形成していくのが特徴である（図 5）。この構造形成は，分子間の主鎖の相互作用が主体であるので，タンパク質濃度が高まり，分子同士の接触が促進されるようになると，ポリマー形成も促進される。つまり，LC ドメインの相分離過程で，ネットワーク内のタンパク質濃度が増大して行く中，このLC ドメインポリマーの形成が起こる可能性は極めて高いわけである。

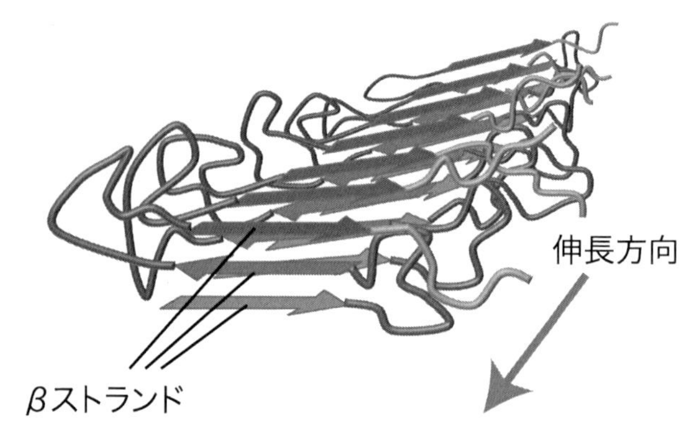

図 5　クロスβポリマーの構造
1 分子内で折り重なったβストランドが，同じように折り重なった隣の分子のβストランドと，主鎖の相互作用を通じて，線維の伸長方向に連なっていくことで，長大なβシートを形成する。

5　細胞内に存在するLCドメインポリマー

上述したように，LCドメインポリマーは不安定であるため，細胞内から単離することはとても困難である。そこで，我々はN-acetylimidazole（NAI）という化合物を用いた化学修飾法により，hnRNPA2のLCドメインポリマーの構造の“フットプリント”を作製した[37]。NAIは，生理的条件下でいくつかのアミノ酸の側鎖をアセチル化する。構造を持ったタンパク質をNAIで処理すると，表面に存在するアミノ酸はアセチル化されやすいが，NAIは構造内部には侵入しにくいので，内部のアミノ酸はアセチル化されにくい。それゆえ，質量分析法により，配列上の保護領域（構造部分）とそうでない部分（表面またはフレキシブルな部分）のパターン（フットプリント）を得ることができる。この方法により，我々は，細胞内から単離した核内のhnRNPA2のLCドメインのフットプリントが，試験管内で作製したLCドメインポリマーのフットプリントとほぼ同じであることを明らかにした。また，hnRNPA2のLCドメインの液滴も作製し，そこから得られるフットプリントも試験管内のポリマーのフットプリントと同じであることが分かった。つまり，細胞の核内にも相分離した液滴内にもhnRNPA2のLCドメインポリマーが存在することを示した。さらに，hnRNPA2のLCドメインは，液滴を形成する前から弱いながらもポリマーのフットプリントを示していた。そして，液滴形成後時間を追うごとにその強度は強くなった。このことから，LCドメインポリマーは，液滴の状態を維持するだけでなく，液滴形成初期の“核”としても機能する可能性がある。

最近，ビオチンをペプチド鎖に付加する酵素（ビオチンリガーゼとアスコルビン酸ペルオキシダーゼ）を，複合体を形成するタンパク質に融合させ，そのタンパク質周りに存在する他のタンパク質をビオチンで修飾した後，質量分析法により網羅的に修飾されたタンパク質を同定する方法が開発された。この方法を用いて，stress granuleに蓄積する代表的なタンパク質にそれらの酵素を融合させ，化学的ストレスによりstress granule形成を誘導した細胞内での，そのタンパク質周りに存在する他のタンパク質を網羅的に同定した報告がされた[38,39]。興味深いことに，同定されてきたstress granuleのタンパク質群と，コントロールとして，stress granule形成を誘導しなかった（通常の）細胞から同定されてきたタンパク質群に違いがなかったことである。つまり，細胞内にはすでにstress granuleと同じ構成の，光学顕微鏡では見られない大きさの集合体が存在していることがわかった。そしてストレス時には，この集合体が核となってstress granuleの形成が始まることが示唆された。細胞内には，LCドメインを持つタンパク質が局所的に高濃度になるところが存在する。例えば，発生初期のRNA転写物に結合したhnRNP，核膜孔内のFGタンパク質，エンハンサーDNA領域に結合した転写因子，中間径フィラメントの連結部分などである。こういったところでは，常にLCドメインポリマーが形成されて機能していると我々は考えている。そこで形成されたLCドメインポリマーを土台として，上記の集合体が形成されているのかもしれない。

6　まとめ

2018年の時点でも，LCドメインの液-液相分離の報告が次々と出てきている。しかし，多くの報告が，LCドメインが相分離して液滴を形成することのみに着目していて，形成された液滴の機能と，その液滴を形成するLCドメインの細胞内での機能と相関関係があるのかどうかという点が置き去りにされている。実は，粘弾性相分離の原理に基づけば，動きの遅い高分子で自己相互作用するものであればどんな分子でも（ポリマーでも球状タンパク質でも），動きの早い水分子から相分離を起こすと考えられている。つまり，LCドメインの相分離は，生物学的な機能に関係なく，物理化学的に起こって当然の現象なのである。事実，我々が見出した酵母のPbp1 LCドメインの変異体は，細胞内での機能は失われているが，試験管内では野生体と同様に相分離して液滴を形成する。違いは，機能する野生体の液滴はジェル状であるということである。そして，最近になって，細胞内のRNA顆粒や他の膜を持たない細胞内構造体にもジェル状の部分があるということがわかってきたのである[26,27]。

今のところ，我々が発見したLCドメインポリマーからなるハイドロジェルと，細胞内の膜のない構造体のジェル部分が同じものであるかどうか，またはそのジェル部分にLCドメインのポリマーが含まれているかどうかの直接的な証拠はない。しかし，カエルの卵母細胞には，アミロイド線維に特異的に結合する抗体や化合物（Thioflavine T）で染まる膜のない凝集体が多数存在している[40]。また，休眠中の卵母細胞にはBalbiani bodyと呼ばれる膜を持たない構造体が存在している。この構造体は，内部にタンパク質やRNA，さらに細胞小器官を保護し，長期間卵母細胞が休眠できる役割を担っている。しかし，卵母細胞が成熟期に入ると消滅する（可逆的である）。そして最近，このBalbiani bodyはアミロイド様線維でできていることがわかった[41]。さらに，最近になって発見された，ストレスによって生じる核内のamyloid bodyも可逆性のアミロイド線維でできており，ストレスがなくなると消滅する[42]。実は，細胞は可逆性のアミロイド様線維をすでに利用していたのである。他の膜を持たない構造体に利用されていても不思議ではない。

上述したように，我々のNAIフットプリンティング実験より，核内でhnRNPA2のLCドメインはクロスβポリマーを形成していることが分かった[37]。また，4種類の脂肪族アルコールによるRNA顆粒や核スペックルの溶解パターンと，LCドメインポリマー／ハイドロジェルの溶解パターンが一致すること[12]，FUSのチロシン変異体によるポリマー形成能力の低下とstress granuleへの蓄積低下がよく相関すること[8]，さらに，FUS LCのハイドロジェルを細胞抽出液と混ぜると，neuronal granuleに含まれる11すべてのmRNAが蓄積したことなど[7]，我々のハイドロジェルが，細胞内のRNA顆粒の機能をよく反映している結果を報告してきた。これらのことから，我々は，RNA顆粒のジェル部分にはLCドメインポリマーが存在しており，それゆえジェル状態になっていると考えている。そして，クロスβポリマーという“構造”を通して，RNA顆粒などの膜を持たない細胞内構造体に機能と構造の“特異性”を与えていると考えられるのではないだろうか。膜を持たない細胞内構造体の形成機構の物理化学的研究はまだ始まったばかりで，たくさんの疑問が残されている。今後，さらに新たな発見がなされ，それらの疑問が解き明かされていくことを期待する。

文　　献

1) S. B. Zimmerman *et al.*, *J. Mol. Biol.*, **222**, 599 (1991)
2) P. Anderson *et al.*, *J. Cell Biol.*, **172**, 803 (2006)
3) L. Zhu *et al.*, *Curr. Opin. Cell Biol.*, **34**, 23 (2015)
4) A. A. Hadjiolov, The Nucleolus and Ribosome Biogenesis, Springer (2012)
5) D. L. Spector *et al.*, *Cold Spring Harb. Perspect. Biol.*, **3**, a000646 (2011)
6) C. P. Brangwynne *et al.*, *Science*, **324**, 1729 (2009)
7) T. W. Han *et al.*, *Cell*, **149**, 768 (2012)
8) M. Kato *et al.*, *Cell*, **149**, 753 (2012)
9) P. B. Sigler, *Nature*, **333**, 210 (1988)
10) M. Kato *et al.*, *Methods*, **126**, 3 (2017)
11) D. L. Updike *et al.*, *J. Cell Biol.*, **192**, 939 (2011)
12) Y. Lin *et al.*, *Cell*, **167**, 789 (2016)
13) K. Y. Shi *et al.*, *Proc. Natl. Acad. Sci. USA*, **114**, E1111 (2017)
14) S. Elbaum-Garfinkle *et al.*, *Proc. Natl. Acad. Sci. USA*, **112**, 7189 (2015)
15) T. J. Nott *et al.*, *Mol. Cell*, **57**, 936 (2015)
16) A. Pate, *et al.*, *Cell*, **162**, 1066 (2015)
17) Y. Lin *et al.*, *Mol. Cell*, **60**, 208 (2015)
18) A. Molliex *et al.*, *Cell*, **163**, 123 (2015)
19) A. Jain *et al.*, *Nature*, **546**, 243 (2017)
20) P. Li *et al.*, *Nature*, **483**, 336 (2012)
21) J. A. Riback *et al.*, *Cell*, **168**, 1028 (2017)
22) S. F. Banani *et al.*, *Nat. Rev. Mol. Cell Biol.*, **18**, 285 (2017)
23) Y. Shin *et al.*, *Science*, **357** (2017), doi: 10.1126/science.aaf4382.
24) T. Mittag *et al.*, *J. Mol. Biol.* (2018)
25) J. B. Woodruff *et al.*, *Trends Biochem. Sci.*, **43**, 81 (2018)
26) D. Niewidok *et al.*, *J. Cell Biol.*, **217**, 1303 (2018)
27) K. E. Kistler *et al.*, *eLife*, **7**, e37949 (2018)
28) A. C. Dumetz *et al.*, *Biophys. J.*, **94**, 570 (2008)
29) H. Tanaka *et al.*, *Phys. Rev. Lett.*, **95**, 078103 (2005)
30) M. Hofweber *et al.*, *Cell*, **173**, 706 (2018)
31) S. Qamar *et al.*, *Cell*, **173**, 720 (2018)

32) J. Wang *et al., Cell*, **174**, 688 (2018)
33) D. M. Mitrea *et al., Nat. Commun.*, **9**, 842 (2018)
34) E. Haber *et al., J. Biol. Chem.*, **237**, 1839 (1962)
35) D. T. Murray *et al., Cell*, **171**, 615 (2017)
36) R. Tycko, *Annu. Rev. Phys. Chem.*, **62**, 279 (2011)
37) S. Xiang *et al., Cell*, **163**, 829 (2015)
38) S. Markmiller *et al., Cell*, **172**, 590 (2018)
39) J. Y. Youn *et al., Mol. Cell*, **69**, 517 (2018)
40) M. H. Hayes *et al., Biol. Open.*, **5**, 801 (2016)
41) E. Boke *et al., Cell*, **166**, 637 (2016)
42) T. E. Audas *et al., Dev. Cell*, **39**, 155 (2016)

第4章　創薬産業と溶解性・凝集性および関連制度

米田早紀[*1]，鳥巣哲生[*2]，内山　進[*3]

1　はじめに

ここでは，抗体などのタンパク質を主成分とするバイオ医薬品について記述する。模式的に説明した図1について参照されたい。溶液中でのタンパク質には，配列に依存した特有の立体構造を持つ天然状態と立体構造が変化した変性状態がある。まず天然状態で溶解しているタンパク質について考えると，溶解しているタンパク質と可逆的な関係にある結晶状態が最もシンプルである。結晶を形成する場合，溶解しているタンパク質の濃度が溶解度以上になると結晶が現れ，この時，溶解状態のタンパク質分子と結晶状態のタンパク質分子はエネルギー的に釣り合うこととなり，タンパク質の濃度は溶解度のレベルで安定することとなる。また，タンパク質の配列や溶

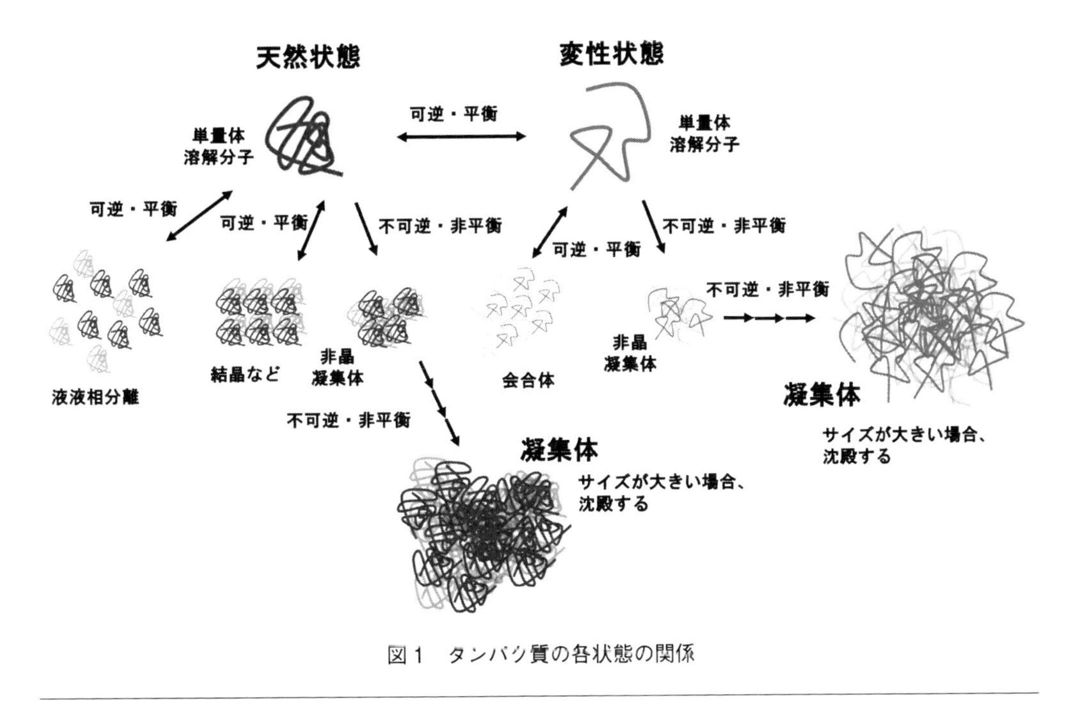

図1　タンパク質の各状態の関係

＊1　Saki Yoneda　大阪大学　大学院工学研究科　生命先端工学専攻
＊2　Tetsuo Torisu　大阪大学　大学院工学研究科　生命先端工学専攻　助教
＊3　Susumu Uchiyama　大阪大学　大学院工学研究科　生命先端工学専攻　教授；
自然科学研究機構　生命創成探究センター　客員教授

液の組成によっては，濃度が高くなると，分子間相互作用によりネットワークを形成し液中の分子密度が高い濃厚相と分子密度が低い希薄相に相分離する，液-液相分離，を起こす場合がある[1)]。液-液相分離は可逆現象で希釈などにより濃度が限界濃度より低くなると相分離が解消され均一相へと戻る。一方，タンパク質分子が天然状態を保っていても溶解状態とは不可逆な関係にある凝集体の状態も存在する。サイズの小さな凝集体は，場合によってはさらに大きな凝集体へと成長し，数百 nm サイズになると光の乱反射が起こるため溶液が白濁するようになり，さらにサイズが大きくなり数百ミクロンになると不溶性の沈殿を形成することとなる。不可逆な凝集体を形成する場合，溶解状態から凝集体への状態変化は速度論的な現象であり，天然状態のタンパク質分子の濃度に依存して経時的に凝集体が形成され，単量体で溶解しているタンパク質分子の濃度が次第に低下することとなる。

変性状態にあるタンパク質も天然状態と同様に可逆的な会合体を形成する場合もあるが，変性状態のタンパク質が集合すると不可逆的な凝集体となる場合が多い。たとえば，加熱によって天然状態から変性状態へと変化した場合（一般的に変性とよばれる現象である），疎水性部分が露出した変性分子同士が不可逆的に凝集し，さらに，大きな凝集体へと成長する場合がしばしば観察される。なお，可逆的な系で温度の上昇に伴い出発物の濃度が下がり生成物の濃度が増加する場合，出発物と生成物の間の平衡定数は温度の上昇に伴い大きくなる。したがって，このような可逆的な系の場合，反応のエンタルピーは正，つまり吸熱反応となるが，熱変性と同時に凝集が起こる場合，発熱反応であることが多く，このことは凝集体形成が不可逆的である場合が多いことを意味している。

次に，「溶解」と「分散」について若干の説明を記述する（図2，表1）。分子が水和して水溶

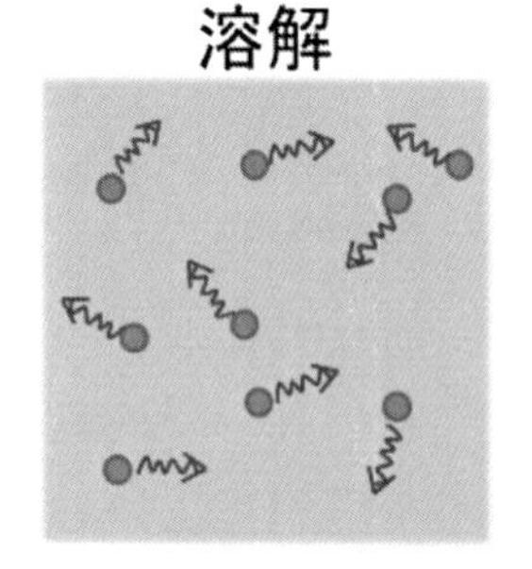

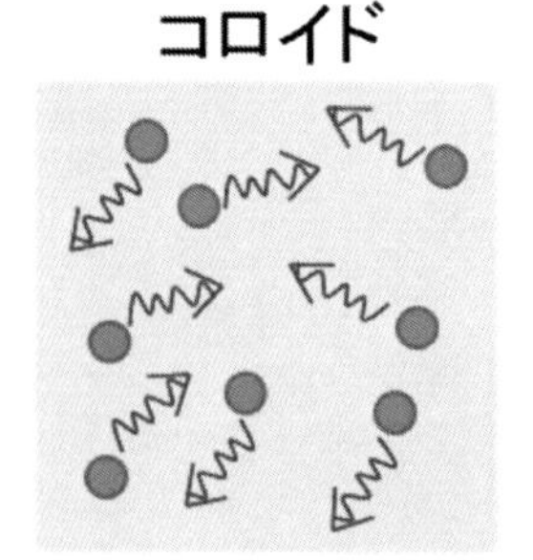

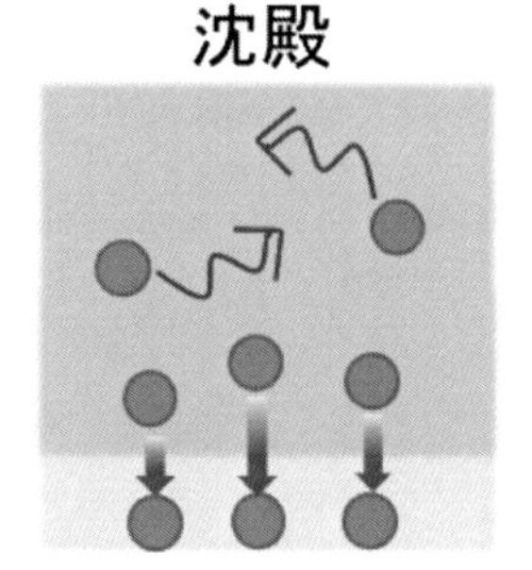

図2　溶解・コロイド・沈殿の模式図

表1　溶解の定義と例

状態	水中での分散状態	性状	身近における例
溶解している	○（均一）	透明	食塩水
	○（均一）	白濁	牛乳
	△（各相内では均一）	透明～わずかに白濁	液-液相分離
溶解していない	×（重力で沈降）	×	濁りのあるお茶

液中に均一に分散している状態が溶解である。分子サイズが大きくなっても均一に分散している，すなわち，水分子の運動に従ってブラウン運動していれば，溶解していると見なすことができる。ただし，凝集などにより分子サイズが大きくなると，ブラウン運動していても，光の乱反射により，溶液が白く懸濁するようになる。こういった状態となった溶液はコロイド分散液とよばれるが，溶解していると考えて問題ない。すなわち白濁しているかどうかと溶解しているかは，1：1の対応関係にはない。さらに分子サイズが大きくなると，白濁に加えて，重力による沈殿，すなわち相分離が起こる。そのようなサイズの分子は溶解していると考えることは難しい。ただし，撹拌すれば過渡的な分散液とすることは可能である。

これまでに100を超えるバイオ医薬品が世界で承認され，使用されている。特に抗体医薬品は注目を集めており，日本でも50種類以上の抗体医薬品が認可されており，2018年については，9月までに9種類が承認されている。このように，バイオ医薬品の研究開発は今後も加速すると予想される[2)]。これまで開発されてきたバイオ医薬品のほとんどは注射剤である。また，近年では免疫調整薬のような慢性疾患については，自己注射ができるように，注射剤の中でも皮下投与製剤が盛んに開発される傾向がある（表2）。皮下投与製剤は注入できる液量が限られているため，高濃度のタンパク質溶液が必要となる[2)]。抗体医薬品の場合では，タンパク質濃度が100 mg/mLを超える製剤も開発されている。このような高濃度のタンパク質を含むバイオ医薬品を開発する場合には，タンパク質の溶解性を高める検討が必須である。また，タンパク質の溶解性は，凝集性と相関する可能性がある。バイオ医薬品は，保管中あるいは輸送や取り扱い，さらには投与の際にタンパク質性の凝集体を発生しやすいことが知られている[3〜6)]。こうした，タンパク質凝集体は免疫原性を持ち，薬効の低下やアナフィラキシーショックのような重篤な副作用につながる可能性があることから，高濃度製剤に限らず，バイオ医薬品開発のためには溶解性の高い処方条件を見出すことが，安全性の高いバイオ医薬品を開発するためには重要である[7)]。ここでは，バイオ医薬品開発における溶解度検討について紹介するとともに，タンパク質の溶解性と凝集性の関連について述べる。

表２　バイオ医薬品の例

一般名	販売名	KEGG エントリ	保存形態	濃度	投与経路	標的分子	主な適応疾患
アダリムマブ	ヒュミラ	D02597	溶液（ペン，シリンジ）	50 または 100 mg/mL	皮下注	TNF α	関節リウマチ
インフリキシマブ	レミケード	D02598	凍結乾燥	10 mg/mL（溶解後）	点滴静注	TNF α	関節リウマチ
エタネルセプト	エンブレル	D00742	溶液（ペン，シリンジ） 凍結乾燥	50 mg/mL 10～25 mg/mL（溶解後）	皮下注	TNF α	関節リウマチ
オファツムマブ	アーゼラ	D09314	溶液（バイアル）	20 mg/mL	点滴静注	CD20	B 細胞性慢性リンパ性白血病
ゴリムマブ	シンポニー	D04358	溶液（シリンジ）	100 mg/mL	皮下注	TNF α	関節リウマチ
トラスツマブ	ハーセプチン	D03257	凍結乾燥	21 mg/mL（溶解後）	皮下注	HER2	転移性乳がん
ニボルマブ	オプジーボ	D10316	溶液（バイアル）	10 mg/mL	点滴静注	PD-1	悪性黒色腫，進行・再発のがん
ベバシズマブ	アバスチン	D06409	溶液（バイアル）	25 mg/mL	点滴静注	VEGF	結腸・直腸がん
リツキシマブ	リツキサン	D02994	溶液（バイアル）	10 mg/mL	皮下注	CD20	B 細胞性非ホジキンリンパ腫

2　バイオ医薬品開発における溶解性の検討

医薬品開発の流れは図3に示した通りである。この医薬品開発の中で，基礎研究の①創薬研究と② CMC 研究の2つの段階において，溶解性について検討を行うことが重要である。さらに製剤として承認・販売された後のライフサイクルマネジメントにおいて投与経路の変更に伴う高濃度化検討などが必要となる場合がある。

バイオ医薬品の創薬研究では，配列が異なる複数の候補タンパク質を作製し，その中から有効性・安全性が高い候補タンパク質の選択が行われる。さらに近年では，有効性・安全性に加えて開発可能性（developability）がタンパク質選択の指標の一つとされる。溶解性が低い場合は高濃度化した際に凝集体形成や相分離が起こる可能性が高いことから，特に高濃度のバイオ医薬品開発においては，溶解性が開発可能性評価における重要な評価項目となっている。そのため，開発可能性を高めることを目的とし，候補化合物作製時に，アミノ酸配列や糖鎖などを改変し溶解性を向上させる検討が実施される。Wu らは，抗 IL-13 抗体について，等電点を変える，タンパク質表面の疎水性を減少させる，相補性決定領域（complementarity determining region：CDR）に糖鎖を導入するという3つのアプローチで溶解性の向上について検討し，全ての場合において溶解性が向上することを示した[8]。彼らの報告では，CDR に糖鎖を導入した場合でも抗原との親和性は変わらず，溶解性が顕著に増加したとのことであった。この他にも CDR が溶解性と関連しているとの報告がある。たとえば，Christ らはファージディスプレイ法を用いて耐熱性のヒト抗体の可変領域の選抜を行い，さらに PCR 法で可変部位の CDR 領域のみ増幅してランダムに結合させることで CDR 領域のリシャッフリングを行って抗原結合能を保持した耐熱性の高いクローン選抜に成功した[9]。このクローンの一つは加熱・冷却を繰り返した場合でも抗原結合能を有していたことから，温度上昇で変性しても温度低下で分子が適切に折りたたまれる性質を持つと言え，これは変性状態でも分散性が高い（溶解性が高い）と考えられる。Dudgeon らは CDR 領域のさまざまな場所に変異を入れた抗体可変領域をファージ表面に提示させ，その変異体の熱耐性を評価することで，6つの CDR のうち特定の場所に特定の変異が導入された際に加熱時の凝集性の改善がみられる，という結果を報告している[10]。また重要なことに，得られた変異体の立体構造は変異前後でほぼ変化していなかった。よって電荷分布の偏在が解消される

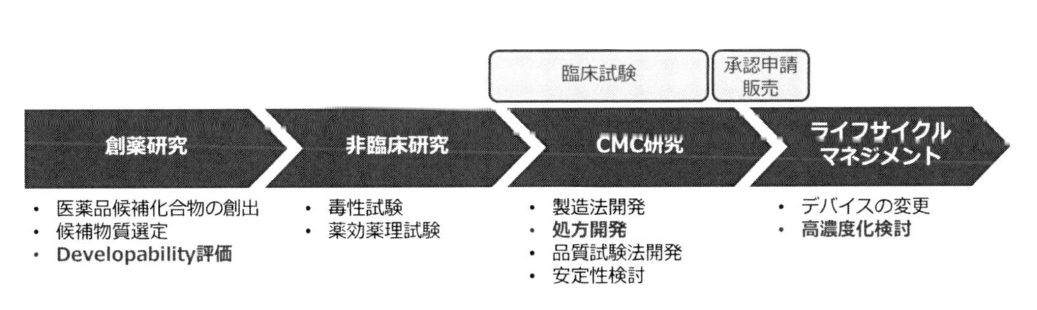

図3　医薬品開発の流れ

ことで溶解性が向上し，凝集性の改善に繋がったと考えられる。

以上の研究報告を鑑みると，抗体医薬品の創薬研究においては，CDRの配列や構造に関して慎重に検討を行うことが，抗原との親和性を上昇させて薬効を高めるためだけでなく，溶解性を高めるためにも重要であると考えられる[11]。

CMC研究の段階では，開発タンパク質のアミノ酸配列などは決まっているため，溶解性の検討は，処方の最適化検討の一部として実施される。製剤での目標タンパク質濃度は，目標製品品質プロファイル（quality target product profile：QTPP）の一つとして決められ，CMC研究ではその目標濃度を達成することが求められる。高濃度製剤の場合は，処方条件によってはタンパク質が沈殿したり，相分離を起こしたりすることがあるため，目標濃度を達成するためには緩衝液や添加剤の種類・濃度について慎重に検討する必要がある。目標濃度を達成可能ないくつかの処方条件については，さらに安定性試験を実施し，目標とする有効期間（通常2〜3年）の間で安定していることや，一時的な温度逸脱などが起こっても容易に不溶化しないことを確認する。また，CMC研究では，処方条件だけでなく製造条件の検討も行われる。製造中にタンパク質の不溶化が起こると，収率の低下やフィルターのつまりなどにつながるため，製造条件を検討する際にも溶解性には注意が必要である。抗体医薬品のように共通する骨格をもつ化合物については，プラットフォームとなる処方条件や製造条件を活用してCMC研究が進められることも多い。CMC研究の初期では，使用できる化合物の量や検討時間が限られていることが多いため，プラットフォーム条件の活用は有効であると考えられる。しかしながら，抗体でも処方条件が異なると溶解性が異なるということが多数報告されていることから，CMC研究の後期では，化合物ごとに処方・製造条件を検討する必要がある[11, 12]。

経口製剤の場合は，薬効を発揮するためには，主薬成分が吸収される部位において溶解していることが必要であるため，溶解性の評価が必須である。そのため，日本薬局方通則に溶解性の評価に関する記載があり，新薬承認申請においては溶解性に関する情報を提出する必要がある。一方，バイオ医薬品の場合は主に注射剤であることから，溶解性の評価は新薬承認申請における必要事項とはなっていない。しかしながら，ここまでに述べたように，溶解性について，創薬研究およびCMC研究において適切に評価することがバイオ医薬品開発を成功させるためには重要である。バイオ医薬品開発における溶解性の評価方法については，溶解度による評価のほか，後述する溶解性と関連のある指標を基に溶解性を間接的に評価することも可能であると思われる。特に評価する試料の数が多い場合などは，溶解度の測定ではなくよりスループットが高い代替法で評価することが有用であると考える。

3　タンパク質の溶解性と凝集性について

米国食品医薬品局（Food and Drug Administration：FDA）は2014年に“Immunogenicity Assessment for Therapeutic Protein Products”というガイダンスを出し，タンパク質凝集体が

免疫原性を持つ可能性について指摘している[13]。そのため，現在のバイオ医薬品開発では，品質試験として実施されるサイズ排除クロマトグラフィーや不溶性微粒子測定（光遮蔽粒子測定法）だけでなく，さまざまな分析法を用いてタンパク質凝集体の分析が行われる[14]。また，凝集体の定量分析だけでなく，タンパク質の物性と凝集性の関連についても研究が行われており，タンパク質のコロイド安定性や構造安定性と凝集性が相関することが明らかとなってきた[15~18]。コロイド安定性とは，分散の程度を表す。コロイド安定性が高い場合は分子は単分散で存在でき，コロイド安定性が低い場合には分子同士が集合し，凝集体が発生しやすくなる。タンパク質のコロイド安定性の指標となる第2ビリアル係数（B_{22}）や拡散係数の濃度依存性（k_D）は，タンパク質の凝集性と相関することが知られているが，さらに溶解性とも相関するとの報告がある。Metha らは，lysozyme，ovalbmin および α-amylase の B_{22} と溶解度を測定し，B_{22} と溶解度の相関モデルについて検証を行ったところ，B_{22} と各タンパク質の溶解度の対数には正の相関がみられた[19]。Pindrus らの報告では，2種類のモノクローナル抗体について，さまざまな pH やイオン強度での k_D を測定し，溶解度と相関があることを示した[11]。異なるタンパク質や異なる溶媒条件でも同様にコロイド安定性と溶解度が相関するのか，という点には注意する必要があるが，これらの報告から，タンパク質のコロイド安定性，溶解性および凝集性は相関する可能性がある。つまり，コロイド安定性の測定は，溶解性と凝集性という2つの重要な品質特性を同時に評価できる可能性があり，バイオ医薬品開発において非常に有益な分析であると言える。

4　さいごに

バイオ医薬品開発では，溶解性の評価について規制などの明確なルールは存在しないが，溶解性の評価は，安定なタンパク質の分子設計や処方開発において不可欠である。タンパク質の溶解性は，溶解度の測定だけでなく，コロイド安定性や凝集性から推察できる可能性がある。バイオ医薬品の開発には長い過程があるが，それぞれの過程で，使用できる化合物の量や検討期間，求められる評価結果の質などが異なる。そのため，品質の高い医薬品を効果的に開発するためには，評価法を熟知し，各開発過程に適した評価方法を見極めて使用することが重要である。

文　　献

1）H. Nishi *et al.*, *J. Biosci. Bioeng.*, **112** (4), 326 (2011)
2）国立医薬品食品衛生研究所　生物薬品部，承認されたバイオ医薬品，
http://www.nihs.go.jp/dbcb/approved_biologicals.html，2018年9月12日引用
3）T. Torisu *et al.*, *J. Pharm. Sci.*, **106** (2), 521 (2017)

4) T. Torisu *et al., J. Pharm. Sci.,* **106** (10), 2966 (2017)
5) E. Krayukhina *et al., J. Pharm. Sci.,* **104** (2), 527 (2015)
6) T. Maruno *et al., J. Pharm. Sci.,* **107** (6), 1521 (2018)
7) E. M. Moussa *et al., J. Pharm. Sci.,* **105** (2), 417 (2016)
8) S. J. Wu *et al., Protein Eng. Des. Sel.,* **23** (8), 643 (2010)
9) D. Christ *et al., Protein Eng. Des. Sel.,* **20** (8), 413 (2007)
10) K. Dudgeon *et al., Protein Eng. Des. Sel.,* **26** (10), 671 (2013)
11) M. Pindrus *et al., Mol. Pharm.,* **12** (11), 3896 (2015)
12) S. Spencer *et al., MAbs,* **4** (3), 319 (2012)
13) U. S. Food and Drug Administration, Immunogenicity assessment for therapeutic protein products (2014),
https://www.fda.gov/downloads/drugs/guidances/ucm338856.pdf, 2018 年 9 月 4 日引用
14) S. Yoneda *et al., J Pharm Sci.* (2018), doi: 10.1016/j.xphs.2018.09.004.
15) 内山進ほか，薬剤学，**74** (1), 12 (2014)
16) S. Saito *et al., Pharm. Res.,* **30** (5), 1263 (2013)
17) K. Saito *et al., Soft Matter,* **14** (29), 6037 (2018)
18) S. Uchiyama, *Biochim. Biophys. Acta,* **1844** (11), 2041 (2014)
19) C. M. Mehta *et al., Biotechnol. Prog.,* **28** (1), 193 (2012)

第5章　タンパク質の凝集・溶解性関連研究についての技術俯瞰と産業化に向けた知財戦略

黒谷篤之*

1　はじめに

タンパク質の特性である凝集性や溶解性※1は，近年，解明が急速に進んだ分野の一つであり，生命現象の理解を深めるうえでもタンパク質関連の実験を効率的に進めるうえでも重要な分野である。また，近年開発が活発なタンパク質製剤の生産・管理において，タンパク質の凝集による免疫原性の懸念から各国当局がこれを考慮した評価指針[1~5]を示すなど，左記特性は，バイオ医薬品の安全性・有効性の指標としても重要である。そして，本分野の今後としては，これまでの研究結果に基づいた治療薬・診断薬開発などの応用研究の体制強化とともに研究成果である知的財産の効果的な産業活用への考慮も重要となる。そこで，本稿では左記後者の知的財産活用について焦点を置き，まず我が国の特許情報などからタンパク質の凝集・溶解性の関連分野の研究状況・技術動向をグラフにより俯瞰する。そして，そのような技術を完成した場合において，特許を中心とした技術思想の保護戦略，産学官連携による技術移転や知的財産の活用に係る各制度を極力タンパク質の凝集性や溶解性の分野に当てはめつつ産業化を意識したバイオ産業全般に渡る知的財産戦略について概観する。

2　タンパク質の凝集・溶解性関連研究の技術俯瞰

図1は，タンパク質の凝集・溶解性とその周辺分野に関する研究領域を技術俯瞰図によって概観したものである。タンパク質の凝集性や溶解性は，タンパク質の構造状態や周囲の環境など種々の要因によって変動する複雑なものであることから，本分野の研究はタンパク質のさまざまな状況を考慮して進めていくのが一般的である。タンパク質の合成から分解までの生じ得る代表的な現象としては，翻訳，発現，凝集，溶解，構造形成，会合，分解が挙げられ，まず基礎的な技術領域として，これらの各現象における単離・同定・測定・評価法などの開発がある。また，実験室内のタンパク質の発現，沈殿や可溶化の状況は，各タンパク質の性質，発現システムの種類や条件などにより異なることから[6,7]，新たな生産システムや溶媒・添加物に係る技術領域もある。また，装置の技術領域として，タンパク質の生成・同定や種々解析装置の開発があり，情報（バイオインフォマティクス）の技術領域として，左記各現象の予測器[8]やシミュレーション関連[9]の開発がある。さらに，これらに基づいた応用として創薬・治療などの臨床応用，食品や

---

* Atsushi Kurotani　理化学研究所　環境科学研究センター　特別研究員／弁理士

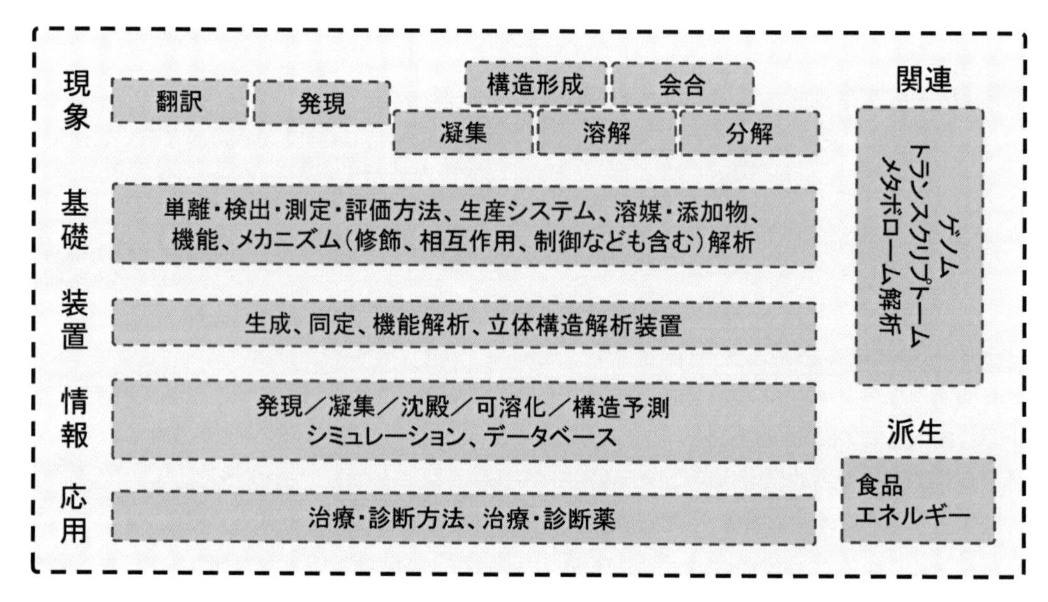

図1　タンパク質の凝集・溶解性とその周辺分野に関する技術俯瞰図

エネルギー関連などの産業応用がある。また，タンパク質の関連技術はゲノム解析など近隣分野の技術や知識とも密接に関連し[10]，これらの相互の理解による相互の発展が不可欠である。このようにタンパク質の凝集性・溶解性に関する研究は，さまざまな現象と絡み合い，かつ横断的な理解が必要であり複雑ではあるが発展性もあり非常に興味深い分野である。

3　特許情報から見たタンパク質の凝集・溶解性関連の研究状況・技術動向

タンパク質の凝集・溶解性関連の研究状況や技術動向の大要を観察すべく，タンパク質の発現も含め，凝集，溶解関連の技術情報を対象として，2000 年以降の我が国の特許情報からパテントマップを作成した（図2，3）[※2]。図2は，本分野について①出願件数（A），②出願に対しての未審査件数（A），および③特許査定件数（B）の時系列変化を示したものである（図中ではそれぞれ①出願，②未審査，③特許化と表示）。まず，①の出願件数の推移からは大きな特徴は認められず，2000 年以降の本分野の技術規模は全体として大きな変動は生じていないものと推測される（図2A）。次に，②は未審査件数を示しているが，詳細としては①で対象とした出願に対して出願審査請求が無かった未審査の出願件数を示したものである（図2A）。ここで，出願審査請求は，真に権利化を求める発明のみを適切に保護すべく，特許出願後の所定期間内に別途審

※1　本稿に記載するタンパク質の「凝集」「溶解」の用語は，俯瞰的に捉えた広義の解釈で利用。

※2　2018 年8月1日時点の J-PlatPat（https://www.j-platpat.inpit.go.jp）における発明の名称／タイトル情報を利用して作成。

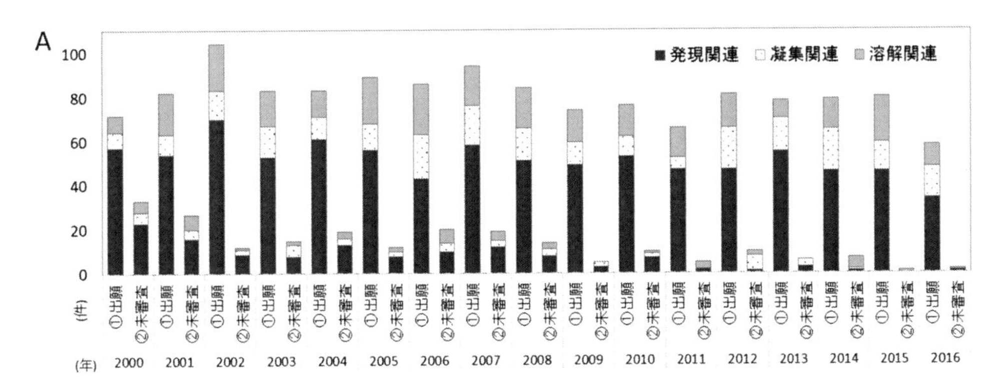

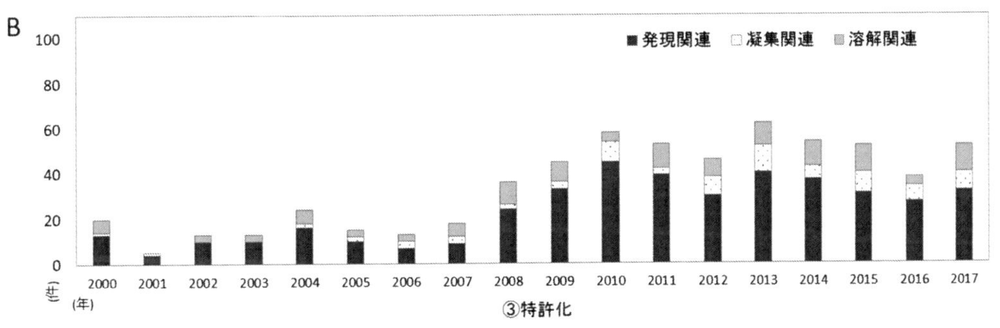

図２　タンパク質の発現・凝集・溶解関連発明の特許情報※2
グラフＡの「①出願」は出願公開がされた出願，「②未審査」は左記出願のうち審査未請求によるみなし取下げがされた出願，または出願日から３年以内に自発的な放棄・取下げがされた出願，グラフＢの「③権利化」は特許査定がされた出願，を示している。なお，①出願，および②未審査のグラフは出願公開時期と調査時期との関係で実数が得られる2016年までのデータとしている。

査請求の手続きを必要としたものであり，当該審査請求をしない場合は原則的には出願取下げとみなされその発明について特許は得られないため，本件数が少ない※3ほど当該技術を特許化して産業利用を考慮している傾向にあると推測できる。②の未審査件数の推移を見ると，値のばらつきはあるものの全体として減少傾向が認められることから，現在，本分野の技術は特許制度を通して産業利用をしようとする傾向があるといえ，産業界にとっては好ましい状況にあるといえよう。さらに，③の特許査定件数の推移を見ると，2007年または2008年頃から増加傾向が認められ，2010年頃から現在までおよそ横這い状態になっている（図2B）。よって，当該分野は，左記増加傾向の時期は特許権の活用により加速的に発展をしていた成長状態であったといえ，横這い傾向である現状は概ね安定的な発展をしている成熟状態と考えられる。なお，特許査定件数は，査定時の集計であることから出願自体は図中の表示より何年も前にされたものであり，出願時の集計である左記出願件数や未審査件数とは時間的性質が相違する旨特筆する。また，本デー

※3　実際には割合が少ない場合が該当。

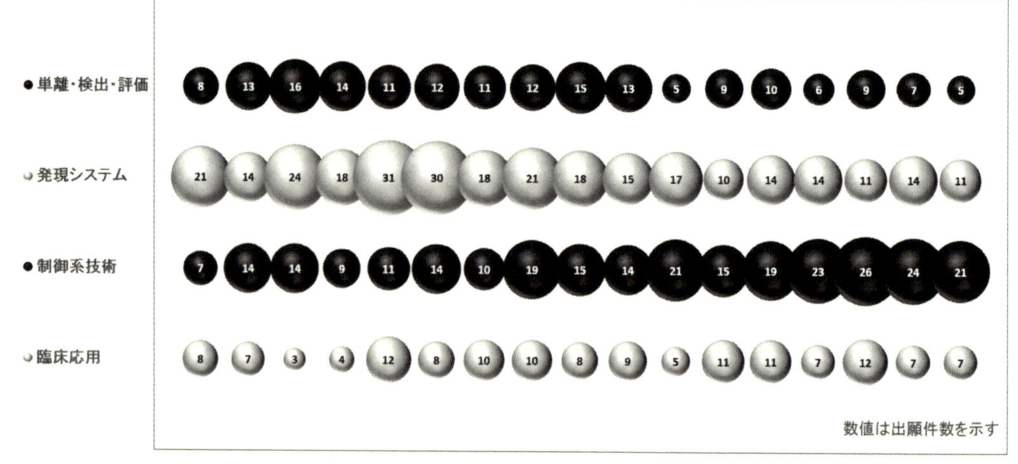

図３　タンパク質の発現・凝集・溶解関連発明の領域別時系列変化※2
本グラフの「単離・検出・評価」はタンパク質の単離，同定，検出，測定，評価などタンパク質に関する広義の計測関連技術，「制御系技術」はタンパク質の発現，凝集，溶解，機能の制御・調整を含めた広義の制御技術，「臨床応用」は治療薬・診断薬開発関連の技術をいう。

タセットにおける出願から登録査定までの平均期間は5.4年であった。そのため，2007～2008年の特許査定は大よそのところ2002～2003年付近に出願されたものといえ，タンパク質の発現・凝集・溶解の分野の研究としては左記時期から知財活用の考慮が活発化されていたものと推測される。図3は，タンパク質の沈殿・溶解性関連の発明の技術領域別の出願件数の時系列変化を示したものである。これによると，タンパク質の発現システムとタンパク質の単離・検出・評価に関する発明の出願は2010年頃から減少傾向となっている。そのため，これらの領域は，2010年より前の段階で躍進的に研究がされていたが，現在はおよそ成熟したとして技術を利用される段階となっていると推測できる。一方で，タンパク質の発現，凝集，溶解や機能などの制御系技術の出願件数は，極端ではないが増加傾向を示しており，当該制御系関連の領域は，現在，繁栄期を向かえつつある段階と推測できる。また，産業化という意味で興味深い臨床応用に関する発明の出願件数は，全般に渡って高い水準にはなかった。しかし，タンパク質は生命活動を維持するために不可欠なものであり，その発現や凝集性・溶解性などの特性は，タンパク質の機能発揮や疾患などとの関係で非常に重要なものと考えられる。したがって，今後は本分野に基づいた臨床応用に関する多くの発明がされ，出願・権利化され，さらには活用されることを願いたい。このように現在におけるタンパク質の発現や凝集性・溶解性に関する技術は，その単離・検出・評価や発現システムについては成熟期・安定期を向かえた状態であり，臨床応用・産業応用へと繋がる制御系関連技術については繁栄期の状態であり，実際の臨床応用については模索期の状態であるといえよう。

4　発明（技術思想）の保護戦略について

発明を完成した場合，その発明を実施するにあたり，知財マネジメントとして一定の保護戦略を立てる必要がある。その戦略は，大きくは特許権取得によるオープン戦略と秘匿によるクローズ戦略があり，状況に応じた考慮が必要となる。まず，発明を完成した場合，その発明者には特許を受ける権利が発生することから，特許出願の手続きを経て特許権取得をする戦略がある。特許権取得により自己の技術を独占でき（特許法68条），その市場への他人の参入の防御やライセンス収入が獲得できるなどのメリットがあり，保護戦略としては一般的である。ただし，特許権は発明の公開の代償として得られる権利であるため，出願すると出願公開（同法64条）などにより他人にその内容が知られ，一定期間経過するとその特許権は消滅する（同法67条）などのデメリットも存在する。そのため，特許権取得による保護戦略を継続するには，新たな技術を創出したらこれを早期に保護し，利用し，再度新たな技術に投資するという循環による進歩・発展を常に意識していかなければならない。一方，発明の内容がコアな製造に関するノウハウなどである場合はその技術について秘匿による保護戦略の道もある。この場合，特許のように発明の公開義務はなく，権利消滅の概念もないため，他人がその発明に辿り着かなければ実質的に永久的な市場独占が可能となる。ただし，もし情報が流出すると多大な不利益を被る可能性があるため，情報漏洩に対しての高度なリスク管理が必要である。なお，小発明をした場合には権利としては特許権より弱いが，創作物の早期保護をするものとして実用新案法に基づいた実用新案権での保護戦略も可能である。これらの事項はタンパク質の凝集・溶解性関連の技術に限ったことではないが，いずれにしても個々の法人などがその法人などの方針・方向性を考慮して，創作した技術的思想について一定の保護戦略を持つことは非常に重要である。

5　特許取得の考慮事項

5.1　特許要件について

タンパク質の溶解性を利用した特徴的な技術を有する製品など産業上利用可能な一定の発明をした者は，その発明を特許出願することによって市場独占ができる特許を受け得る（特許法68条）。発明者がこの特許を受けるためには，①その発明が特許法上の発明に該当すること（同法2条），②その発明が産業上利用できる発明に該当すること（同法29条1項柱書），③その発明について新規性・進歩性があること（同法29条1項，2項），④同一発明が先に出願されていないこと（同法29条の2，39条），⑤その発明が公序良俗違反（同法32条）ではないことなどを念頭に置き，⑥所定の書式（同法36条）で出願をし，審査において特許性が認められることが必要であり，特許取得にはこれらすべてを考慮する必要がある。左記①の特許法2条の発明に該当しないものには，単なる発見，技能，情報の単なる提示などが挙げられ，これらには特許性は無い[11]。たとえば，タンパク質の立体構造の座標データ，名称のデータベースやファーマコフォアは単なる情報の提示に過ぎず特許性は無い[12]。また，上記②の産業上利用できる発明に該当しないものとしては，人の治療方法などの医療行為がある。たとえば，有用なタンパク質をコードするDNAを含む治療用ベクターを人に投与する癌の治療法などがこれに該当し特許性は無いが，上記ベクター自体やその製造法は左記医療行為には該当せず，かつ上記①②は満たすため，その他の要件を満たせば特許を取り得る[13]。さらに，タンパク質を物質として見た場合のそのタンパク質は上記①②の発明の要件は満たし，出願時に公知ではない有意な機能などを示せれば生物関連発明として特許取得の可能性はあり[14]，また，未知であった活性残基・領域を発見した場合のその領域についても特許取得の可能性はある[15]。

5.2 発明のカテゴリーについて

発明には「物の発明」および「方法の発明」があり，さらに方法の発明については，測定方法や制御方法などの「単純方法の発明」および製造方法や組立方法などの「物を生産する方法の発明」があり（特許法2条3項2号，3号），それぞれのカテゴリーの発明として権利が得られる。たとえば，タンパク質の凝集・溶解性関連の発明では，物の発明として「タンパク質の可溶性予測装置（特許5509421）」，単純方法の発明として「タンパク質の溶解性改善方法（特許4890219）」，製造方法の発明として「神経変性疾患関連タンパク質の不溶性凝集体の製造方法（特許6062371）」などが挙げられる。

5.3 早期権利化の考慮について

特許出願後，その審査において，上記の特許要件を満たすと判断されれば，特許を取得することができる。しかし，一般的に通常の審査は少なくとも1年以上の長い期間を要する。そのため，審査を早期にするとして，法上の優先審査（特許法48条の6），特許庁の運用上の早期の審査請求[16]，スーパー早期審査[17]，および特許審査ハイウェイ[18]などさまざまな制度があり，状況によってこれらの早期保護制度の利用の考慮が可能である。たとえば，出願公開後に他人がその出願に係る発明を実施している場合，大学，公的研究機関，またはベンチャー企業などが出願する場合，国際出願を並行した場合などが上記制度利用の対象とされ得る。新たな技術を完成した場合，上記の特許要件や制度などの活用を大いに考慮し，迅速な知財対応から次なる研究開発へと効果的に展開していくことを願いたい。

6 発明の知財活用戦略

知的財産として活発に取引対象とされているものの一つとして特許発明があり，その発明を管理している特許法では，発明の保護と利用のバランスを図ることによる産業発達を目的としている。発明の保護の一つとして特許権取得があり，これにより特許権者は一定期間，自己の発明の独占実施により利益を得ることができる。一方，発明の利用の一つとして実施権契約（ライセンス契約）があり，これにより特許権者は契約先の他人から実施料収入を得るこができる。特許発明をはじめとする知的財産は，さまざまな段階でさまざまな態様による活用法（詳細は下記）があり，当該発明の市場独占の観点からは自己のみによる特許発明の独占的な実施が有効な戦略である一方で，他機関と協力や提携による事業の拡大・強化の観点からはとりわけライセンス契約は有効な戦略となる。

7　ライセンスによる知財活用

大学や公的研究機関（以下，「大学等」と呼ぶ）は，研究活動を通じて社会貢献の一つをしているといえるところ，当該研究活動を継続するための研究費用を確保していく必要がある。一方で企業は，自己が実施したい発明を大学等が開発した場合，その発明についてライセンス契約することは有効な手段である。したがって，大学等にとっても企業にとっても発明のライセンス契約による知財活用を考慮することは重要である。このライセンスの客体となる実施権は多様であるところ大きくは2種あり，設定により定めた範囲内で独占的に実施ができる専用実施権（特許法77条）と単に発明の適法な実施ができる債権的性質を有した通常実施権（同法78条）がある。なお，通常実施権は単一人にのみ許諾する独占的通常実施権の契約も可能である。また，実施権の契約内容としては，期間，地域，実施料，行為の態様（製造や販売など）と柔軟な設定や許諾が可能である。またこれらとは別の観点で，特許権の取得前の場合の特許を受ける権利の全移転や一部移転（同法33条），出願後における仮専用実施権（同法34条の2）や仮通常実施権（同法34条の3）の設定や許諾，および特許権そのものの全移転や一部移転などのさまざまな契約が可能である。一方で，ライセンス契約は，他機関との契約であり，情報漏洩や他人からの権利行使などからのリスク管理には細心の注意や準備が必要である。たとえば，当該管理に関する規定策定，他人の特許調査，および他人から権利行使された場合の防衛策である先使用権（同法79条）の証拠確保など種々整備をすることが必要となる。

8　大学等からの技術移転・産業化

8.1　法整備について

タンパク質の凝集・溶解性などの研究に限らないが，大学等においてはさまざまな分野の研究成果が技術シーズとして集積されている。大学等は，その研究活動を維持するため，それらの技術シーズを特許化し，企業への技術移転などにより資金を獲得し，次の研究へと展開するという循環型の知財活用のマネジメントをすることは重要となる。このように産学が連携したシステムが円滑化されることは国家としても重要な課題であり，その法整備も右記のように従来から試行錯誤されている。まず，1995年「科学技術基本法」制定により科学技術立国を目指した科学技術振興に関する基本事項が定められ，1998年「大学等技術移転促進法（いわゆるTLO法）」制定により大学等における技術移転機関の設立を支援する規定がされ，1999年「産業活力再生特別措置法30条（いわゆる日本版バイドール制度，現在の産業技術力強化法19条）」制定により政府からの研究資金に基づく発明の権利帰属をそれまでの政府から受託者・請負者側（大学等側）にすることが認められた。さらに，2002年の「知的財産戦略大綱」では知財立国の宣言がされ，かつ「知的財産基本法」制定により知的財産の創造，保護，および活用の推進や大学等における知財システムの整備が進められ，2003年「国立大学法人法」制定による次年の国立大学の法人化，および2004年「知的財産高等裁判所設置法」制定による次年の知財高裁の創設などによる種々の体制が強化され，現在の産学官連携の枠組みができた。

8.2 近年の動向

上記のような法整備の効果もあり，近年の大学等における特許権保有数や特許権によるロイヤリティ収入などの知的財産に基づく収入は年々増加しており[19]，従来と比べて知財活用による産学官連携が活性化していることが示唆される。しかしながら，日本の大学等は企業からの投資が先進国のなかでも最低レベルにあるなど[20～22]大学等における研究活動費の強化は今後の重要な課題となっている。そこで，政府は，施策として2016年の「日本再興戦略2016」や2017年の「未来投資戦略2017」において企業から大学等への投資を2014年の約3倍にすることを目標とした研究資金調達円滑化を掲げ，2018年の「未来投資戦略2018」においては大学等と企業のマッチング体制構築強化，創薬・バイオなど研究開発型ベンチャーの成長後押し，ベンチャー企業の知財戦略構築支援などを掲げ，ベンチャー・エコシステムの支援強化を図ろうとしている。これらの取組みが軌道に乗り，産学官連携のさらなる強化が進めば産業界全体の発展が期待されることから，今後の大学等による研究活動の変化に注目したい。

9 まとめ

タンパク質の発現や凝集性・溶解性の関連分野の技術動向としては，ポストゲノム研究などで発展した基盤となる領域は概ね成熟し，現在は制御などの調整技術を確立しつつ臨床応用・産業応用への発展を模索している段階といえる。知財活用の面では，当該分野の権利化件数は増加傾向にあり，ライセンス契約を考慮に入れた知財活動が活発になっている状態といえる。また，近年の産学官連携に関する政府の施策などでは新たなイノベーション創設や有望なベンチャー企業創設による産業界の革命的な活性化を掲げており，今後のタンパク質の凝集・溶解性の関連分野の産業化に向けた研究開発動向に大いに期待したい。

文　　献

1) U. S. Food and Drug Administration (FDA), Guidance for Industry: Immunogenicity Assessment for Therapeutic Protein Products (2014)
2) European Medicines Agency (EMA), Guideline on Immunogenicity Assessment of Therapeutic Proteins (2017)
3) 厚生労働省，抗体医薬品の品質評価のためのガイダンス，p16, 薬食審査発 1214 第1号，平成 24 年
4) 独立行政法人医薬品医療機器総合機構，医薬品等品質に関するガイドライン（https://www.pmda.go.jp/int-activities/int-harmony/ich/0068.html）
5) 国立医薬品食品衛生研究所，バイオ医薬品に関連するガイドライン・指針等リスト（http://www.nihs.go.jp/dbcb/guidelines.html）
6) A. A. Tokmakov *et al.*, *Methods Mol. Biol.*, **1118**, 17 (2014)
7) A. Kurotani *et al.*, *FASEB J.*, **24**, 1095 (2010)
8) E. Gasteiger *et al.*, *Nucleic Acids Res.*, **31**, 3784 (2003)
9) Y. Kuroda *et al.*, *Sci. Rep.*, **6**, 19479 (2016)
10) M. Claudia *et al.*, *Brief. Bioinform.*, **19** (2), 286 (2018)
11) 特許庁，特許・実用新案審査基準，第Ⅲ部第1章，p.2-4，平成 30 年 6 月改訂版
12) 特許庁，特許・実用新案審査ハンドブック 附属書 B，第2章，p.78-83，平成 30 年 6 月改訂版
13) 同上，第2章，p.96
14) 同上，第2章，p.15-18
15) 同上，第2章，p.46
16) 特許庁，特許出願の早期審査・早期審理ガイドライン，平成 30 年版
17) 特許庁，スーパー早期審査の手続きについて，平成 30 年版
18) 特許庁, Patent Prosecution Highway Portal Site（http://www.jpo.go.jp/ppph-portal-j/aboutpph.htm）
19) 文部科学省，平成 28 年度大学等における産学連携等実施状況について，p.27-28，平成 30 年
20) 同上，p.12
21) 経済産業省，我が国の産業技術に関する研究開発活動の動向，p.42，平成 29 年
22) 同上，p.136

第6章　バイオ医薬品の品質・安全性確保における凝集体の評価と管理

柴田寛子[*1]，石井明子[*2]

はじめに

バイオ医薬品の開発段階において，本書第Ⅱ編や第Ⅲ編で解説されているタンパク質の凝集の測定・解析方法や予測・制御方法は，最適な分子設計および処方設計（製剤の組成）を可能にするため，バイオ医薬品開発に関わる研究者の間での大きな関心事となっている。タンパク質の凝集体を適切な分析方法で評価することは，開発候補タンパク質の探索や処方設計だけでなく，品質・安全性確保においても不可欠な要素である。本章では，バイオ医薬品の品質安全性確保の観点から，凝集体を評価することの位置づけを概説するとともに，凝集体に関する薬事規制の現状を整理する。また，バイオ医薬品の品質確保における凝集体評価法の課題と，我々が取り組んでいる共同研究についても概要を述べたい。

タンパク質の凝集体は数 nm 程度から 100 μm 以上まで連続的に広く存在している。本章では，目的物質であるタンパク質が多量化したものを凝集体，水溶液中で粒子として検出されるものを不溶性微粒子と表記することとするが，両者の境界は必ずしも明確ではない。実際の製品には，タンパク質を主な構成成分とする凝集体や不溶性微粒子のほか，製造工程に由来する不溶性微粒子も含まれるなど，さまざまな場合が想定されることに留意されたい。また，不溶性微粒子について大きさに基づく分類は統一されていないが，本章では，100 μm 以上を“Visible 粒子”，1～100 μm を“Subvisible 粒子”，100 nm～1 μm を“Submicrometer 粒子”と表記する。

1　バイオ医薬品の品質確保の概要

医薬品の品質確保の考え方は，規格および試験方法に重点が置かれていた従来の Quality by Testing から，Quality by Design（QbD）へとシフトしており，最終製品の試験結果のみに基づいて品質を保証するのではなく，有効性・安全性と製品の品質特性の関連，さらに製品の品質特性と製造工程の関連に関する深い理解に基づいて，適切な管理戦略を構築する（品質を工程で作り込む），という考え方に変遷している。このような考え方は，ICH ガイドライン Q8（製剤開発），Q9（品質リスクマネジメント），Q10（品質システム）および Q11（原薬の開発と製造）で

＊1　Hiroko Shibata　国立医薬品食品衛生研究所　生物薬品部　第二室長

＊2　Akiko Ishii-Watabe　国立医薬品食品衛生研究所　生物薬品部　部長

推奨されているもので，近年開発されたバイオ医薬品の多くで取り入れられている。バイオ医薬品の品質確保においては，有効性・安全性と品質特性および製造工程との関連を十分に理解しておくことが，有効性・安全性の確保を目的とした品質確保に極めて重要で，品質リスクアセスメントの考え方を適用することが有用と考えられている。具体的には，徹底的な品質特性解析を行った結果に基づき，事前に設定した目標とする製品品質プロファイルを考慮しながら，品質リスクアセスメントを行うことで重要品質特性（Critical quality attributes：CQA）を特定し，各CQAが適切な限度内，範囲内および分布内に入るよう適切な品質管理戦略を構築する。以下に，バイオ医薬品の品質確保における凝集体および不溶性微粒子評価の位置づけを概説する。

1.1　品質特性解析

品質特性解析は，原薬および製剤のCQAを特定し，適切な管理戦略を構築する上で重要なステップである。バイオ医薬品の多くは注射剤であるため，製剤と原薬の特性は共通する部分が多く，品質特性解析は原薬に対して重点的に行われる。具体的には，構造および物理的化学的性質，生物活性，不純物などについて，複数の方法を使った詳細な解析が行われる。バイオ医薬品に含まれる不純物には「目的物質由来不純物」と「製造工程由来不純物」があり，「製造工程由来不純物」には，宿主細胞由来タンパク質や宿主細胞由来DNAなどの細胞基材に由来するもののほか，抗生物質など細胞培養液に由来するもの，修飾工程や精製工程に由来するものなどが含まれる。バイオ医薬品の有効成分であるタンパク質は，糖鎖修飾などさまざまな翻訳後修飾を受けるほか，製造工程中や保存中に酸化や脱アミド化など化学的修飾を受けるため，さまざまな分子変化体が生じることが知られている。目的物質の分子変化体のうち，生物活性，有効性および安全性などの観点から目的物質に匹敵する特性を持つものを「目的物質関連物質」，持たないものを「目的物質由来不純物」として考える。

目的物質の分子変化体のうち，凝集体や切断体は，通例，目的物質由来不純物として管理される。凝集体や切断体の評価には，サイズ排除クロマトグラフィー（SEC），超遠心分析（AUC），SDSポリアクリルアミドゲル電気泳動（SDS-PAGE）やキャピラリーSDSゲル電気泳動（CE-SDS）などが用いられる。多角度光散乱検出器（MALS）を用いたSECなどによって，単量体，凝集体や切断体の相対的な含量と各画分の分子量を測定することも可能である。不溶性微粒子のうち，Subvisible粒子の特性解析を行う場合は，注射剤の不溶性微粒子試験で規定されている光遮蔽法を用いる場合が多いと思われるが，測定原理の異なるフローイメージング法を用いることも有用と考えられる。その他に含まれる分子変化体についても，徹底的な品質特性解析によって，構造，存在量，生物活性などが明らかにされる。

1.2　品質管理戦略の構築

品質特性解析で評価した品質特性，例えば原薬に含まれることが判明した分子変化体は，リスト化され，CQAを特定するためのリスクアセスメントの対象となる。リスクアセスメントにはさまざまな手法が用いられるが，例えば，品質特性の変動が有効性・安全性に及ぼすリスクレベルを，生物活性，薬物動態，安全性および免疫原性の4つの観点から，影響度と不確かさの積などでスコア化し，優先度の高いものがCQAに設定される。その他，有効性および安全性に対して危害が生じる頻度とその重大性の積でスコア化される方法もある。QbDアプローチに基づく医薬品開発では，特定されたCQAが適切な分布内，範囲内，限度内に収まるよう工程開発が行われ，工程パラメータの管理，工程内試験，出荷試験，規格および試験方法や安定性試験などを含む品質管理戦略が構築される。

凝集体は，薬物動態や免疫原性に及ぼす影響度が高いと考えられており，ほとんどの場合，原薬のCQAに設定される。A-Mabケーススタディでは[1)]，以下の事前情報を踏まえた原薬に対するリスクアセスメントの事例が紹介されている；[凝集体が単量体と同等の生物活性がある]，[臨床試験ロットには凝集体が1～3%含まれ，検出された抗薬物抗体の有効性および安全性への影響は評価済みである]，[A-Mabと同様の作用機序を持つX-Mabにおいて5%の凝集体が有効性に影響しない]。4つのカテゴリー（生物活性，薬物動態，安全性および免疫原性）のうち，生物活性のスコア（影響度2×不確かさ3[※1]）は低く，抗薬物抗体の出現は限定的で，有効性への影響や凝集体に関連する重大な副作用もなかったため免疫原性のスコア（影響度4×不確かさ2）も低いと判断されている。一方で，凝集体が薬物動態に影響すると考えられるが，当該製品に関するデータではなく文献情報であることから，薬物動態のスコア（影響度12×不確かさ5）は高くなり，原薬のCQAに特定されている。原薬のCQAは製剤のCQAになり得るが，製剤化の工程が影響しないことが明確になっているCQAなどは，製剤では管理項目に含まれないこともある。製剤の製造工程開発において特に重要な指標となるCQAとしては，凝集体，Subvisible粒子やVisible粒子が挙げられる。製剤化の工程開発の際には，凝集体，Subvisible粒子やVisible粒子のほかに，エンドトキシンや無菌性なども重要な品質特性として考慮され，品質管理戦略が構築される。

凝集体および不溶性微粒子の管理戦略には，主に工程パラメータ管理と規格および試験方法，安定性試験が含まれる。すなわち，原薬や製剤に含まれる凝集体および不溶性微粒子（多量体からSubvisible粒子，Visible粒子まで）が有効性・安全性に影響を及ぼすレベル以下になるよう製造工程を設計・管理し，規格および試験方法において凝集体および不溶性微粒子が規格値以下に管理されていること，実保存期間中においても規格値を超えないことを確認することが求められる。規格および試験方法では，通常，原薬および製剤に対するSECによる純度試験，製剤に

※1　不確かさはリスクの構成要素で，例えば以下のような不確かさのスコアと定義で考えることができる。
非常に高い(7)：情報なし
高い(5)：関連分子種に関する文献情報がある
普通(3)：当該分子に関する非臨床または*in vivo*データがある
低い(2)：臨床試験で用いられたロットに存在していた変化体である
非常に低い(1)：臨床試験で，評価対象となる変化体の影響が確認されている

表1　凝集体に対する管理戦略の一例

単位操作	リスクレベル	原材料管理	工程パラメータ管理	工程モニタリング	工程内管理試験	特性解析	規格および試験方法	安定性試験
セルバンク融解・播種								
拡大培養								
生産培養	Medium							
培養上清回収・細胞除去								
プロテインAクロマト								
低pHウイルス不活化	Medium		○	○		○		
陽イオン交換クロマト	High		○	○				
陰イオン交換クロマト								
ウイルス除去ろ過								
濃縮／バッファー交換								
原薬						○	○	○
凍結			○					
調合		○						
充填	Medium		○					
製剤						○	○	○

○：凝集体に対する評価あるいは管理が行われていることを意味している

対する“注射剤の不溶性微粒子試験”および“注射剤の不溶性異物検査”が設定される。

工程パラメータ管理の例として，A-Mabケーススタディの凝集体および不溶性微粒子に対する品質管理戦略の事例（表1）に示した。この事例の事前情報は以下の通りである；[他の抗体医薬品の開発時に蓄積された共通した知識に基づいて，製造工程は凝集体および不溶性微粒子が最小限になるよう設計されたものであること]，[工程のいくつかのステップで凝集体および不溶性微粒子が形成されるリスクがあること]，[イオン交換クロマトグラフィー工程で凝集体および不溶性微粒子が効果的に取り除かれること]，[有効成分を高濃度で保存すると凝集体および不溶性微粒子が形成され，形成されるスピードはpHや温度に影響されること]。A-Mabに対するリスクアセスメントの結果，凝集体および不溶性微粒子レベルに対してリスクが高く性能を管理するべき製造工程として，陽イオン交換クロマトグラフィーによる精製が挙げられ，中間のリスクとして生産培養，低pHウイルス不活化および製剤の充填工程が特定されている。これは，陽イオン交換クロマトグラフィーより前の工程で形成された凝集体が除去されるため，陽イオン交換より前の工程については品質面よりも収率やコストに影響すると考えられ，品質への影響の重大さは低いと判断されたためである。各工程で管理される重要なパラメータには，低pHウイルス不活化では処理時間，陽イオン交換クロマトグラフィー工程ではロードするタンパク質量と溶出終了時点，充填工程ではポンプ速度や充填液量（ポンプストローク数に影響）などが想定され，凝集体および不溶性微粒子が最小限に抑えられるよう管理幅が設定されている。充填時のせん断効果や空気と接触することによる泡立ち，ポンプストロークによるストレスなどは凝集体形成の要因と考えられる。このように，すでに蓄積されている知識や製品開発の過程で得られた知識などに基づいてリスクアセスメントを行い，リスクが高いと判断された製造工程のパラメータについて適切な管理値および管理幅を設定することが重要である。

2　バイオ医薬品に含まれる凝集体および不溶性微粒子の評価方法に関する規制

2.1　薬局方

日本薬局方（日局）は薬機法により定められた医薬品の規格基準書で，医薬品の品質を確保するために必要な規格や基準，標準的な試験法が収載されている。バイオ医薬品の規格および試験方法は，ICH ガイドライン（Q6B）や各規制当局が発出しているガイドラインに加えて，薬局方に収載された基準や試験方法も考慮して設定される。特に製剤の品質を保証するための一般試験法は製剤試験とも呼ばれ，製品の剤形に応じた製剤試験を薬局方に従って実施することが求められる。バイオ医薬品のほとんどは注射剤であるため，原則，注射剤の製剤試験に適合する必要がある。

バイオ医薬品に含まれる凝集体および不溶性微粒子のうち，Subvisible 粒子に関連する一般試験法および参考情報について，日局，米国薬局方（USP）および欧州薬局方（EP）における収載状況を表2にまとめた（EP には参考情報という枠組みがないことに注意されたい）。日局

表2　各薬局方における一般試験法および参考情報の収載状況

	日本薬局方（JP）	米国薬局方（USP）	欧州薬局方（EP）
一般試験法	〈6.07〉 注射剤の不溶性微粒子試験法	〈788〉 Subvisible Particulate Matter in Injections	〈2.9.19.〉 Particulate Contamination: Sub-visible Particles
	〈6.17〉 JP17 Sup II 収載予定 タンパク質医薬品注射剤の不溶性微粒子試験法	〈787〉 Subvisible Particulate Matter in Therapeutic Protein Injections	
参考情報		〈1788〉 Methods for the Determination of Particulate Matter in Injections and Ophthalmic Solutions	
		〈1787〉 Measurement of Subvisible Particulate Matter in Therapeutic Protein Injections	

〈6.07〉注射剤の不溶性微粒子試験法は国際調和された試験法であり，欧米の局方ではUSP〈788〉およびEP〈2.9.19.〉が該当する。一方，USPはこのほか，タンパク質医薬品注射剤に特化した試験法USP〈787〉を収載している。〈788〉と異なる点は，タンパク質溶液に適した取扱方法が記載されていることと，試験液量を調和試験法の5 mLより減らして（具体的には0.2 mLまで）試験できることである。試験液量については，タンパク質を有効成分とするバイオ医薬品では1容器に含まれる薬液が少なく，必要な試験液量を確保するのに数十以上の容器から回収するため，作業が煩雑で環境中に微粒子が混入するリスクが高くなることと，試験コストが高くなることが問題視されていたためである[2]。日本においても，この流れを受けて，後述する官民共同研究で実施した共同測定の結果から，現行法より少ない試験液量での測定が可能な試験法，〈6.17〉タンパク質医薬品注射剤の不溶性微粒子試験法が作成され，第17局第二追補への収載に向けて，意見募集が行われた。

また，USPでは参考情報として〈1787〉Measurement of Subvisible Particulate Matter in Therapeutic Protein Injectionsが収載されている。この章では2 μm以上のSubvisible粒子について，タンパク質に由来する粒子と，タンパク質に由来しない粒子（外来性の異物や製造工程・包装工程などに由来する粒子，シリコーンオイル粒子も含む）とを区別して評価することが推奨されている。また，Subvisible粒子の粒子数や粒子形状の測定，詳細な特性解析（由来の同定）に用いられている分析方法が列挙され，それぞれの利点欠点が紹介されている。なお，USP〈1788〉には光遮蔽法と顕微鏡法を実施する際の，標準的な操作方法や注意すべき点が記載されており，光遮蔽法の場合は推奨される装置の校正方法が記載されている。装置の校正については，日局では非調和部分として〈6.07〉に記載されており，評価すべき主な項目は〈1788〉と同様である。

2.2　規制当局のガイドライン

各規制当局から発出されたガイドラインのうち，FDAの免疫原性の評価に関するガイドラインには[3]，バイオ医薬品に含まれる凝集体および不溶性微粒子の評価について詳細な推奨事項が書かれている。以下に内容を概説する。

一般的な内容として，バイオ医薬品に含まれる凝集体および不溶性微粒子を可能な限り最小限にすることが重要で，そのための管理戦略を可能な限り早い段階で構築することが推奨されている。具体的には，適切な細胞基材の使用，頑健な精製工程の適用，保存時に凝集体形成を抑える製剤処方や容器および施栓系の選択が挙げられている。また製品の有効期間は保存時の変性や分解に伴う凝集体の増加がないか考慮することが重要とされている。

分析方法については，様々な特性の凝集体および不溶性微粒子を検出できるようにするため，適切な方法を単独もしくは組み合わせて用い，製品中に含まれる凝集体の種類や量を解析することが推奨されている。用いる分析方法は継続的に改善し，出荷試験や安定性評価で使用する際は分析法バリデーションの実施が求められている。測定対象となる粒子径範囲については，2～10

μm の Subvisible 粒子の含まれる量を開発初期から製品ライフサイクルにわたって測定することが求められている。また，0.1～2μm の Subvisible および Submicrometer 粒子についても，特性解析を実施することが望ましいとされている。適切な場合，このような粒子の臨床効果への影響についてリスクアセスメントを実施し，その結果に基づいて管理戦略を構築することが推奨されている。ただし，評価方法については，複数の分析方法を組み合わせる場合は測定原理の異なる手法であること，定量的な方法であること，妥当性と適格性を確認することが求められるものの，特に推奨される方法は明確にされていないのが現状である。

EMA の免疫原性評価に関するガイドラインにも，評価方法には触れられていないものの，凝集体に関する記載がある[4]。免疫原性に影響する要因のうち，製品品質に関連する要因として，タンパク質構造，翻訳後修飾，処方，容器施栓系，不純物に加えて，凝集体が挙げられている。凝集体は免疫反応を引き起こし，タンパク質特異的な免疫反応を促進することで，抗薬物抗体の産生の原因となる可能性がある。凝集体形成の要因として精製工程と製剤工程，保存条件が挙げられ，前臨床 *in vivo* 試験において，Visible および Subvisible 粒子を取り除くことが，免疫原性の減弱に繋がることが指摘されていると，記載されている[4]。

3　課題と AMED-HS 官民共同研究における取組

凝集体および不溶性微粒子の評価方法に関する課題を紹介する。上述したように，バイオ医薬品の規格および試験方法において，凝集体および不溶性微粒子は通常，原薬および製剤を対象としたサイズ排除クロマトグラフィーによる純度試験と，製剤を対象とした“注射剤の不溶性微粒子試験法”や目視による“注射剤の不溶性異物検査法”で評価され，判定基準を満たしていることが確認される。凝集体および不溶性微粒子の評価に関して，早急に解決が必要と考えられる課題の1つ目は，①光遮蔽法を使った注射剤の不溶性微粒子試験における試験液量の低容量化，2つ目は②既存の試験では評価されない凝集体および不溶性微粒子に対する評価方法の標準化である。以下に凝集体および不溶性微粒子の評価方法における課題の概要と，我々の取組みを紹介する。

①の低容量化については，2. 1で述べたように，現行法である日局〈6.07〉注射剤の不溶性微粒子試験では1回の試験を実施するのに 25 mL 以上（5 mL を 4 回測定）の試験液が必要であったことから，試験液量の低容量化が急務となっていた。そこで，真度および精度への試験液量の影響を評価することを目的に，ポリスチレン計数標準粒子を使った共同測定を実施した。測定結果に基づいて，試験液量の低容量化は可能と判断され，研究班での議論は，日局〈6.17〉タンパク質医薬品注射剤の不溶性微粒子試験の作成に活用されている。

②の課題については，フローイメージング法の標準化や，既存の試験では評価されていない粒子径範囲（約 100 nm から 10μm まで）の分析方法の標準化が重要と考えられている。日局〈6.07〉注射剤の不溶性微粒子試験法には2つの試験方法，光遮蔽法と顕微鏡法が収載されてい

るが，光遮蔽法を優先して適用することになっており，バイオ医薬品の多くが光遮蔽法で試験されている。しかし，光遮蔽法は，屈折率の高いポリスチレン標準粒子を使った較正曲線に基づいて粒子径・粒子数が計測されるが，タンパク質が凝集することで形成された不溶性微粒子は比較的透明で屈折率が低いため，光遮蔽法ではタンパク質の不溶性微粒子を適切に検出できていない可能性が指摘されている[5]。一方で，近年開発されたフローイメージング法は，分散している溶媒とのコントラストに基づいて粒子が認識されるため，タンパク質の不溶性微粒子のような透明度の高い粒子を検出可能であることから，バイオ医薬品の特性解析や出荷試験にも適用可能な方法として注目されている。しかしながら，標準的な試験方法は提案されておらず，どの薬局方にも収載されていないのが現状である。そこで，フローイメージング法の標準化を目標に，官民共同研究において，同一試料を使った共同測定を実施した。透明度や形状の異なる2種類のモデルタンパク質凝集体試料とNIST（National Institute of Standards and Technology）より提供された模擬タンパク質凝集体粒子（ETFE粒子）をフローイメージング法で測定したところ，透明度の高い試料でわずかな装置間差が認められるものの，同一メーカーの装置であれば一貫した結果が得られること，光遮蔽法による測定結果と比較してフローイメージング法では透明度の高い粒子で特に多くの粒子が検出され，光遮蔽法と測定精度に大きな違いがないことが判明した[6]。フローイメージング法の標準化は可能と判断し，分析法バリデーションの実施方法やシステム適合性の設定について議論を進めている。

既存の規格および試験方法では評価されていない粒子径範囲（約100 nmから10 μmまで）の凝集体および不溶性微粒子については，上述したようにFDAのガイダンスで特性解析の実施が推奨されている。また，腎性貧血治療薬のpeginesatideについて，臨床試験では認められなかった有害事象が市販製品で認められた事例で，ナノ粒子トラッキング解析やフローイメージング法を用いることで，市販製品であるmulti-use vial製剤には臨床試験で使われたsingle-use vial製剤よりも多くの不溶性微粒子が含まれていたことが報告されている[7]。凝集体および不溶性微粒子と有害事象との明確な関連性は証明されていないものの，10 μm以上の粒子を測定する既存の不溶性微粒子試験ではいずれも規格には適合していたことから，約100 nmから10 μmまでの粒子径範囲の凝集体および不溶性微粒子を評価することの重要性や，測定原理の異なる分析方法を用いることの重要性が指摘されている。ただし，現状では1つの分析方法で約100 nmから10 μmまでの広い範囲を測定するのは困難であり，複数の分析法を組み合わせて評価する必要がある。一方で，測定原理の異なる分析法で同じ試料を測定した計測値は，一致しないことが多く，含まれている凝集体および不溶性微粒子の粒子径や粒子数を把握するのは極めて難しい。品質管理においては，製造工程の変動や品質の変化を検出できる分析法を設定し，製造工程および品質の恒常性をモニターできることが望ましい。

もう一つの課題として，凝集体および不溶性微粒子と免疫原性との連関が挙げられる。上述してきたように，バイオ医薬品の品質確保においては，製品に含まれる凝集体および不溶性微粒子は可能な限り最小限となるよう管理戦略を構築し，かつ，含まれる凝集体および不溶性微粒子については詳細に解析することが求められている。これは，凝集体および不溶性微粒子と免疫原性との関連が十分明確になっていないためである。どのような大きさや形状の凝集体および不溶性微粒子がどの程度含まれると免疫原性が引き起こされるか，質的および量的な関係性が明確になれば，より合理的な管理戦略の構築と，適切な分析方法の選択に繋がるものと考えられる。将来的に，バイオ医薬品に含まれる凝集体および不溶性微粒子に起因する免疫原性の詳細なメカニズムが解明され，効率的に合理的な管理戦略の構築が可能となることが期待される。

文　献

1) A-Mab: a Case Study in Bioprocess Development, CMC Biotech Working Group, version 2.1 (2009)
2) S. Cao *et al.*, *Pharmacopeial Forum*, **36** (3), 824 (2010)
3) FDA, Guidance for Industry: Immunogenicity Assessment for Therapeutic Protein Products (2014)
4) EMA, Guideline on Immunogenicity assessment of therapeutic proteins (2017)
5) D. C. Ripple & M. N. Dimitrova, *J. Pharm. Sci.*, **101** (10), 3568 (2012)
6) M. Kiyoshi *et al.*, *J. Pharm. Sci.* (2018), doi: 10.1016/j.xphs.2018.08.006.
7) J. Kotarek *et al.*, *J. Pharm. Sci.*, **105** (3), 1023 (2016)

索　引

【英数字】

【ア行】

【カ行】

【サ行】

【タ行】

【ナ行】

【ハ行】

【マ行】

【ヤ行】

【ラ行】

タンパク質のアモルファス凝集と溶解性

ー基礎研究からバイオ産業・創薬研究への応用までー

2019年2月13日　第1刷発行

監　　修　黒田　裕，有坂文雄　(T1097)
発 行 者　辻　賢司
発 行 所　株式会社シーエムシー出版
東京都千代田区神田錦町1-17-1
電話 03(3293)7066
大阪市中央区内平野町1-3-12
電話 06(4794)8234
http://www.cmcbooks.co.jp/
編集担当　渡邊　翔／山本悠之介

〔印刷　倉敷印刷株式会社〕

ISBN978-4-7813-1397-9 C3045 ¥80000E